# 图解《营造法原》做法
## （第二版）

侯洪德　侯肖琪　著

中国建筑工业出版社

图书在版编目（CIP）数据

图解《营造法原》做法/侯洪德，侯肖琪著. — 2
版. — 北京：中国建筑工业出版社，2022.7（2023.12重印）
ISBN 978-7-112-27345-4

Ⅰ.①图… Ⅱ.①侯… ②侯… Ⅲ.①古建筑–建筑
构造–图解②园林建筑–建筑艺术–图解 Ⅳ.①TU-64

中国版本图书馆 CIP 数据核字（2022）第068748号

　　江南一带的古建筑营造技艺，以香山帮传统做法为主，本书是在第一版的基础上，增加了香
山帮传统做法中的油漆、假山、家具陈设、雕刻、堆塑等传统操作技艺，并对第一版书中的木作、
瓦作、石作等内容也作了补充，全方位地介绍了香山帮各主要工种在古典园林工程中的实际运用。

　　全书图文对照，通俗易懂，严谨实用，特别是书中所附的部分实例照片，更是直观明了，便
于读者对施工细节作进一步的详细了解。

　　本书可供从事古建筑与园林工作的设计、施工、预算人员使用，也可作为古建筑、园林绿化
等施工企业员工的培训教材。

责任编辑：何　楠　徐　冉
责任校对：张　颖

## 图解《营造法原》做法
### （第二版）

侯洪德　侯肖琪　著
*
中国建筑工业出版社出版、发行（北京海淀三里河路9号）
各地新华书店、建筑书店经销
北京雅盈中佳图文设计公司制版
北京市密东印刷有限公司印刷
*
开本：880毫米×1230毫米　1/16　印张：30¾　字数：882千字
2022年8月第二版　2023年12月第二次印刷
定价：98.00元
ISBN 978-7-112-27345-4
　　（39527）

版权所有　翻印必究
如有印装质量问题，可寄本社图书出版中心退换
（邮政编码　100037）

# 莫使"技艺"成"记忆"（代自序）

苏州古典园林，其造园艺术首重意境，与中国传统的山水画，有异曲同工之妙。历代园林大多由文人、画家参与规划和设计，对园林艺术的提高起到了一定的促进作用，但是其中也离不开技艺精湛的能工巧匠们的辛勤劳动和智慧创造。历史与事实证明，真正掌握造园技术的是那些毕生参与造园工作且身怀绝技的工匠们。

在苏州，"香山帮"便是一个拥有这一类工匠的建筑流派。历史上，苏州园林的建造，都有香山帮工匠的参与，历代香山帮工匠在长期的造园实践中，积累了丰富的经验与精湛的技术，并代代相传。因此，苏州园林的造园艺术源远流长，是经过历代香山帮工匠的继承、发展，才达到了如此高度的艺术成就，并逐步形成了一整套传统建筑的营造技艺。可以说，现存的苏州古典园林，是香山帮传统建筑营造技艺传承与发展的见证。

香山帮传统建筑营造技艺，将建筑技术与建筑艺术融为一体，被誉为苏式建筑的杰出代表，是我国传承千年的重要建筑流派，2006 年被国务院批准列入首批《国家级非物质文化遗产代表性名录》，2009 年 10 月被联合国教科文组织批准列入《人类非物质文化遗产代表作名录》。

但是历代香山帮建筑工匠的操作手艺，均靠师傅传授，对于其中做法的关键与诀窍，对外一直是秘而不宣，仅在师徒间口口相传，加之大多数工匠文化程度较低，因此，除了《营造法原》外，很少有图文记载并留存于世。

由于多年来，与其他工作相比，建筑工匠的收入低、劳作苦，多数年轻人不愿加入，许多年轻工匠也纷纷转行，而老年工匠亦多已退休或作古，因此当初流传于香山帮工匠间的做法、技术，现在很多已经失传或者被改良。可以说，香山帮传统建筑工艺的传承，目前青黄不接、后继乏人，正面临着濒危的境地，亟待改变。若再不改变，则若干年后，这一传承千年的珍贵历史遗产，将会名存实亡，成为人们脑海中的记忆，只知其名而不知其实，"技艺"成了"记忆"，到时再作抢救、挖掘，则为时已晚。

本人从事古典园林建筑施工管理三十多年，是苏州古典园林建筑公司（苏州园林发展有限公司的前身）的一级项目经理。几十年来一直在施工现场，与建筑工匠们朝夕相处，其中不乏许多身怀绝技的工匠高手。他们中的一些人，现在已被评为香山帮传统建筑工艺的各级传承人，所以与他们相交、相识，使我受益匪浅。他们人才辈出、手艺高超，真可谓"能筑龙吻能发戗，砖细门楼石牌坊；叠山理水无模仿，千山万壑胸中藏；雕龙画凤刀作笔，全靠工匠手一双"。而现在这些巧匠已经日益老化，人数正在逐年减少，因此形势不容乐观。

多年来，我在施工时，经常向工匠们虚心请教一些具体做法，并细心观察他们操作时的关键诀窍，用心记录了对我有用的所见所闻，专心整理好自己的心得体会，并结合实际情况，运用到自己的施工实践当中。几十年来孜孜以求，乐此不疲，正是有了这一段宝贵的经历，使我在古典园林建筑方面，积累了丰富的专业知识与宝贵的实际工作经验，同时也对香山帮建筑的传统工艺有了更深刻的了解与认识，其中包括一些已经失传或者将要失传的香山帮工匠的传统做法与技术。

为了不使"技艺"成为"记忆",作者多年来一直热衷于苏州古典园林营造技艺的传承工作,先后撰写了《图解〈营造法原〉做法》与《苏州园林建筑做法与实例》两本专著,经中国建筑工业出版社出版发行后,得到了业内人士的广泛关注与好评。

　　因此,面对传统建筑工艺传承的现状,对于我们这一代已经退休的园林人来说,做到承上启下、代代相传,乃当务之急;而使之传承有序、发扬光大,则责无旁贷。

　　这便是本人编写此书的目的。

侯洪德

2022 年 3 月

# 再 版 前 言

苏州一带的江南地区，其古建筑营造技艺，以香山帮传统做法为主，具有浓厚的地方特色。香山帮是一个历史悠久、传承千年的建筑流派，在中国古建筑行业中，占有重要的一席之地，自明清以来，香山帮逐渐形成了以木作领衔，集瓦作、石作、油漆、叠山等多工种为一体的、技艺精湛的庞大工匠群体。

苏州地处江南，经济发达、工商繁荣、人文荟萃，自古以来，一直是江南地区的政治、经济和文化中心，其城市建设也达到一个很高的水平。特别是在与造园有密切关系的建筑、绘画、工艺美术和园艺等专业方面，技艺高超，人才辈出。苏州古城经过数千年的积淀，主要是明清以来，遗留下来一笔丰厚的有形财富——苏州古典园林。而这些珍贵的历史遗产，大多由香山帮工匠参与建造。《营造法原》便是记载香山帮传统做法的专著，故研究苏州古典园林建筑，乃至江南地区的古建筑及市政建设的做法，《营造法原》均具有极大的使用和参考价值，并且被我国著名建筑史学家刘敦桢教授誉为"南方中国建筑之唯一宝典"，在江南地区影响深远，流传很广。因此，人们常将香山帮传统做法与《营造法原》合为一谈，称之为"营造法原做法"。

作者长期从事古典园林营造的施工现场管理工作，对《营造法原》和香山帮的传统做法，有着深刻的领悟与较多的实际运用，并撰写了《图解〈营造法原〉做法》与《苏州园林建筑做法与实例》两本专著，经中国建筑工业出版社出版发行后，得到了业内人士的广泛关注与好评，希望作者能再作努力，对香山帮传统做法作出更为全面、详尽的介绍。

为此作者在《图解〈营造法原〉做法》第一版的基础上又先后撰写了油漆、假山、家具陈设、木雕与砖雕、堆塑等多个章节，并对原有的石作一章也作了改写，其中补充了驳岸与河埠、桥梁、石雕等内容，作为该书的第二版，旨在对香山帮各主要工种在古建及园林工程中的实际运用作一全面介绍，供广大读者参考或借鉴。

为了方便大家的阅读与对照，本书的编排，根据原书的格式以及工种的分类，将全书分为五篇，分别是木作篇、瓦作篇、石作篇、油漆篇、假山篇。现将第二版中所增加的主要内容分别简要地介绍如下。

## 一、木作篇

木作篇现有 9 章（原为 7 章），增加了"第八章木雕""第九章家具陈设"。"第八章木雕"讲的是建筑木雕的常用技法与工具、操作程序及技术要点，并对建筑木雕在古建筑中的各种分类运用以及常见的传统图案都作了分门别类的分析与介绍；而"第九章家具陈设"对传统家具的式样、基本种类、布置类型以及制作要点都作了介绍，并绘有传统家具的各种榫卯构造图例，清晰易懂。另外，在第一版"第五章发戗制度式"中增加了"嫩戗发戗的安装"，对"嫩戗发戗"这一江南古建筑中特有的做法，在安装过程中的重点与难点，作了详尽的图文介绍。

## 二、瓦作篇

瓦作篇主要是在第一版的基础上，增加了"香山帮堆塑"与"砖雕"两部分的内容。因为香山帮堆塑属建筑堆塑，通常用于古建筑屋面，作为装饰之用，同时也是区分古建筑等级的重要标志之一，因此在本书"第十一章屋面瓦作与筑脊"一章中，将其另外单列了一节，即"第九节屋面堆塑"。该节内容介绍了香山帮堆塑工艺的特点与分类，以及具体的施工步骤与相关的传统图案。砖雕的用料均为做细清水砖，也即是人们常说的"砖细"，因此将其编排在本书"第十二章做细清水砖作"中，即"第四节砖雕"，其主要内容是砖雕的常用技法、砖雕的雕刻程序、砖雕的具体运用。为使所增加的内容与原有风格相协调，对第一版书中的其他章节，局部作了必要的调整与改写。

## 三、石作篇

在香山帮营造技艺中，石作占据着一定地位，是不可或缺的专业工种之一，《营造法原》第九章对此作了专门介绍，在其他章节也多有涉及，为此作者在第一版中，用图解的方式作了专门解读。

本书"第十三章石作"是在原书基础上所作的改写，其中补充了石料开采、驳岸与河埠、桥梁、石雕等内容，对石作营造技艺中的开采与加工步骤，以及在建筑、市政等方面的各种运用，均作了全方位的介绍。

## 四、油漆篇

油漆是香山帮营造技艺的主要工种之一，对房屋建筑及其构件起到装饰和防腐的作用，其施工质量的优劣，直接影响到装饰效果，也在一定程度上影响到建筑或构件的使用寿命。古建筑油漆的传统工艺，采用的主要是广漆，其次是推光漆与揩漆。另外，匾额楹联、苏式彩画等制作技艺亦归类为油漆。

本书"第十四章油漆"，在编排上分为5节，分别是"第一节广漆""第二节推光漆""第三节揩漆""第四节匾额楹联""第五节苏式彩画"，以便读者对照阅读。

## 五、假山篇

假山是以自然山水为蓝本，经艺术的提炼与加工，用人工堆叠起来的山，其堆叠过程称为叠山。叠山之术，法无定制，为综合天然与人工之艺术品，亦即"外师造化，内法心源"的创作过程，非技艺高超、经验丰富之工匠不能为之。

假山在古典园林中被广泛采用，其堆叠工艺是古典园林营造中一项重要的施工内容。根据叠山用石的不同，假山有湖石假山与黄石假山之分，而假山的堆叠形式又有叠山与置石之别。

在本书"第十五章假山"中，首先介绍的是假山的材料及其运用，其次是叠山的意境与理念，再者是叠山与置石，以及其具体施工的技术要点。由于苏州园林闻名天下，文化底蕴深厚，人才辈出，历代能工巧匠比比皆是，留下了众多的叠山佳品，其中最为著名的是环秀山庄的湖石假山与耦园的黄石假山，对此本书特地作了专题介绍，供读者欣赏与参考。

以上便是对于本书内容的大致介绍。由于香山帮营造技艺工种繁多，又是全凭工匠手工操作，做法多样，因为作者水平有限，本书所作介绍仅为其中一小部分，不足以窥全貌，且是一家之言，不当之处在所难免，欢迎专家、读者批评指正。

# 目　录

# 木　作　篇

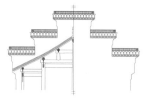

# 瓦 作 篇

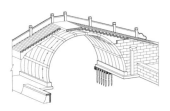

# 石 作 篇

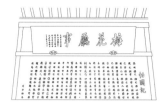

# 油 漆 篇

# 假 山 篇

# 木作篇

　　古建筑房屋以木结构承重，墙体仅起到分隔内外、挡风避雨的作用，而且建筑物的形式、体量大小、间数分隔也都因木结构而确定。因此，要想了解中国的古建筑，首先要了解木结构，而其中的主要内容，便是传统的木结构营造工艺。木结构的营造工艺，统称木作，木作在古建筑营造中居领衔地位，十分重要。

# 第一章　平房的大木构造

在《营造法原》中，根据房屋规模的大小以及使用性质的不同，将房屋建筑分为平房、厅堂、殿庭等三种类型。其中平房的构造最为简单，其构架较小，通常仅有四至六界，所采用的梁、柱、桁等构件的断面多为圆形，且不设斗栱与戗角。故平房一般用于普通人家的居住之所，或园林中结构较为简单的小型建筑与走廊。

有时，也可将平房理解为一层房屋，而将二层及以上的房屋，称为楼房。不过该平房的含义与本章所述的平房是两个概念。

## 第一节　平房大木及其构件名称

### 一、常用术语

**（一）贴、进深**

若是依房屋的某一纵线，作一剖面，所截得之剖面中，由梁、柱等构件所构成的木架便谓之贴，贴之长度称进深。

**（二）界、界深**

相邻两桁之水平距离谓之界，界的宽度称为界深，又称界份。界可作为计算进深的单位，房屋的进深由界的多少及宽度而决定。

**（三）内四界、廊**

在房屋中，将四界连在一起，承以大梁，支以两柱，此间的地位称为内四界。内四界之前连一界，称廊，廊如连于内四界之后，称后廊。由此组成的木架称为屋架。上述内容详见图1-1-1。

**（四）开间**

相邻两贴之水平距离称开间，若有房屋三间，其正中的一间就称正间，两旁的就称次间。若是房屋五间，则正间两旁的称次间，再两旁的称为边间。贴用于正间者称正贴，用于次间山墙并用脊柱者称边贴。

以某三开间房屋之平面图与剖面图为例，来具体说明上述内容，见图1-1-2~图1-1-4。

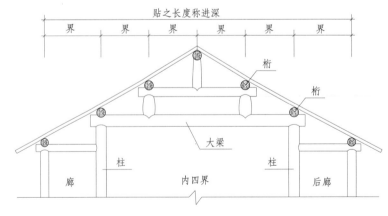

图1-1-1　房屋进深之图例

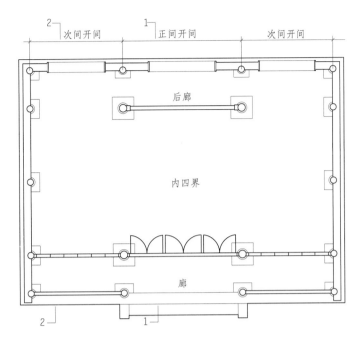

图 1-1-2　房屋开间之图例（三开间房屋平面）

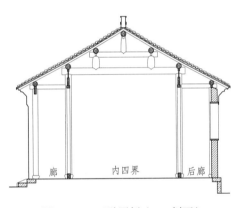

图 1-1-3　正贴图例（1-1 剖面）

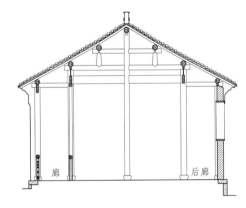

图 1-1-4　边贴图例（2-2 剖面）

## 二、常见屋架及构件的名称

木架的构造，根据各构件承重的情形来分，可分为以下三种类型：①直立支撑重量的构件是柱；②横向承重的构件是梁、桁、椽；③两种功能兼而有之，即既有直立支重功能，又能横向承重的构件是牌科（北方称斗拱）。房屋的木架主要是由这几类构件通过加工所组合而成。

### （一）柱的名称

柱的名称根据其所处的位置而定，如廊下所列之柱，称廊柱。廊柱后一界之柱，称步柱。上承屋脊之柱，称脊柱，脊柱多用于边贴。列于脊柱与步柱之间的柱，称金柱。

置于横梁之上，上端稍细，其受重作用与普通柱相同的短柱，称童柱。童柱有脊、金之分，分别称金童、脊童。而上端架川，置于双步之上的童柱，则称川童。

有关柱的名称，详见图 1-1-5。

### （二）柱的命名

为方便木结构的安装，须分别对每根柱予以命名。

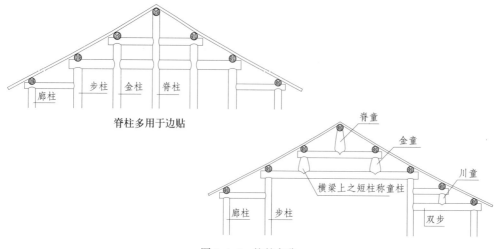

脊柱多用于边贴

图 1-1-5　柱的名称

　　柱，除有廊柱、步柱、脊柱等名称外，根据其所处位置，又分正贴、次贴、边贴等，房屋正间左边之贴，称为正左贴，右边之贴则称为正右贴，故贴有左右之分。而位于同一贴内的柱又有前后之别，同一贴内，位于脊柱之前的，称前柱，反之，则为后柱。故每根柱都有其独有的柱名，不会混淆。

　　例如：正左前步柱，边右后廊柱，其中"正左前步柱"指的是左面正贴内位于前面的步柱，"边右后廊柱"则指的是右面边贴内位于后面的廊柱，如此等等。

　　以三开间房屋为例，对于其中每根柱的柱名，便如图 1-1-6 所示。

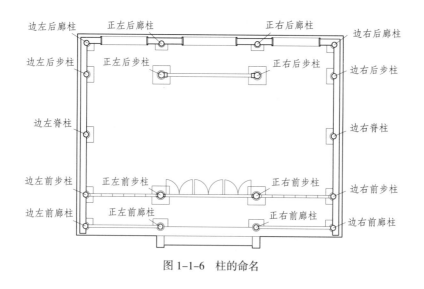

图 1-1-6　柱的命名

### （三）常见屋架及其构件名称

　　内四界处，架于两步柱之上的梁，称四界大梁，或简称大梁。大梁上设金童柱，其上所架长二界的梁，称山界梁，山界梁之上置脊童。内四界的前后各深一界时，则于步柱与廊柱之间，设短梁相连，该梁称为川，或称廊川。屋架的形式，可根据房屋之界的多少来确定。图 1-1-7 所示之屋架，即称六界屋架。

　　内四界后如连两界，设一横梁称为双步，双步上立川童，连以川，称为短川，而不以廊川名之，详见图 1-1-8。

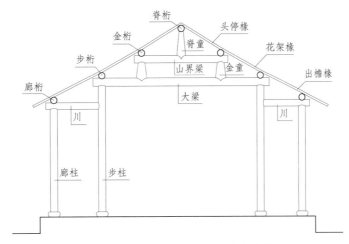

图 1-1-7　六界屋架图（内四界后用川）

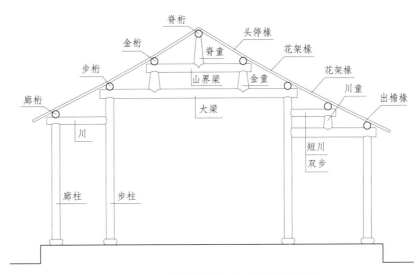

图 1-1-8　七界屋架图（内四界后用双步）

　　内四界间后深三界，则称三步，其上再架双步与短川，详见图 1-1-9。若内四界间以金童落地，易廊川为双步，则称金柱为攒金，见图 1-1-10。

**（四）开间方向的构件名称**

　　柱与柱之间，进深方向承重而且起到连接作用的构件为梁、双步、川，而开间方向起到同样作用的构件则为桁、连机、枋。

　　桁大多为圆形断面，平行于开间，架于梁端，上面支承木椽及其他屋面木基层构件。根据桁所处的位置，桁也有廊桁、步桁、金桁、脊桁之分。

　　桁的下面所辅的通长的长方形木材，称为连机，连机一般用于廊桁与步桁之下。脊桁与金桁之下，则不用连机，而在桁的两端用短机，短机的长度为开间的 2/10。短机架于脊童者称脊机，架于金童者为金机。连机以下为枋，枋之断面为长方形，有廊枋、步枋之分。连机与枋子间的空当，镶以厚约半寸的木板，称为夹堂板。若于廊枋之上直接置桁，则该枋不称廊枋，而称拍口枋。

　　房屋开间方向的构件名称及安装位置，请见图 1-1-11、图 1-1-12。

　　用双步时，位于步桁与廊桁间的桁条，称为川桁，其下所设的短机，则称为川机。

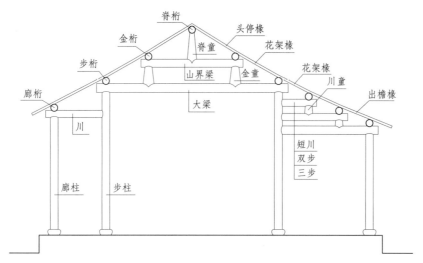

图 1-1-9　八界屋架图（内四界后用三步）

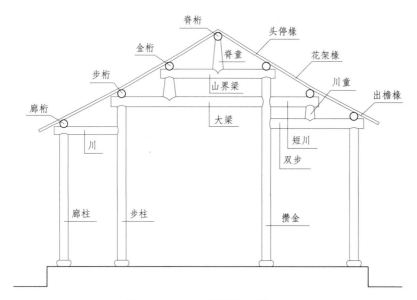

图 1-1-10　六界屋架图（用攒金）

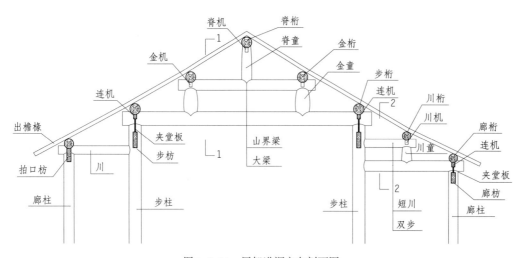

图 1-1-11　屋架进深方向剖面图

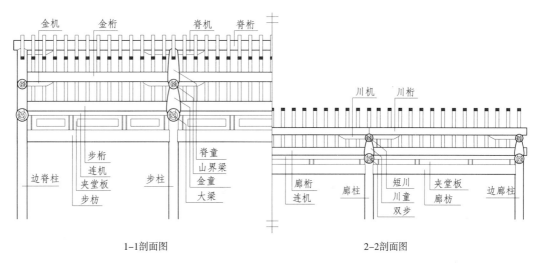

1-1剖面图　　　　　　　　　　　　2-2剖面图

图 1-1-12　屋架开间方向剖面图

短机的长度为开间的 2/10，短机常雕以花纹，如水浪、蝠云、金钱如意、花卉等，根据其所雕花纹，分别称水浪机、蝠云机、金钱如意机、花机，其中花机又称滚机。短机若不雕花纹，则称为光机。图 1-1-13 为水浪机之详图。

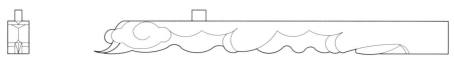

图 1-1-13　水浪机详图

连机与枋子之间，均留有自 3 寸、5 寸至 8 寸的空当，镶以厚约半寸的木板，称为夹堂板，夹堂板按开间分为三截，隔以蜀柱，以免翘裂。夹堂板可雕刻镂空花纹，但须根据其空当的大小以及房屋装饰的华丽程度来决定。

夹堂板的形式与做法，见图 1-1-14。

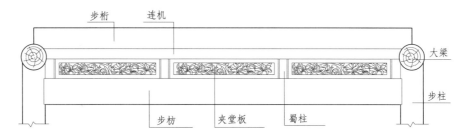

图 1-1-14　夹堂板做法之立面图

**（五）屋面木基层**

桁条以上的木结构统称为屋面木基层，木基层的主要构件有椽、眠檐、勒望、里口木、瓦口板、闸椽、椽稳板、按椽头等。

现将其作用与安装部位分述如下：

椽为垂直排列于两桁之间的木材，起到支承屋面重量与连接两桁的作用。介于脊桁与金桁间之椽，称头停椽，头停椽以下称花架椽、出檐椽。出檐椽下端伸出廊桁之外，出檐椽的出檐长度约为界深的一半。出檐椽若不伸出檐外，则称缩脚椽。

椽的断面为扁方或圆形，圆形者顶面须去 1/4，成荷包形状。出檐椽的围径按界深的 2/10，加工成荷包状后，其宽、厚尺寸常规为 7 厘米 ×5 厘米。

椽之上部铺设望砖或望板，两椽之间的距离，称为椽豁。椽豁之宽按望砖长度加 1~2 厘米安装余地，一般为 22~23 厘米左右，椽豁应相等，按开间平均分派。在贴的中心线处必须设椽，称界椽。

划分椽豁时应注意，按苏州地区传统做法，正间应居中设椽，称雄椽居中。除正间外，其余开间仅需均分即可。

若是为了增加屋檐的伸出长度，则须于出檐椽之上，再设飞椽。飞椽的出挑长度为出檐椽出挑长度的一半。飞椽的断面多为扁方形，其宽、厚均为出檐椽的八折，常用的断面尺寸为 6 厘米 ×4 厘米。

飞椽可锯开两用，详见飞椽做法示意图（图 1-1-15）。

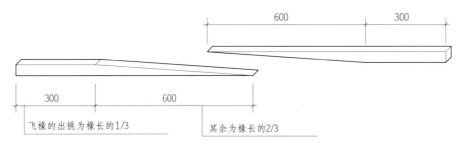

图 1-1-15　飞椽做法示意图

出檐椽与飞椽相距一望砖厚，其空隙处封以通长的木条，称里口木。里口木上所开的口子，作安装飞椽之用，其间距应同飞椽的椽豁，口子宽同飞椽之宽，口子高为飞椽厚。口子以下须留设一定高度，所留高度为一望砖厚。

里口木可锯开两用。里口木做法见图 1-1-16。

图 1-1-16　里口木做法示意图

眠檐（面沿）为扁方形之通长木条，厚同望砖，钉于飞椽或出檐椽的下端，以防止望砖下滑。在上下两椽相近之处，钉与眠檐相似的木条则称勒望。其功能并非仅为止滑，而且使所排望砖横向整齐划一，竖向所排望砖露明部分均为整块，不出现找接，以达到美观的作用。

椽端眠檐（面沿）之上，钉瓦口板。瓦口板依瓦楞的大小，锯成起伏相似之形状，以封没瓦端的空隙，并阻其下滑。瓦口板亦可锯开两用。瓦口板做法及安装，见图 1-1-17、图 1-1-18。

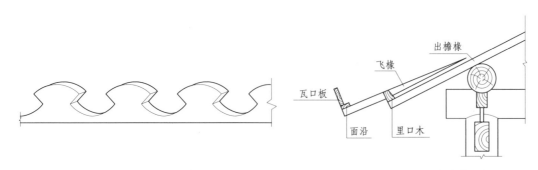

图 1-1-17　瓦口板做法示意图　　　　　图 1-1-18　瓦口板安装示意图

椽与廊桁之间的空隙，须设木板封没，以防风雨、尘灰的侵入。所设木板，其间断者称闸椽，其通长相连者称椽稳板。闸椽插入两椽旁所开的半寸槽内，钉于桁之中心。椽稳板则钉于桁中心之后1寸处，因为桁多圆形呈曲面，所以椽稳板须退后1寸，方能相连（椽稳板做法见图1-1-19）。

钉于头停椽上端的木板，称按椽头。若厅堂于脊桁之上加帮脊木时（即脊桁上另加之木料，帮助脊桁荷重），则不需应用按椽头。

木基层各构件的安装部位详见图1-1-20。

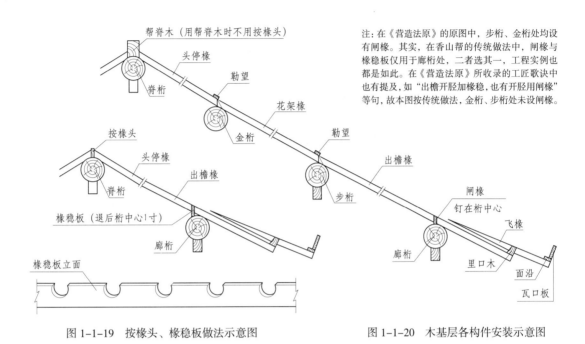

注：在《营造法原》的原图中，步桁、金桁处均设有闸椽。其实，在香山帮的传统做法中，闸椽与椽稳板仅用于廊桁处，二者选其一，工程实例也都是如此。在《营造法原》所收录的工匠歌诀中也有提及，如"出檐开胚加椽稳，也有开胚用闸椽"等句，故本图按传统做法，金桁、步桁处未设闸椽。

图1-1-19　按椽头、椽稳板做法示意图　　　　　　图1-1-20　木基层各构件安装示意图

### 三、圆作与扁作的区别

大木做法，有圆作、扁作之分。

凡房屋的木架，其梁、双步、川等构件，如由圆料制作且加工成圆形，其做法即称圆作，反之，若是采用扁方料制作且加工成扁方形，便称扁作。

圆作做法较为简单，故应用较广，常用于一些体量不大的建筑，如普通厅堂、一般民宅、沿街商铺及廊、亭、轩、榭等园林小品。

而扁作做法则较为复杂，屋架中不设童柱，而以牌科代之，常用于一些装修豪华的厅堂以及殿庭等体量较大的建筑。

古建筑房屋，采用的做法无论扁、圆，除用材与做法不同之外，相同部位之构件，其名称仍然相同，详见图1-1-21、图1-1-22。

图1-1-21　圆作屋架示意图　　　　　　　　　图1-1-22　扁作屋架示意图

## 第二节　楼房大木及其构件名称

二层以上的房屋，称为楼房。

升造楼房时，须将廊柱与步柱通长升高至上层屋顶。而于楼下两步柱间设大梁，所设大梁称承重，其断面为长方形。于承重之上安放搁栅，搁栅之上铺设楼板。搁栅之断面，亦为长方形。搁栅之距离，按每界一根，故用材较厚，有四六搁栅、五七搁栅之制。若是在两步柱间，仅于对脊处设材料特大之搁栅，称对脊搁栅。廊柱与步柱之间，设短川相连，其面与搁栅相平，上铺楼板，其功能与搁栅相似。

楼板厚度约为2寸，楼板铺设须紧密，并于两板之间起和合缝或凹凸缝，以阻尘埃。

楼房亦有正贴、边贴之分，于边贴处设通长脊柱，脊柱与两步柱间所设承重，称双步承重。

楼房之楼面高度，为普通平房之檐高，而上层檐高通常为楼面高度的七折。楼房之上层构架，与平房结构相同。

楼房之楼下构造，其构件名称与部位，详见图1-2-1、图1-2-2。

如将承重前端伸长，挑出屋外2尺左右，上筑阳台，绕以栏杆。或于承重之端立方柱，以短川连于正廊柱，上覆屋顶。凡以承重一端挑出而承阳台或屋面者，此种结构方法谓之硬挑头。

凡以短枋连于楼面，支以斜撑，弯曲若鹤胫，上覆屋面者，谓之雀宿檐。此种结构方法，称为软挑头。

上述做法，详见下图，其中图1-2-3所示为阳台做法一，图1-2-4所示为阳台做法二。

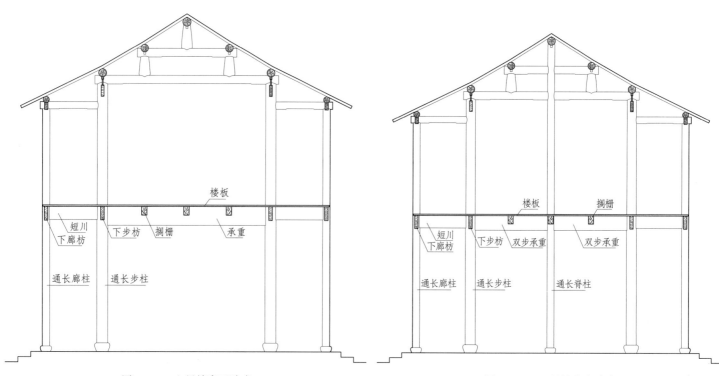

图1-2-1　六界楼房正贴式　　　　　　　　　　　图1-2-2　六界楼房边贴式

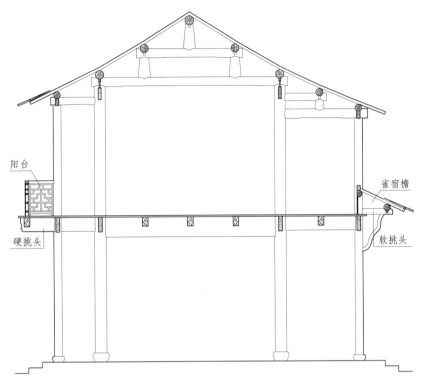

阳台

雀宿檐

硬挑头

软挑头

图 1-2-3　七界楼房前阳台后雀宿檐之做法一

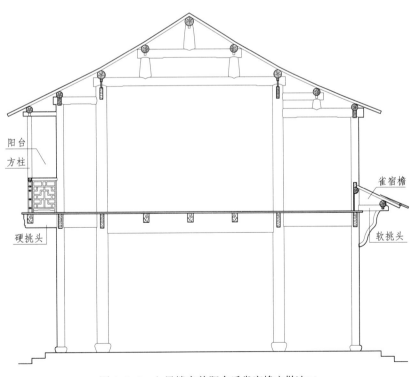

阳台
方柱

雀宿檐

硬挑头

软挑头

图 1-2-4　七界楼房前阳台后雀宿檐之做法二

## 第三节　提栈与机面线

### 一、提栈与算

桁与桁之水平距离，谓之界。界之宽，称界深。将相邻两桁之高差自下而上逐层增加，使屋面斜坡形成曲面的方法，谓之提栈。

界深与相邻两桁高差之比例，称为算。

如界深为100厘米，两桁之高差为30厘米，即称该界提栈为三算。又如界深为100厘米，两桁之高差为35厘米，即称该界提栈为三算半。以此类推，四算、四算半、五算、五算半……以至九算、十算（又称对算）。殿庭至多九算，亭子可至十算。

提栈计算方法，先定起算，将第一界提栈算法，称为起算，起算以界深为标准（但5尺以上，仍以5尺起算），然后以界数之多少定其第一界至顶界（脊桁）的递加次数，根据递加次数来分配每界的提栈。

《营造法原》中的提栈歌诀：

　　"民房六界用二个，厅房圆堂用前轩。

　　七界提栈用三个，殿宇八界用四个。

　　依照界深即是算，厅堂殿宇递加深。"

如民房深六界，界深三尺半，提栈以三算半起，其递加次数依"民房六界用二个"，即其步柱提栈（第一界）为三算半，脊柱提栈为四算半，即两个。由此，处于步柱与脊柱间的金童，其提栈为四算。

说明：提栈个数计算法，以起算提栈加一算计，即两个，再加一算，即三个，以此类推，相差半算，不计个数。

详见图1-3-1。

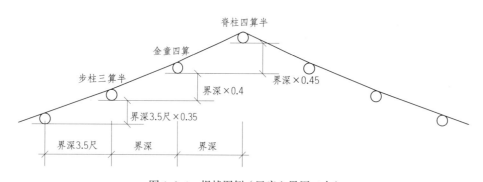

图1-3-1　提栈图例（民房六界用二个）

如厅堂七界，前廊界深5尺，步柱提栈五算，依"七界提栈用三个"，则金童提栈用六算，脊柱提栈用七算，称为三个。因是七界，后双步一般界深为4.5尺，故川童提栈用四算半，详见图1-3-2。

界数多时，将起算及脊桁提栈确定后，其中间几界提栈之算法，可先绘侧样，根据侧样的屋面曲势，酌情确定。绘侧样时，须根据"囊金叠步翘檐头"之做法，即在金柱处稍低一点，步柱处应稍予叠高，而檐头则须翘起之。

关于提栈，苏州有"四算不飞檐，五算不发戗"之说，这是因为苏州地区雨水较多，雨季又长之故。其实，只要做好屋面防水，五算发戗的实例在苏州还是比较多的。

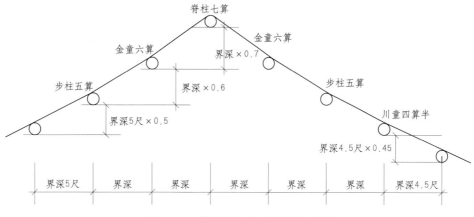

图 1-3-2　提栈图例（七界提栈用三个）

## 二、机面与机面线

凡大木结构讲究的是横平竖直，而梁、双步及川等，其用材均为圆木。因圆木根梢不匀，在梁、川、双步之上开刻承桁，难免前后会有高低不平，何况桁条还有粗细、大小之分，因此若无统一的标准，则很难达到要求。于是定机面线为标准，以校正上述诸弊端。

机面，指的是梁底至桁底的距离。桁底之平线，是连机或短机之面，故称机面线。因此，无论平房、厅堂、殿庭，还是圆作、扁作，均须根据机面线来开刻架桁，从而达到大木结构横平竖直的效果（图 1-3-3）。

在梁头承桁处，应于梁背之上凿半圆槽，桁即架于半圆槽内。半圆槽的槽深依据机面线，大小同桁径，该半圆槽称为桁椀（图 1-3-4）。

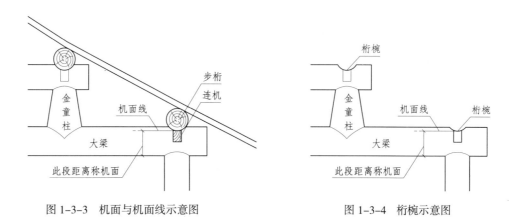

图 1-3-3　机面与机面线示意图　　　　图 1-3-4　桁椀示意图

桁椀之深须根据桁的直径而定，一般其深为桁径的 1/4~1/3 之间。因此，机面之高低须随料之大小及提栈之高低，酌量而定。如圆料大梁对径 7 寸时，桁椀深为 2 寸，即机面应定为 5 寸，余料可依此类推。但所确定的机面线，不宜过低，过低则因开刻多而影响梁身的强度。以某屋架正贴为例，来说明其中之关系，详见图 1-3-5。

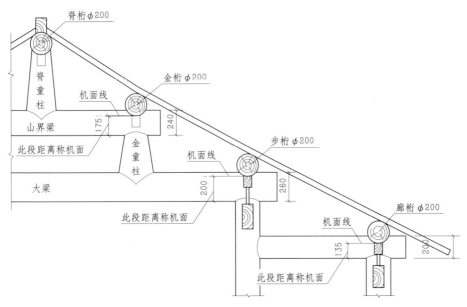

图 1-3-5　某屋架正贴之机面与机面线

## 第四节　屋架正贴与边贴制度式

房屋的大小与房屋间数的多少以及开间、进深的大小有关。开间越大，房屋的横向构件的跨度也越大。而进深的大小是由界的多少及界的宽度来确定的，其中内四界大梁的跨度最大。因此，房屋构件的尺寸大小，均与开间及内四界之深有关。

一般来说，屋架的形式是由界的多少来决定的，但屋架有正贴、边贴之分，根据房屋间数的不同，正贴与边贴的设置也不同。若房屋为一间，屋架共有二贴，且都为边贴；若房屋为二间，屋架共有三贴，亦都为边贴，但若用于园林，也可两侧为边贴，中间为正贴；若房屋为三间，则屋架有四贴，其屋架形式为二榀正贴、二榀边贴。

现以六界屋架为例，将屋架的正贴与边贴制度分述如下。

### 一、正贴制度

六界屋架的正贴，其内四界处，架于两步柱之上的梁，称大梁，大梁之上设金童柱二，其上所架长二界的梁，称山界梁，山界梁之上置脊童。内四界的前后各深一界，步柱与廊柱之间设短梁相连，该梁称为廊川。图 1-4-1 所示为屋架正贴制度式。

正贴构件尺寸的确定，见表 1-4-1。

### 二、边贴制度

六界屋架的边贴，其内四架用脊柱，脊柱前后做双步，以代大梁。边贴用料较正贴为细，故于双步之下，留空 3 寸镶以楣板，其下设等长之木枋，称双步夹底。为整齐美观起见，夹底之底部须与步枋底部相平。边贴廊川之下亦填楣板，设夹底，分别称为廊川楣板及廊川夹底，廊川夹底之底部须与廊枋底部相平。山尖空当处所设木板称山垫板。屋架边贴制度式，详见图 1-4-2。

边贴构件尺寸的确定见表 1-4-2。

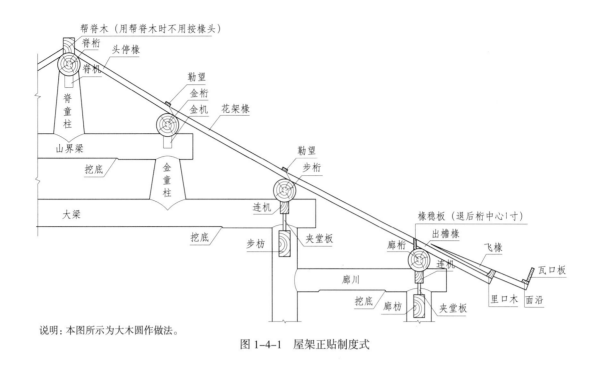

说明：本图所示为大木圆作做法。

图1-4-1　屋架正贴制度式

正贴木架配料计算围径比例与尺寸表　　　　　　　　表1-4-1

| 名　称 | 围径或尺寸 | 备　注 |
|---|---|---|
| 大　梁 | 围照内四界进深2/10 | 大梁、山界梁均在1/2界深处挖底，挖底深度为4分 |
| 山界梁 | 围照大梁8/10 | |
| 正　川 | 围照大梁6/10 | 川在1/4界深处挖底，挖底深度为4分 |
| 步　柱 | 围照大梁9/10或面阔2/10 | 廊柱高（即檐高）为正间面阔的8/10或按边间面阔由廊柱高，根据提栈可分别推算出步柱高、金童柱及脊童柱高 |
| 廊　柱 | 围照步柱8/10 | |
| 金童柱 | 围照大梁 | |
| 脊童柱 | 围照金童柱8/10 | |
| 桁　条 | 围照开间1.5/10 | |
| 出檐椽 | 围按界深的2/10 | 圆者顶面须去1/4，成荷包形状 |
| 飞　椽 | 围按出檐椽围的8/10 | 断面多为扁方形 |
| 廊　枋 | 高为廊柱高的1/10 | |
| 步　枋 | 高为步柱高的1/10 | |
| 连　机 | 尺寸一般为6厘米×9厘米 | 设于廊桁、步桁之下 |
| 夹堂板 | 高自3~8寸，厚0.5寸 | 设于连机与枋子空当处 |
| 眠檐、勒望 | 原料为（1寸×2.5寸） | |
| 椽稳、闸椽 | 原料为（0.5寸×3~3.5寸） | |
| 里口木 | 原料为（2.5寸×2寸） | 锯开两用 |
| 瓦口板 | 原料为（1寸×5寸） | 锯开两用 |

说明：圆梁均有抬势，高起约梁长的1/100~1.5/100

　　由此可见，房屋之大小及构件之尺寸，只需定其开间及屋架形式，便都可推算出来。而屋架形式之确定，除了房屋的使用功能外，主要决定于界的多少及界深。

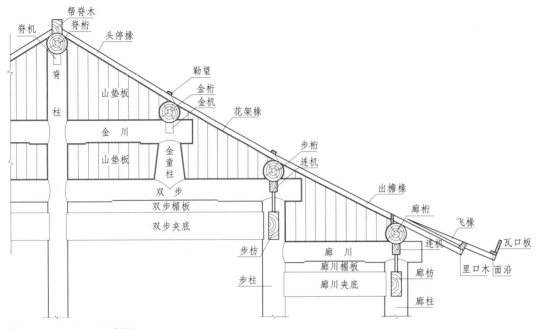

说明：本图所示为大木圆作做法。

图 1-4-2　屋架边贴制度式

边贴木架配料计算围径比例与尺寸表　　　　　　　　　表1-4-2

| 名　　称 | 围径或尺寸 | 备　　注 |
|---|---|---|
| 双　　步 | 围照正贴大梁围 7/10 | 在 1/2 界深处挖底，挖底深度为 4 分 |
| 金　　川 | 围照大梁围 6/10 | 在 1/4 界深处挖底，挖底深度为 4 分 |
| 边廊川 | 围照正廊川 9/10 | |
| 脊　　柱 | 围照正贴大梁围 7/10 | 由廊柱高，根据提栈推算出脊柱高 |
| 边步柱 | 围照正步柱至少 7/10 | |
| 边廊柱 | 围照正廊柱围至少 7/10 | |
| 双步夹底 | 高照双步 8/10 | 不足步枋高时，须放高至步枋底部 |
| 廊川夹底 | 高照廊川 9/10 | 不足廊枋高时，须放高至廊枋底部 |
| 双步楣板 | 高 3 寸、厚 0.5 寸 | |
| 廊楣板 | 高 3 寸、厚 0.5 寸 | |

## 第五节　大木构件的榫卯连接

大木构件，除屋面木基层的构件可采用铁钉连接外，其余构件大都为榫卯连接，这是中国古建筑的一大特点。现择其要点分述如下。

### 一、桁条安装与桁条开刻留胆之制

桁条安装分以下两种情况：其一，将桁条架于梁或川之端部，如廊桁、步桁、金桁的安装，均属此类情况。其二，将桁条架于柱的端部，如脊桁的安装，因脊桁架于脊柱或脊童之端部，是与柱的连接，故有所不同。

#### （一）桁条安装于梁端

桁条多数为圆形断面，平行于开间，架于梁端。两桁相连，端部凿羊胜式榫头，防其相离。梁头承桁处，于梁背凿半圆槽（即北方之桁椀），槽深依据机面线，大小同桁径，须于槽中留有高为 1 寸、宽为 1/3 梁宽之木块，谓之留胆。而于桁端下面，凿去寸余，底部做平，与留胆处相吻合，谓之开刻。依此镶合，桁条不易滚动、脱落。此法即所谓的桁条开刻留胆之制。详见图 1-5-1、图 1-5-2。

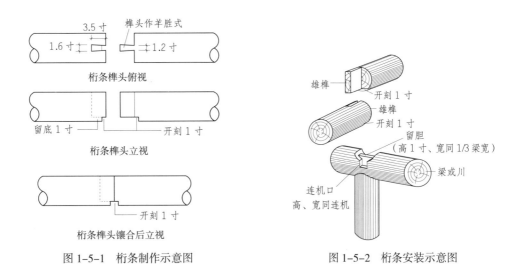

图 1-5-1　桁条制作示意图　　　　　图 1-5-2　桁条安装示意图

#### （二）桁条（脊桁）安装于柱端

脊桁的制作，与廊桁、步桁等都相同，其做法也须符合桁条的开刻留胆之制。但其桁椀与留胆的设置部位不同，是在柱端，而不在梁端。

现将其具体做法介绍如下：

（1）脊桁架于脊童上，详见图 1-5-3。

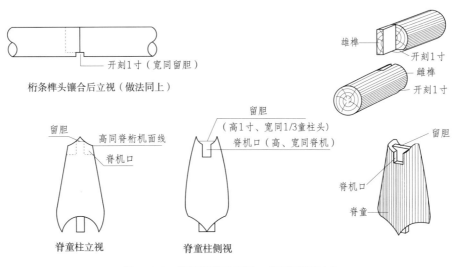

图 1-5-3　脊桁安装示意图一（架于脊童上）

（2）脊桁架于边贴之脊柱上，因是边贴，桁条无需做雌雄榫，仅在相应部位开刻即可，详见图 1-5-4。

桁条安装技术要点：

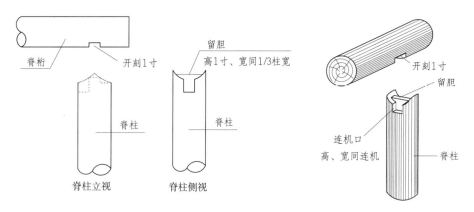

图 1-5-4　脊桁安装示意图二（架于边脊柱上）

房屋之间数若逢单数，正间桁条两端做雄榫，次间一端做雌榫与正间相接，另一端做雄榫与边间相接，以此类推，唯需雌雄相间。

房屋之间数若逢双数，桁条之榫则按左雌、右雄排列。

### 二、梁、川与柱的榫卯连接

梁、川与柱的榫卯连接有三种做法：①柱凿榫眼，梁做榫头，梁榫会合于柱；②梁箍柱做法；③顶空榫做法。

**（一）在柱子上挖孔做榫眼，梁、川做榫头插入，梁榫汇合于柱**

该做法分以下三种情况：

（1）梁、川单面与柱连接，如双步、廊川与步柱之连接。

于梁（川）端部做榫头，榫头高为梁（川）高，其机面线以上部分按半榫做法，以下部分按全榫做法，榫头宽为 1/3 梁（川）宽，于柱之相应位置凿榫眼，榫眼高、宽、深同榫头。梁（川）与柱交接处按吞肩做法，梁柱安装结束后，须打销眼，安装定位销，将其固定，见图 1-5-5。

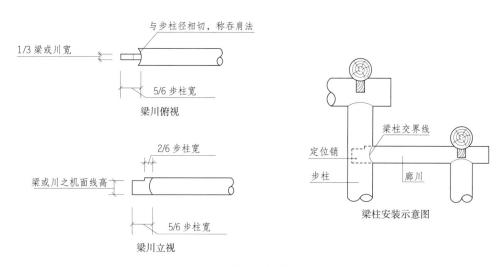

图 1-5-5　梁柱单面连接制作安装示意图

（2）梁、川两面对称地与柱连接，如边贴双步、金川与脊柱之连接。

因是梁、川双面对称地与柱连接，故于柱之相应部位凿榫眼，半榫部位于柱两边凿半眼，全榫部位应是通眼，其高同梁川高，宽同 1/3 梁川宽，即榫头宽。

两边榫头，在梁川高 4/10 以上部分按半榫做法，以下部分为全榫，因构件会合在同一平面，须交叉相合，即聚鱼合榫做法。两边之梁柱交接处均需按吞肩做法。安装结束后，两边梁川均需打眼、装销，与柱固定，详见图 1-5-6。

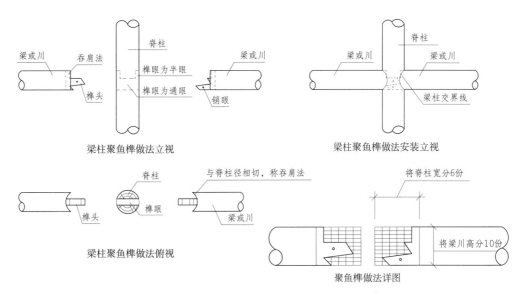

图 1-5-6　梁柱两面对称连接 制作安装示意图 ❶

（3）当梁与柱之圆径相差不大时，梁柱之连接可采用木鱼肩做法。具体做法为：在距梁与柱交接处约半梁径处，将梁向柱方向逐渐减薄，呈木鱼状，故称木鱼肩做法，其余均同上述（2）之做法，详见图 1-5-7。

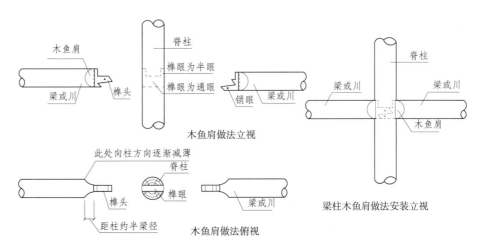

图 1-5-7　木鱼肩做法之梁柱连接制作安装示意图

### （二）梁箍柱做法

于柱上端开梁胆口仔，梁端依柱径挖半圆孔二，中间留胆，用梁套住柱子，其胆架于柱之口仔上，见图 1-5-8~ 图 1-5-10。

金童柱与山界梁之连接，也为梁箍柱形式，见图 1-5-11。

---

❶ 枋子与柱之榫卯连接，也可参照本图做法实施。

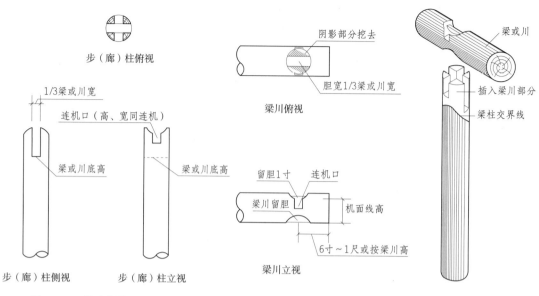

步（廊）柱俯视

1/3梁或川宽
连机口（高、宽同连机）
梁或川底高

步（廊）柱侧视　步（廊）柱立视

图 1-5-8　柱之制作示意图

阴影部分挖去
胆宽1/3梁或川宽

梁川俯视

留胆1寸　连机口
梁川留胆
机面线高
6寸～1尺或按梁川高

梁川立视

图 1-5-9　梁、川制作示意图

梁或川
插入梁川部分
梁柱交界线

图 1-5-10　梁箍柱安装示意图

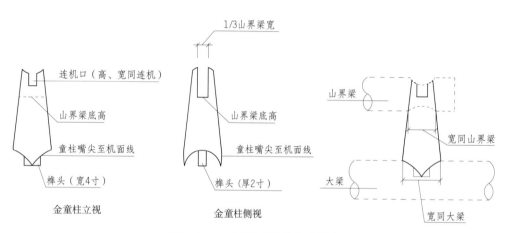

1/3山界梁宽

连机口（高、宽同连机）
山界梁底高
童柱嘴尖至机面线
榫头（宽4寸）

金童柱立视

山界梁底高
童柱嘴尖至机面线
榫头（厚2寸）

金童柱侧视

山界梁
宽同山界梁
大梁
宽同大梁

图 1-5-11　金童柱制作安装示意图

## （三）顶空榫做法

于梁底挖半眼做榫眼，柱端做榫头插入榫眼，顶住梁川，该做法一般用于敲交梁桁与柱之连接。但当大梁跨度超过四界时，梁柱之连接也须采用顶空榫做法，见图 1-1-12、图 1-1-13。

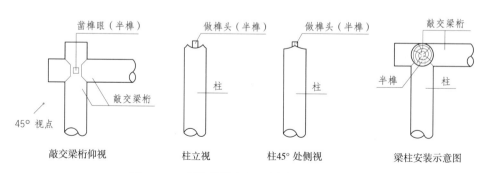

凿榫眼（半榫）
45°视点
敲交梁桁仰视

做榫头（半榫）
柱
柱立视

做榫头（半榫）
柱
柱45°处侧视

敲交梁桁
半榫　柱
梁柱安装示意图

图 1-5-12　顶空榫做法之一（与敲交梁桁连接）

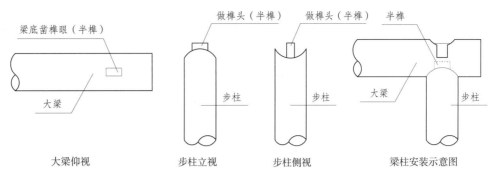

梁底凿榫眼（半榫）　　　　做榫头（半榫）　做榫头（半榫）　半榫

大梁　　　　　步柱　　　步柱　　大梁　　步柱

大梁仰视　　　　步柱立视　　步柱侧视　　梁柱安装示意图

图 1-5-13　顶空榫做法之二（与大梁连接）

### 三、敲交梁桁的榫卯连接

敲交梁桁是大木结构中比较常见的一种连接方式，其特点是两梁（桁）在同一平面上呈 90°相交，因此，上面桁条的留胆用上半部分，下面桁条的留胆用下半部分，留胆之两旁双方均作 45°割角，由此，两桁上下相交，便称敲交。现以两根直径为 16 厘米的桁条为例，说明敲交桁条的做法，详见图 1-5-14、图 1-5-15。

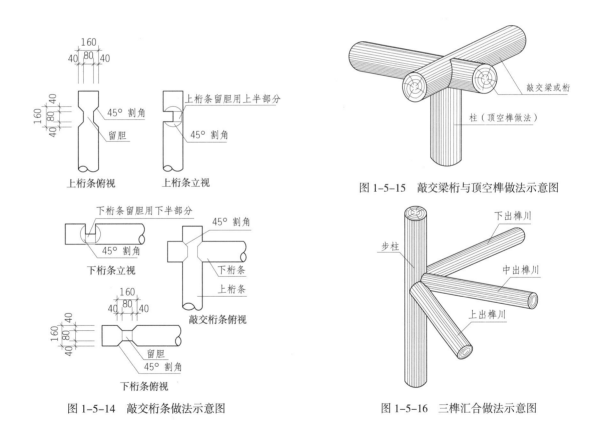

160 40 80 40

160 80 40 40

45°割角

留胆

上桁条俯视

上桁条留胆用上半部分

45°割角

上桁条立视

图 1-5-15　敲交梁桁与顶空榫做法示意图

敲交梁或桁

柱（顶空榫做法）

下桁条留胆用下半部分

45°割角

45°割角

下桁条立视

下桁条

上桁条

敲交桁条俯视

160 40 80 40

160 80 40 40

留胆

45°割角

下桁条俯视

图 1-5-14　敲交桁条做法示意图

步柱

下出榫川

中出榫川

上出榫川

图 1-5-16　三榫汇合做法示意图

### 四、转角处的步柱与三根川的榫卯连接

转角处的步柱与川的连接有其特殊性,因为该处有三根川在同一高度与同一根步柱会合。因此，每根川的榫头部分只能按高度的 1/3 做全榫，2/3 做半榫，榫头的宽度为 1/3 川宽。因此，三根川便被分成三种形式，即上出榫川、中出榫川、下出榫川。在步柱的相应高度，分别在三个方向凿榫眼，榫眼的宽度同榫头，榫眼的深度分别为上、中、下三种形式的川的榫头长度。川与柱的交接采用吞肩做法，川与川的交接采用合角做法，详见图 1-5-16~ 图 1-5-20。

上出榫做法俯视

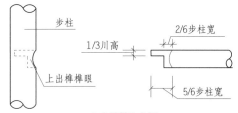

上出榫做法立视

图 1-5-17　上出榫做法示意图

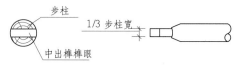

中出榫做法俯视

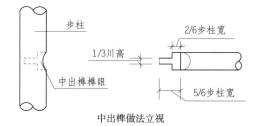

中出榫做法立视

图 1-5-18　中出榫做法示意图

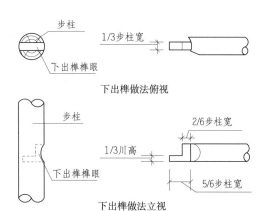

下出榫做法俯视

下出榫做法立视

图 1-5-19　下出榫做法示意图

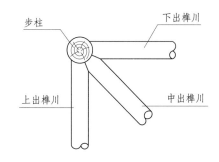

图 1-5-20　三榫汇合安装平面图

# 第二章　牌科

在木结构的构造中，除了梁类以及柱类构件外，还有一类构件，便是牌科。

牌科，北方谓之斗栱，是一种既能竖向负重，又能横向受力的构件。其功能是将建筑的上部荷载传递分布于其所在的梁或柱之上，故牌科被大量运用于殿庭、厅堂、牌坊等类建筑上。

## 第一节　牌科的构造、尺寸与比例

### 一、牌科的构造

牌科主要有斗、栱、升、昂等几类构件，通过有规律的组合、安装而构成。

斗为立方体之木块，其形似斗，上宽下狭，面开一字、丁字或十字形口子，以架栱或昂。

栱形似弓，其断面为长方形，是架于斗或升之上的横向受力构件。

升之外形与斗相同，但尺寸为斗之尺寸的一半，置于栱或昂之上，上部开口，以承栱、昂或机。

与桁条方向垂直的栱，若将栱头斜向往下延长，则称昂。昂有两种，其外形类似靴脚者，称靴脚昂。其形微曲，由下向上弯，其头做凤头者，称凤头昂。靴脚昂仅用于大殿，而凤头昂则不拘。

牌科的各主要构件以及安装位置详见图 2-1-1 牌科构造示意图。

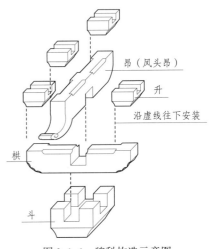

图 2-1-1　牌科构造示意图

### 二、牌科构件的尺寸与比例

南方牌科各构件之尺寸较为简单，不如北方建筑之繁琐，不以斗口为标准，而是根据斗的大小来确定牌科各构件的尺寸，因此推广、运用较为便利。根据斗的大小，牌科的规定式样可分为下列三种：五七式、四六式、双四六式。

其中五七式牌科是应用最广泛的一种牌科，常用于厅堂建筑。在江南古建筑中，均以五七式牌科为标准，四六式的尺寸按五七式打八折，而双四六式的尺寸则是四六式的两倍，因此只要弄懂弄通五七式牌科的技术要点，一般牌科的基本问题都可迎刃而解。

#### （一）五七式牌科

现将五七式牌科中各构件的尺寸、比例以及相互关系详述如下：

1.斗

斗，又称大斗或坐斗，方形，其斗面宽为 7 寸，高为 5 寸，根据斗之高宽，故名五七式。

斗之上部宽为 7 寸，该部分称斗腰，斗之底部收小，称为斗底，斗底宽为 5 寸。斗之四周斜面，须做成亚面，亚面深度为 1/10 斗高。将斗高分为 5 份，斗腰占其三，斗底占其二，即斗腰高 3 寸，斗底高2寸。因斗之上部需开设口子，以承栱或昂，故斗腰有上下之分，其开口两旁之部分，为上斗腰，其开口以下部分，称下斗腰，上斗腰高2寸，下斗腰高1寸，详见图2-1-2斗的尺寸比例。

2. 升

升与斗相似，分别称升底、升腰、上升腰、下升腰。因升之尺寸为斗之相应尺寸的一半，故升腰宽为3.5寸，升底宽为2.5寸。升高为2.5寸，其中升腰高1.5寸，升底高1寸。升之上升腰高1寸，下升腰高0.5寸。详见图2-1-3升的尺寸比例。

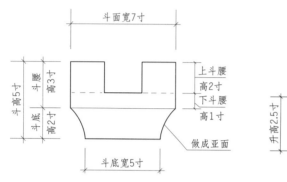

图 2-1-2　斗的尺寸比例（五七式）

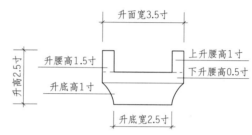

图 2-1-3　升的尺寸比例（五七式）

3. 栱

在南方牌科中，栱之方向，无论其与桁平行或垂直，皆称为栱，不似北方称垂直者为翘。位于桁条中心线之下的栱，若上架三升者，则称斗三升栱。若于斗三升之上再架较长之栱，上置三升者，则称斗六升栱。

五七式牌科的栱高为3.5寸，栱厚2.5寸，第一级（即斗三升栱）栱深按斗面各出2.5寸，加升底宽各2.5寸，共长1尺7寸。第二级（即斗六升栱）按第一级栱加长8寸，共长2尺5寸。

栱的尺寸比例（五七式）详见图2-1-4、图2-1-5。

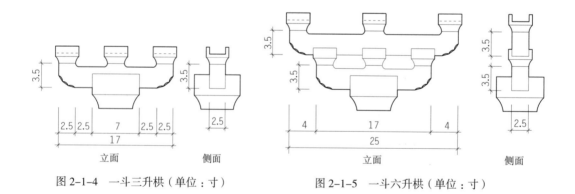

图 2-1-4　一斗三升栱（单位：寸）　　　　图 2-1-5　一斗六升栱（单位：寸）

除斗三升栱、斗六升栱外，栱还有以下几种形式：

（1）栱的方向若与桁条垂直成丁字或十字之栱，可称为丁字栱或十字栱。

（2）云头：与桁垂直并承梓桁之栱，其端作云头状，称为云头。

（3）桁向栱：位于桁条中心线以外，与桁条平行之栱，称桁向栱，桁向栱之两端架升，架于升之上的通长木条，称牌条。

（4）枫栱：枫栱是南方牌科中特有的一种形式，为长方形之木板，一端稍高，向外倾斜，竖架于丁字栱、十字栱或凤头昂上之升口，以代桁向栱。栱多雕流空花饰，是一种纯装饰构件。然庄严之建筑，仍多用靴脚昂与桁向栱。桁向栱与枫栱之比较，详见图2-1-6、图2-1-7。

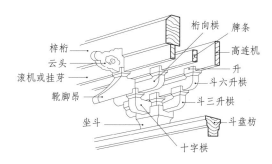

图 2-1-6　十字牌科桁向栱图式

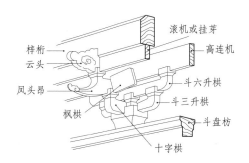

图 2-1-7　十字牌科枫栱图式

除此之外，栱还有亮栱与实栱之分。两栱相叠，中成空隙者，称为亮栱，亮栱空隙处，镶以雕有流空花饰之木板，称为鞋麻板。有时为增加栱的荷重能力，将栱料加高，与下升腰相平，而于栱端锯出升位，称为实栱。实栱若不是两面均出于斗口或升口，则称为蒲鞋头。

4.出参

"牌科逐层挑出以承檐重，称为出参，即北方所谓之出跳。以桁中心为标准，向里外各出一级，称三出参；向里外各出二级，称五出参。余以此类推，但出参以单数计算，自斗三升起，而三出参、五出参、七出参，以至九出参、十一出参。丁字科亦以此计算。至于昂栱之排列，则无限制，可用单栱单昂，或重昂均可。"

——引自《营造法原》

五七式之丁字及十字科，出参栱长，第一级自桁中心至升中心，为6寸，第二级为4寸，第三级仍为4寸。有时也可视出檐深浅及用料大小，酌予收缩。图2-1-8所示为五出参牌科的出参栱长。

以上便是五七式牌科的基本技术要点。

**（二）四六式牌科**

四六式牌科，其尺寸与比例，是五七式的八折，故名四六式。其坐斗、升的大小以及栱料之高厚长短，均为五七式之八折。如坐斗高为4寸，宽为6寸，栱高3寸，厚2寸。第一级栱长为1尺4寸，第二级栱长为2尺。升高为2寸，宽为3寸。其斗腰、斗底之分配比例，均同五七式。四六式牌科因其式样较为小巧，常用于亭阁牌坊等类建筑。

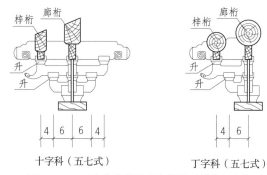

十字科（五七式）　　丁字科（五七式）

图 2-1-8　五出参牌科的出参栱长（单位：寸）

**（三）双四六式牌科**

双四六式牌科，其尺寸与比例均为四六式的2倍，故名双四六式，即其坐斗高为8寸，宽为12寸，其余依此类推。双四六式因其式样较大，常用于殿庭等体量较大的建筑之上。

以下为三种式样牌科的大小比较（图2-1-9）。

以上各式牌科的坐斗尺寸，用于柱头及梁背时，另有规定。用于柱头时，高依原式，其斗底宽按柱径，斗面较斗底两面各出1寸。用于梁背时，正面斗高及宽仍按所用各式原有规定，但侧面的斗底宽须同梁背宽，斗面较斗底前后各出1寸。

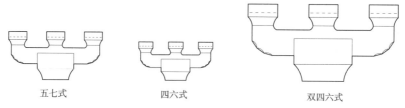

五七式　　　　　　　四六式　　　　　　　　双四六式

图 2-1-9　三种规定式样的牌科（一斗三升）

## 第二节　牌科的种类及名称

牌科的种类，若依坐斗开口的方向以及牌科的形状，大致分为下列数种类型：一字科、丁字科、十字科、琵琶科、网形科。

常用于厅堂建筑的牌科，主要有一字科、丁字科与十字科，而琵琶科主要用于大殿，网形科则用于牌楼。

现将一字科、丁字科、十字科分别介绍如下。

### （一）一字科

一字科，常用于厅堂廊桁之下，故也称为桁间牌科。桁间牌科一般分为一斗三升与一斗六升两种式样。柱头处则做成云头挑梓桁（云头挑梓桁的做法，详见下一章中"云头挑梓桁"一节）。

两座牌科之间，填以垫栱板，板多刻流空花饰，镶合于牌科两旁所开之槽内，槽宽、深各 0.5 寸。两座牌科的中心距离一般为 3 尺左右，根据开间尺寸平均分派，但按苏州地区的传统做法，位于正间之牌科必须逢双数排列。两座牌科间的最小尺寸，必须满足其所在垫栱板的形状与牌科倒置形状相似。

1. 一斗三升

图 2-2-1 所示为五七式一斗三升桁间牌科。

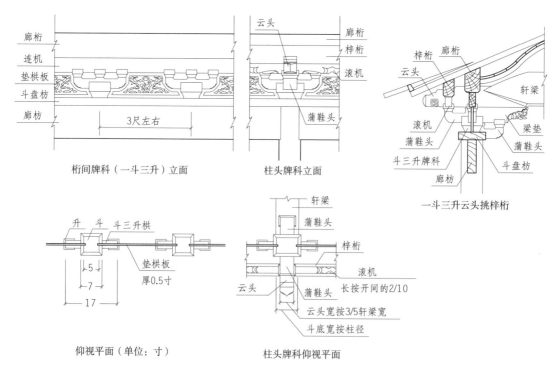

桁间牌科（一斗三升）立面　　　柱头牌科立面　　　　一斗三升云头挑梓桁

仰视平面（单位：寸）　　　柱头牌科仰视平面

图 2-2-1　五七式一斗三升桁间牌科

## 2.一斗六升

图 2-2-2 所示为五七式一斗六升桁间牌科。

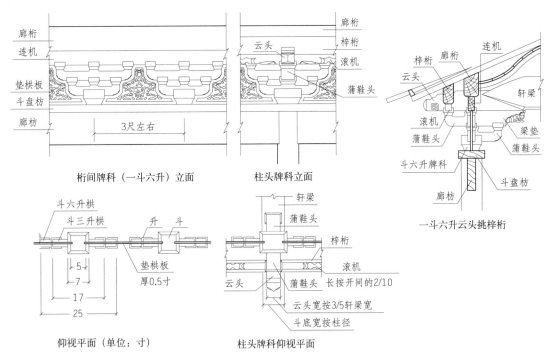

桁间牌科（一斗六升）立面　　　柱头牌科立面

一斗六升云头挑梓桁

仰视平面（单位：寸）　　　柱头牌科仰视平面

图 2-2-2　五七式一斗六升桁间牌

## （二）丁字科

丁字科之坐斗，斗面开口成丁字形，栱仅向外出参，自外观之，形同十字科，而由内观之，则形似斗六升。丁字科之出参，三出参者较少，多为五出参。丁字科常用于厅堂、殿庭等建筑的前后廊枋之上。图 2-2-3 所示为五七式丁字牌科（五出参）。

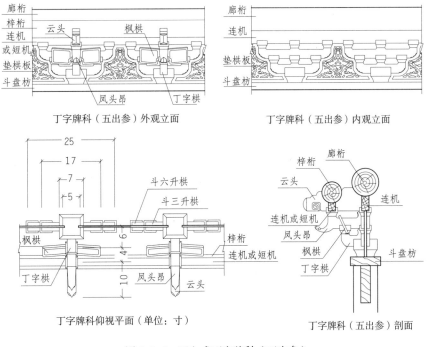

丁字牌科（五出参）外观立面　　　丁字牌科（五出参）内观立面

丁字牌科仰视平面（单位：寸）　　　丁字牌科（五出参）剖面

图 2-2-3　五七式丁字牌科（五出参）

### （三）十字科

凡坐斗之斗面开十字口，栱向内外出参，称十字科。

十字科一般用于厅堂、殿庭等大型建筑的前后廊枋之上。

除此之外，丁字科在柱头处所设之牌科，也须做成十字科形式，向内外出参，以承梁底与云头，见图2-2-4。

十字科出参之多少，视其所处位置与房屋的性质而定。若用于殿庭等建筑的前后廊枋之上，则以五出参或七出参居多，各层昂栱之分配不拘，可单栱单昂，也可重昂。但向内出参，以栱居多，用于区别内外，而在最上皮，无论内外，则均为云头。

图2-2-5所示为五七式十字牌科（五出参）。

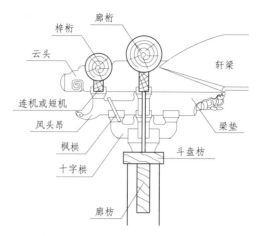

图2-2-4　丁字科于柱头处牌科做法

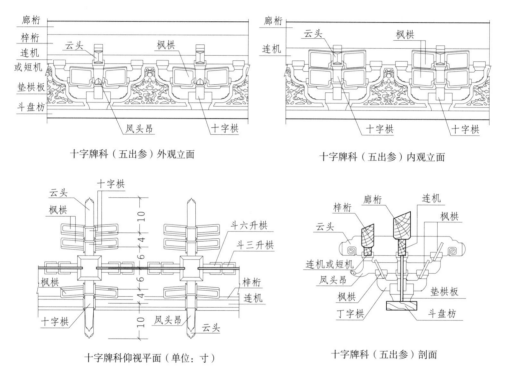

十字牌科（五出参）外观立面　　十字牌科（五出参）内观立面

十字牌科仰视平面（单位：寸）　　十字牌科（五出参）剖面

图2-2-5　五七式十字牌科（五出参）

### （四）转角牌科

丁字科及十字科用于建筑的角柱上时，称为转角牌科，亦称角科。其结构与桁间牌科及柱头牌科不同，其出参为三个方向，而且在做法上，又分枫栱做法与桁向栱做法两种。

#### 1. 枫栱做法

用枫栱的角科做法，先将正面第一级桁中心之斗三升栱一端延长，在侧面出参为十字栱，再将侧面之斗三升栱一端延长，成正面出之十字栱，栱上架升，升之两旁安置枫栱。第二级出参之栱，正侧两面，各单独出参为凤头昂。另于45°斜角处，加设角栱，角栱之上为角凤头昂，其长均等于方形之合角❶。以五出参丁字科之转角牌科为例，详见图2-2-6。

---

❶ 合角即分别以正侧两面的出参栱昂之伸出长度为边长，所作正方形的对角线长度。

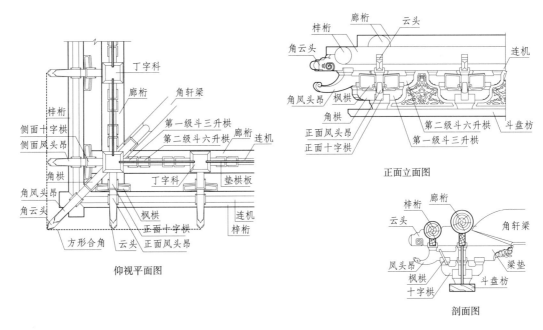

图 2-2-6　五出参转角牌科做法一（用枫栱）

### 2. 桁向栱做法

用桁向栱做法的角科，除桁中心之栱分别延长而为正侧十字栱或昂外，其出参桁向栱之一端亦延长交错而为侧面或正面之栱昂。除正侧两面外，其转角设斜栱（角栱）或斜昂（角昂），每级斜栱或斜昂之升口，除置斜栱外，还向前上十字栱或昂，以承上部支出之老戗。详见图 2-2-7。

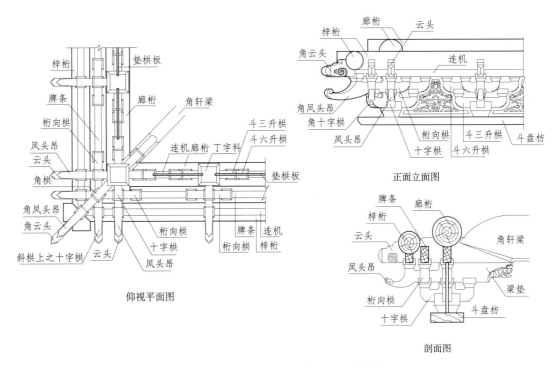

图 2-2-7　五出参转角牌科做法二（用桁向栱）

# 第三节　牌科各部之分件做法

牌科各部分件做法均有定例，现以五七式牌科为例，将各分件之做法分述如下：

## 一、斗

坐斗之底凿 1 寸方眼，而于斗盘枋上做榫，镶纳使其坚固，称斗桩榫。斗之两旁开垫栱板槽，槽宽、深各 0.5 寸。斗面依牌科之形式而分别开一字口、丁字口或十字口，斗内须作留胆，胆高 5 分，使栱料入斗后不致左右移动。各式斗之做法，详见图 2-3-1。

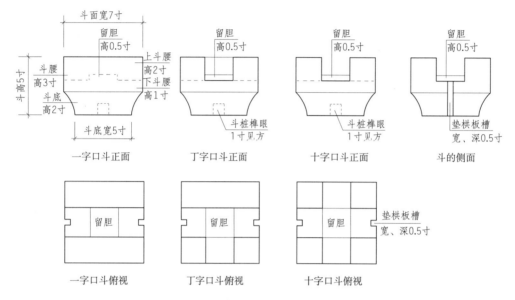

图 2-3-1　各式斗（五七式）的做法

## 二、升

升与斗相似，其尺寸为斗的一半。升坐于栱，用木销连接，于升底凿 0.5 寸之方眼，栱面做木销。升依开口形式及用途之不同，可分为以下三种形式：

（1）面开一字口，架斗三升栱及斗六升栱，升之两侧须开垫栱板或鞋麻板槽，槽深、宽各 0.5 寸；

（2）面开十字口，架桁向栱、云头、昂、丁字栱及十字栱；

（3）斜向开口，架枫栱。

各式升之做法，详见图 2-3-2。

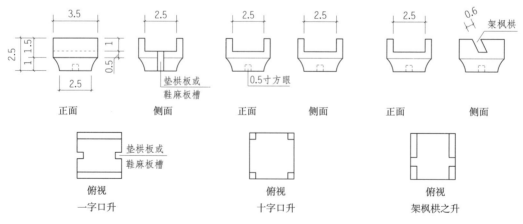

图 2-3-2　各式升（五七式）的做法（单位：寸）

### 三、栱

#### （一）栱的做法

##### 1. 三板做法

栱之两端，锯弯成三段小平面相连，称为三板，各栱板数相同，不似北方建筑瓣数随各栱而异❶。三板边缘各挖去宽 3 分的半圆形折角。

三板的具体做法，以斗三升栱为例，说明如下：

在栱的两端各留 1 寸高的平面，称方板，在栱底距斗边 1.5 寸处做方板，连接两方板做一弧线，将该弧线三等分，用直线将方板与各等分点逐段连接，所连直线为三板制作的基准线。沿基准线将多余木料锯去，所锯成的三段平面即为三板，于三板边缘两侧各挖去宽 3 分的半圆形折角。详见图 2-3-3。

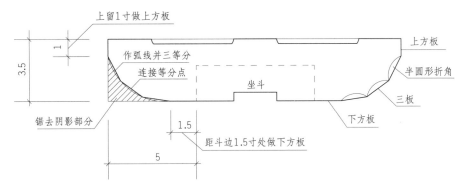

图 2-3-3　斗三升栱（五七式）的三板做法（单位：寸）

斗六升栱的三板做法，其下方板距升边为 1 寸，其余做法均与斗三升栱做法相同，见图 2-3-4。

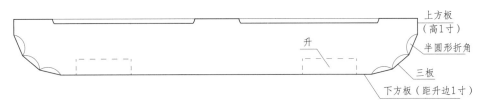

图 2-3-4　斗六升栱（五七式）的三板做法（单位：寸）

##### 2. 亮栱、鞋麻板、栱眼、胆口

栱背与升底相平，两栱相叠，或栱与连机相叠，中成空隙者，称为亮栱。亮栱的栱高同升宽，即 3.5 寸；栱厚同升高，即 2.5 寸。

亮栱空隙处，须于两升边起半寸槽，镶以木板，称鞋麻板，板亦可流空雕花，但雕花与否，须视垫栱板之做法而定。

为使栱之形状曲而有势，亮栱之栱背边缘须铲去宽 3 分的折角，称栱眼，栱眼与两升底处须作倒圆处理。

斗三升栱与斗相交处须做胆口，胆口高 5 分，与斗之留胆相合。

每座牌科均须自顶至底贯以 0.5 寸见方之硬木销，以增坚固。

具体做法详见图 2-3-5。

---

❶　三板为苏州惯用称谓，瓣为北方称谓。

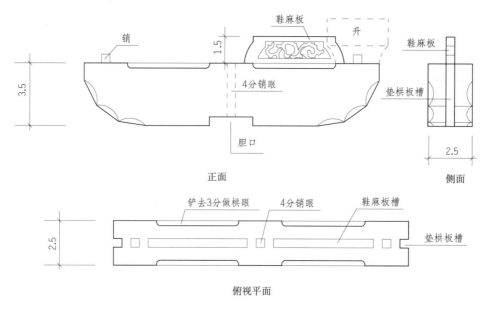

图 2-3-5　斗三升栱（五七式）之亮栱、鞋麻板、栱眼等做法（单位：寸）

### 3. 实栱

栱有亮栱与实栱之分，栱若位于柱头或其他承重处，为增加栱的荷重能力，有时需将栱料加高，与下升腰相平，而于栱端锯出升位，以供升的安装，此类栱称为实栱。

实栱的栱高为 5 寸，栱宽为 2.5 寸。实栱于升底处也须铲出 3 分折角作栱眼，升底以上，依折角底将栱料铲平，使其外观与亮栱相似。

实栱之做法详见图 2-3-6。

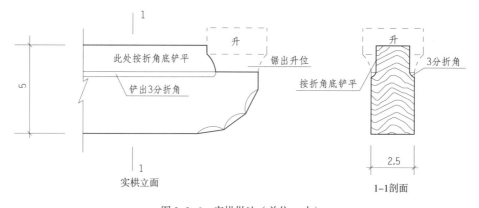

图 2-3-6　实栱做法（单位：寸）

### 4. 两栱相交

两栱相交，如十字栱与斗三升栱或斗六升栱相交，相交处两栱栱料各去一半，其中十字栱做面交，斗三升栱或斗六升栱做底交，即十字栱留上半部分，斗三升栱或斗六升栱留下半部分。

两栱相交部位应做护肩，即栱料开口须比栱料两侧各小 1 分，而将另一栱料削去 1 分，使其相交时不致露缝。两栱相交做法详见图 2-3-7。

## （二）各种形式的栱

### 1. 斗三升栱与斗六升栱

斗三升栱与斗六升栱有一字科、丁字科、十字科三种做法，详见图 2-3-8~ 图 2-3-10。

### 2. 桁向栱

桁向栱有单栱与重栱之分，单栱做法之桁向栱，其长、宽、高等尺寸，均与斗三升栱相同，而重栱做法则与斗六升栱相同，详见图 2-3-11。

### 3. 丁字栱

丁字栱因是单面出参，故丁字栱之尾部须做扎榫与斗三升栱连接。扎榫前小后大，形似燕尾，又称燕尾榫，

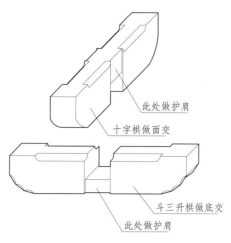

图 2-3-7　两栱相交做法

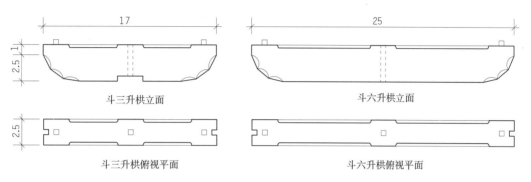

图 2-3-8　一字科之斗三升栱与斗六升栱（单位：寸）

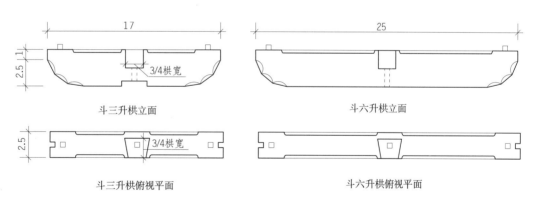

图 2-3-9　丁字科之斗三升栱与斗六升栱（单位：寸）

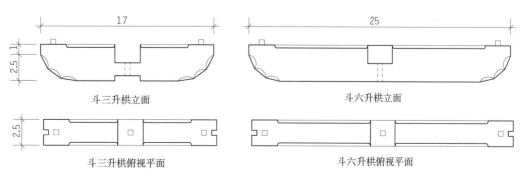

图 2-3-10　十字科之斗三升栱与斗六升栱（单位：寸）

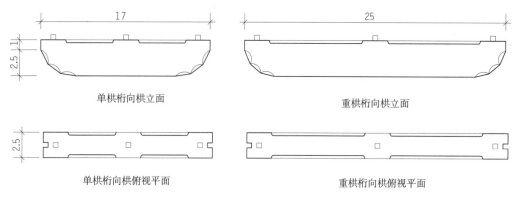

图 2-3-11　两种桁向栱（单位：寸）

榫前部之宽按栱宽的 3/4，后部之宽同栱宽，榫与斗三升栱的搭接长度为 3/4 栱宽。

丁字栱与斗三升栱相交，丁字栱做面交，故榫高为 1/2 栱高，且保留在栱的上半部分。

三出参之丁字栱，栱长为 6 寸加榫长，五出参者，其栱长为 10 寸加榫长。丁字栱之宽为 2.5 寸，高为 3.5 寸，其三板做法参照斗六升栱，距斗边 1 寸做下方板。其余做法均与斗三升栱或斗六升栱相同。

具体做法详见图 2-3-12。

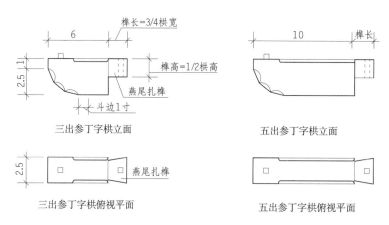

图 2-3-12　丁字栱做法（单位：寸）

**4. 十字栱**

十字栱三出参时，栱长为 14.5 寸，五出参为 22.5 寸。两栱相交，十字栱须做面交，故十字栱下部做开刻，开刻高度为栱高的一半。其余做法均与丁字栱做法相同。详见图 2-3-13。

**5. 枫栱**

枫栱由长方形木板做成，板厚 6 分至 1 寸，板长 14.5 寸，板高 5 寸加 0.5 寸起势。枫栱两侧稍高，向上作半寸起势。栱之中央，上端留出 2.5 寸宽的栱位，下端留出 3.5 寸宽的升位。枫栱须一体做成，不可拼接。

枫栱安装时向外倾斜，竖架于丁字栱、十字栱或凤头昂上之升口，以代桁向栱。栱多雕流空花饰，是一种纯装饰构件。

枫栱做法详见图 2-3-14。

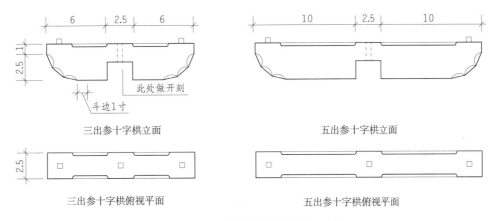

三出参十字栱立面

五出参十字栱立面

三出参十字栱俯视平面

五出参十字栱俯视平面

图 2-3-13 十字栱做法（单位：寸）

### 6. 云头

云头位于牌科最上皮，上承梓桁和廊桁连机。云头高 5 寸，宽 2.5 寸，云头长度视其出参多少而定，如五出参的出参长度为 1 尺，至云头端部亦为 1 尺，若限于出檐，可改为 8 寸，故五出参十字科的云头总长为 4 尺或 3 尺 6 寸。

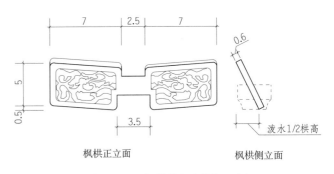

枫栱正立面

枫栱侧立面

图 2-3-14 枫栱做法（单位：寸）

云头居中开设连机口，距居中向外一尺处开设梓桁口及滚机口，所开口子的大小，视所用连机、梓桁、滚机的大小而定，一般滚机及连机的下部口子仅作开刻，开刻深度为 0.5 寸。

梓桁之前做游肩，将云头逐级降低至 3.5 寸。云头前端逐渐做成尖形，称蜂头。蜂头以内雕成月牙形的凹槽，称指甲片，指甲片之后用阴文线刻出云纹。

十字云头的后端有时需开枫栱口，但无需开设梓桁口及滚机口。

十字科云头的做法，详见图 2-3-15。

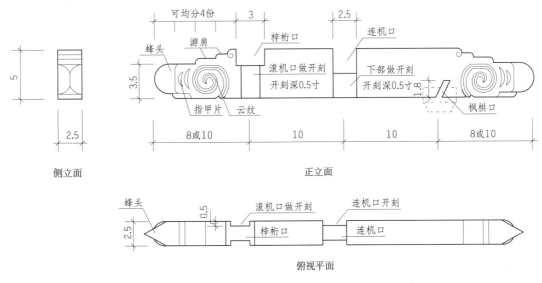

侧立面

正立面

俯视平面

图 2-3-15 十字科云头做法（单位：寸）

丁字科的云头因是单面出参，尾部须做扎榫，扎榫做法可参照丁字栱的扎榫做法。五出参丁字科的云头总长为2尺或1尺8寸，另加半个扎榫长度。丁字科云头的其他做法，均与十字科云头前端相同，详见图2-3-16。

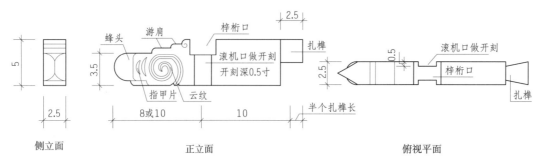

图2-3-16　丁字科云头做法（单位：寸）

### 四、昂

昂若按外形来分，有凤头昂与靴脚昂两种，其中靴脚昂仅用于大殿，而凤头昂则不拘，可用于任何形式的殿庭及厅堂。

#### （一）凤头昂

十字牌科中，将十字栱前端栱头向下延长，其形微曲，复而向上，头作凤凰头形者，称凤头昂。昂尖较云头缩进2寸，若是限于出檐，可将长度打八折。昂底与下升底相平，昂尖之宽按昂栱宽的八折，自栱端上方板起，逐渐收缩。

栱之后端，仍作栱形，若有枫栱者，则须开设枫栱口。其余做法均与十字栱做法相同。图2-3-17所示为五出参之十字凤头昂做法。

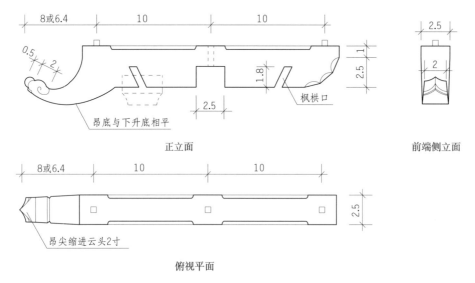

图2-3-17　五出参之十字凤头昂做法（单位：寸）

丁字牌科所用之凤头昂，尾部做扎榫，扎榫做法与丁字栱做法相同。五出参之丁字昂总长为1尺8寸或1尺6寸4分，另加半个扎榫长度。丁字昂的其他做法，均与十字昂的做法相同，详见图2-3-18。

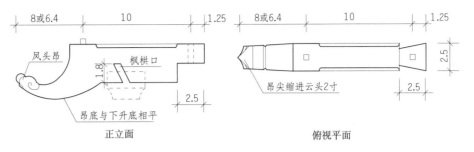

图 2-3-18　五出参之丁字凤头昂做法（单位：寸）

**（二）靴脚昂**

靴脚昂与桁向栱多用于大殿，两者相交处，靴脚昂做面交，桁向栱做底交，故其下部须开刻做口子，不似凤头昂开枫栱口。

靴脚昂自升底外侧斜向朝下延伸，昂底与下升底相平，昂头缩进云头 2 寸。昂头宽为昂栱宽的八折，昂头不得向上翘起，正立面上不得露出昂底。昂背须做出一定高度的三角形披势。

十字靴脚昂做法详见图 2-3-19。

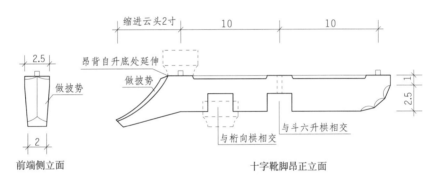

图 2-3-19　五出参之十字靴脚昂做法（单位：寸）

丁字靴脚昂之做法，其前端做法与十字做法相同，仅将与斗六升栱相交处改为扎榫即可，详见图 2-3-20。

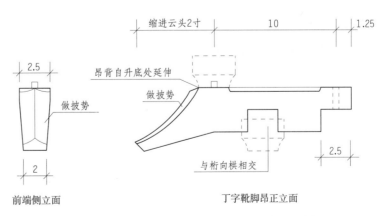

图 2-3-20　五出参之丁字靴脚昂做法（单位：寸）

**五、牌科的技术要点**

（1）五七式牌科是各式牌科的基准，各式牌科的制作均须依五七式牌科之各部尺寸按同比例放大或缩小。

（2）牌科在实际运用时，须根据建筑类型的不同选择合适的牌科式样，如厅堂可选五七式，殿宇则多为双四六式等，但同一座建筑所用的牌科式样须一致。

（3）牌科式样选定后，其斗、升、栱的断面等基本尺寸也已随之确定。但栱的长度可根据其运用部位、开间尺寸、出檐长度等多种因素作适当的调整。

根据传统做法，栱端所架升的内侧，与下一级栱端所架升的外侧，其最大的水平距离为升底的宽度，俗称"一升底"，而最小的水平距离为零，即上升内侧与下升外侧可以上下对齐，但不得重叠。因此，栱的最大长度为该栱的升之内侧与下一级的升之外侧相距一升底，栱的最小长度为该栱的升之内侧与下一栱之升的外侧对齐。斗三升栱的最大长度是升内侧与坐斗外侧相距一升底，最小长度为升内侧与坐斗外侧对齐。

以五七式一斗六升栱为例，见图 2-3-21。

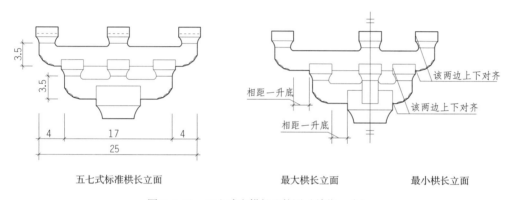

五七式标准栱长立面　　　　最大栱长立面　　　　最小栱长立面

图 2-3-21　五七式之栱长比较图（单位：寸）

（4）柱头科、角科等栱料均须采用实栱做法。

（5）柱头科、角科之云头或角云头，须与梁或角梁为同一材料做出，不得断开。其第一级内外十字栱须一料相连，其第二级构件，无论栱、昂，均须与梁垫一料做出，不得断开分做。

（6）柱头牌科上立面方向的斗底宽同柱径，其斗面之宽按该建筑所用牌科之斗底与斗面之差相应放出。进深方向之斗底、斗面以及斗高则均与该建筑牌科之相应尺寸相同。

位于梁、枋上之牌科（斗盘枋除外），其进深方向的斗底宽，按所在之梁、枋宽，斗面放宽尺寸以及立面方向之斗底、斗面、斗高等均按该建筑所用牌科之相应尺寸。

柱头牌科上之栱宽，为轩梁宽的 3/5，栱高则仍按原式。

# 第三章  厅堂的大木构造

与普通平房相比，厅堂的檐口较高，进深较深，内四界前均设轩，面宽三至五间不等，内部装修精美，家具陈设华丽。厅与堂的区分在于内四界的用料，用扁方料者谓之厅，用圆料者称为堂。因为厅与堂均为园林内进行各种活动的主要场所，其功能基本相同，故人们常将其合称为厅堂。

一般规定，厅堂的面宽，其次间宽为正间宽的 8/10，进深通常为七界，由前廊轩、内四界、后双步共三部分组成。厅堂的檐高同次间面宽，若有牌科，则牌科高度另加。但若用于园林，则不受以上规定的限制，而是根据环境、造型的需要，灵活运用，因此给园林建筑的形式带来了不少的变化。

## 第一节  厅堂的种类及名称

### 一、厅堂的种类

厅堂就其贴式构造之不同，可分为下列数式：扁作厅、圆堂、贡式厅、回顶、卷棚、鸳鸯厅、花篮厅、满轩。各种贴式的厅堂详见图 3-1-1~ 图 3-1-7。

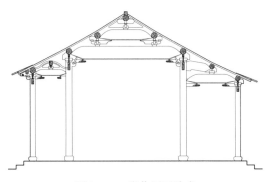

图 3-1-1  扁作厅正贴式

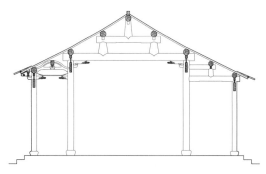

图 3-1-2  圆堂正贴式

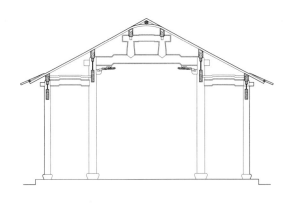

图 3-1-3  贡式厅正贴式

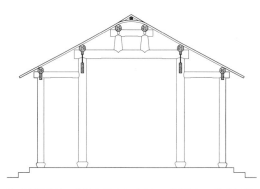

注：圆做回顶，若是在桁底钉木板，不露桁条，做卷棚状，施以油漆，或糊以白纸，其形式即称卷棚。

图 3-1-4  回顶正贴式

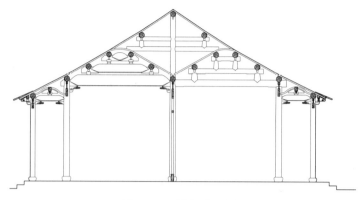

图 3-1-5　鸳鸯厅正贴式

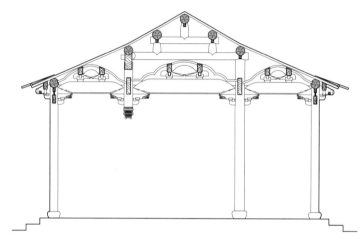

图 3-1-6　花篮厅正贴式

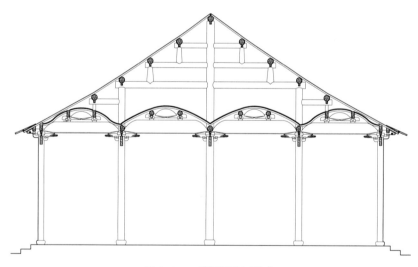

图 3-1-7　满轩厅堂正贴式

## 二、厅堂的名称

"厅堂，因其地位及当时使用性质之不同，而称为大厅、茶厅、花厅、对照厅、女厅。茶厅亦称轿厅，位于正落门第之后。深凡六界，其结构或为扁作或为圆料。昔时用为停轿备茶之所。大厅位于茶厅之后，其富丽宏伟为全屋之冠，备款待宾朋及婚丧应酬之用。其结构，富有之家，俱用扁作；小康之家，则用圆堂。女厅位于大厅之后，以楼厅为居多，顾名思义，已知其为眷属起居应酬之所矣。书厅与花厅为平时读书起居之地，多位于边落，结构式样回顶、卷棚、贡式、花篮均宜，要以精巧华丽为尚。厅前或辟天井，或营小圃，栽花植树，堆山凿池，各随其宜。厅之正间相对，式样相似者，则称对照厅。"

——引自《营造法原》

图 3-1-8 是苏州某旧宅之厅堂平面布置图。

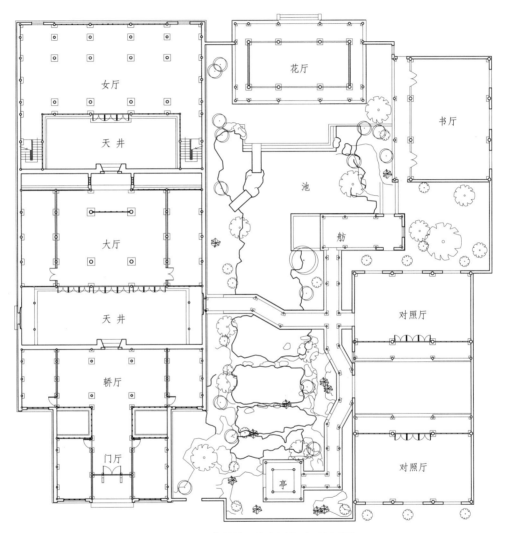

图 3-1-8　苏州某旧宅之厅堂平面布置图

## 第二节　厅堂的外观

### 一、厅堂的立面形式

厅堂建筑的立面形式，有硬山与歇山两种。

**（一）硬山厅堂**

硬山厅堂，即其屋面前后，做斜坡落水，两旁山墙与屋面高度相同，或将两侧山墙砌越屋面，左右相对做屏风墙或观音兜者，均称为硬山厅堂。

硬山形式的厅堂，其贴式多为扁作厅或圆堂，开间一般为三间，廊柱之间，正间设长窗，次间则装短窗。有的厅堂在枋子之上设置桁间牌科，作为装饰。

硬山厅堂的立面形式详见图 3-2-1、图 3-2-2。

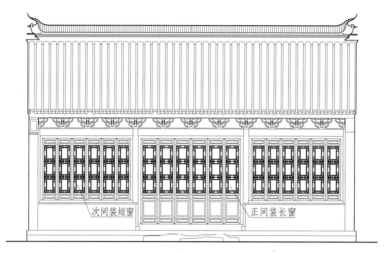

图 3-2-1　硬山厅堂立面之一（硬山做法）

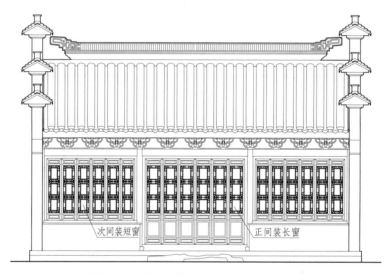

图 3-2-2　硬山厅堂立面之二（屏风墙做法）

### （二）歇山厅堂

歇山厅堂，其四周绕以廊轩。在边间的边贴处砌筑山墙，两边山墙外侧之廊轩上所架屋面，称为落翼，其上端架于边贴间的山墙上。落翼之上的山尖部位，则称歇山。因此，该建筑的形式也就称为歇山，与硬山屋面不同的是，歇山屋面是四坡落水，其廊轩转角处的屋面合角，称戗角。

歇山厅堂的窗装于步柱间，也是正间装长窗，次间装短窗，四周廊柱间悬以挂落，下设半栏坐槛。

若是在边间两旁，其边贴处不砌筑山墙，而是安装窗扇者，则称为四面厅。但须于边贴梁旁架设草梁，以承落翼之椽，负山尖墙垣之重。

四面厅之立面形式详见图 3-2-3、图 3-2-4。

歇山顶一般用于四面厅，有时也用于鸳鸯厅、花篮厅等。除四面厅外，硬山顶可运用于任何形式的厅堂。

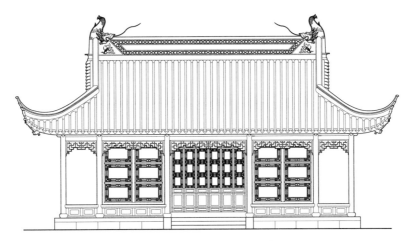

图 3-2-3　四面厅正立面图

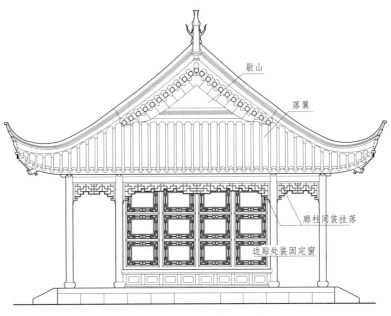

歇山

落翼

廊柱间装挂落

边贴处装固定窗

图 3-2-4　四面厅侧立面图

## 二、厅堂的面阔与檐高

厅堂正间面阔，按次间面阔加二。宽五间者，若是硬山，则边间面阔可同次间。而歇山者，其落翼面阔须同廊轩之深，详见图 3-2-5、图 3-2-6。

厅堂的檐高，为次间的面阔，即次间面阔便是檐高。用牌科者，则檐高为次间面阔加所用牌科高度，详见图 3-2-7。

如系楼房，将平房檐高作楼面高度，而上层房屋的檐高则按楼面高度的七折计算，详见图 3-2-8。

图 3-2-5　三开间硬山厅堂平面图

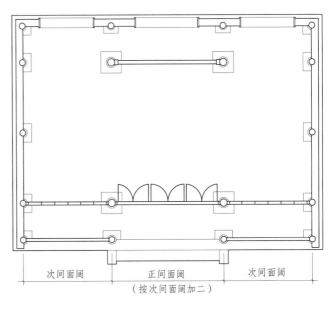

次间面阔　　　　正间面阔　　　　次间面阔

（按次间面阔加二）

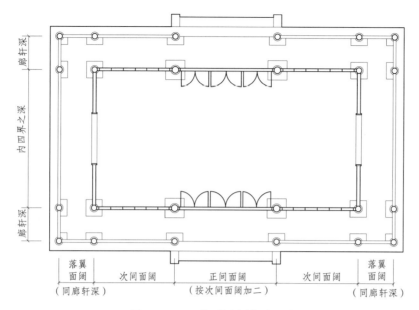

图 3-2-6  五开间歇山厅堂平面图

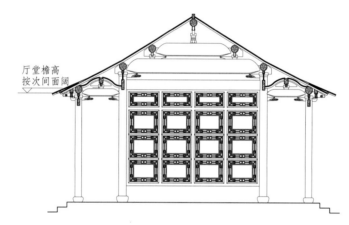

图 3-2-7  厅堂檐高图例

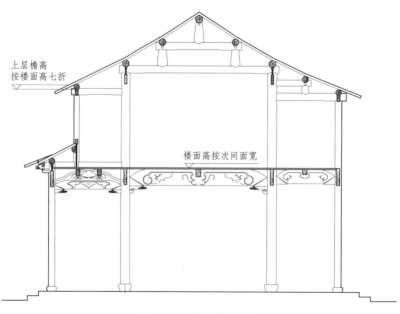

图 3-2-8  楼厅檐高图例

# 第三节　厅堂的构造

现将各式厅堂的构造分述如下。

## 一、扁作厅

扁作厅的贴式及构造,其进深可分为三部分,即轩、内四界、后双步,规模大一点的扁作厅在轩之外再做廊轩。扁作厅的轩、内四界及后双步,其梁架都用扁方料,故名扁作。

扁作与圆作,是大木作中两大主要做法,只要弄通弄懂这两部分的内容及基本做法,则大木作的一般性的技术问题都可以得到解决。为此,以下将对扁作厅中各部分的名称与做法,进行比较详细的介绍,见图3-3-1。

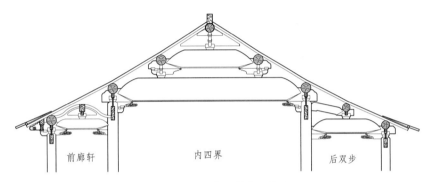

图3-3-1　扁作厅结构示意图

### (一)内四界的结构

扁作厅的内四界,其结构主要由以下构件所组成,两步柱的上端各置坐斗一座,坐斗之上所架的四界大梁简称大梁。大梁之上设五七式一斗三升牌科两座,牌科之上架山界梁,山界梁之背上设置五七式一斗六升(或一斗三升)牌科一座,上承脊机及脊桁。牌科两旁所捧的山尖状木板,称山雾云,拱端脊桁两旁,所置木板则称抱梁云。

内四界各主要构件的名称及安装部位,详见图3-3-2。

现根据上图,从下至上,将各主要构件的做法叙述如下。

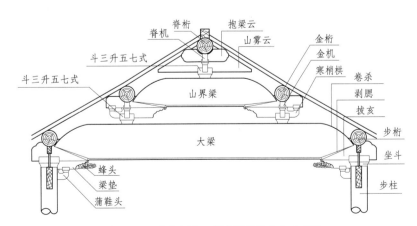

图3-3-2　扁作厅内四界主要构件名称示意图

### 1. 坐斗做法

扁作大梁搁置在两步柱上端之坐斗上，坐斗为五七式。斗底见方，宽同柱顶之宽，两边各出1寸，高5寸。按进深方向在上斗腰部位开斗口，供大梁搁置之用，斗口宽度同大梁端部宽度。柱顶中央留1寸见方、高1寸的榫头，斗底中央凿1寸见方、深1寸的榫眼，称斗桩榫，见图3-3-3。

### 2. 大梁做法

#### 1) 定大梁的高度与宽度

大梁作扁方形，其高为厚的2倍，以圆木锯方拼高。大梁高度的确定，可按下列步骤来进行：首先要按圆作大梁的方法，计算其圆料的围径，换算成圆料直径，将该圆料四边去皮结方，求得方料高度（此高度可用作图法求得）。根据经验，可将该方料高度作为参考，暂定为大梁的机面高度。

大梁圆料的围径为内四界之深的2/10，山界梁圆料的围径为大梁围径的八折。其圆料围径的计算，以图3-3-4所示的尺寸为例。

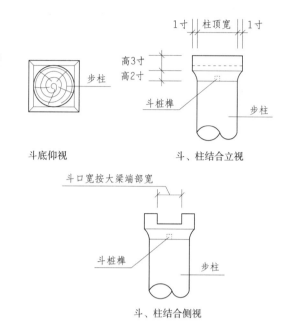

图3-3-3　柱顶坐斗做法示意图

大梁圆料的围径=4400毫米×0.2=880毫米，换算成直径为280毫米。用作图法求得方料高度为196毫米。取大梁的机面高度为200毫米。山界梁圆料的直径=大梁直径280毫米×0.8=224毫米，方料高度为158毫米。山界梁的机面高度不按其方料高度，一般取其金机高度，即3寸。见图3-3-5。

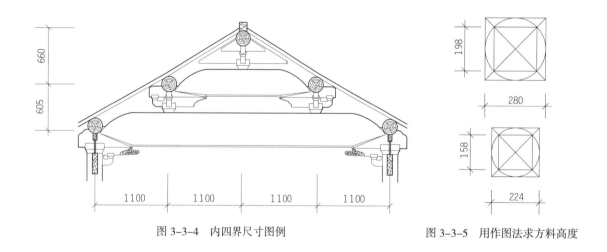

图3-3-4　内四界尺寸图例　　　　　　图3-3-5　用作图法求方料高度

关于扁作山界梁的机面高度，《营造法原》原文中多次提及。如"扁作大梁之机面，高约七寸左右。山界梁机面约高六寸半，双步相同"（见《营造法原》p26）。又如"酌定大梁机面为七寸，山界梁机面为六寸半"（见《营造法原》p32）。但是，若按山界梁机面高度为6.5寸，并将金机架于下升腰处，则金机高度即为机面高度，金机高度为6.5寸明显过高，详见图3-3-6。

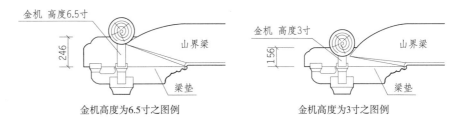

图 3-3-6  两种金机高度之立面比较

根据上图，金机高度为 3 寸，梁端高度为 156 毫米，也与山界梁方料高度相同，由此比较，故本文取山界梁的机面高度为金机高度，即 3 寸。

大梁高度的确定，可按以下公式计算：

大梁高度 = 提栈高度 − 山界梁机面 − 梁垫斗高 + 大梁机面

现以图 3-3-4 所示尺寸为例：取山界梁机面为 80 毫米，约 2.8 寸；取大梁机面为 200 毫米，约 7 寸；提栈高度为 605 毫米；因采用五七式一斗三升斗栱，梁垫及斗高为 8 寸，即为 228 毫米。根据上述公式得：

大梁高度 =605−80−228+200=497 毫米，取大梁的高度为 500 毫米 ❶，大梁的宽度即为 250 毫米。

2）大梁用料的几种做法及大梁断面

大梁的用料分独木、实叠、虚拼三种。独木是将整根圆木去皮结方；实叠是用两根实木叠拼而成，其下拼段的高度不得低于梁高的 2/3；虚拼则于梁的两边，各按梁身的 1/5 拼高，中空部位应于斗底处用实木填实，虚拼的大梁，实木部分的高度不得小于大梁圆料直径，见图 3-3-7。

扁作大梁的断面形式一般有三种：其一，四边平行，断面呈四方形；其二，上下平行且尺寸相同，中间稍向外鼓约 3 分左右，即琴面做法；其三，上大下小，略呈泼水之状，上下大小之差应控制在梁高的 1/10 左右，见图 3-3-8。

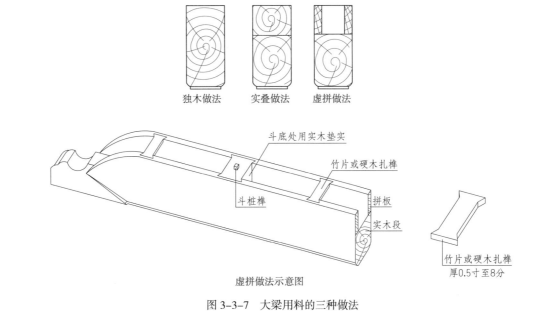

图 3-3-7  大梁用料的三种做法

---

❶ 根据苏州地区传统做法，扁作大梁的高度约为步桁与金桁之间的界深之半，本例所取界深为 1100 毫米，大梁高度为 500 毫米，与传统做法基本相符。

3）卷杀、拔亥（剥腮）与挖底

梁背两端，自桁的内侧 0.5 寸与机面线相交之处起，向上作圆弧，至界深的一半处与梁背直线相连，该圆弧部分称为卷杀。

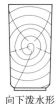

四边平行形　外鼓琴面形　向下泼水形

图 3-3-8　大梁断面的三种形式

梁端前后各按梁厚锯去 1/5，成斜三角形，其斜弦上端起自机面处，与卷杀相连，下端至梁底离桁中心半界处，谓之拔亥，又称剥腮（见下图阴影部分）。拔亥的厚度为梁本身厚度的 3/5，目的是便于大梁的搁置、安装。

在拔亥与大梁本身相交处，依斜线边缘，须逐渐向上做圆势，并形成三角状的圆弧部分。斜线下端，界深之半处，即拔亥之起点，称为腮嘴。梁底自腮嘴以外逐渐向上挖去 0.5 寸，谓之挖底。挖底后的梁底缘也须向上作圆势，并与拔亥（剥腮）边缘的圆势相交。

卷杀、拔亥（剥腮）的做法见图 3-3-9。

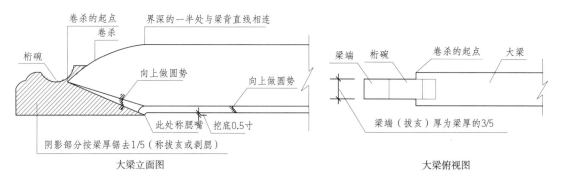

图 3-3-9　卷杀、拔亥（剥腮）做法示意图

3. 梁垫、蜂头、蒲鞋头及棹木

1）梁垫与蜂头

大梁之梁端伸出桁外的长度，自 8 寸至 1 尺，其高度按照圆料锯方。为了大梁安装牢固，梁端之下垫有木材，与柱或坐斗相连，谓之梁垫。梁垫长及腮嘴，宽同拔亥，高同五七式栱料。梁垫一般做如意卷纹，若将梁垫加长，加长的长度等于梁垫高度。在加长部分及梁垫底部雕刻金兰、佛手、牡丹等流空装饰，所雕装饰，则称蜂头，见图 3-3-10。

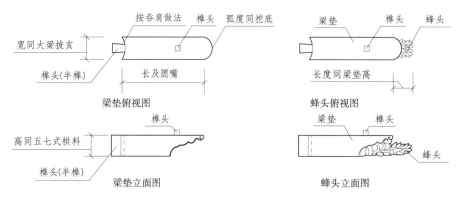

图 3-3-10　梁垫、蜂头制作示意图

2）蒲鞋头

有时为了增加梁端搁置的稳固，在梁垫之下，再安装栱状的垫木，谓之蒲鞋头。其高、厚同梁垫，其长至柱中心线为 9 寸，上端架升，其制均与栱料做法相同，但因其架于柱，而不是出于斗口，且其亮栱部位是实栱，因此不将其称之为栱，而称为蒲鞋头，详见图 3-3-11。

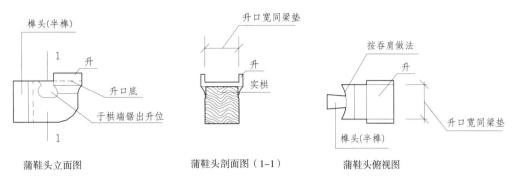

图 3-3-11　蒲鞋头制作示意图

3）梁垫与蒲鞋头的安装

梁垫与蒲鞋头分别安装于步柱与坐斗处，故需于所安装之相应部位凿榫眼，榫眼的大小均同与之所对应的榫头，为安装牢固，榫头须内大外小，呈燕尾形。安装时，将构件从上往下依次插入，安装顺序为蒲鞋头（如有）、梁垫、大梁。详见图 3-3-12、图 3-3-13。

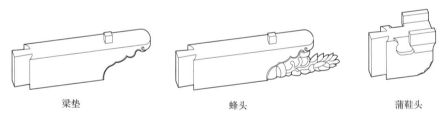

图 3-3-12　梁垫、蜂头与蒲鞋头大样示意图

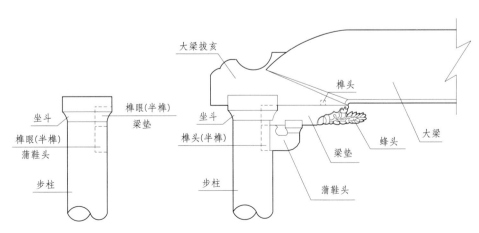

图 3-3-13　梁垫与蒲鞋头安装示意图

4）棹木

有的厅堂在蒲鞋头的升口前后架棹木，作为装饰。棹木形似枫栱，长为梁厚的 1.6 倍，高为梁厚的 1.1 倍，厚约 1.5 寸。安装时须向外倾斜，其倾斜角度为其高度的 1/2，见图 3-3-14。

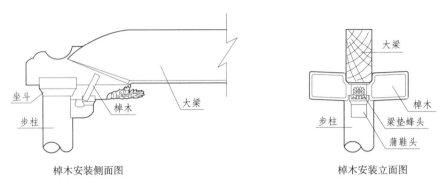

图 3-3-14　棹木制作安装示意图

4. 山界梁的做法

大梁之上架山界梁，山界梁的高、厚均为大梁之高、厚的八折，其卷杀、拔亥、剥腮及挖底之制，均与大梁相同。

1）梁垫、寒梢栱与五七式斗栱的做法

山界梁的梁端之下垫梁垫，但不做蜂头，梁垫的另一端做栱，称寒梢栱。梁垫与寒梢栱为同一构件，须一体做出，不得断开分做。栱架于斗，斗架于大梁之背，以连接二梁，其作用与圆梁之上的童柱相同。斗的立面按五七式，但斗底之深同大梁厚，斗面之深，每面放 1 寸。斗底凿 1 寸见方的榫眼，于梁背之上做榫，两者镶合，称斗桩榫。寒梢栱分斗三升及斗六升两种，可根据提栈之高低而分别应用。梁端伸出桁中心之外，约 8 寸至 1 尺，由梁端的高与厚以及提栈的大小而决定，见图 3-3-15。

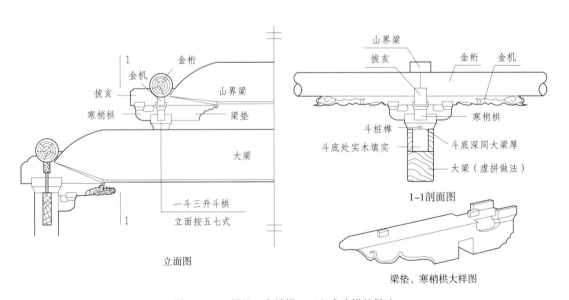

图 3-3-15　梁垫、寒梢栱、五七式斗栱的做法

2）五七式牌科、山雾云、抱梁云的做法

山界梁的梁背之上，居中设五七式斗六升或斗三升牌科一座，与梁成直角，该牌科之栱料须放阔5分，以承脊机及脊桁。斗的立面按五七式，斗底宽按梁厚，斗面各出1寸。斗与梁背的连接依然是采用斗桩榫做法。

牌科两旁，左右捧以木板，其形状依据山尖之样式，上刻流云飞鹤等装饰，称山雾云，山雾云厚1.5寸，架于斗腰。栱端脊桁两旁，则置抱梁云，抱梁云厚1寸，架于升腰。抱梁云全长为桁径的3倍，其高须根据山尖之形状而定。

山雾云、抱梁云均需出大样，由花作雕刻。因其离地较高，故须采用深雕手法，而所用花纹只需简单、疏朗，无需繁复、纤巧。安装时须向外倾斜，其倾斜角度称为泼水（亦称泼势），为其高度的1/2，亦可审度形势，根据情况，现场予以调整。

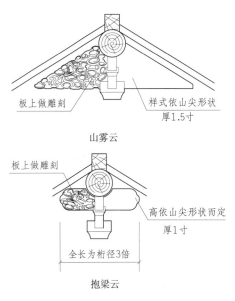

图3-3-16　山雾云、抱梁云的做法

山雾云、抱梁云的制作与安装详见图3-3-16、图3-3-17。

山界梁各构件的名称与安装位置，详见图3-3-18。

梁与桁的开刻留胆之制，一如平房。桁之名称依旧分廊、步、金、脊诸名。桁下承机或连机，脊机之长，按金机之长放出斗六升之栱长，而金机之长则按开间的2/10。

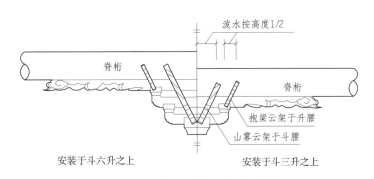

图3-3-17　山雾云、抱梁云的两种安装方式

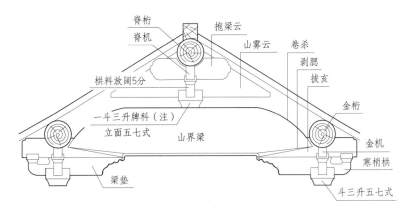

注：此处牌科可斗三升，亦可斗六升，视房屋提栈之高低而定，本例采用斗三升。

图3-3-18　山界梁各构件名称与位置

以上便是扁作厅的内四界中各构件的具体做法，其技术要点是：

（1）根据房屋内四界的进深与房屋的提栈高度，选择合适的斗栱形式（如五七式还是四六式，斗三升还是斗六升等），再根据所用桁条的直径，来确定机面高度，从而选择合适的大梁高度。

（2）大梁高度确定后，因为山界梁的高度是大梁高度的八折，所以山界梁的高度也随之确定。但是由于房屋提栈的原因，山界梁顶部至脊桁底的距离却是个不确定的因素，有高也有低，这就需要进行调整，调整的方法有二：其一，改换斗栱形式，如斗三升换斗六升，或是斗六升换斗三升；其二，斗三升与斗六升之间的高度差是个常数，即两者相差8寸。这就需要采取另外的措施，若是误差较大，可在斗底之下加设荷叶凳，若是误差较小，可在脊桁底下加放高连机，来弥补以上不足。

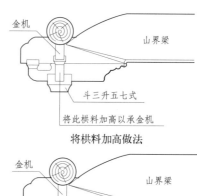

将栱料加高做法

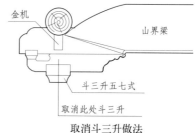

取消斗三升做法

图 3-3-19  调整金机与斗三升之间
关系的两种做法

（3）另外，金机与斗三升栱之间的关系也需要调整，因为要是将金机直接置于升之下腰处，则山界梁的机面高度也就成了一个常数，即金机高度（一般为3寸）。3寸的机面高度有时也显得过低，而机面过低则梁的开刻就大，开刻大则影响梁身的坚固。因此将山界梁的机面高度设为常数很不科学，需要根据多种因素，综合考虑来确定。所以，如果出现金桁与斗三升的距离大于金机高度时，则须将栱料加高，以解决上述的不足；或是取消金机下的斗三升栱，工程实例中也有很多这种做法，见图3-3-19。

内四界中各构件的名称与安装位置详见图3-3-20、图3-3-21。

**（二）后双步的结构**

1. 双步梁的制作

厅堂内四界之后，也有仅连一界而筑后轩的，但以连二界而筑双步为常见。扁作厅的双步梁断面为扁方形，其高按大梁七折，其宽为高度的一半。梁底挖底0.5寸，剥腮与腮嘴至桁中，亦以半界为度，其卷杀、拔亥等做法均同大梁。

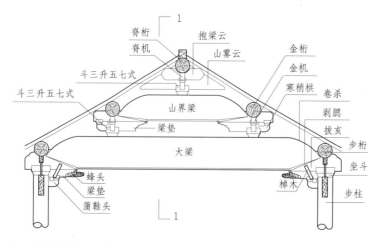

注：本图例山界梁上所架牌科为斗三升五七式。

图 3-3-20  内四界各构件名称与位置的立面图

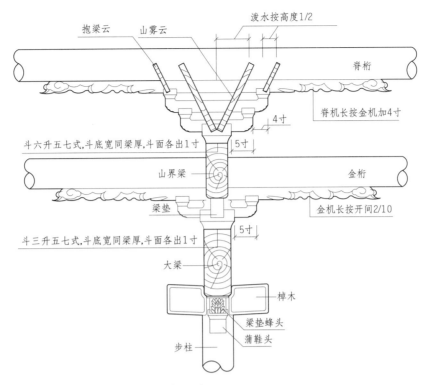

注：本图例山界梁上所架牌科为斗六升五七式。

图 3-3-21　内四界各构件名称与位置的剖面图（1–1 剖面图）

双步的一端架于廊柱或牌科之上，其拔亥之上架连机与廊桁，故其桁椀、留胆与连机口的做法均按圆作做法。

双步的另一端凿榫连于步柱，故拔亥处须留榫头，所留榫头为半榫，榫高与廊桁的机面线相平，榫宽为步柱直径的 1/3。双步与柱的连接处须按吞肩做法。梁底两端可做梁垫蜂头。

双步梁的做法详见图 3-3-22。

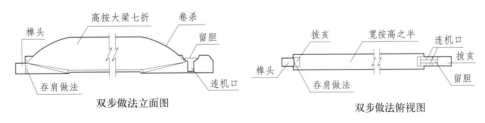

图 3-3-22　双步梁的做法

#### 2. 坐斗与眉川的制作

梁背置坐斗，斗为五七式，界浅时则用四六式。斗口架梁垫及寒梢栱，以承眉川。若界浅时，梁垫及寒梢栱也可不用，而将川之下端直接架于斗口。因川形似眉，又类驼峰，故眉川又称骆驼川。川之上端连于柱，下端架于斗，上端高于下端 2 寸，称捺梢。

川之上端做榫，榫为半榫，榫高为川与柱连接处高度的一半，榫宽与拔亥之宽相同，川与柱的连接处须按吞肩做法。

川之挖底，上底挖 2 寸，下底去 0.5 寸，借此增加曲势。眉川之上架机，机之上为桁。该机称川机，桁即名川桁。拔亥之上所设桁椀、留胆、连机口等做法，均与双步相同，见图 3-3-23。

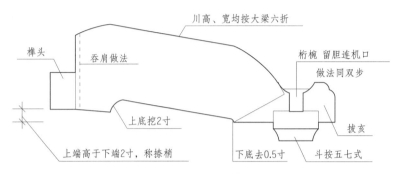

川高、宽均按大梁六折

榫头

吞肩做法

桁椀 留胆连机口
做法同双步

上底挖2寸

拔亥

上端高于下端2寸，称捺梢

下底去0.5寸

斗按五七式

图 3-3-23　眉川的做法

图 3-3-24 为后双步各构件名称与安装位置图。

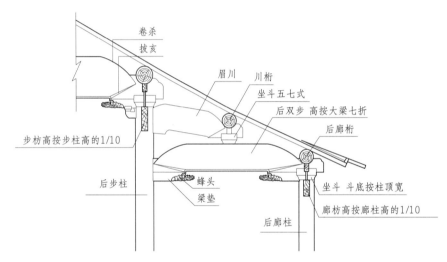

卷杀
拔亥

眉川
川桁
坐斗五七式
后双步 高按大梁七折
后廊桁

步枋高按步柱高的1/10

后步柱

蜂头
梁垫

后廊柱

坐斗 斗底按柱顶宽
廊枋高按廊柱高的1/10

图 3-3-24　后双步各构件名称与位置

**（三）轩的结构**

凡是厅堂，在内四界的前面均设有轩。轩一般深一界至二界，在原有屋面之下，设轩梁，架桁，架重橼，铺设望砖。自下仰视，其前后对称，表里整齐，高爽精致。轩的形式与做法多样，后面将另有篇章专门予以介绍。

现以一枝香轩为例，将其做法简述如下：

轩不论是用于扁作厅，还是用于圆堂，其用料都为扁作。轩之构造，于廊步两柱之间设轩梁，梁背之上置坐斗，坐斗可设一座，也可设两座，根据轩的深浅及形式而决定。

若轩梁较短，梁背之上，居中仅需安装坐斗一座，斗上架轩桁，则该轩称一枝香轩。轩桁的方料照斗料，桁之左右装抱梁云，架于斗口，作为装饰。

一枝香轩的轩梁高度，按大梁的六折半至七折。轩梁两端亦做剥腮，腮嘴起自界深的 1/4 处，梁下挖底 4 分，边缘做圆势。梁下设梁垫，可做蜂头装饰。

一枝香轩分为鹤胫与菱角二式。轩的式样是根据轩桁两旁所用弯橼的不同而区分的，若橼之弯曲如鹤胫状，该轩称鹤胫轩，若其弯曲尖起如菱角状，则为菱角轩。

轩之弯橼称轩橼，为安装轩橼，轩之两旁的廊桁及步枋之上均须按照轩橼的橼豁凿方眼，称回橼眼，以承橼头。轩橼安装时，其一端搁在轩桁上，另一端分别搁在两边的回橼眼上。弯橼用料，须依直橼加厚。上面所铺设的望砖，称轩望，也须依弯橼的弯势均分磨平，使其铺设严密。

轩桁的提栈须根据轩梁的高度及全屋的提栈关系来确定，但不能超过五算，见图3-3-25。

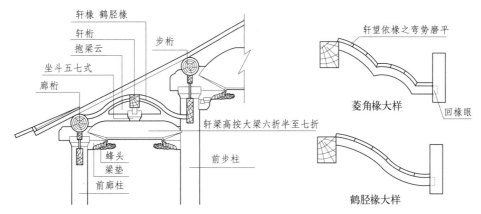

图3-3-25　一枝香鹤胫轩各构件名称与位置

若出檐过多，为防其下坠，必须于出檐橼下另设梓桁承之。因此，将轩梁一端向外挑出，以架梓桁。梁端做成云头状，称云头挑梓桁。梓桁与廊桁平行，其提栈为三算半。梓桁断面或圆或扁方，圆者围径照廊桁八折，长方者照所用斗料八折，梓桁下辅以短机，机刻花枝，称滚机。云头之下，托以蒲鞋头，蒲鞋头用实栱，升开十字口，厚同云头，为梁身的3/5，高同梁垫。

梓桁与廊桁的水平距离通常为8寸，须视桁径及距离之大小，酌情伸缩，以免拥挤。云头挑出梓桁以外，长约8.5寸，须缩进出檐橼头二三寸，云头前端做尖形之合角，也称蜂头。但用于边贴时，只需平头而无蜂头。云头之花纹式样须绘大样，由花作雕刻。

云头挑梓桁做法详见图3-3-26、图3-3-27。

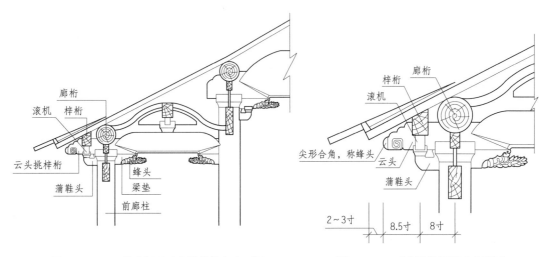

图3-3-26　一枝香轩（云头挑梓桁）立面图　　　　图3-3-27　云头挑梓桁做法大样图

以上便是扁作厅中前廊轩、内四界以及后双步的基本做法，图3-3-28便是按上述做法所绘制的七界扁作厅正贴立面图。

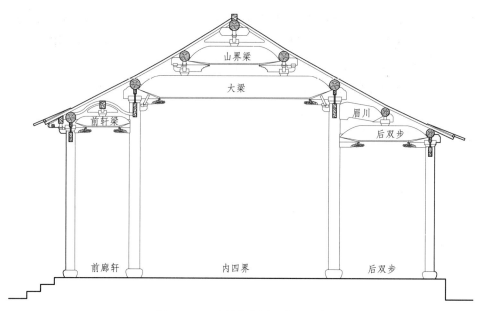

图 3-3-28　七界扁作厅正贴立面图

**（四）边贴做法**

扁作厅的边贴做法，《营造法原》中没有多作介绍，也没有图例来说明。为方便读者理解，现根据苏州地区传统做法与工程实例，将该方面的内容作一补充。

1. 扁作厅的边贴

扁作厅的边贴内四界有两种做法，现分述如下。

1）做法一

内四界用脊柱，脊柱的围径同廊柱。脊柱之上设坐斗，斗为五七式，斗底见方，宽同柱顶，两边各出 1 寸，高 5 寸。朝正贴一面开斗口，上架斗三升或斗六升，根据正贴做法而定。升之上架脊机、脊桁，其具体做法均与正贴相同。

脊柱前后做双步，以代大梁。双步之高同大梁，其宽可按大梁七折❶。双步一端架于斗，一端连于脊柱，双步之下为梁垫，但不设蜂头与蒲鞋头。双步之下留空处镶楣板，称双步楣板。其下设双步夹底，与廊枋相平。

双步之上设斗，斗口架梁垫及寒梢栱，以承川，川之一端架于斗，另一端连于脊柱，川之做法均与后双步上眉川做法相同。

双步以上，凡留空处均镶以 8 分至 1 寸厚的木板，称山垫板。

本做法因内四界间位于脊柱前后的构件均为对称设置，故俗称"一脊二挥"。与正贴一样，所有名称相同的构件均有前后之分，详见图 3-3-29。

2）做法二

内四界之脊柱、金柱均落地，俗称"五柱落地"，柱之围径均同廊柱。柱之上设坐斗，坐斗做法均同做法一。坐斗之上架斗三升或斗六升，根据正贴做法而定。升之上分别架机、架桁，具体做法均与正贴相同。

---

❶ 按《营造法原》所述，圆作做法中，边贴双步的围径为大梁的七折，但对于扁作做法却没有提及。根据苏州地区的传统做法及工程实例，边贴双步之高须同大梁，否则廊桁、金桁均做不通。

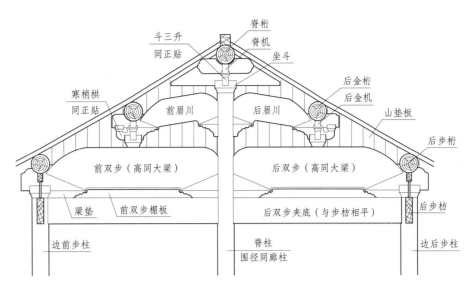

图 3-3-29　扁作厅边贴内四界做法一（一脊二挥）

边步柱与金柱间设川，因位于金桁下方，故称下金川。川之一端架于斗，一端与金柱相连，川之高度较为随意，可与大梁相同，也可小于大梁，视厅之华丽程度而定，但其宽度仅为大梁的六至七折，川之做法一般均同眉川做法。川之下为梁垫，梁垫以下为川夹底，夹底与步枋相平。

金柱与脊柱间也设川相连，称上金川，其做法与下金川之做法相同。

上金川夹底设两道，称上夹底与下夹底。上夹底设于上金川之梁垫以下，下夹底与下金川夹底做通，也与步枋相平，上下夹底高度相同。

屋架留空处也须设山垫板。

具体做法详见图 3-3-30。

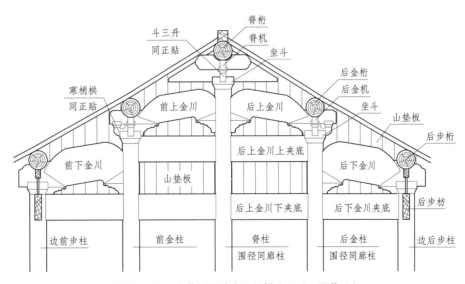

图 3-3-30　扁作厅边贴内四界做法二（五柱落地）

**2. 边贴后双步做法**

边贴之步柱称边步柱，其围径同正廊柱，边廊柱之围径按正廊柱九折。边贴后双步的做法，可基本参照正贴做法。所不同的是，梁垫处不设蜂头与蒲鞋头，梁垫以下设夹底，夹底与廊枋相平，称双步夹底。双步与夹底间亦镶楣板，双步以上留空处均镶以山垫板，详见图 3-3-31。

**3.边贴前廊轩做法**

边贴前廊轩的做法，轩梁及以上参照正贴做法。轩梁以下设梁垫，不设蜂头与蒲鞋头。轩梁以下留空处为楣板，楣板以下为轩梁夹底，与廊枋相平。轩梁以上留空处镶山垫板。

若是采用云头挑梓桁做法，则云头前端仅需做平头，而不必再做蜂头，见图3-3-32。

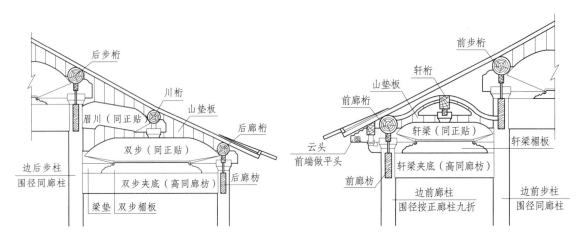

图 3-3-31　扁作厅边贴后双步做法　　　　　图 3-3-32　扁作厅边贴前廊轩做法

图3-3-33、图3-3-34所示是两种做法的七界扁作厅边贴立面图。

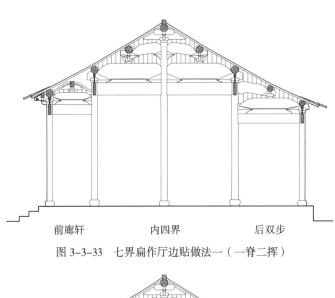

图 3-3-33　七界扁作厅边贴做法一（一脊二挥）

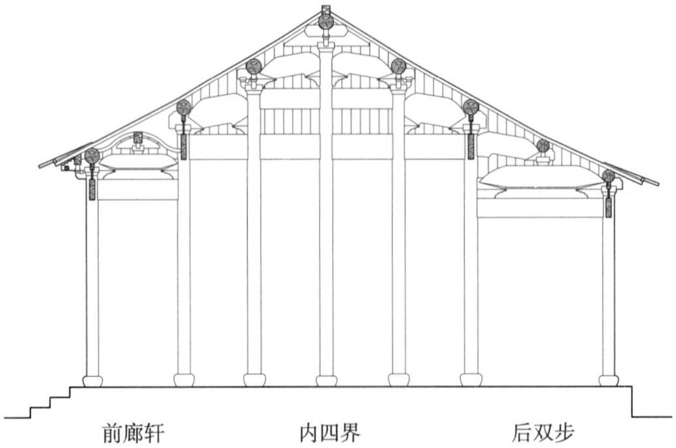

图 3-3-34　七界扁作厅边贴做法二（五柱落地）

### 二、圆堂

圆堂的贴式与构造，进深也分为三部分，即前轩、内四界、后双步。而在内四界与后双步的用料上，圆堂用的是圆料，扁作厅则用方料。另外，有的扁作厅在轩之外再设廊轩，而圆堂一般则仅设廊轩。但不论圆堂还是扁作厅，轩的用料都是方料。

圆堂的用料之制与做法同平房，但大梁两端也做梁垫蜂头、蒲鞋头等装饰，以增加美观。

#### （一）圆堂的正贴做法

1.内四界的做法

圆堂的正贴，其内四界处设大梁，架于两步柱之上。大梁之上设金童柱，上架山界梁，山界梁之上置脊童。现分述如下：

1）圆作大梁的做法

大梁围径为内四界之深的 2/10，其梁端挑出桁外约 8 寸至 1 尺。因大梁较长，中部须向上略弯，称为拱势，拱势高度为大梁长度的 1%～1.5%。

圆堂的大梁须作挖底，自梁端半界处起挖，其深度为 4 分。为便于安装，梁的两端须作留底，留底的平面宽度为 1/3 梁宽，即柱的留胆宽度，长度至挖底起始处。挖底与留底间不能有明显的阴角，应呈圆弧形。

按苏州地区的传统做法，圆作大梁的断面实际上不是一个纯圆形，而是上尖下平，中间加胖势，香山帮匠人将其形象地称为"黄鳝肚皮鲫鱼背"。

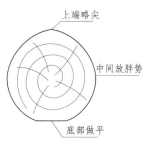

图 3-3-35　大梁断面图
（黄鳝肚鲫鱼背）

具体做法是：先做样板，梁的两端断面按样板，中段放胖势，胖势约为梁长的 0.5%～0.8% 左右。梁的拱势应尽量利用原木的自然弯势，拱背须朝上，挖底时，梁底的拱势应小于上背的拱势，使梁中段的断面高度在挖底完成后仍不小于样板高度。梁的底、背、两侧都应呈匀和的曲线，不得做成折线。大梁的断面做法详见图 3-3-35。

梁与柱的结合，通常采用梁箍柱做法，在梁柱结合处的内侧，梁的下方设梁垫、蜂头与蒲鞋头。梁与柱的其他部分，其做法均与平房相同，详见图 3-3-36。

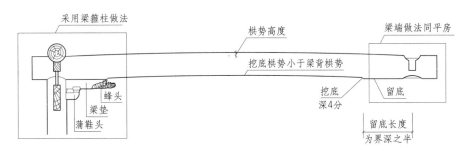

图 3-3-36　圆堂大梁做法

2）金童柱做法

金童柱架于大梁之背，上承山界梁，故其下端直径同大梁，在两边各放胖势 1 寸，上端直径按山界梁。

童柱下端一般做成鲫鱼嘴与蛤蟆嘴两种形式，其中鲫鱼嘴用于清式，而蛤蟆嘴常用于明式，可根据建筑形式的不同而分别采用。但不管采用何种形式，其嘴尖均须至大梁机面线，其中鲫鱼嘴式可略过机面线，但不能过大梁中线。

童柱与大梁之间，须倒圆承肩，其距离约为1寸，不能过高，过高则影响美观与稳定性。

童柱下端须做榫头，榫宽4寸，厚2寸，深达嘴尖，大梁之背凿相同大小之榫眼，由此镶合。

童柱与山界梁的结合，采用梁箍柱做法，详见图3-3-37。

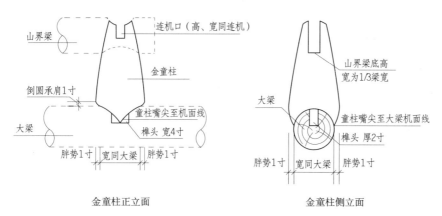

图 3-3-37　金童柱做法

3）山界梁与脊童做法

山界梁的围径为大梁的八折，两端挑出桁外（即梁之箍头，俗称判官头）约8寸左右，也可同山界梁之高，视房屋提栈而定，以不影响木椽安装为宜。山界梁的断面、拱势、挖底等做法均可参照大梁。

山界梁之上为脊童，脊童下端直径为山界梁直径再加胖势，其下端做法可参照金童做法。脊童上端为脊机、脊桁，故其上端须做桁椀、留胆与脊机口。上端直径应与桁椀口的宽度相同，一般为脊桁直径的七至八折，但最小不能小于12厘米。

山界梁与脊童的具体做法详见图3-2-38。

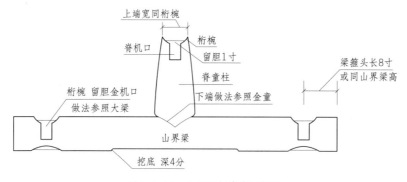

图 3-3-38　山界梁与脊童柱做法

有关圆堂内四界中各主要构件的名称以及安装位置，详见图3-3-39。

2. 后双步做法

圆堂的后双步部分均采用圆料。圆堂于内四界之后往往连两界，设一横梁，称双步，双步之上立川童，连以川，川童之上所设桁条名川桁。现将其具体做法分述如下。

1）双步做法

双步围径为大梁的七折，双步底部须做挖底，其两端留底长度为1/2界深，挖底深度为4分。

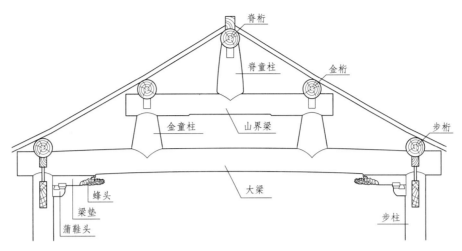

图 3-3-39　圆堂内四界之立面图

双步与廊柱的连接，采用梁箍柱做法，外端梁箍头的长度同双步高度。

双步与步柱的连接，采用榫卯做法。具体做法是：于双步端部做榫头，榫头高为双步高，其机面线以上部分按半榫做法，以下部分按全榫做法，榫头宽为 1/3 双步宽，于柱之相应位置凿榫眼，榫眼高、宽、深同榫头。双步与步柱交接处按吞肩做法，梁柱安装结束后，须打销眼，安装定位销，将其固定。双步梁做法详见图 3-3-40 所示。

2）川童与川的做法

川童立于双步之上，上端架川，川童下端直径按双步直径加胖势，所加胖势为金童胖势的七折，川童上端直径与川相同。川的直径为大梁的六折。

川与川童的连接，也是采用梁箍柱做法，其上所设桁条称川桁，外端判官头的长度与川高相同。

川与步柱的连接，可参照双步做法，川两端留底长度为 1/4 界深，挖底深度为 4 分。

圆堂后双步之各构件名称与安装位置详见图 3-3-41。

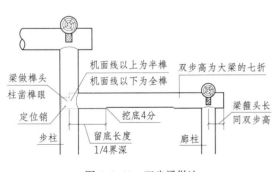

图 3-3-40　双步梁做法

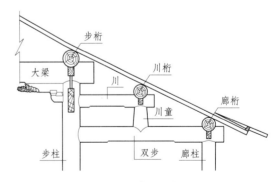

图 3-3-41　圆堂后双步立面图

3. 前轩做法

圆堂的前轩与扁作厅一样，也用扁料，为扁作做法。此前已作介绍，故不再重复，可参见扁作厅做法中的相关内容。

图 3-3-42 为七界圆堂正贴立面图。

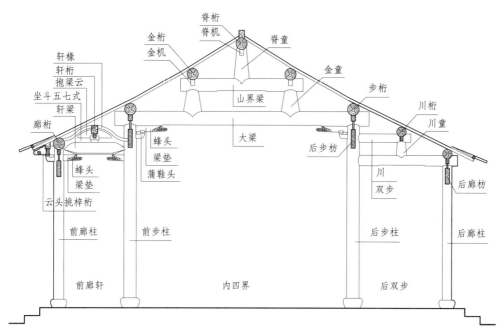

图 3-3-42　七界圆堂正贴立面图

### （二）圆堂的边贴做法

圆堂的边贴，其内四界一般采用"一脊二挥"做法，即将脊童改为脊柱，前后做双步，以代大梁。双步之上立金童，金童之上架川，称金川，与脊柱相连，以代山界梁。

边贴用料较正贴为细，其中脊柱、边步柱的直径同正廊柱，边廊柱的直径为正廊柱的九折，双步直径为大梁的七折，金川直径为大梁的六折。

双步之下，留空 3 寸镶以楣板，其下设等长之木枋，称双步夹底，为整齐美观起见，夹底与步枋相平。边贴后双步之下，亦填楣板，设夹底，称为后双步楣板及后双步夹底，后双步夹底与后廊枋相平。

前轩轩梁之下，也设轩梁楣板与轩梁夹底，轩梁夹底与前廊枋相平。

山尖空当处所设木板称山垫板，详见图 3-3-43。

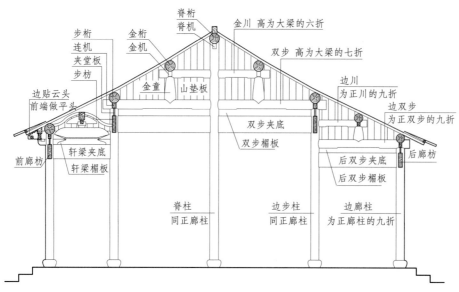

图 3-3-43　七界圆堂边贴立面图

### （三）圆堂扁作

有的圆堂，在做法上，梁柱结合不是采用常规的梁箍柱做法，而是采用将梁头插入柱端的做法，所以虽然使用圆料，但梁端仍作拔亥处理，这便是所谓的"圆堂扁作"。图 3-3-44 所示为圆料梁端所作的挖底拔亥示意图。

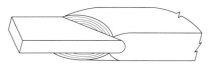

图 3-3-44　圆梁挖底拔亥示意图

采用"圆堂扁作"做法的圆堂，其正贴用金童柱，而边贴则金柱全部落地，因此用料较小，梁架显得比较细巧。不过现在已很少采用这种做法，建筑实例也不多，只是在苏州附近古镇的一些明清建筑内还能够看到。

图 3-3-45、图 3-3-46 所示为"圆堂扁作"做法的正贴与边贴立面图。

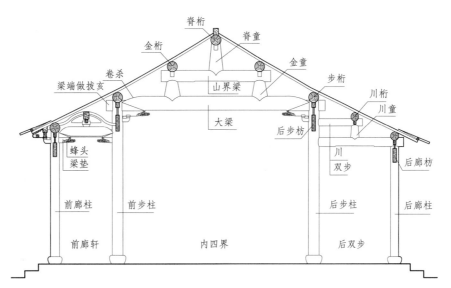

图 3-3-45　圆堂扁作之正贴立面图

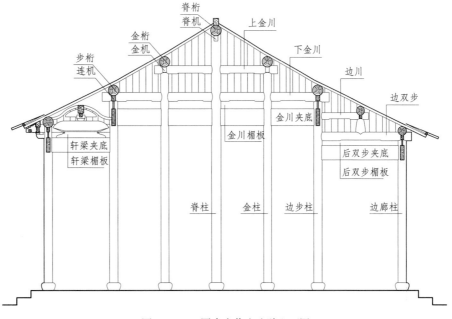

图 3-3-46　圆堂扁作之边贴立面图

三、船厅（回顶）

船厅又名回顶，多数是面水而筑。凡是深五界的，称五界回顶。若是深三界，则称三界回顶。中间的一界，称为顶界。顶界一般界深较浅，为两边界深的 3/4，但也有少数回顶是对其三界的界深作均分的。

回顶的梁架结构，扁作与圆作均可。若是扁作，其做法与扁作厅相似，其中长五界的陀梁，也称大梁。大梁背上安装牌科，以架山界梁，山界梁之上所架短梁，因其梁背中部隆起作荷包状，故称荷包梁。荷包梁底的中部凿有小孔，径自 1~1.5 寸，下底缺口称脐。脐边起圆势。于两边梁端开刻架桁，方圆皆可，称为脊桁。

若是圆作，则于大梁之上架金童柱，上承山界梁，梁上再置脊童两只，分别称上脊童与下脊童。脊童之上所架短梁，称月梁。月梁前后架脊桁，称上脊桁与下脊桁，脊桁间架弯椽，弯椽的上弯曲度是界深的 1/10。

回顶梁架的用料大小，可依扁作及圆作方法推算，其荷包梁及月梁之围径，依山界梁的八折。其余如柱、桁、枋、机等用料，均分别与扁作或圆作做法相同。

扁作回顶，其剥腮，挖底之制一如扁作厅，圆料挖底较浅，梁底用梁垫、蜂头。梁深者辅用蒲鞋头。

有的回顶建筑，在五界（或三界）以外，前后均设廊轩，则以歇山式为多，其步柱间装以长窗，廊柱间悬挂落，置半栏，此式样大多用于园林。

图 3-3-47 为扁作五界回顶（前后做廊轩）的正贴立面图。

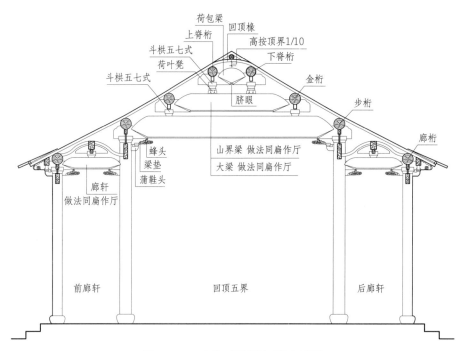

图 3-3-47　扁作五界回顶正贴立面图

卷棚之结构与做法同回顶，但均用圆料，深有三界至七界。与回顶的不同之处是在桁下钉木板，不露桁条，板作卷棚状，板面或施油漆，或糊白纸，看起来也颇为雅致。

图 3-3-48 为圆作三界回顶（前后作廊）的正贴立面图。

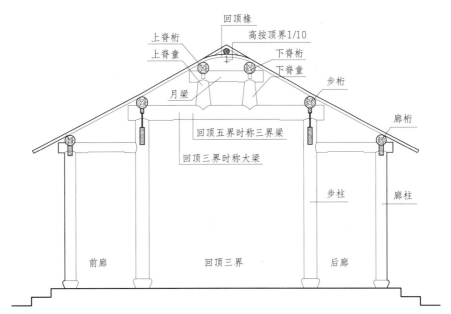

注：圆作回顶，若是在桁底钉木板，不露桁条，作卷棚状，施以油漆，或糊以白纸，其形式即称卷棚。

图 3-3-48　圆作回顶三界正贴立面图

南方回顶建筑，异于北方之卷棚建筑，北方卷棚于顶椽之上直接覆砖铺瓦，而南方回顶则于顶椽之上设枕头木，安草脊桁，再列椽铺瓦。其结构称为鳖壳，又名糙界。屋脊用黄瓜环瓦，望之颇似北方之卷棚。图 3-3-49 所示为苏州园林中常见的回顶三界走廊剖面图。

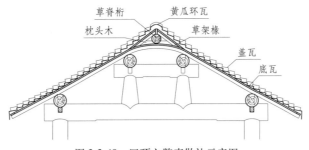

图 3-3-49　回顶之鳖壳做法示意图

#### 四、贡式厅

结构中，除了柱用圆柱外，其余如大梁、山界梁、川等构件都用扁方料，通过下挖上弯的加工手段，使构件弯曲成软带形状，而做法与形式却与圆料做法相同，这种形式的厅便称为贡式厅。

贡式厅的构造讲究精巧秀丽，因此开间一般都不大，深度也较浅，约五六界，前后做廊轩，每界深度均为三四尺。轩用茶壶档轩或菱角轩的较多。轩梁作软带状，离界深 1/4 处，上弯约 1 寸。

廊轩以内如果是深三界的，其架构方法及名称与三界回顶相似，只是大梁与月梁均用扁方料，挖曲成软带形状。大梁底挖曲约 2 寸，月梁约 0.5 寸。脊童断面呈扁方形，从立面看，脊童上小下大，其宽厚分别与月梁及大梁相同。

如果廊轩以内是深四界的，则其架构方法及名称均与圆堂的内四界相同。不同的是，其大梁、山界梁、童柱等构件的用料与做法都采用贡式。不过贡式厅很少有内四界做法，因为山界梁经挖曲后再架脊童很不利于其受力。

贡式厅因其梁为扁方料，而柱为圆柱，因此，其梁柱结合做法有两种，一般采取将梁架于柱的做法，于梁端做榫头，柱顶开榫眼，榫宽为梁宽的 3/5。但若是大梁深度较大，为不影响大梁的承载能力，则须采用顶空榫做法，于柱顶做榫，在梁底开榫眼，称定位榫。梁柱交界处，由柱做木鱼肩，与梁齐平，见图 3-3-50。

贡式厅的桁与椽也为方料，其桁的大小常用 4 寸 × 6 寸，开间宽时，则用 5 寸 ×7 寸。

梁桁转角处刨成两小圆相连的凹线，称木角线，木角线沿梁架绕通，颇为美观。梁垫及机多数做回纹，加以流云、花枝等题材的雕刻。

贡式大梁的用料，参照同类型圆作大梁的用料规格，加挖曲高度，然后计其围径，去皮结方，加以挖曲。圆料锯方的比例，经验做法是：如用 5 寸方料，则用直径 7 寸的圆料锯成。用料大时，则须依方料增加 3 寸来计算。如用长方料（如搁栅），还可以少加，譬如五七式的搁栅，只要用 8 寸圆料来锯方。

图 3-3-51 为回顶三界的贡式厅正贴立面图。

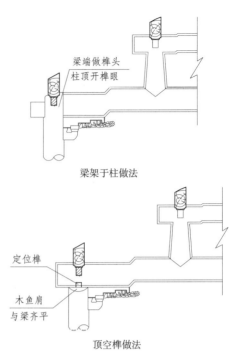

图 3-3-50　贡式厅之梁柱结合做法

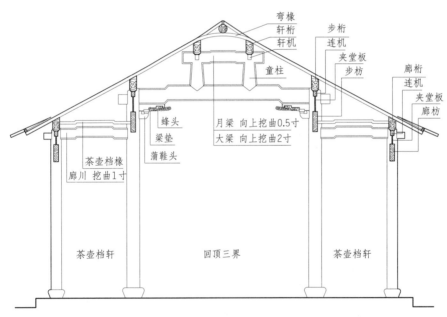

图 3-3-51　贡式厅正贴立面图

**五、鸳鸯厅**

鸳鸯厅进深较深，以脊柱为界，前后地盘布置对称，但在用料与做法上，一面用扁作，一面用圆料，亦有少数建筑是一面扁作，一面贡式。因其前后布置对称，但做法却不相同，故名鸳鸯厅。

不论是正贴还是边贴，鸳鸯厅的脊柱全部落地。在其正间脊柱处，设纱隔或屏门，以分隔前后。纱隔为镶以木板之长窗，木板两面均裱糊字画，颇饶风雅。而在次间脊柱处，则设挂落或飞罩，以供出入。

脊柱前后，贴式不拘，做四界、五界回顶或花篮厅等均可，但其布置应前后对称，用料须分以扁、圆。有的脊柱亦随前后用料之不同而半方半圆，如苏州狮子林的燕誉堂，所以又称鸳鸯厅的贴式为双造合脊。厅的前后可设廊轩，廊轩则均为扁作。

鸳鸯厅的具体做法，其露明部分按其用料，分别采用扁作做法与圆作做法。其露明部分以上，则在脊柱前后必须筑草架，铺重椽，以承屋面。因其草脊桁位于脊柱之上，故称脊上起脊，见图3-3-52。

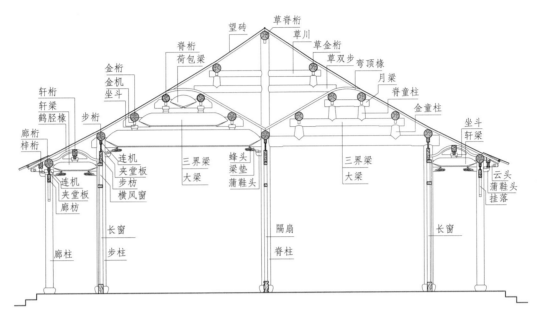

注：正间步柱处安装窗，次间安装短窗或和合窗。

图 3-3-52　鸳鸯厅正贴立面图（留园林泉耆硕之馆）

## 六、花篮厅

厅之正贴，其步柱不落地，代以短柱。柱悬挂于通长步枋之上，或于草界内再设大料，称草搁梁，悬挂铁环与步枋相连，以辅步枋受力之不足。因短柱端部雕有花篮，故称垂莲柱，或花篮柱。而厅亦随之称为花篮厅。花篮内雕有花枝，称插枝。有的厅，其短柱端部不雕花篮，而雕狮兽及其他式样，但仍称垂莲柱，或花篮柱。

花篮厅的屋面重量是通过垂莲柱传递至步枋及草搁梁，由步枋与草搁梁受力，因此花篮厅的开间与进深都不宜过大。进深方向，其屋架常采用扁作回顶、贡式回顶或满轩等进深较浅的贴式。开间方向，则将普通二间的尺寸匀作三间，俗称破二作三，借以减少负重，增加房屋的安全系数。

花篮厅可采用多种贴式，唯不用圆料。现将几种常见的贴式介绍如下：

其一，厅前后做轩，中部采用扁作或贡式，做三界或五界回顶，其大梁两端架于前后悬挂于步枋的垂莲柱上。图3-3-53即为前后做轩，中部采用贡式三界回顶之花篮厅贴式。

其二，厅做满轩，轩数为三，轩之深亦较浅。做满轩时，则于两轩之间设垂莲柱及花篮，以架轩梁，而轩梁的其他两端分别架于前廊柱及后步柱上。用满轩者，当前步柱代以垂莲柱时，其后步柱常落地，前后均设垂莲柱者甚少，因屋面过重，通长枋子及草搁梁将不能胜重。

垂莲柱之前，因做满轩时负重较重，故须于草架内设通长草搁梁，架于边贴步柱之上，用铁环悬挂垂莲柱，以辅步枋受力之不足。图3-3-54所示为满轩做法之花篮厅贴式。

其三，厅之脊柱全部落地，前后对称，步柱处均做垂莲柱及花篮，与鸳鸯厅相似，唯不分以扁

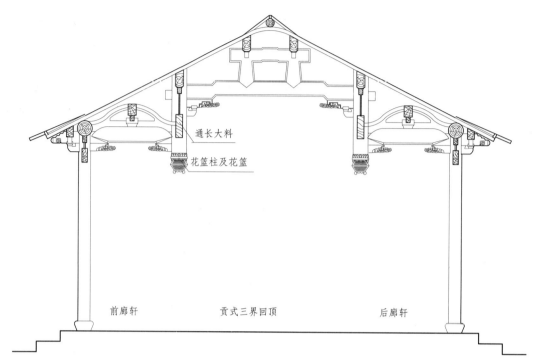

通长大料

花篮柱及花篮

前廊轩　　　　　　贡式三界回顶　　　　　　后廊轩

图 3-3-53　花篮厅贴式之一

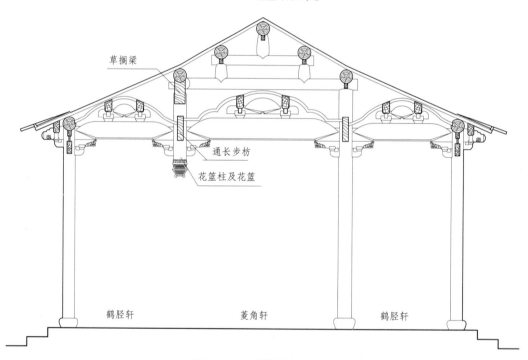

草搁梁

通长步枋

花篮柱及花篮

鹤胫轩　　　　　　菱角轩　　　　　　鹤胫轩

图 3-3-54　花篮厅贴式之二

圆。建筑实例有木渎严家花园的贡式花篮厅。

　　垂莲柱之前，若深仅一界而负重较轻时，于柱之上端开叉，倒悬于通长步枋之上，枋架于两边贴之步柱。步枋用料须予加大，且与步桁相连，中竖以蜀柱，填以夹堂板。而垂莲柱之上端也须与步桁相连，使步桁与步枋共同受力。详见图 3-3-55。

　　垂莲柱之前，若深逾一界，负重较重，则须做草架，而于草架内设通长草搁梁，架于边贴步柱之上，另以铁环悬挂垂莲柱，以辅步枋受力之不足。

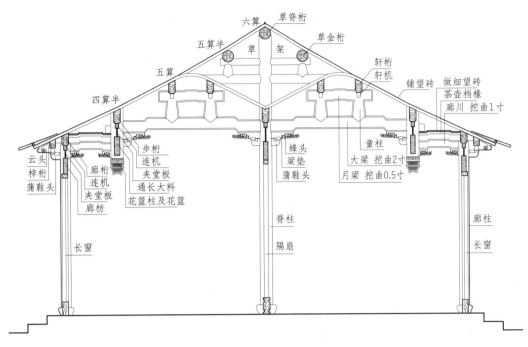

注：正间脊柱处安装隔扇，次间安装飞罩或挂落，以便出入。

图 3-3-55　花篮厅贴式之三（木渎严家花园之贡式花篮厅）

## 七、满轩

厅之贴式，由数轩连成者，称为满轩。轩与轩之间，以柱予以分隔，轩数不拘，三或四均可。轩梁相连，高低随宜，但都用草架。轩之深度均在 9~10 尺。所用轩式，多为船篷轩与鹤胫轩。至于用料大小，则同轩之构造，可参见本章第五节"轩的形式、名称与做法"。拙政园的三十六鸳鸯馆，采用的即是满轩贴式，见图 3-3-56。

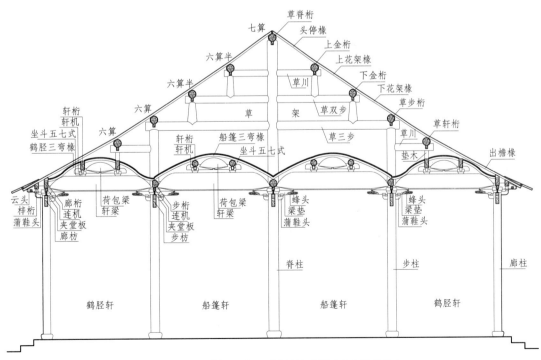

图 3-3-56　满轩正贴立面图（拙政园三十六鸳鸯馆）

## 第四节　楼厅之各类贴式及其做法

规模较大之楼房，于楼上或楼下筑翻轩者，则称楼厅。楼厅的构造与楼房大部相同，但根据轩所处位置以及贴式的不同，可分为下列数式。

### 一、楼下轩

楼厅四界承重之前，其廊柱与步柱通长至上层屋顶，而于楼下两柱间筑轩者，称为楼下轩。其界深为一界时，可用一枝香式，而深在二界或以上时，则用船篷、鹤胫、菱角诸式。若因楼下轩较浅，而作为走廊使用时，则在廊柱间装挂落，步柱间装窗者，便称该轩为廊轩。两种做法的楼下轩贴式图见图3-4-1、图3-4-2。

### 二、骑廊轩

楼厅四界承重之前，其步柱通顶，而于廊柱与步柱之间筑轩，上廊柱退后，架于轩之中或轩桁之上者，该贴式称为骑廊轩。

骑廊轩之轩深为二界，以船篷与鹤胫二式居多。轩桁之上，前后须设一短梁，架于廊柱与步柱之间，以承上廊柱，该短梁称为门限梁，又称门槛梁。梁之前端，做云头以挑梓桁。轩之挑出于上廊柱以外部分之屋面，下端架于廊桁，上端则架于上层窗槛下半爿桁条之上。详见图3-4-3。

### 三、副檐轩

楼厅之步柱或轩步柱通顶，其前与廊柱间筑翻轩，上覆屋面，附连于楼房者，称副檐轩，副檐轩之前后俱装长窗。若于廊柱间装挂落，则亦称廊轩。

楼厅亦有用雀宿檐及挑阳台者，皆筑于双步承重之前。

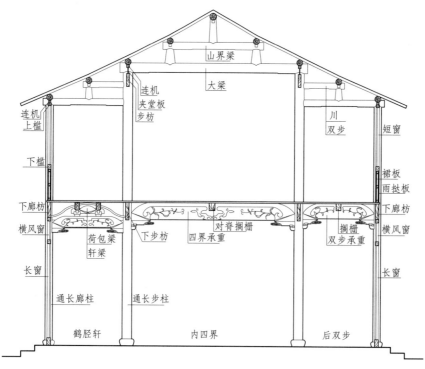

图3-4-1　楼下轩贴式之一（前轩做鹤胫轩）

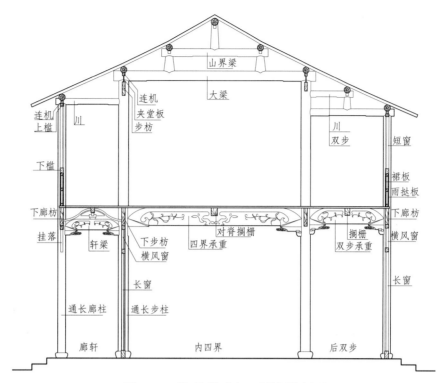

图 3-4-2 楼下轩贴式之二（前轩做廊轩）

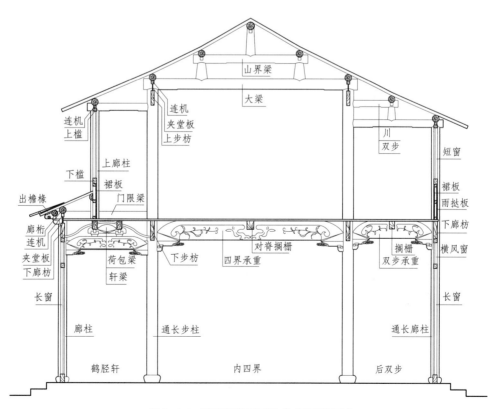

图 3-4-3 骑廊轩楼厅正贴式（苏州留园）

楼厅下层构造，除轩之外，与楼房相同，有易双步承重而为三界承重者，其上层构架多为圆料，用料与圆堂相似，亦有于上廊柱与步柱间筑翻轩者，视房屋之精美程度而定。唯上层檐高通常为下层阁面高度之七折。后檐高较前檐高减 1/10，但亦可酌情而增减。

以上所述之做法，详见图 3-4-4、图 3-4-5。

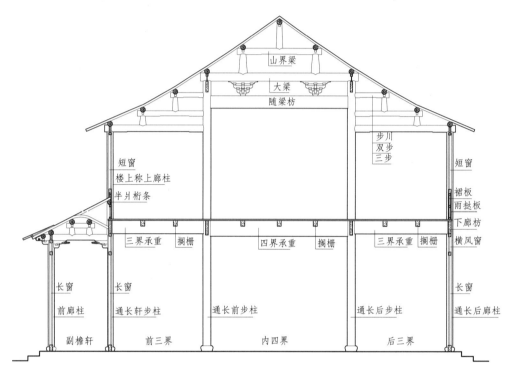

图 3-4-4　副檐轩楼厅之贴式一（木渎灵岩寺）

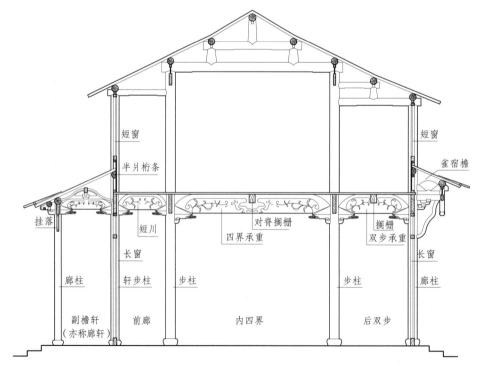

图 3-4-5　副檐轩楼厅之贴式二

贴式一：因该贴式之内四界前后均采用三步，故前、后檐高度相同，为楼面高度的七折。下层采用三界承重，故上层屋架为圆料。轩步柱与廊柱间所筑圆作船篷轩，附连于楼房，其前后均设长窗，属副檐轩。

贴式二：该贴式之内四界，前连一界设廊川，后连二界为双步，故前檐高于后檐，其中前檐高为楼面高的七折。

贴式之后檐，于双步承重外侧筑雀宿檐。轩步柱与廊柱间筑一枝香轩，因进深较浅，于廊柱间装挂落，而轩步柱间则装长窗，故该副檐轩亦称廊轩。

楼厅之外檐装修，楼下正间须装长窗，以便出入，而两次间则可装地坪窗或和合窗。楼上廊柱间，则多装地坪窗或短窗。窗槛与楼板之间，外侧钉雨挞板，内侧钉裙板，以避风雨。钉裙板之木条，每间竖者两道，称跌脚，横者上下共三道，称为光子。短窗与裙板之高度，短窗占两者总高度的6/10，而裙板占总高度的4/10。其详细做法，另见"装折"一章。

楼房、楼厅之各项用料均相同，规定如下：

**（一）承重**

关于承重用料，《营造法原》中有以下两种规定：

规定一：照扁作大梁尺寸加半倍，或照大梁围篾加二。按大梁围径依进深2/10，而承重围径再照大梁加二，则为进深的2.4/10，与《营造法原》中屋料定例歌诀"进深丈尺加二半"规定相近。

规定二：承重拼高，规定照界深对折，如界深为3尺5寸，高即为1尺7寸5分。厚照高对折8寸7分5厘，承重之高厚比为2∶1。

以承重进深四界，长1丈4尺为例，照口诀"进深丈尺加二半"用料，其围径为3尺5寸，换算成直径为1尺1寸1分4厘，锯方后最大宽度为7寸8分7厘（即直径的0.707倍）。承重系荷重构件，须用两根叠拼，高为厚的2倍，故该承重高为1尺5寸7分4厘，厚为7寸8分7厘。

由此可见，两者相比，后者的规定较前者口诀用料为多，稍有出入。因旧时匠家用料单凭经验，所拟口诀又重在简要易记，有所出入亦难避免。

因此，承重断面尺寸的确定，应先按其进深的2.5/10计算出围径，换算成直径后，再计算出其最大宽度。取其最大宽度的2倍为承重的高，取其最大宽度为承重的厚。

**（二）搁栅**

对脊搁栅高9寸、厚7寸或高8寸、厚6寸。如用对界搁栅，则取高7寸、厚5寸或高6寸、厚4寸。九七、八六、七五、六四之比例，尚合承重原则，但仍须根据计算确定为妥。

特别提示：以上构件之用料，是根据旧时私家住宅之用途而规定，与现代仿古建筑的用途、规范相差甚远。故以上规定仅供参考，设计时须按照实际情况与当今规范，以科学计算为准。

## 第五节　轩的形式、名称与做法

轩是厅堂内的一种屋架形式，同时也是一种天花形式。天花，用现代说法，就是吊顶。所不同的是，吊顶与房屋的结合主要采用的是"吊"，吊顶可在房屋完工后进行，而轩与房屋的结合采用的是"架"，即轩的结构安装必须与房屋建造同步进行。

厅堂内的天花普遍用轩，具体做法是：在原有屋面之下，设轩梁，架桁，架重椽，铺设望砖，与普通屋架的做法相同。因此，自下仰视，其前后对称，表里整齐，高爽精致，与内四界浑然一体，这是南方古建筑特有的一种形式。

凡是厅堂，在内四界的前面均设有轩。轩一般深一界至二界，轩有多种形式与做法，现予以介绍如下：

（1）根据轩梁与大梁的相对高度来分，轩可分为磕头轩、抬头轩和半磕头轩三种类型。

凡是轩与内四界在同一屋面，轩梁底又低于内四界大梁底时，其贴式称为磕头轩。若轩梁底与大梁底相平，则称抬头轩。抬头轩须于内四界之上设重椽，安草架。亦有大梁较高于轩梁，而内四界与轩又非同一屋面，仍用重椽及草架者，称半磕头轩。在磕头轩、半磕头轩内侧枋上镶遮轩板，以隐草架。

磕头轩与半磕头轩，如果就在内四界与轩的屋面之间设天沟来排泄雨水，不但费工、费料，而且容易损坏，尤其是影响外观。因此须在两屋面之上再设梁架，然后铺屋面，将两屋面连为一体，成前后坡落水，于是表里整齐，外表美观，经久耐用。因该架构位于内外屋面之内，故称草架。草架之内的梁、柱、桁、椽之名称，均冠以草字，如草脊柱、草双步、草脊桁、草头停椽等，这些草字构件的用料及加工可稍毛糙些，除了满足牢固要求外，不一定要特别整齐。

扁作厅与圆堂的草脊对准内四界的金桁时，称为金上起脊。其余厅堂，如鸳鸯厅、满轩等，其草脊位于脊柱之上，于是便称为脊上起脊。

图 3-5-1 所示便为磕头轩之图例，因前廊轩之轩梁低于内四界之大梁高度，且与内四界又在同一屋面，故该轩属磕头轩。

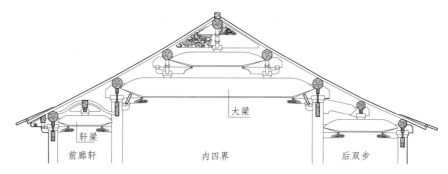

图 3-5-1 磕头轩之图例

图 3-5-2 所示是抬头轩之图例，图中之内轩梁底与大梁底相平，且与内四界不在同一屋面，故须设草架，架重椽，因此其内轩属抬头轩，而其前廊轩仍属磕头轩。草架内的草脊桁因对准内四界之金桁，故称金上起脊。

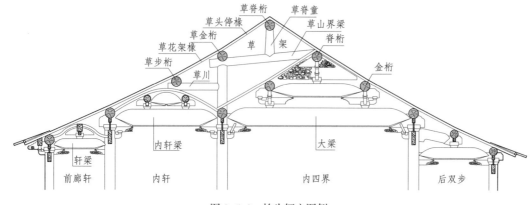

图 3-5-2 抬头轩之图例

图 3-5-3 所示为半碬头轩之图例，图中船篷轩的三界梁低于大梁，但与内四界不在同一屋面，故属半碬头轩。该形式之屋架实例很少，只是在轩与内四界的进深两者之间相差不大时才会出现。

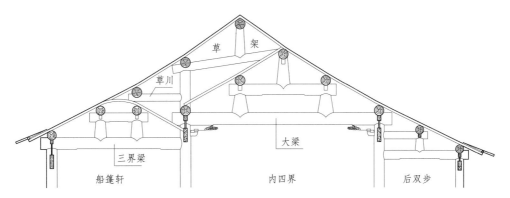

图 3-5-3　半碬头轩之图例

（2）根据轩的进深大小的不同，所用轩桁的根数也有所不同，故轩的形式与名称也随之而不同。有的轩因进深较小，可以不设轩桁，如弓形轩、茶壶档轩（图 3-5-4、图 3-5-5）。有的轩进深不大，仅需设一根轩桁，如一枝香轩（图 3-5-6、图 3-5-7）。有的轩因进深较大，需设两根轩桁，如船篷轩（图 3-5-8）。

（3）根据轩所用轩椽的形式，轩的名称可以分为：船篷轩、鹤胫轩、菱角轩、海棠轩、弓形轩、茶壶档轩等（图 3-5-9）。

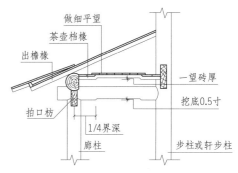

图 3-5-4　茶壶档轩

（4）根据轩在内四界前的位置，可将轩分为内轩与廊轩。内四界前筑两个轩时，位于前者称廊轩，其轩较浅，位于后者称内轩，较廊轩要深。故一枝香轩、弓形轩及茶壶档轩多用于廊轩。而船篷轩、鹤胫轩、菱角轩因较深，则多用于内轩。图 3-5-10 所示为扁作厅抬头轩正贴式，其中内四界前为内轩与廊轩，内四界后为双步。

（5）轩的构造与做法

轩不论用于扁作厅还是圆堂，其用料都为扁作。

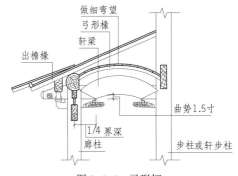

图 3-5-5　弓形轩

内轩的构造与做法，内轩位于廊、步两柱之间，其进深为 6~10 尺。设轩梁，轩梁的段围为轩深的 2.5/10，轩梁高度的确定，参照扁作大梁高度的确定方法。

内轩的轩梁之上置坐斗两个，四六式或五七式均可，视轩之深浅而决定，7 尺以上，都用五七式。斗底之深依梁厚，两面各放 1 寸。斗口之上架短梁，其梁背中部隆起作荷包状，称荷包梁，荷包梁的段围为轩梁的 8/10。梁底中央凿小孔，径自 1~1.5 寸，下底缺口称脐，脐边起圆势。梁端开剜架桁，方圆均可，称为轩桁，下设短机，称轩机。两轩桁间之距离称顶界，顶界之宽为轩深的 3/10，将余数均分作为其余两界之宽。顶界安椽，上弯，称为弯椽，亦名顶椽。弯椽上弯高度以顶界深的 1/10 为度，过高则木纹易裂。弯椽两旁之椽，若亦弯曲如船顶，称其轩为船篷轩，而名其椽为船篷三弯椽。两旁用直椽者，则不称三弯椽，但轩仍称船篷轩。假如弯椽两旁用椽弯曲若鹤胫状，则称其轩

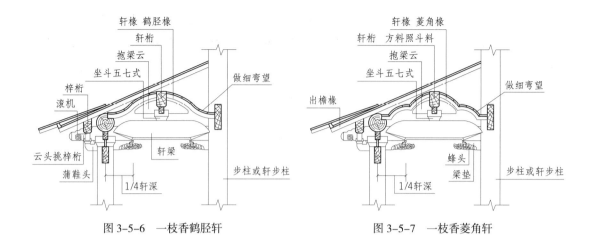

图 3-5-6　一枝香鹤胫轩　　　　　　　　　　图 3-5-7　一枝香菱角轩

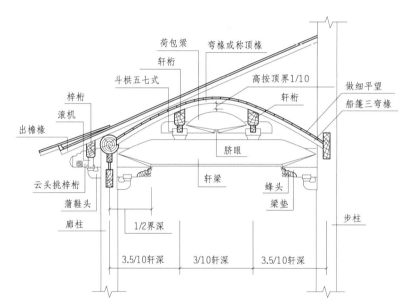

注：若弯橡两边为直橡，则不称船篷三弯橡，但轩仍称船篷轩。若该轩为内轩，则廊柱改称
轩步柱，云头挑梓桁取消，出檐橡改为花架橡。

图 3-5-8　船篷轩

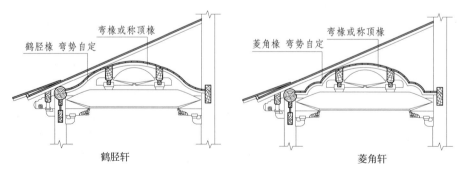

鹤胫轩　　　　　　　　　　　　　　　　　　菱角轩

注：鹤胫轩、菱角轩除轩橡按各自做法外，其余做法，均同船篷轩。

图 3-5-9　鹤胫轩与菱角轩

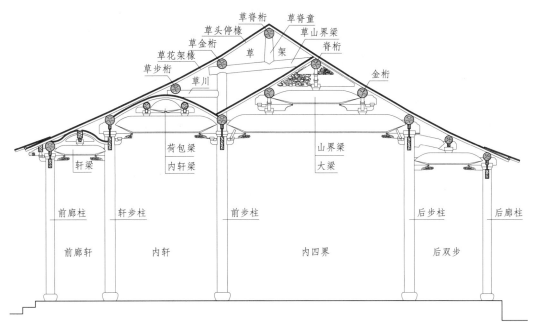

图 3-5-10　扁作厅抬头轩正贴式

为鹤胫轩。而两旁用椽弯曲尖起如菱角状者，则称为菱角轩。

廊轩位于内轩之前，介于内廊二轩之柱，称轩步柱。因廊轩的进深较浅，一般深在四五尺左右，故轩梁较短，仅在轩梁居中之处设置坐斗一座，上架轩桁，称为一枝香轩。在轩桁的左右安装抱梁云，抱梁云架于斗口，作为装饰。一枝香轩根据用椽的不同，可分为鹤胫和菱角二式。

廊轩的另外一种做法是不设轩桁，即采用茶壶档轩或弓形轩，该二轩均比一枝香轩稍浅。弓形轩的轩梁上弯如弓，离梁背三寸许，列椽于廊桁与步枋之上，椽随梁形弯曲，或作弯椽。茶壶档轩的结构最为简单，仅在廊桁与步枋之间架直椽，椽的中部高起一望砖，形若茶壶档。两柱间不设轩梁，仅以廊川连接，多用于圆堂。

轩梁两端亦作剥腮，腮嘴起自轩深的 1/4 处。荷包梁剥腮，腮口自脐边起，梁下挖底 4 分，边缘作圆势。梁垫高依栱料，轩深者则依五七式，可作蜂头装饰，但蒲鞋头则须轩深在 10 尺左右，或满轩，始得应用。

轩椽面上覆盖望砖，所用望砖的两侧均须刨边直缝，表面须依椽之曲面磨平，使其铺覆严密，称做细望砖。用重椽时，则须于望砖之上铺大帘或芦席（现多采用油毡），以避灰尘，并免走动。直椽之上可直接铺设屋面，而弯椽如鹤胫和菱角等，则须在弯椽之上隔一望砖厚，另行设置直椽以承屋面。

为安装轩椽，在轩之两旁的廊桁及步枋上，均须按轩椽的椽豁凿方眼，称回椽眼，作支承椽头之用。安装时，轩椽的一端搁在轩桁上，另一端分别搁在两边的回椽眼上。弯椽用料，须依直椽加厚。

轩桁的提栈可根据轩梁的高度及全屋的提栈关系予以确定，但不能超过五算。

## 第六节　云头挑梓桁

若出檐挑出过多，易致下坠，所以廊柱与步柱之界深亦即出檐椽自廊桁至步桁之长度，必须较出檐部分长度为大，方得承力平衡，不致倾覆。故北方有"檐不离步"之规定。

廊柱与步柱之距离加深后，大于各界，为使内部屋顶仰视美观，筑轩实有必要。同时，出檐过多，必须于出檐椽下另设梓桁承之。因此，将轩梁一端向外挑出，以架梓桁，梁端做成云头状，称云头挑梓桁。梓桁与廊桁平行，其提栈为三算半。梓桁断面或圆或扁方，圆者围径为廊桁八折，长方者为所用斗料八折，梓桁下辅以短机，机刻花枝，称滚机。云头之下，托以蒲鞋头，蒲鞋头用实栱，升开十字口，厚同云头，即梁身的 3/5，高同梁垫。

云头挑梓桁可分三种：①蒲鞋头云头挑梓桁；②一斗三升云头挑梓桁，柱头处出参以承云头者；③一斗六升云头挑梓桁，其廊桁下用一斗六升牌科者。

梓桁与廊桁的水平距离，蒲鞋头挑梓桁为 8 寸，五七式斗三升挑梓桁亦为 8 寸，斗六升挑梓桁则为 1 尺，但须根据桁径之大小，酌情伸缩，以免拥挤。云头挑出梓桁以外，长约 8.5 寸，应缩进出檐椽头 2~3 寸。云头前端作尖形之合角，也称蜂头。但用于边贴时，只需平头而无蜂头。云头之花纹式样，须绘大样，由花作雕刻。

图 3-6-1 为云头挑梓桁的三种形式。

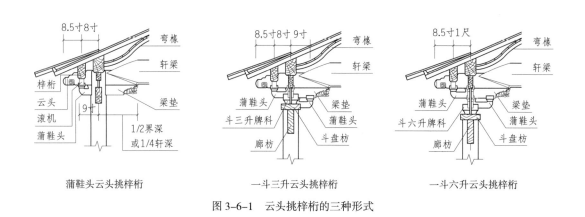

图 3-6-1　云头挑梓桁的三种形式

# 第四章　殿庭的大木构造

## 第一节　殿庭的开间与进深

殿庭建筑，除宫殿及官衙外，其余大多为寺庙、道观或具有纪念先贤性质的一类建筑。如被称为苏州"三大殿"的玄庙观三清殿、文庙大成殿、城隍庙工字殿，便都属殿庭建筑。

### 一、殿庭的开间

殿庭的开间，最小的有三间，最大的可至九间，根据其性质、等级及规模而定。正中一间，称正间，其余的称次间，两端最边的一间，若是硬山则称为边间，若是歇山者，则称为落翼。

苏州地区一般将五开间称为三间两落翼，七开间为五间两落翼，九开间为七间两落翼。如仅三开间，但仍于次间作落翼时，则称为次间拔落翼（图4-1-1）。

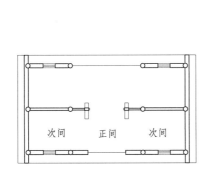
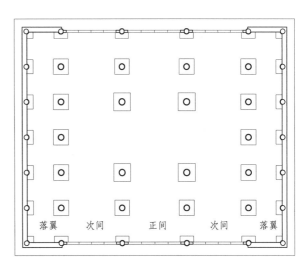

虎丘二山门（次间拔落翼）　　　　灵岩寺大雄宝殿（三间两落翼）

图4-1-1　殿庭之开间图例

### 二、殿庭的檐高与进深

正间较次间为宽，次间宽为正间的8/10。殿庭的檐口大多设置牌科作为装饰，以显示其雄伟、庄重、高大的气势，所以殿庭的檐高为正间面阔加所用牌科的高度。

殿庭的进深没有固定的模式与规定，一般自六界起，可八界或更多，以至十二界，以脊柱为中心，前后对称。殿庭一般也做内四界，但进深较深时，可做六界，其前后有的做双步，有的做廊川。规模较大的殿庭建筑，则在双步之外，再做廊川（图4-1-2、图4-1-3）。

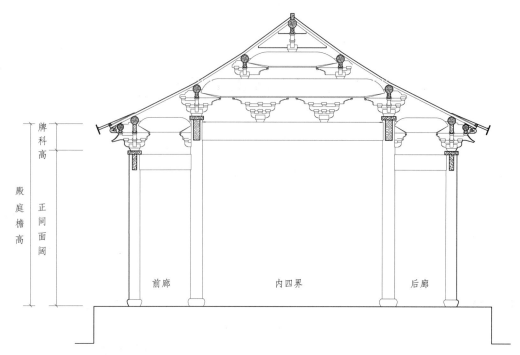

图 4-1-2 进深图例一（内四界前后做廊川）

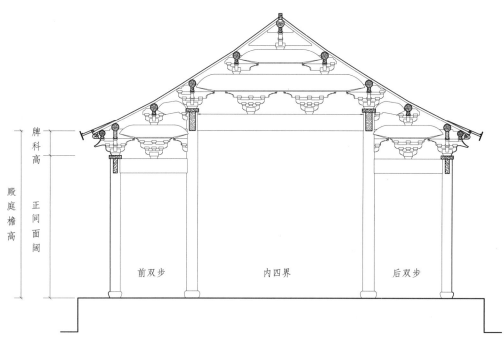

图 4-1-3 进深图例二（内四界前后做双步）

# 第二节 殿庭的结构

**一、殿庭构件尺寸的确定**

**（一）大梁与正步柱之围径的确定**

　　一般来讲，殿庭的规模比厅堂的规模要大，因此，殿庭大梁围径的确定也与厅堂有所不同，是以其内四界的 3/10 为围径,而厅堂大梁的围径是其内四界的 2/10。这是因为除了满足结构的需求之外，还需满足观感的要求，使人进入其中便体会到其高大、威严、庄重的气氛，从而产生一种敬畏的感觉。

因此，殿庭正步柱的围径也比厅堂正步柱的围径要大，既可按大梁围径的9/10来确定，也可按殿庭总进深的1/10来确定，可根据其等级、规模与形式而定。但若是该殿庭为重檐，则须于两者之中，选取其大的作为围径。

见下列二例：

例1：如某殿庭其内四界深5600毫米，前后双步各深2800毫米，总进深为11200毫米，其大梁围径 =5600×0.3= 1680毫米。

若正步柱围径按大梁围径的9/10计算，即1680×0.9=1512毫米

若正步柱围径按殿庭总进深的1/10计算，即11200×0.1=1120毫米

若是重檐，正步柱的围径应取1512毫米。

例2：又如某殿庭其内四界深5600毫米，前后设内轩各深2800毫米，再设前后双步各深2800毫米，总进深为16800毫米，其大梁围径 =5600×0.3= 1680毫米。

若正步柱围径按殿庭总进深的1/10计算，即16800×0.1=1680毫米

若正步柱围径按大梁围径的9/10计算，仍为1680×0.9=1512毫米

若是重檐时，正步柱的围径应取1680毫米。

### （二）其他构件围径或尺寸的确定

与厅堂建筑一样，大梁与正步柱之围径确定后，其他构件的围径与尺寸便可推算出来：

1. 梁类构件 ❶

山界梁按大梁围的8/10，双步按大梁围的7/10，边双步按大梁围的7/10，正川按大梁围的6/10，边川按大梁围的6/10，轩梁按大梁围的7/10，边轩梁按大梁围的7/10，荷包梁按轩梁围的8/10，边荷包梁按轩梁围的8/10，双步夹底按双步的8/10，川夹底按川的8/10。

2. 柱类构件

廊柱按步柱围的8/10，边廊柱按正廊柱围的9/10，轩步柱按步柱围的9/10，边轩步柱按正轩围的9/10，边步柱按步柱围的8/10，脊柱按正廊柱。

3. 柱高与枋高

廊柱之高按正间的面宽，轩步柱与步柱高按廊柱高分别加提栈高度，廊枋高按廊柱高的1/10，轩枋高按轩柱高的1/10，步枋高按步柱高的1/10 ❷，枋厚均为枋高的1/2或按斗料。

4. 桁条及其他

桁条围径按开间的1.5/10，帮脊木按脊桁的6/10。

梓桁：圆，按廊桁的8/10；方，按斗料。

连机：断面按栱料，短机：断面按栱料，长按开间的2/10。

椽之围径按界深的2/10。

## 二、殿庭的结构

殿庭中的柱名与厅堂相同，也称廊柱、步柱、脊柱等，但金童柱因为界数的增多，为予以区别，而将其分为上金童与下金童。

---

❶ 殿庭之梁类做法均系扁作，以大梁所得之围径，去皮结方拼合。其段料高厚之计算方法：先计算其直径，酌定机面高低，然后以提栈之高减去山界梁机面之高及斗三升寒梢栱之高，将余数加上大梁机面之高，即得大梁段料之高度，大梁厚度为高度的一半。山界梁围径为大梁八折，其段料亦为八折。其余扁作各梁均如上法配料。如因提栈高而觉大梁过高，可改用斗六升寒梢栱。

❷ 有轩步枋时，则步枋高同轩步枋高。

两步柱间上置大梁，大梁长四界或六界，依建筑之体量大小而定，但该部位仍称为内四界。内四界之前后，或做廊川，或做双步。

廊川与双步之下，无论正贴与边贴，均辅以夹底，分别称廊川夹底与双步夹底。在双步夹底之上，对准桁条中心处，设置一座一斗六升牌科，将上部重量传于夹底，详见图4-2-1、图4-2-2。

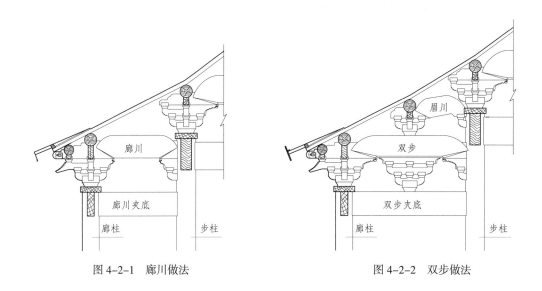

图4-2-1 廊川做法                            图4-2-2 双步做法

大梁长四界，称四界大梁，大梁长六界，则称六界大梁，或简称大梁。梁背之上安置坐斗及寒梢栱，用以支承山界梁。寒梢栱用斗三升或斗六升，须根据其提栈的高低来确定。如果因提栈较大而觉得大梁高度过高，则可在斗底设荷叶凳或矮柱，以此来调整大梁的高度。

山界梁之上，则安置斗六升牌科一座，并辅以山雾云及抱梁云等装饰，如果提栈过高，也可在斗底设荷叶凳或矮柱，以此来弥补斗六升牌科高度的不足。如顶部天花用棋盘顶时，则常于梁背之上直接竖脊童，以承脊桁。

梁之挖底及剥腮之制，均同厅堂。所有双步、川、大梁，其底部均用梁垫及蒲鞋头，但不做蜂头，以示庄重。

大梁、山界梁做法详见图4-2-3。

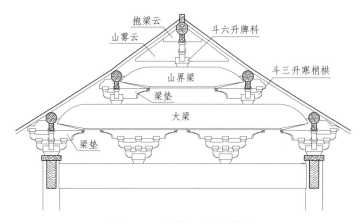

图4-2-3 大梁、山界梁做法

枋若用于开间方向，根据其地位，分别称廊枋、步枋、斗盘枋。斗盘枋平置于廊枋之上，上置牌科，枋宽按斗面放 2 寸，枋厚为 2 寸。廊枋与步枋（或轩步枋）的高度，与厅堂用料的规定相同，枋宽按斗底。有轩步枋时，则步枋高度与轩步枋相同。

前后廊枋之上所置牌科多为十字科或丁字科，栱昂出参亦多为五出参，极少三出参者。昂之做法，凤头昂、靴脚昂均可，然庄严之建筑仍以靴脚昂为多。牌科之规格，常用者为双四六式。牌科之间距，五七式以 3 尺为宜，用双四六式者，则以 4 尺 8 寸为宜，具体则须根据开间尺寸平均分配为最佳。逢柱须设置牌科，位于柱顶之牌科，无论其为十字科或丁字科，均须向内出参，以便搁置川梁或双步梁。柱顶牌科之斗底宽，立面处同柱顶宽，而侧面处则仍按原式。

前后步枋之上所置牌科，则以一字科斗六升式者为多。

以上所述之做法详见图 4-2-4。

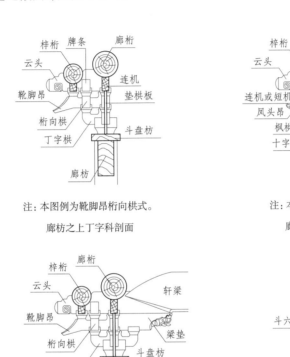

注：本图例为靴脚昂桁向栱式。

廊枋之上丁字科剖面

注：本图例为凤头昂枫栱式。

廊枋之上十字科剖面

丁、十科牌科于柱顶之做法

步枋之上牌科剖面

图 4-2-4 廊、步枋之上各式牌科之做法

进深方向，大梁之下所设木枋称随梁枋。随梁枋的断面为长方形，宽按斗底，用以辅大梁承重之不足。枋与梁之间，设置斗六升牌科两座。随梁枋之底与步枋之底相平。顶部天花架于大梁之底，天花常做棋盘顶形式。棋盘顶以木料做井字形，上铺木制面板，施以彩画，因其形如棋盘，故称棋盘顶。随梁枋及顶部天花之做法详见图 4-2-5。

殿庭步柱间的进深达六界时，则于随梁枋与前后步枋之下再架木枋一道，所架木枋之底四周兜通相平，称之为四平枋，也称水平枋。随梁枋及步枋与四平枋之间，则设斗六升牌科。四平枋的断面可与步枋相同。

顶部天花则以木料做井字形，架于随梁枋之上，按棋盘顶做法，上铺木制面板，再施以彩画，详见图 4-2-6。

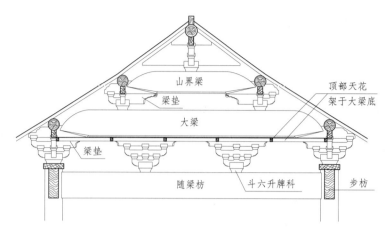

图 4-2-5　随梁枋及顶部天花之做法

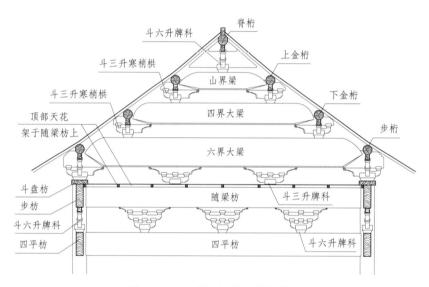

图 4-2-6　四平枋及顶部天花之做法

　　下列二例是按上述各制所绘制的殿庭正贴剖面图，其中廊桁之下牌科为五出参十字科，规格为双四六式，选用靴脚昂与桁向拱做法，详见图 4-2-7、图 4-2-8。

　　殿庭屋面分重檐、单檐二种。单檐则在所架木结构上直接铺设屋面即可。而重檐须将轩步柱或步柱延长，做成二层出檐，故称重檐。

　　重檐殿庭下层的出檐椽，下端架于廊桁之上，其上端则架于位于步柱间的承椽枋上。在延长的步柱（或轩步柱）上端架设木枋，称上廊枋，上铺斗盘枋，置牌科。牌科之上架设上廊桁及梓桁，铺出檐椽及屋面木架，即成重檐，上层屋面木架的做法与单檐相同。

　　图 4-2-9 所示便为重檐殿庭贴式。

　　殿庭桁条之名称，一似厅堂，依柱之位置，称廊桁、轩步桁、步桁、金桁、脊桁。但因殿庭界数增多，故轩步、步、金诸桁均可根据其所处位置而区分为上下，如金桁位于上者称上金桁，下者则称下金桁。廊桁位于重檐上层者，称为上廊桁。

　　椽之名称，自檐口而上，依次称出檐椽、花架椽、头停椽。界数多时，花架椽有上、中、下之分。出檐椽用于重檐时，按其部位，分别称上、下出檐椽。

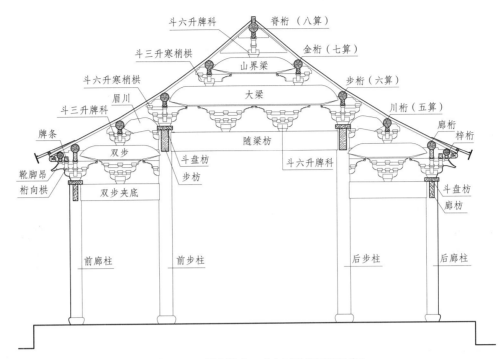

图 4-2-7　殿庭贴式一（内四界前后做双步）

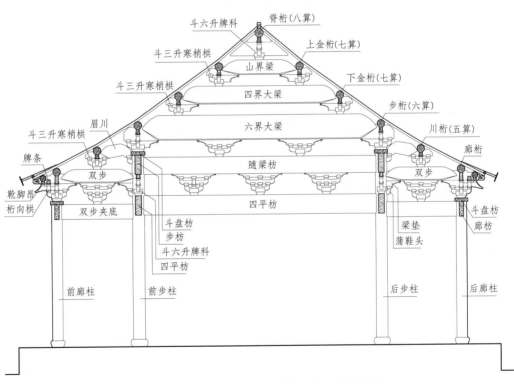

图 4-2-8　殿庭贴式二（内四界为六界，前后做双步）

出檐椽之端部亦钉有里口木，以架飞椽。出檐椽与飞椽之长，其制与厅堂相同。飞椽下端钉通长木板以隐椽头，称为摘檐板，或称风沿板。上钉眠檐与瓦口板。其他构件，如勒望、椽隐、闸椽等之应用，均与厅堂相同。唯因殿庭提栈较陡，且界深较深，为防止望砖下滑，勒望的数量须予以增加。

重檐殿庭各部之名称及檐口做法详见图 4-2-10。

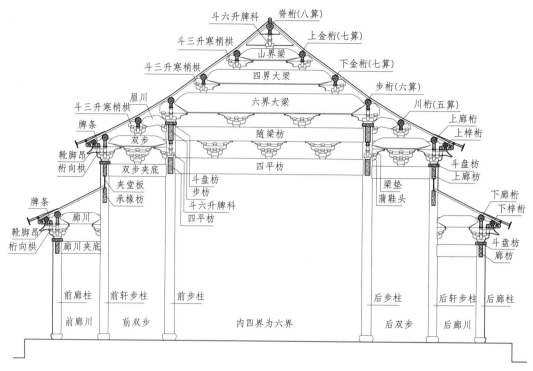

图 4-2-9　重檐殿庭贴式（内四界为六界，前后做双步及廊川）

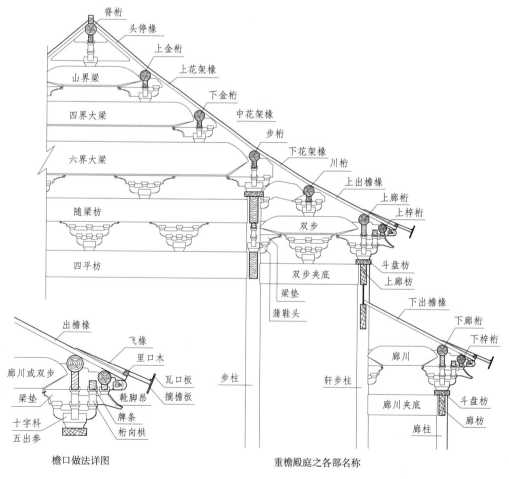

檐口做法详图　　　　　　　　重檐殿庭之各部名称

图 4-2-10　重檐殿庭之各部名称及檐口做法详图

# 第三节 殿庭式样之分类

殿庭因屋面构造之不同，其外观可分为：硬山、四合舍、歇山、悬山。其中硬山、歇山与厅堂相似，只是规模不同。

## 一、硬山与悬山

硬山与悬山的屋面均为双坡，做前后落水，两者之屋架做法基本相同。

但硬山边间的桁条外端伸入两端山墙之内即可。而悬山则须将两端桁条挑出山墙之外，长约半界左右，使山尖悬空于外，再在桁端护以博风板。

为说明硬山屋架与悬山屋架的区别，现以某寺庙之山门为例，试述如下：

该山门三开间，前后深四界，做双步。其次间之宽，等于双步之长。无论该山门做硬

山还是悬山，其屋架之平面布置与横剖面，均如图4-3-1、图4-3-2所示。

但硬山与悬山的不同之处在于其屋架的纵剖面图，请比较以下两则图例（图4-3-3、图4-3-4）。

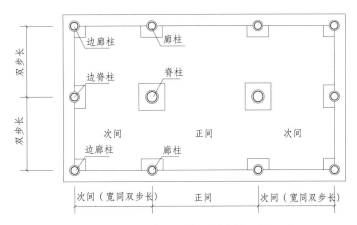

图4-3-1 山门屋架平面布置图（硬山或悬山）

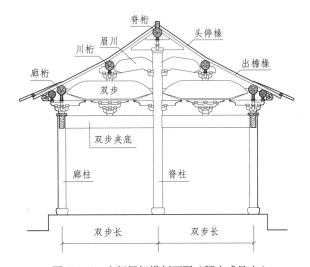

图4-3-2 山门屋架横剖面图（硬山或悬山）

## 二、歇山做法

歇山屋面，在转角之处成45°架老戗，戗之前端，架于两根敲交的廊桁之上，戗之后端挑于步柱，步柱与廊柱相距二界时，其后端则架于两根敲交的川桁上，川桁下置川童，应设搭角梁以架

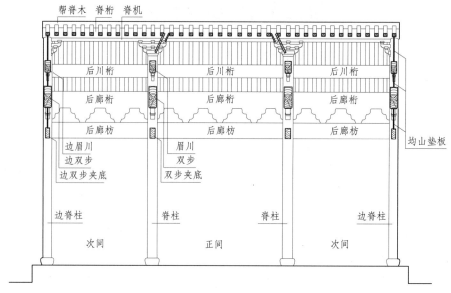

图 4-3-3　山门屋架纵剖面图（硬山做法）

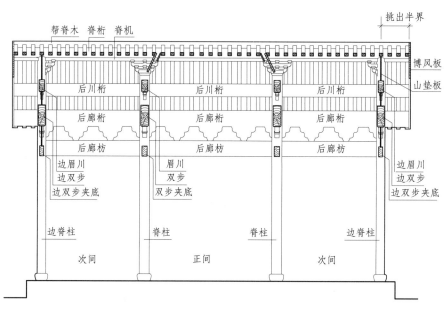

图 4-3-4　山门屋架纵剖面图（悬山做法）

川童，搭角梁则架于两旁廊桁之上。故歇山落翼，其落翼之宽须等于廊柱与步柱间两柱之深，或等于廊桁与川桁间两桁之深。图 4-3-5 所示为老戗后端的两种做法。

1）歇山做法之一：次间拔落翼

还是以某寺庙之山门为例，将次间拔落翼的做法介绍如下：

该山门三开间，前后深四界，作双步。其次间之宽，等于双步之长。若是将山门做成歇山，即称次间拔落翼，将落翼拔于川童之上❶，而在进深方向的桁条之上设梁架以承屋面。梁架之间，钉山花板，以避风雨。桁条外端挑出山花板外半界，桁端钉排列之木板，其下端呈曲线，与屋面提栈之曲势相平行，该木板称博风板。博风合角处，做如意形之饰物，称为垂鱼。

---

❶ 殿庭之歇山拔落翼，当廊柱与步柱之深达二界时，有两种做法：一是设转角双步或搭角梁，以架川童；二是外檐牌科采用琵琶科，利用琵琶撑来承托川桁，以代川童。

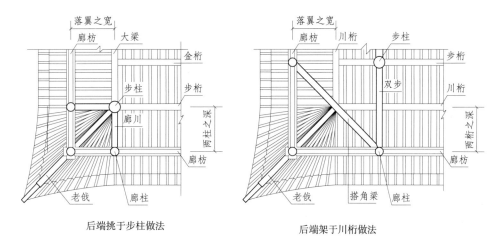

后端挑于步柱做法 后端架于川桁做法

图 4-3-5 老戗后端的两种做法

设琵琶科以代川童之做法详见图 4-3-6。

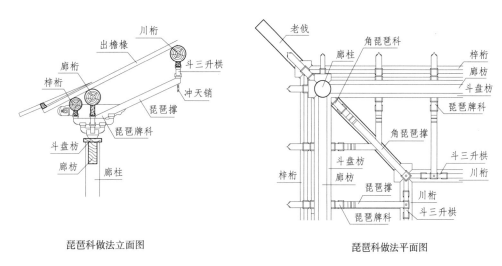

琵琶科做法立面图 琵琶科做法平面图

图 4-3-6 设琵琶科以代川童之做法详图

歇山拔落翼做法详见图 4-3-7、图 4-3-8。

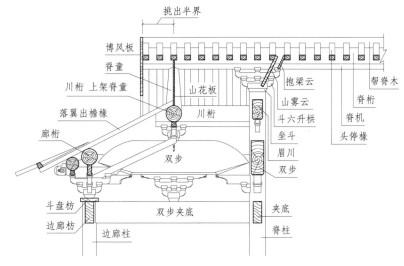

图 4-3-7 歇山做法详图（次间拔落翼纵剖面图之局部）

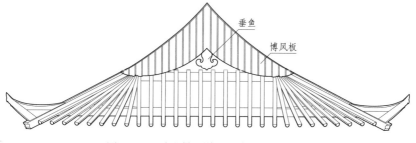

图 4-3-8　歇山做法详图（博风板立面图）

以某寺庙山门为例，其次间拔落翼之具体做法采用的便是以琵琶科来代替川童，详见图 4-3-9~
图 4-3-12。

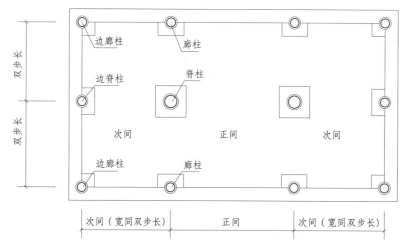

图 4-3-9　次间拔落翼平面图

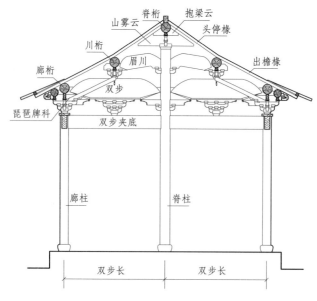

图 4-3-10　次间拔落翼横剖面图

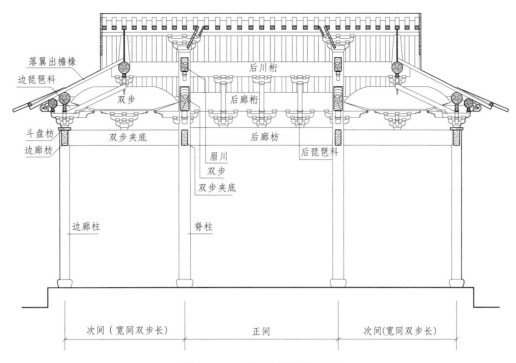

图 4-3-11　次间拔落翼纵剖面图

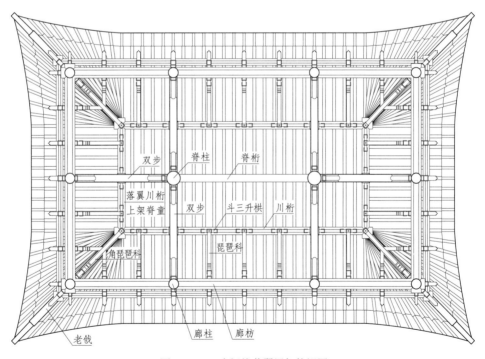

图 4-3-12　次间拔落翼屋架仰视图

2）歇山做法之二

如重檐殿庭，三间两落翼，深八界者，其下檐则就其廊川或双步之深，于步柱上拔落翼，其上层于此间面阔之半拔落翼，而置搭角梁及童柱，承山界梁及叉角桁，以覆屋面。于该梁架钉山花板，其桁条一端挑出长为面阔之1/4，以钉博风板。重檐歇山做法详见图4-3-13~ 图4-3-16。

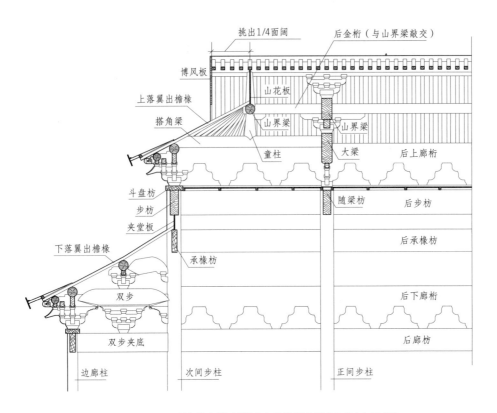

图 4-3-13　重檐歇山做法详图（重檐殿庭纵剖面图之局部）

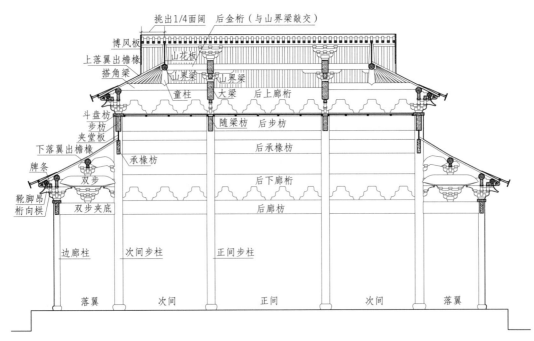

图 4-3-14　八界重檐殿庭纵剖面图

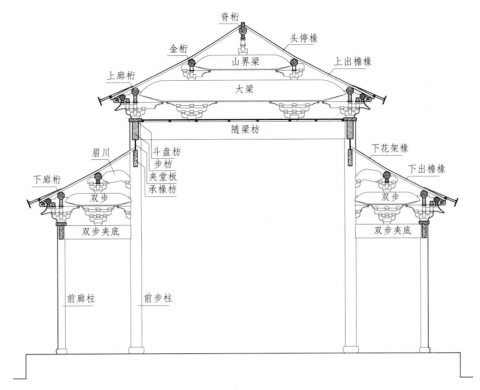

图 4-3-15　八界重檐殿庭横剖面图

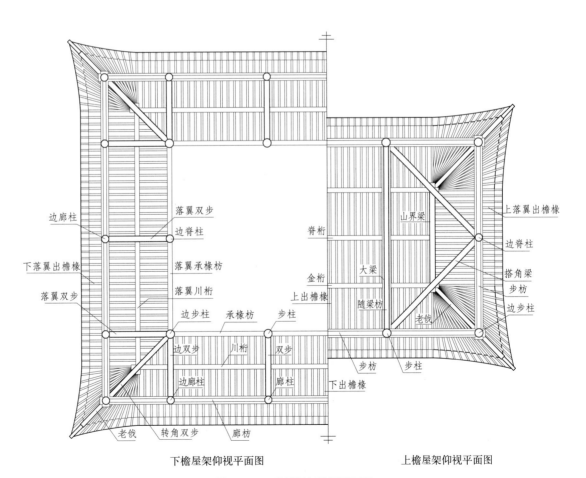

下檐屋架仰视平面图　　　　　　　　　上檐屋架仰视平面图

图 4-3-16　重檐屋架仰视平面图

### 三、四合舍做法

四合舍，即北方之庑殿。其屋面前后左右四面落水，正旁屋面相合成阳角，其上筑脊，成四坡五脊者，称四合舍。

#### （一）推山做法

四合舍殿庭的最大特点在于推山做法。关于推山做法，《营造法原》中有如下介绍：

"四合舍殿庭外观，较歇山为庄严，都用诸性质崇巍之建筑，吴中已不多见，所存者仅府文庙一处而已。四合舍前旁两层面合角处之投影，非四十五度之直线，乃成自下而上，逐渐向外推出之曲线，北方谓之推山。据实量文庙结果，其推山之制，与清式规定相似，惟无清式之太平梁及雷公柱之结构，仅以前后桁条挑出，成叉角桁条，下承连机及栱，其结构较为简单。"

府文庙中的四合舍殿庭，即现苏州文庙大成殿，其中"以前后桁条挑出，成叉角桁条"即指两条相交的桁条须按敲交做法，上承推山角梁（即清式称谓之由戗），以形成屋面的轮廓线。

图 4-3-17~ 图 4-3-21 所示即为文庙大成殿的推山做法，系按《营造法原》之图版二十六"四合舍殿庭结构"中所示尺寸与做法绘制而成。

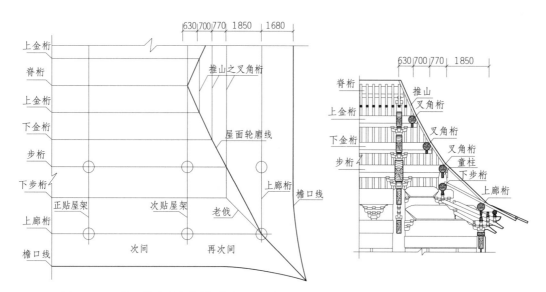

图 4-3-17 推山做法（大成殿梁桁布置图局部）　　图 4-3-18 推山做法（大成殿纵剖图局部）

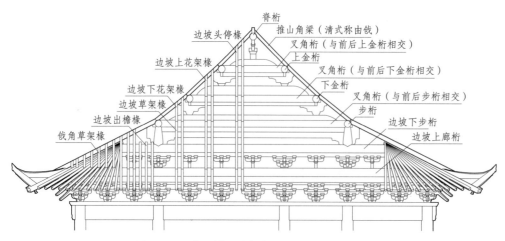

图 4-3-19 推山做法（大成殿边坡木结构立面图）

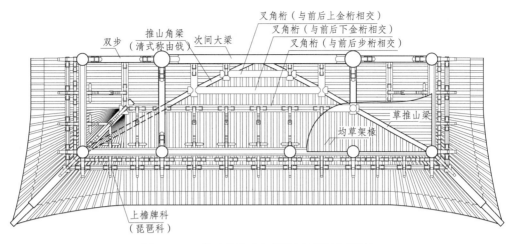

图 4-3-20　推山做法（大成殿边坡屋架仰视图）

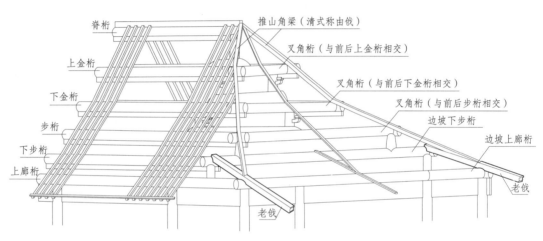

图 4-3-21　大成殿推山做法的椽桁布置示意图

## （二）苏州文庙大成殿之外檐牌科做法

### 1. 上檐牌科

苏州文庙，旧称府文庙，其中的大成殿是苏城惟一的四合舍殿庭。刘敦桢先生所著《苏州古建筑调查记》中介绍："府文庙，始建于宋代景祐元年，自南宋以后，历元、明、清三代，经逐步扩建，遂成现状。现存大成殿为明代成化年间所建。"大成殿面阔七间，重檐四柱，前施月台，在苏城诸建筑中，其规模仅次于玄妙观三清殿。

据民国《吴县志》，大成殿自明成化十年（1474 年）改建后，经天启、崇祯及清顺治、康熙、道光数次修葺，至太平天国期间，庙毁于兵。同治三年（1864 年）巡抚李鸿章、丁日昌等相继修治，七年（1868 年）竣工。

据《苏州古建筑调查记》一文考证，大成殿檐柱柱础上所施石制之櫍，尚存古制。其上檐斗栱，虽经多次修葺，可能有一部分旧物仍被利用，故保存古式较多。

上檐用五铺作重昂 ❶，栌斗后尾出华栱一跳，跳头上施三福云与上昂相交，昂之上端，则支于挑杆之下，此挑杆系外侧第二层昂（即下昂）之后尾，故此部结构乃合并下昂、上昂于一处，与宋式做法大体符合。

---

❶ "五铺作重昂"乃宋式称谓，即苏式称谓之"五出参十字重昂牌科"。

府文庙之上檐五出参重昂牌科，于一牌科内同时用琵琶撑及昂，为近代不多见之实例，故疑系元明之物。唯其分件之制与用料大小颇与苏州现行双四六式牌科相似。

其结构，于坐斗后尾出十字栱，架云头，升口出上昂，填眉插子。上昂上端承琵琶撑。琵琶撑上端承斗三升栱及连机，以承步桁。

斗外第一级出参为靴脚昂，与十字栱一料做出，近升处做隐出华头子，上架桁向栱及牌条，桁向栱为一斗六升。第三级出参为下昂，承以华头子及衬方头，架于昂上升口，下昂后尾，即为琵琶撑，其作用类似杠杆。下昂上架升及桁向栱，承连机与梓桁。桁向栱与"耍头"相交，复将"耍头"延长至内侧琵琶撑之上，而以千斤销将琵琶撑及上昂串于一处。其中心线则架斗六升栱及连机二道，连机之间夹以夹堂板，连机之上则设廊桁。

大成殿之上檐牌科做法详见图4-3-22、图4-3-23。

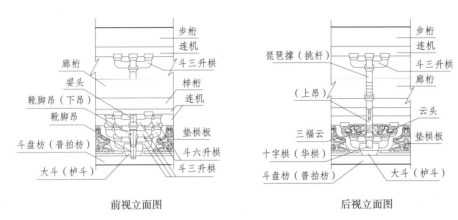

前视立面图　　　　　　　　　　　后视立面图

注: 括号内所注系宋《营造法式》中的名称

图4-3-22　大成殿上檐牌科做法（立面图）

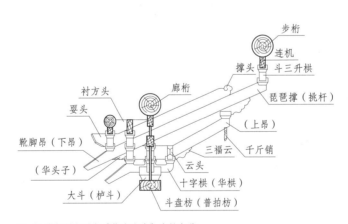

注: 括号内所注系宋《营造法式》中的名称

图4-3-23　大成殿上檐牌科做法（剖面图）

**2.下檐牌科**

"下檐补间铺作，当心间用四朵，次间三朵，均系四铺作插昂❶，为清式三彩昂做法。"

——引自《苏州古建筑调查记》

---

❶ "补间铺作"即外檐桁间牌科，"当心间"即正间，"朵"即座，"四铺作插昂"即三出参之十字或丁字牌科。

文庙下檐牌科，为三出参十字牌科，其正间为四座，而次间用三座，其具体做法详见图4-3-24。

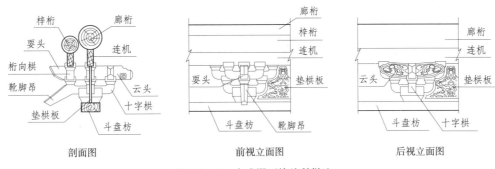

剖面图　　　　　　　　前视立面图　　　　　　　　后视立面图

图4-3-24　大成殿下檐牌科做法

### （三）文庙大成殿之屋架做法

图4-3-25~图4-3-30为文庙大成殿的平面图、屋架仰视图与屋架剖面图，是根据《营造法原》之图版二十六"四合舍殿庭结构"中所示尺寸与做法，并参考相关资料与照片后所绘而成，并非大成殿之现状。

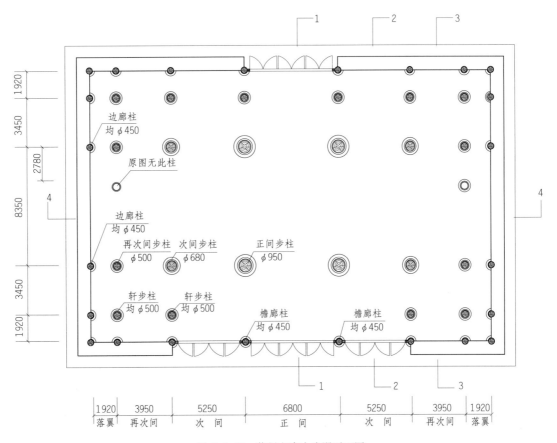

图4-3-25　苏州文庙大成殿平面图

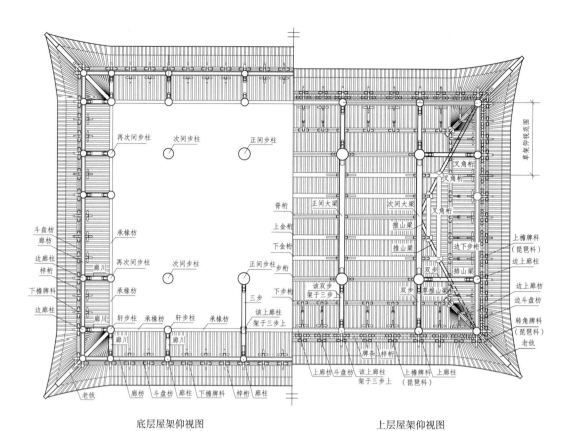

图 4-3-26　苏州文庙大成殿屋架仰视图

底层屋架仰视图　　　　　　　　　　上层屋架仰视图

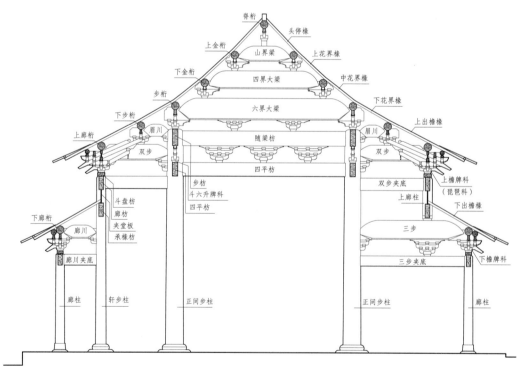

图 4-3-27　苏州文庙大成殿 1-1 剖面图（正间剖面图）

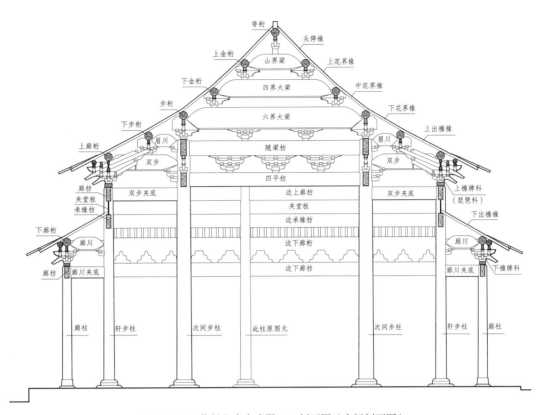

图 4-3-28　苏州文庙大成殿 2-2 剖面图（次间剖面图）

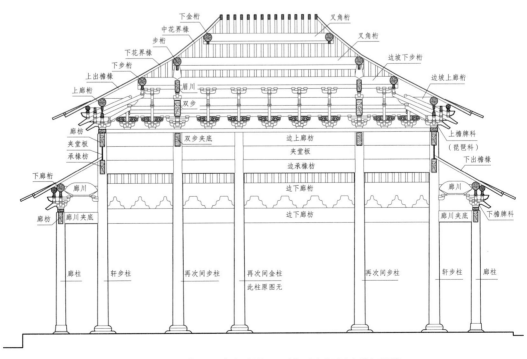

图 4-3-29　苏州文庙大成殿 3-3 剖面图（再次间剖面图）

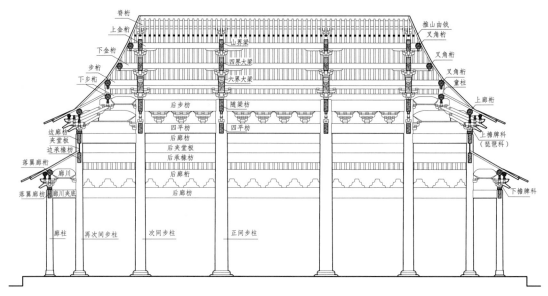

脊桁
上金桁
下金桁
步桁
下步桁
山界梁
四界大梁
六界大梁
推山由戗
叉角桁
叉角桁
叉角桁
童柱
后步枋　随梁枋
上廊桁
四平枋
后廊枋
后夹堂板
后承椽枋
四平枋
上檐牌科
（琵琶科）
边廊枋
夹堂板
边承椽枋
后廊桁
落翼廊桁
后廊枋
廊川
下檐牌科
落翼廊枋　廊川夹底
廊柱
再次间步柱
次间步柱
正间步柱

图 4-3-30　苏州文庙大成殿 4-4 剖面图（纵剖面图）

# 第五章 发戗制度式

歇山与四合舍的转角处，其屋面合角称戗角，其构造称为发戗。发戗制度有二：其一为水戗发戗，其二为嫩戗发戗。水戗发戗的木作构造较为简易，而嫩戗发戗的木作构造则远比前者复杂得多。现将两种发戗制度分述如下。

## 第一节 水戗发戗

江南地区的戗角构造主要由两部分组成，即木作戗角与瓦作的水戗。水戗就是由瓦作在木戗之上所筑的向上翘起的小脊。

水戗发戗以瓦作发戗为主，而其中木作部分的发戗则相对简单一点，故称水戗发戗。

水戗发戗的木作部分可分为以下两种情况：其一是出檐椽上部设飞椽，其二是出檐椽上部不设飞椽。现将两种做法分述如下。

### 一、出檐椽上部设飞椽的做法

在房屋的转角45°处，架设角梁于廊桁与步桁之上，廊桁与廊桁、步桁与步桁之交接均须按敲交做法，以便架设角梁。

角梁称为老戗，老戗之断面尺寸按斗料，一般为五七式，即高为5寸，宽为7寸，界深较浅时也可按四六式，老戗根部的尺寸按头部尺寸的八折。老戗之上设角飞椽，角飞椽的厚为飞椽厚的1.1倍，宽为飞椽宽的1.2倍。

老戗的出檐长度，依次间出檐长度呈曲线向外叉出，谓之放叉。注意：水戗发戗的放叉不能过长，过长会导致屋面转角的檐口处有下坠感，放叉一般依出檐水平长度放出飞椽水平长度的五至八折来定老戗的水平长度。

出檐椽与飞椽之上端，以步桁处戗边为中心，下端逐根加长，呈曲线，与老戗及角飞椽相齐，呈摔网状，称为摔网椽。椽数成单，最少5根，多至9根、11根、13根。摔网椽自步柱中心起，逐根以戗山木填高，至戗面相齐，戗山木设在廊桁之上。在摔网椽端部设置弯里口木，使所架摔网飞椽与角飞椽相平齐，摔网飞椽端部设弯眠檐。详见图5-1-1、图5-1-2。

### 二、出檐椽上部不出飞椽的做法

该做法基本与上述做法相同，因不出飞椽，故无需做角飞椽及弯里口木，仅于摔网椽端部设弯眠檐，详见图5-1-3、图5-1-4。

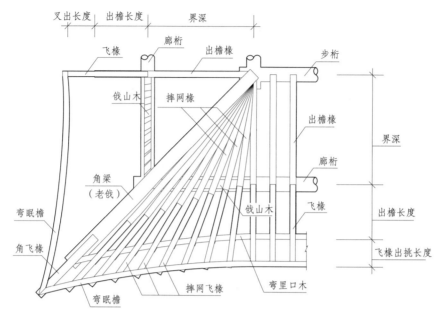

图 5-1-1  水戗发戗（有飞椽）平面图

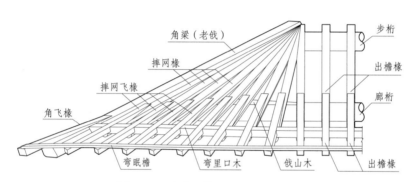

图 5-1-2  水戗发戗（有飞椽）立面图

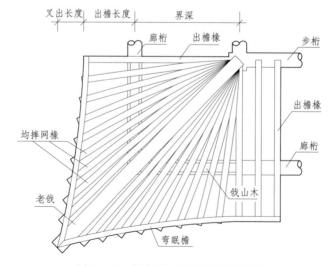

图 5-1-3  水戗发戗（无飞椽）平面图

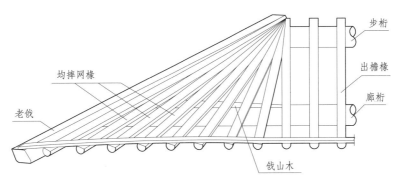

图 5-1-4　水戗发戗（无飞椽）立面图

（标注：步桁、出檐椽、廊桁、戗山木、均摔网椽、老戗）

## 第二节　嫩戗发戗

### 一、嫩戗发戗的戗角构造

嫩戗发戗，对于其戗角构造，《营造法原》中有如下叙述：

"殿庭之歇山与四合舍式，转角之处于廊桁之上，成四十五度架老戗，戗之后端，挑于步柱，步柱与廊柱相距二界时，则架于叉角桁上，桁下置童柱，而以搭角梁架童柱，搭角梁则架于前旁廊桁之上。老戗下端，较檐椽头直线叉出，而出檐椽亦自对步柱中心起，至戗边铺摔网椽。摔网椽以戗山木逐根填高，使其面与老戗相平。老戗之端，竖以相似之角梁，二者连成相当之角度，称为嫩戗。嫩戗之上端，因前旁遮檐板相合，锯成尖角，称为合角。嫩戗端做形似猢狲面之斜角，即称猢狲面。老戗与嫩戗之间施以菱角木及扁担木，木弯曲，使其曲势顺适。扁担木与嫩戗上端贯以木条，使之竖固，其端露于嫩戗之外，称孩儿木。老戗之端，缩进三寸处，除开槽镶合嫩戗并连菱角木等，贯以千斤销，使其竖固，不易动摇。飞椽亦作摔网状，其上端逐根竖立，使与嫩戗之端相平，称为立脚飞椽，其下端架于里口木间，并将里口木逐渐升高，成高里口木。复于立脚飞椽下端，复钉以短木，谓之捺脚木。上述戗角之构造，称为发戗，因其全属木工，亦称木骨法。"

正如以上所述，嫩戗发戗的戗角构造主要由下列木构件所组成：老戗、嫩戗、菱角木、扁担木、弯里口木、立脚飞椽、摔网椽、弯遮檐板、孩儿木、千斤销、戗山木等。

对于上述构件的尺寸、规格与做法，在《营造法原》的"发戗详细尺寸制度"一节以及图版十七"戗角木骨构造图"中，都作了详细介绍，现根据其中的内容，结合苏州地区的传统做法，分别予以介绍如下。

#### （一）老戗

##### 1.老戗的断面与侧面形式

老戗架于廊桁的一端称戗头，另一端则称戗梢。老戗的断面头大梢小，戗头的断面依坐斗，如坐斗为四六式，则老戗下端高为 4 寸，宽为 6 寸。戗底作圆形 7 分，谓之篾片混，戗面较底面成反托势，即顶窄底宽，侧面斜形，每面收小 5 分。上加车背 1.5 寸，车背成三角形，使前旁望板铺放平服。而戗梢的断面尺寸则按戗头打八折。以坐斗四六式为例，详见图 5-2-1、图 5-2-2。

老戗的断面尺寸是根据建筑物的体量及规模大小来决定的。如在一般的亭子上，常用四六式；一般厅堂上，常用五七式；而双四六式、双五七式则都用于殿庭上。另外还有几种常用的断面尺寸，如八六式，即宽 8 寸、高 6 寸；一七式，即宽 10 寸、高 7 寸；九十三式，即宽 13 寸、高 9 寸等。其中，八六式用于较大的厅堂或较小的殿庭上，而一七式、九十三式也都用于殿庭之上。

图 5-2-1 老戗头部断面      图 5-2-2 老戗梢部断面

在距老戗端部 3 寸处,开槽以便安装嫩戗,嫩戗之前,戗端做平面。戗端侧面做卷杀花纹,花纹有多种式样,随设计而定。图 5-2-3、图 5-2-4 所示为常见的两种式样。

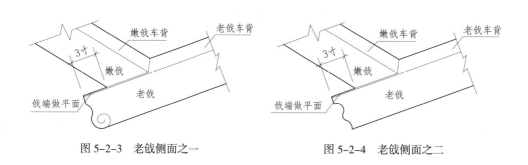

图 5-2-3 老戗侧面之一      图 5-2-4 老戗侧面之二

2. 老戗的长度

老戗的搭支长度有的长一界,有的长二界。现以长一界的为例,将老戗实际长度的计算方法介绍如下:

先求老戗的水平长度,老戗的下端于出檐椽的水平长度处再直线叉出,叉出长度为飞椽的出挑长度,即叉出一飞椽,见图 5-2-5。

但是老戗的叉出长度并非全是一飞椽,而是有所变化的,根据苏州工匠多年的实践经验,总结出了一套变化规律,并用口诀的方式流传下来:"庙宇殿堂足飞椽,厅堂楼屋足九折,亭台小阁过半放,水戗发戗是八折。"

"庙宇殿堂足飞椽"指的是规模较大、起算提栈较高,如殿庭之类的建筑所用的老戗,其叉出长度须放足一飞椽。"厅堂楼屋足九折",一般厅堂的老戗,叉出长度不需太长,飞椽的九折就够了。"亭台小阁过半放",亭阁类的建筑因体量较小,只需按飞椽的六折来放叉出长度。"水戗发戗是八折",水戗发戗因为没有嫩戗,所以若老戗过长,反而会导致屋面檐口线在转角处形成下坠,失去了应有的微翘效果,从而影响美观。因此,水戗发戗的叉出长度,须按同类建筑叉出长度的八折来处理。

老戗的水平长度求出后,其实际长度,也有传统口诀可用来计算,但是太麻烦,也不太精确,倒不如用作图法来得简便。

作图法求老戗的实际长度,具体方法是以老戗的水平长度为底边,以提栈高度为另一边,作一直角三角形,该直角三角形的斜边即为老戗的实际长度。

以界深 1200 毫米,提栈五算为例,出檐椽的出挑长度为界深之半,即 600 毫米,飞椽的出挑长度为界深的 1/4,即 300 毫米。提栈高度 =(1200+600+300)× 0.5=1050 毫米

以此作图,即能求得老戗的实际长度,详见图 5-2-6。

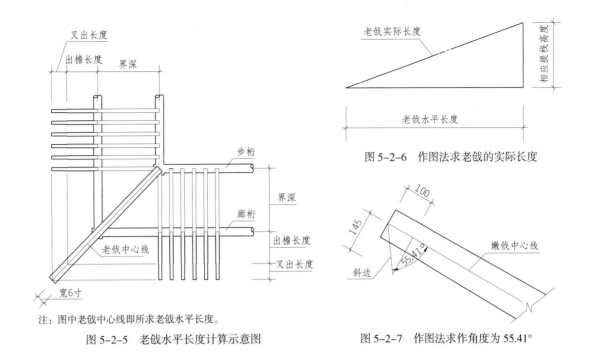

图 5-2-6　作图法求老戗的实际长度

图 5-2-5　老戗水平长度计算示意图

注：图中老戗中心线即所求老戗水平长度。

图 5-2-7　作图法求作角度为 55.41°

### （二）嫩戗

嫩戗的戗根大小，依老戗头八折，戗头再照戗根八折。戗面也依老戗底，同样作篾片混，戗背加车背 1.5 寸。嫩戗全长为飞椽长度的 3 倍。

嫩戗的上端，因两旁有遮檐板相合，故需锯成尖角，所锯尖角称为合角。嫩戗端部所做形似猢狲面之斜角，即称猢狲面。嫩戗面与猢狲面所成的斜角为 55°24′，即 55.41°，该角度也可用作图法求得。

具体做法是：在距嫩戗顶部 10 厘米处，于嫩戗中心线上做一垂直线，垂直线长度为 14.5 厘米，连接该两端点，即成一直角三角形，该直角三角形的斜边与嫩戗中心线所形成的角度为 55.41°，详见图 5-2-7。

将该斜边搬至嫩戗顶点，以此斜边所做形似猢狲面之斜角，即为猢狲面，详见图 5-2-8、图 5-2-9。

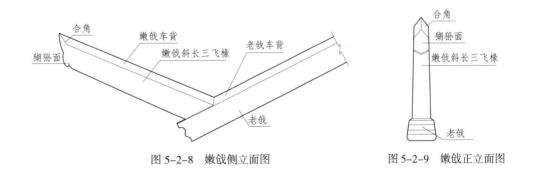

图 5-2-8　嫩戗侧立面图

图 5-2-9　嫩戗正立面图

嫩戗与老戗相交之角度，嫩戗的最大泼水自 1 寸到 1 寸 2 分。具体做法为：在嫩戗中心线与老戗面之交点处，向上作直线与老戗面垂直，线段长度为 1 寸 2 分，在线段顶端向外作直角线，长 1 寸，连接该点与嫩戗中心线与老戗面之交点，该连线与老戗垂线所形成之角度，即为嫩戗之泼水，合39°48′。最小泼水为1寸到1寸6分，合32°。

殿庭较为庄重，泼水以泼足为宜。而亭阁须小巧，故泼水宜于酌收。嫩戗中心线与老戗中心线相交之角度，宜在130°~122°之间。

二戗相交，嫩戗连于老戗，称坐势，嫩戗面距老戗头缩进3寸。在老戗面上开槽，称檐瓦槽，以便安装嫩戗。檐瓦槽之长度、宽度均同嫩戗根，槽外深5分，内深1.5寸，根据嫩戗之斜势而开凿。将嫩戗嵌入老戗之内，使两者镶合牢固，不易松动。

老戗与嫩戗相交之角度及镶合做法详见图5-2-10。

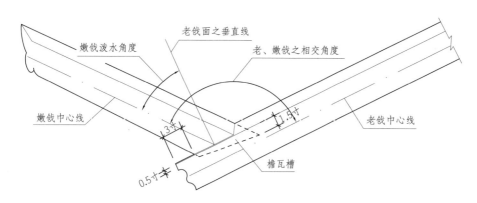

图5-2-10　老戗、嫩戗之相交角度及镶合做法示意图

### （三）菱角木、扁担木、孩儿木与千斤销

老戗与嫩戗之间，为安装牢固，须设菱角木及扁担木。菱角木的作用，主要是固定老戗与嫩戗间的角度，同时也可承受戗角上的一部分压力。扁担木主要是在老戗与嫩戗之间起到拉接与加固的作用，防止嫩戗向外倾覆、松动，同时其高度又起着垫高的作用，使嫩戗与老戗间形成的曲势更加顺适，有利于戗角构件的安装。

扁担木与菱角木，二木相加的高度（即拼高高度）不应低于嫩戗水平高度的2/3。菱角木与扁担木的宽度为嫩戗戗头宽度的七至八折。

扁担木与嫩戗上端，为连接牢固，须贯以木条拉接，其外端露于嫩戗之外，称为孩儿木。

孩儿木为四方棱形，一般按菱形放置，其对角宽度为嫩戗宽度的1/5左右，其对角长度是其对角宽度的1~1.2倍，孩儿木之上角与狮狲面下尖嘴的距离是其对角长度的1~1.5倍，视嫩戗的规格大小而定。

在老戗底部，垂直向上穿过嫩戗中心线、菱角木、扁担木，贯以硬木制成的木销，称千斤销，千斤销的作用是将老戗、嫩戗、菱角木、扁担木等构件紧密地连接在一起，使之共同受力，因此更加坚固，不易松动。

千斤销的断面一般为长方形，其断面的大小依戗角的大小而定。如用于四六式戗上的，一般为4厘米×5厘米~4厘米×6厘米；用于五七式戗上的，一般为4厘米×6厘米~5厘米×7厘米；而6厘米×8厘米或7厘米×9厘米的断面则是用在更大规格的戗上。

千斤销露于老戗之外的部分，须施以雕饰，雕饰的花样有多种，常见的有荷花式、花篮式等，雕饰的高度为其宽度的1.5倍。

图5-2-11、图5-2-12便为菱角木、扁担木、孩儿木、千斤销等做法示意图。

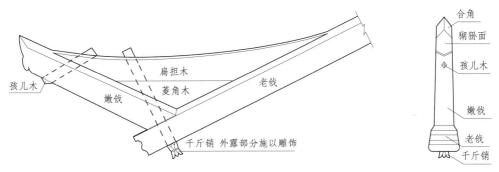

图 5-2-11　老戗、嫩戗之镶合侧立面图　　　　　图 5-2-12　老戗、嫩戗之镶合正立面图

### （四）摔网椽及戗山木

老戗两边，以出檐椽之上端中线与步桁处戗边的交点为基准点，各往老戗方向下端逐根加长，呈曲线与老戗相齐，呈摔网状，称为摔网椽。摔网椽按老戗中线对称铺设，每面椽数成单，最少 5 根，多至 13 根。摔网椽自步柱中心起，逐根以戗山木填高，至老戗面相平，戗山木设在廊桁之上，见图 5-2-13~ 图 5-2-15。

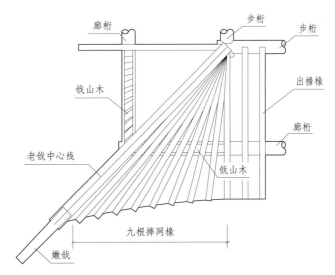

图 5-2-13　摔网椽及戗山木平面布置图

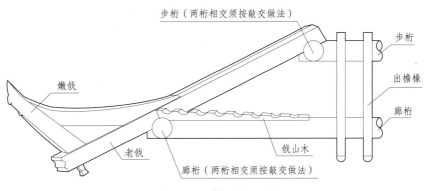

图 5-2-14　戗山木立面图

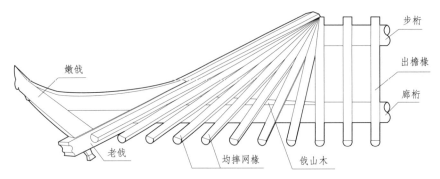

图 5-2-15　摔网椽及戗山木立面图

（五）弯里口木

弯里口木又称高里口木，架于摔网椽端部之上，一端接通正屋的直挺里口木，另一端接至老戗边，并左右抱住嫩戗，弯里口木须根据摔网椽之椽距开口以架立脚飞椽，作用与普通里口木相似。

弯里口木因是从正屋的直挺里口木处，由内向外、由低往高逐渐向嫩戗边过渡的一种构件，因此，该构件的形状平面呈弯形，立面是从低到高，故被称为弯里口木或高里口木。

弯里口木的平面弯势，其弯度的矢高一般为其用材之宽。弯里口木的断面尺寸，其小头与直挺里口木相同，其高度，低的一边按直挺里口木，高的一边与嫩戗接通，约为直挺里口木高度的 2~2.5 倍，与嫩戗接通的一头俗称"牡丹头"。弯里口木的长须放至直挺里口木处以外 1~2 个椽距，这样可使安装后的檐口顺直。

弯里口木上为安装立脚飞椽所开的口子，口子间两条斜边的垂直距离为直挺里口木的口子宽，口子的斜势为与之对应的摔网椽的斜势。口子以下的高度，称留底。弯里口木正面（即外露一面）的留底高度，低的一边为一望砖厚，高的一边为 2~3 倍的望砖厚度，由此作一直线，即为所有口子的留底高度。弯里口木反面的留底高度均为一望砖厚。在弯里口木后面，摔网椽的上面须铺设木望板，木望板朝下的一面须刨平，望板厚度同望砖厚，见图 5-2-16、图 5-2-17。

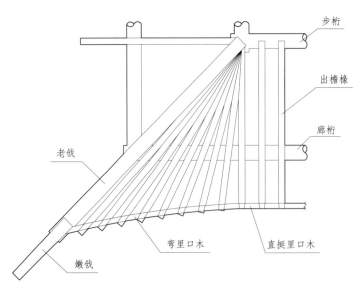

图 5-2-16　弯里口木平面布置图

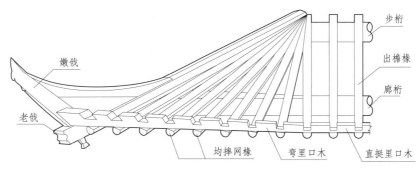

图 5-2-17　弯里口木立面图

图中标注：步桁、出檐椽、廊桁、直挺里口木、弯里口木、均摔网椽、老戗、嫩戗

### （六）立脚飞椽

因戗角部位的飞椽随着摔网椽亦作摔网状而逐根立起，呈曲线与嫩戗相齐，故将该部位的飞椽称为立脚飞椽。

立脚飞椽与摔网椽的相互关系就如同直挺飞椽与出檐椽、嫩戗与老戗的相互关系一样。因为有了立脚飞椽的逐渐升起和向外叉出，所以从直挺飞椽端部起，到嫩戗端部止，形成了一条由内向外、从低到高，呈双向弯曲的屋面檐口线。同时在戗角部位也形成了一个曲度与该曲线相同的锥形曲面。

因为立脚飞椽是随着摔网椽斜向往上伸出并逐根升高的，故立角飞椽的截面形式为平面四边形，其斜度同所在弯里口木的口子斜面。

立脚飞椽的正立面，其宽度上下相同，按所在弯里口木口子间的垂直距离，均与直挺飞椽的宽度一样。立脚飞椽的侧立面为上小下大，其小头的厚（即平面四边形的高）同直挺飞椽的厚，其大头的厚，从直挺飞椽起，按直挺飞椽厚逐根增加，直至靠嫩戗边的第一根的厚度达到嫩戗厚的六至七折。

与在直挺飞椽上铺设望砖一样，在立脚飞椽的上面也须铺设望板，使嫩戗至直挺飞椽间形成一个曲度与该屋面檐口线相同的锥形曲面，因此，该望板被称为卷戗板。卷戗板用的是较狭的薄板，其厚度为 0.5 寸，一面须刨光。用其狭薄是为了易于卷曲，使板底与立脚飞椽平合。

立角飞椽的长度，因每一根均不相同，须按放样确定。按传统做法是：靠嫩戗边的第一根立脚飞椽，其立起高度须比嫩戗收短 4 寸左右，以后逐根收短 1~1.5 寸之间。

越靠近嫩戗的立脚飞椽，其立起高度越高，与摔网椽的相交角度也就越大。因此，该部位的立脚飞椽只需坐于弯里口木的口子之内，故其长度配到弯里口木底部即可，但在其下端必须设捺脚木来固定。捺脚木的作用和位于老、嫩戗之间的菱角木所起的作用一样。捺脚木的高度、长度与斜势，需按该部位的锥形曲面来确定。该部位立脚飞椽的数量约占立脚飞椽总数的 1/2 或 1/3 左右，视戗角的实际情况而定。其余的立脚飞椽，因其立起高度较为平缓，故可一体做成，但其后尾长度不宜短于伸出长度的 1.5 倍。见图 5-2-18、图 5-2-19。

### （七）弯眠檐与弯遮檐板

弯眠檐就是从直挺飞椽到嫩戗间的眠檐，设在立脚飞椽端部，因其外形呈双向弯曲，故称弯眠檐。弯眠檐的断面尺寸同直挺眠檐，为便于其弯曲，通常做法是按厚度将其开成两片或三片来进行安装。

弯遮檐板根据嫩戗的狮狻面中心线对称设置，设在弯眠檐的外方，其弯度与曲度均同弯眠檐。

遮檐板的断面尺寸，按传统口诀称："亭阁高在五六寸，厅堂须高六七寸，庙宇殿庭八九寸，厚约寸至寸二分。"

弯遮檐板的端部也须做狮狻面，其位置约在嫩戗狮狻面以下 1 寸许，目的是使雨水不易淋及嫩戗，从而起到对戗角的保护作用，见图 5-2-20、图 5-2-21。

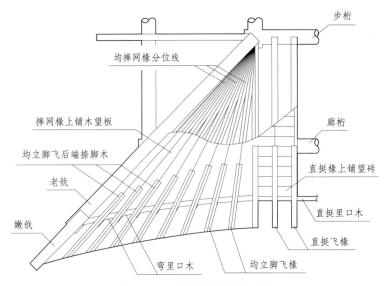

图 5-2-18 立脚飞椽平面布置图

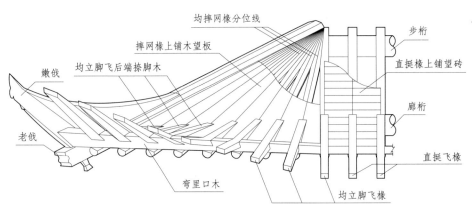

图 5-2-19 立脚飞椽立面图

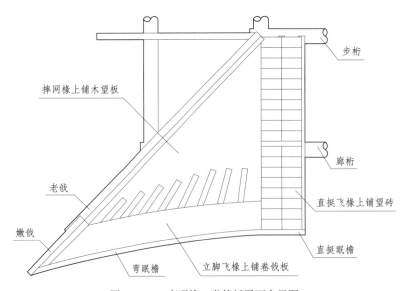

图 5-2-20 弯眠檐、卷戗板平面布置图

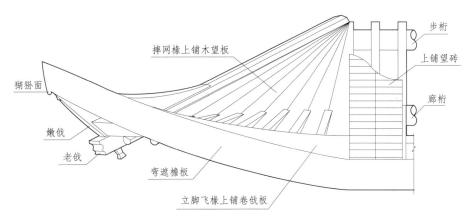

图 5-2-21　弯遮檐板立面图

图中标注：
- 摔网椽上铺木望板
- 步桁
- 上铺望砖
- 狲狲面
- 廊桁
- 嫩戗
- 老戗
- 弯遮檐板
- 立脚飞椽上铺卷戗板

### 二、嫩戗发戗的放样

戗角制作，传统做法是先放样，然后再按照放样做出样板和样板尺。过汉泉先生在《古建筑木工》一书中，将此归纳为"一样、二板、三把尺"。

"一样"就是戗角的平面放样，根据放样，可取得两块样板，一是嫩戗样板，二是摔网里口木的斜度板。"三把尺"指的是制作弯里口木的弯刀尺、摔网椽的长度尺、摔网椽的后尾平分线尺（俗称兜根尺）。

传统做法的放样，以前工匠们都是按照1:1的比例在地面上来放实样，然后再在实样上度量尺寸，以取得所需的数据，这种方法既麻烦，又不十分精确。其实，只要掌握了其中的要领，用CAD的制图方法来放样，可以取得同样的效果，而且所需数据在图上便能直接表现出来，既简便，又精确。

现将用CAD制图方法来放样的具体操作与步骤介绍如下。

#### （一）戗角（嫩戗发戗）的平面放样

老戗的搭支长度，有的长一界，也有的长二界。建筑物上戗角的数量，有的是四角，有的是六角，还有的是八角。现以戗角数量为四角、老戗搭支长度为一界的戗角为例，来说明戗角的平面放样的具体方法：

1. 先求老戗的水平长度

老戗的上端，搁于两步桁的敲交交接处，下端于出檐椽的水平长度处再作直线叉出，叉出长度可根据情况，在飞椽的出檐长度的0.6~1.0倍中间选取。

以界深1200毫米，提栈五算为例，出檐椽的出挑长度为界深之半，即600毫米，飞椽的出挑长度为界深的1/4，即300毫米，取叉出长度为飞椽的出挑长度的0.9倍，即300毫米×0.9=270毫米，见图5-2-22。

2. 摔网椽平面放样

（1）根据图5-2-22，依次画出老戗、嫩戗、出檐椽的中心线，连接嫩戗根部角

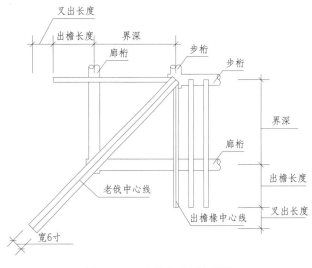

图中标注：叉出长度、出檐长度、界深、廊桁、步桁、步桁、界深、廊桁、出檐长度、叉出长度、老戗中心线、出檐椽中心线、宽6寸

图 5-2-22　老戗的平面放样图

点与出檐椽端部中心线，以该连线为弦，里口木宽度为矢高，作一弧线（该弧线亦为制作弯刀尺的依据），将此弧线等分。

提示：①嫩戗根部在老戗端部缩进 3 寸处；②弧线的等分数应为单数；③等分之距离 $A$ 须小于出檐椽的椽豁 $B$。见图 5-2-23 所示放样步骤一。

（2）根据放样步骤一，以出檐椽中心线与戗边的交点为基准点，分别与弧线上各等分点相连接，所作连线即为各摔网椽分位线。见图 5-2-24 放样步骤二。

（3）根据放样步骤二，如摔网椽宽为 70 毫米，则将摔网椽分位线各向两边偏移 35 毫米，作为摔网椽的边线。修剪两相交边线之多余部分，将两线之交点与基准点相连，作为两相邻摔网椽之割角线。延伸摔网椽靠近弧线的一条边线与弧线相交，于交点处作一垂线与摔网椽的另一条边线相交，该垂线即为摔网椽的后尾平分线尺（俗称兜根尺）。

提示：与老戗相邻的摔网椽边线与老戗相交时，只能修剪掉摔网椽边线的多余部分，而不能对老戗进行修剪，见图 5-2-25 放样步骤三。

（4）根据放样步骤三，先画上直挺飞椽。连接嫩戗中心线的端部与直挺飞椽中心线的端部，以该连线为弦，作一弧线，该弧线的弧度与弯里口木的弧度相同。延伸摔网椽中心线与该弧线相交，如立脚飞椽宽为 60 毫米，则将摔网椽中心线各向两边偏移 30 毫米，作为立脚飞椽的边线，立脚飞椽的后尾长度不宜短于伸出长度的 1.5 倍。按此方法，逐根画上所有立脚飞椽。

将弯里口木的弧线向内偏移，所偏移尺寸即为弯里口木的宽度，一般为 2 寸。

修剪整理多余线条，见图 5-2-26 放样步骤四。

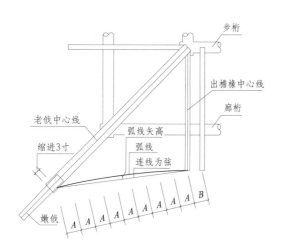

图 5-2-23　放样步骤一（摔网椽分档）

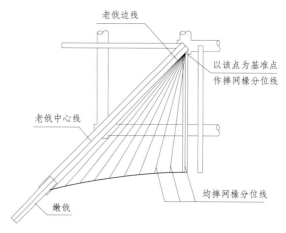

图 5-2-24　放样步骤二（摔网椽分位线平面放样图）

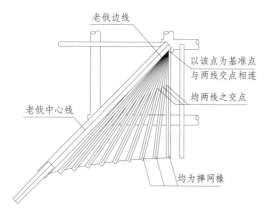

图 5-2-25　放样步骤三（摔网椽平面放样图）

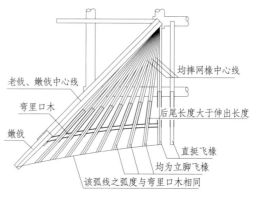

图 5-2-26　放样步骤四（立脚飞椽平面放样图）

**（二）求老戗与摔网椽的实际长度**

1. 图解法求老戗与摔网椽的实际长度

戗角的平面放样完成后，即可用图解法来求得老戗与摔网椽的实际长度。

具体做法是：先将摔网椽逐根编号，将最靠近老戗的摔网椽编为第一根，依次为第二根、第三根……直至最后一根。最后一根摔网椽，即是与摔网椽相交的直挺出檐椽。

再画图求出第一根摔网椽与老戗之间的叉出长度之差。将老戗的叉出长度减去该差，即为第一根摔网椽的叉出长度。用同样的方法，可逐根求得各根摔网椽的叉出长度（图5-2-27）。

各根摔网椽的叉出长度求出后，便可求出各根摔网椽的提栈高度。提栈高度用以下公式求得：

$$老戗的提栈高度 =（界深 + 出檐长度 + 叉出长度）× 提栈系数$$

$$摔网椽的提栈高度 =（界深 - 基准点距离差 + 出檐长度 + 叉出长度）× 提栈系数$$

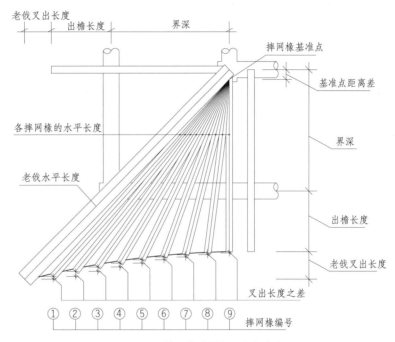

图5-2-27　摔网椽编号与叉出长度之差

老戗与各根摔网椽的提栈高度求出后，即可用作图法来求得其相应的实际长度。

具体方法是以所求构件（老戗或摔网椽）的水平长度为底边，以其相应的提栈高度为另一边，作一直角三角形，该直角三角形的斜边即为所求构件（老戗或摔网椽）的实际长度，见图5-2-28。

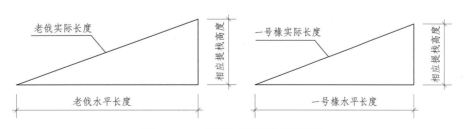

图5-2-28　作图法求构件的实际长度

以上图例，在实际放样时，可用具体尺寸来直接表示。这样，既方便又明了。

上述放样的优点是精确度高，缺点是摔网椽的实际长度需逐根求出，且不能在一张图上把所有摔网椽的实际长度全部表示出来。

2.近似法求老戗与摔网椽的实际长度

在求得老戗的实际长度后，对图5-2-27略作改变，便可以用近似法来放样，在一张图上把所有摔网椽的实际长度全部表示出来。

具体操作步骤如下（图5-2-29）：

（1）在老戗叉出长度处画一根直线。

（2）以老戗中心线端部为圆心，老戗实际长度为半径，画一圆弧与该直线相交，连接圆弧交点与圆心，该连线即为老戗中心线的实际长度。

（3）画出与摔网椽相交的直挺出檐椽的中心线实际长度（即界深斜长加出檐斜长）。

（4）分别画出老戗与嫩戗边线，连接嫩戗根部角点与直挺出檐椽中心线的端部，以该连线为弦，作一弧线，该弧线的弧度与弯里口木的弧度相同。

（5）将各摔网椽水平长度的端点，垂直投影于该弧线上。

（6）将各投影点分别与摔网椽基准点相连，该连线即为摔网椽中心线。

（7）按摔网椽宽度，分别画出摔网椽的边线及后尾平分线尺，将摔网椽中心线延伸至后尾平分线尺处。

（8）用近似法求得的摔网椽中心线实际长度，略长于作图法所求出的实际长度，因其误差不大，约为1厘米左右，放样时可作为摔网椽的实际长度。

**（三）一样、二板、三把尺**

根据以上放样，我们已经取得了"一样、二板、三把尺"中的"一样"与"三把尺"，即平面放样图与制作摔网椽的长度尺、制作弯里口木的弯刀尺和摔网椽的后尾平分线尺（俗称兜根尺）。

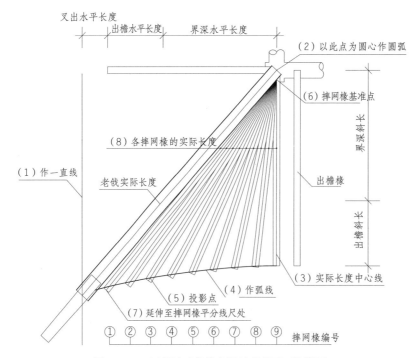

图5-2-29　近似法求构件实际长度的平面放样图

其中制作捧网椽的长度尺，在图中通过尺寸标注便可直接取得，也可用图解法来逐根求得。

制作弯里口木的弯刀尺，只需在图中将弯里口木的弧线向内偏移，便可取得，所偏移尺寸为弯里口木的宽度，一般为2寸，见图5-2-30。

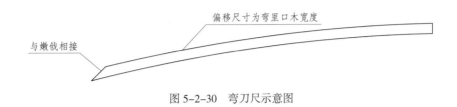

图5-2-30 弯刀尺示意图

将弯刀尺略作改变，便可做成捧网椽的后尾平分尺（俗称兜根尺），按平面放样图所示，做出捧网椽的头部形状，并在相应部位分别画出各捧网椽的中线与两面边线，见图5-2-31。

图5-2-31 后尾平分尺示意图

捧网椽的后尾平分尺的作用，是取得相邻两根捧网椽间的相交线，作为捧网椽制作时两椽后尾割角的依据。

传统做法是：将两根已经加工成形的捧网椽画上中心线与实际长度线，各放在其相应的后尾平分尺上，然后点取其交点，将该点与其中心线实际长度处的点（即捧网椽基准点）相连，该连线即为两根捧网椽的相交线，见图5-2-32。

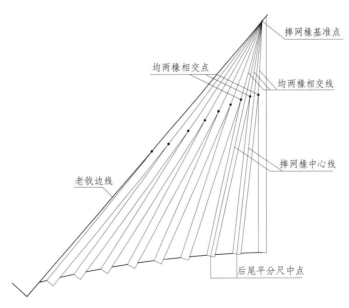

图5-2-32 用后尾平分尺求两椽相交线示意图

"一样、二板、三把尺"中的两块样板，即嫩戗样板与弯里口木的斜度板，同样可以用 CAD 制图的方法来取得。

1. 嫩戗样板

嫩戗样板就是嫩戗的侧立面图，见图 5-2-33。

提示：嫩戗中心线与老戗中心线相交之角度，宜在 122°~130° 之间。

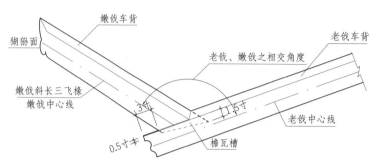

图 5-2-33　嫩戗样板（嫩戗侧立面图）

2. 弯里口木的斜度板

弯里口木的斜度板应该有两块，一块是表示平面的，另一块是表示立面的，即平面斜度板与立面斜度板。

1）平面斜度板

平面斜度板与弯度尺相似，只需画上相应的立脚飞椽口子即可，见图 5-2-34。

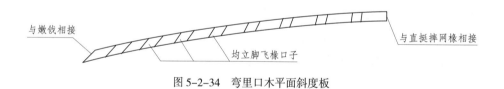

图 5-2-34　弯里口木平面斜度板

2）立面斜度板

立面斜度板，须表示出弯里口木的长、宽与所开口子的斜势以及口子的留底高度。

弯里口木立面样板的长与平面斜度板相同，弯里口木的高度，低的一边按直挺里口木，高的一边与嫩戗接通，约为直挺里口木高度的 2~2.5 倍，与嫩戗接通的一头俗称"牡丹头"。

牡丹头的斜势与嫩戗之泼水相同，与直挺里口木相接处垂直于屋面檐口线，立面样板其他口子的斜度可用以下作图法求得。

作一直角三角形 ABC，其中 AB 垂直于 BC，AC 为斜边，AC 的斜度同牡丹头之斜度，将 BC 依据摔网椽根数均分，以摔网椽 9 根为例，把 BC 均分成 9 份，将各均分点分别于 A 点相连，所得连线即为各口子的斜度线，并将各斜度线分别编号，一般都将最靠近牡丹头线的编为 1 号，见图 5-2-35。

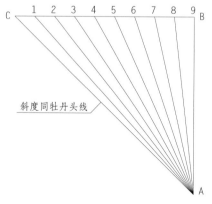

图 5-2-35　作图法求弯里口木立面斜线

立面斜线求出后，根据弯里口木的平面样板，即可将弯里口木的立面画出，其中低的一面为直挺里口木高度，高的为牡丹头高度，将立面口子画出并编号，请见作图步骤一（图5-2-36）。

注：A为牡丹头高度，B为直挺里口木高度。

图5-2-36 作图步骤一

根据作图步骤一，分别将牡丹头与各口子斜线引至各立面口子的上口，口子以下的高度，称留底。弯里口木正面（即外露一面）的留底高度，低的一边为一望砖厚，高的一边为2~3倍的望砖厚度，由此作一直线，即为所有口子的留底高度。弯里口木反面的留底高度均为一望砖厚，见作图步骤二（图5-2-37）。

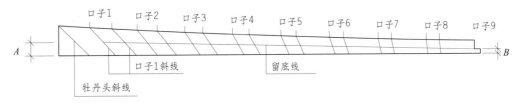

注：A为口子1留底高度，高为2~3倍的望砖厚度；B为直挺里口木高度，高为一望砖厚。

图5-2-37 作图步骤二

将作图步骤二之多余线条进行修剪，经整理后所得图样即为弯里口木的立面斜度板，见图5-2-38。

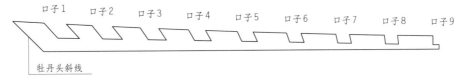

图5-2-38 弯里口木立面斜度板

图5-2-39便是按照上述样板所制作的弯里口木实样图。

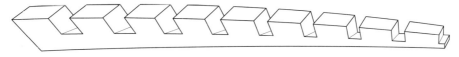

图5-2-39 弯里口木实样图

### 三、嫩戗发戗的技术要点

（1）戗角制作必须先放样，后制作。所放样板能反映出构件的实际长度、断面尺寸以及各构件之间的相互关系，并应符合传统做法或设计要求。

（2）老戗前端（即根部）的断面尺寸，其高、宽均按斗料，用于亭子者按四六式，用于厅堂者按五七式，用于殿庭时则按同一建筑所用之斗料。老戗上面须做出三角形之车背，车背高度另加，底面做成篾片混。老戗后端（梢部）的断面尺寸为老戗根的八折。

（3）嫩戗根之断面与老戗梢断面相同，嫩戗梢之断面亦按嫩戗根之八折。嫩戗之车背形状与老戗一致，嫩戗背须作一定的弯势，其弯势之矢高约为嫩戗长的 $1/10 \sim 1.5/10$，嫩戗之长度宜为飞椽长度的 3 倍。

（4）摔网椽之断面，其形状、尺寸均与同一建筑之出檐椽相同，其长度按所放样板尺寸。每面摔网椽的数量应成单数，摔网椽间的最大间距不应大于直挺出檐椽之间距。

（5）立脚飞椽之宽按同一建筑直挺飞椽宽度，因立脚飞椽之背部位于自直挺飞椽之背部逐渐过渡之嫩戗背部的曲线上，故同一翼上各立脚飞椽的根厚均不相同，其根厚，从直挺飞椽起，按直挺飞椽厚，逐根增加，直至靠嫩戗边的第一根的厚度达到嫩戗厚的六至七折。立脚飞椽的截面为平行四边形，其梢厚（即平行四边形的高）与直挺飞椽厚度相同，但每根立脚飞椽的斜势与翘曲程度均不相同。为安装牢固，靠近嫩戗的立脚飞椽根部须用捻脚木捻紧、固定。

（6）老戗、嫩戗间须开檐瓦槽连接，并结合牢固，菱角木、扁担木相交紧密，并用硬木千斤销与老、嫩戗串透连接。

（7）戗角外轮廓的平面、立面曲线匀和、流畅。同一建筑上各座戗角之高度、角度须一致，且左右对称、前后对称。


### 四、嫩戗发戗的安装

嫩戗发戗是江南古建筑特有的一种结构形式，也是木作工程的重点与难点之一，其中构件众多，安装过程复杂，而且安装结束后，很多构件已经被隐蔽，为使读者能对该部分的做法有所了解，现将嫩戗发戗的安装过程按其操作步骤介绍如下。

#### （一）安装之前的组装

戗角安装可在房屋的直挺椽子安装完成后进行，也可在安装之前进行，但以前者为多，因为戗角安装须以靠近戗角的第一根出檐椽子为基准。

戗角安装之前，可先将老戗、嫩戗、菱角木、扁担木以及孩儿木、千斤销等相关构件组合安装在一起，以减少安装时高空作业的工作量，提高工作效率。另外，预先安装时，还可统一嫩戗与老戗的相交角度以及嫩戗的起翘高度等，使之相互之间进行比对，也可减少安装误差，提高工程质量。

嫩戗与老戗的相交角度宜在 $122° \sim 130°$ 之间。但具体角度须按房屋的提栈而定，一般情况是：老戗、嫩戗和水平线所成的两个锐角应大致相等，这是因为老戗与水平线所成的角度是根据房屋的坡度（即提栈）而形成的。当房屋坡度决定后，也就决定了戗角起翘的高低，若是房屋坡度较陡，而戗角起翘很低，或者房屋坡度较缓，而戗角起翘很高，都容易使人产生一种生硬的感觉。

二戗相交，嫩戗连于老戗，称坐势，嫩戗面距老戗头缩进 3 寸，戗端做平面。在老戗面上开槽，称檐瓦槽，以便安装嫩戗。檐瓦槽之长度、宽度均同嫩戗根，槽外深 5 分，内深 1.5 寸，据嫩戗之斜势而开凿。将嫩戗嵌入老戗之内，使两者镶合牢固，不易松动。

老戗与嫩戗之间，为安装牢固，须设菱角木及扁担木。菱角木的作用，主要是固定老戗与嫩戗间的角度，同时也可承受戗角上的一部分压力。扁担木主要是在老戗与嫩戗之间起到拉接与加固的作用，防止嫩戗向外倾覆、松动，同时其高度又起着垫高的作用，使嫩戗与老戗间形成的曲势更加顺适，有利于戗角构件的安装。

扁担木与菱角木，二木相加的高度（即拼高高度）不应低于嫩戗水平高度的 2/3。菱角木与扁担木的宽度为嫩戗戗头宽度的七至八折。

扁担木与嫩戗上端，为连接牢固，须贯以木条拉接，并用拔紧销将其拔紧拉实。其外端露于嫩戗之外，称为孩儿木。

孩儿木为四方棱形，一般按菱形放置，其对角宽度为嫩戗宽度的 1/5 左右，其对角长度是其对角宽度的 1~1.2 倍，孩儿木之上角与猢狲面下尖嘴的距离是其对角长度的 1~1.5 倍，视嫩戗的规格大小而定。

在老戗底部，垂直向上，穿过嫩戗中心线、菱角木、扁担木，贯以硬木制成的木销，称千斤销，其上部也须设拔紧销，使千斤销将老戗、嫩戗、菱角木、扁担木等构件紧密地连接在一起，使之共同受力，因此更加坚固，不易松动。

千斤销露于老戗之外的部分，须施以雕饰。雕饰的花样有多种，常见的有荷花式、花篮式等。雕饰的高度为其宽度的 1.5 倍。

以上便是老戗、嫩戗、菱角木、扁担木等构件组装的传统做法。

现在施工中，对上述之传统做法作了改进，老戗、嫩戗、菱角木、扁担木之间的连接加固，都以对穿螺栓来代替。对穿螺栓须设三道：一道在原孩儿木的安装部位，一道在原千斤销的安装部位，另一道则在靠近扁担木之后端。底部所开的栓孔可分别安装孩儿木、千斤销作掩饰，而后端的栓孔，因为安装在与廊桁相交处，并不外露，可不作处理。

老嫩戗之间组装的两种做法详见图 5-2-40。

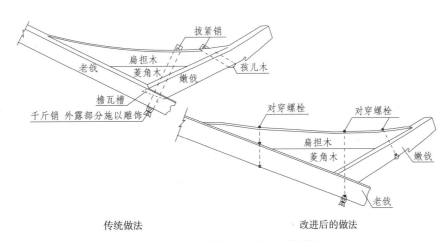

图 5-2-40  老嫩戗之间组装的两种做法

### （二）老戗安装

老戗的安装，根据建筑形式的不同，其上端（即戗尾）有两种不同的做法。

1. 歇山建筑老戗的安装

歇山建筑的老戗，其下端安装于两侧廊桁相交处，而上端则安装于两侧步桁相交处，两侧相交的桁条须按敲交做法。

在上下两处敲交桁条的面上，弹出斜角中线，作为老戗的安装中线。根据老戗的宽度，在斜角中线两侧分出老戗的外皮边线。将老戗斜搁在上下两桁的交角中，先校正老戗的下出叉势，以确定老戗的伸出长度。再将老戗中心线对正斜角中线，并使其底部呈水平状，用凿子在桁侧沿老戗底画出一条平线，按老戗的外边皮线，用凿子挖凿桁条上表面，凿出一条宽同老戗，前深后浅的斜面，斜面应与所安装的老戗底面平行，使老戗能平稳地坐放于转角桁中。注意：老戗下端安装，不能挖凿老戗底部，因老戗下端伸出，属悬挑构件，底部挖凿，不利于其受力。

老戗上部（即老戗尾）与步桁相交时，也按同样的方法处理，所不同的是，此时不能挖凿桁条，而须在老戗尾部凿刻出前低后高的椀形，使之趴于步桁之上，高出桁条面约1~1.5倍的椽厚，使之与两侧出檐椽的高度相同。为使在内四界看不到戗尾，戗尾只能略过桁中，不能过长。若戗尾后角过高，可适当将其砍平，以免影响上界椽子的安装。

歇山建筑老戗的安装详见图5-2-41。

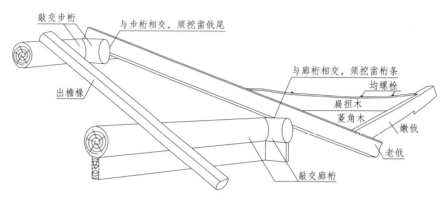

图5-2-41　歇山建筑的老戗安装示意图

2. 攒尖建筑及重檐歇山的下檐戗角的安装

攒尖建筑及重檐歇山的下檐戗角，其老戗的安装，下端也是安装于敲交的转角桁中，做法与上述做法相同。但其上端则安装于灯芯木或上层转角柱之上，是与柱的连接。

以攒尖亭为例，试述其上端的具体做法。在攒尖亭中，不论其是四角、六角还是八角，所有老戗均向上汇合，与灯芯木相交连接。老戗尾部与灯芯木相交时，在灯芯木上开眼做卯，而在老戗尾部做榫，两者相交，采用榫卯连接。

具体做法是：在灯芯木安装完毕并经检测确认无误后，在灯芯木之中心点钉上钉子。由钉子处分别拉线与转角檐桁之交角中线相连，并将其标记在灯芯木上，作为所开榫眼的中线。榫眼底部的高度，根据老戗的实际提栈而定。榫眼的宽度一般为老戗尾部宽度的1/4，若是多角亭，则榫宽可酌减，以免开刻过多，影响灯芯木之强度。榫眼的高度为老戗尾部与灯芯木斜交时的高度。老戗尾部所做的榫头断面须与榫眼相配，榫长以不影响其他榫头的安装为宜，与灯芯木相交处须按吞肩做法。

安装时，将老戗斜搁在转角桁中，其中心线对准榫眼，将老戗徐徐敲入榫眼之中，并使老戗的伸出长度达到要求，待所有老戗安装完毕后，再用铁件进行加固，详见图5-2-42。

老戗安装结束后，为防止其向外倾覆或向下脱落，应该采取加固措施。根据建筑形式的不同，加固措施可以分为以下两种：

（1）对于攒尖顶，采取的措施是：先用扁铁做一个抱箍，抱箍的内径应稍大于灯芯木的外径，在其外围焊数根条状的铁板，铁板的多少视戗角的多少而定，铁抱箍与铁板上须打孔，以便铁钉或木螺钉插入。

（2）对于歇山顶，老戗的后端搁支在两根敲交桁条的交角中，其加固措施是加强老戗后端与桁条的连接，具体做法有两种：一是采用螺栓加固，一是采用铁制的蚂蝗搭加固，其中蚂蝗搭加固是较为传统的做法。

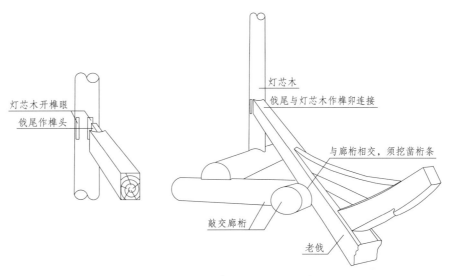

图 5-2-42　攒尖亭建筑的老戗安装示意图

图中标注文字：
灯芯木开榫眼
戗尾作榫头
灯芯木
戗尾与灯芯木作榫卯连接
与廊桁相交，须挖凿桁条
敲交廊桁
老戗

**（三）戗山木、弯里口木的安装**

老戗及嫩戗安装完成后，须对其进行吊线检查，重点是检查嫩戗上部中线与老戗端头中线以及角柱中线，看三条中线是否重合在同一直线上。因为老戗与嫩戗组合安装后，其高度很高，稍有偏差，嫩戗上部便为向左右倾斜，此时便必须对其进行校正调直。

经检查并确认无误后，方可用铁钉、蚂蟥搭或螺栓对老戗与转角桁条做上下固定。此时可在老戗两侧的转角廊桁之上安装戗山木。戗山木的作用有二：一是让所安装的老戗进一步固定，使其底部更加稳固；二是能将摔网椽，自步柱中心起，逐根填高，使其椽面至老戗处与老戗面相平。

戗山木之立面呈三角形，其高的一面与老戗相交，低于老戗面一根椽子高度，并按老戗底部形状挖出斜面托实贴紧，配好戗山木后，老戗被进一步加固稳定。

戗山木的长度可过直挺摔网椽约一档椽豁，其底部宽度可略小于廊桁。戗山木安装于廊桁之上，为安装牢固，与廊桁相交，须做芦壳，使其紧伏于桁条面，并用铁钉与桁条做连接。戗山木的上背应做成浑圆，或于其两侧倒出大圆角。在摔网椽安装时，其上背可开设椽椀。

戗山木安装完毕后，即可做摔网椽安装的准备工作。摔网椽安装之前，须安装已经配制好的弯里口木，而安装弯里口木则须先安装直挺摔网椽。

所谓直挺摔网椽，就是在放样时，其椽中线与老戗相交的那根出檐椽，因其上端与老戗相交处须削去一半后方能与老戗相交，故也属摔网椽，被称为直挺摔网椽。

因为直挺摔网椽的椽中线与步桁处戗边的交点是戗角放样的基准点，因此也应是戗角安装的基准点。

直挺摔网椽安装时，先将椽中线对准基准点，其下端与廊桁相交时应呈垂直状，并与已经安装的出檐椽保持平行。在与戗山木相交处须刻出椽椀，使其平服地安装于廊桁上。

将配制好的弯里口木，一端架于直挺摔网椽端部之上，并接通正屋的直挺里口木，另一端架于老戗边，并左右抱住嫩戗，须缩进嫩戗的外边缘约 3 分。

弯里口木按照摔网椽的椽距，开设口子以架立脚飞椽。其作用是从直挺摔网椽起，由内向外、由低往高，逐渐向嫩戗边过渡的一种构件，因此，该构件的形状平面呈弯形，立面呈齿状并逐渐升高，故被称为弯里口木或高里口木。

戗山木与弯里口木的安装，详见图 5-2-43。

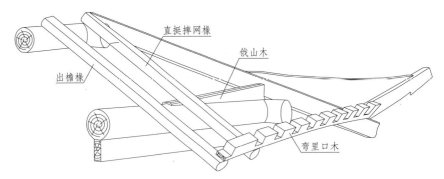

直挺摔网椽

戗山木

出檐椽

弯里口木

图 5-2-43　戗山木与弯里口木的安装示意图

**（四）摔网椽的安装**

弯里口木安装好以后，便可进行摔网椽的装配。

在老戗两边，以出檐椽之上端中线与步桁处戗边的交点为基准点，各往老戗方向下端逐根加长，呈曲线与老戗相齐，呈摔网状，称为摔网椽。

摔网椽按老戗中线对称铺设，每面椽数成单，最少 5 根，多至 13 根。摔网椽自步柱中心起，逐根以戗山木填高，至老戗边缘处，与老戗面相平。

摔网椽的装配，须从紧靠着老戗边的第一根开始，然后逐根进行，使每根摔网椽的椽尾紧靠，每根摔网椽的椽尾呈尖状，至老戗边的基准点处汇聚成一点。

安装时，摔网椽的椽头要对准弯里口木上所开的口子中线，应注意的是，要使弯里口木的口子中线对准椽子断面的中线，而不是椽面的中线。

如按椽面中线，会造成在安装时立脚飞椽与摔网椽不垂直，从正面看，会感觉偏斜，从而影响戗角的安装质量。

摔网椽的前端椽面要与弯里口木底部平合，每根摔网椽的尾端，在相交处，其斜面应相互平合，不能有较大的空隙。椽尾与椽尾之间，圆形椽底要刨成橘瓣形状相交，若有高低，可用推刨进行修正，使之大小适当，呈伞状逐渐向下散放。

在与戗山木相交时，如觉戗山木过高，可在戗山木上适当凿出椽椀，使椽子与弯里口木底部相平。

摔网椽每配好一根，就须与老戗、戗山木和弯里口木用铁钉钉牢固定，其中与老戗固定时，钉子数量不得少于两枚，而在戗山木与弯里口木处，一枚即可，但不得漏钉。

待摔网椽安装结束后，即可将椽子端部伸出弯里口木以外的多余部分锯去。锯截时须注意：一是要从靠近弯里口木的一边，成 90° 方向往另一边锯截，而不是随着里口木将伸出部分全部锯去；二是要根据椽面，成 90° 方向往下锯截，而不是按水平的垂直方向往下锯截。摔网椽的安装，详见图 5-2-44、图 5-2-45。

**（五）立脚飞椽的安装**

摔网椽安装完成后，须在其上面铺钉厚约 2 厘米的木板，称摔网板，板底部须刨光，板之上部无需刨光，毛面即可。摔网板自戗边起，至直挺摔网椽的中线止，留一半用以安装望砖，因摔网椽之尾部紧靠，摔网板钉到椽间无空隙处即可。在摔网板上，由摔网椽的交汇中心与弯里口木中心连线，弹出摔网线，作为立脚飞椽后尾安装的依据。

因戗角部位的飞椽随着摔网椽亦做摔网状而逐根立起，呈曲线与嫩戗相齐，故将该部位的飞椽称为立脚飞椽。

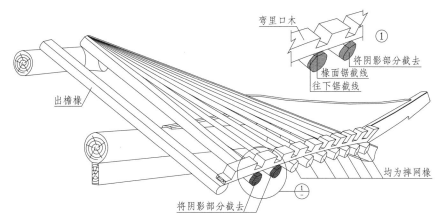

图 5-2-44　摔网橡的安装（摔网橡锯截前）

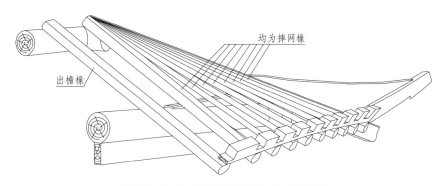

图 5-2-45　摔网橡的安装（摔网橡锯截后）

立脚飞橡与摔网橡的相互关系，就如同直挺飞橡与出檐橡、嫩戗与老戗的相互关系一样。因为有了立脚飞橡的逐渐升起和向外叉出，所以从直挺飞橡端部起，到嫩戗端部止，形成了一条由内向外、从低到高，呈双向弯曲的屋面檐口线。

因为立脚飞橡是随着摔网橡斜向往上伸出并逐根升高的，故立角飞橡的截面形式为平行四边形，其斜度同所在弯里口木的口子斜面斜度。

立脚飞橡的正立面，其宽度上下相同，按所在弯里口木口子间的垂直距离，均与直挺飞橡的宽度一样。立脚飞橡的侧立面为上小下大，其小头的厚同直挺飞橡的厚，其大头的厚，从直挺飞橡起，按直挺飞橡厚，逐根增加，直至靠嫩戗边的第一根的厚度达到嫩戗厚的六至七折。

立脚飞橡的长度，因每一根均不相同，须按放样确定。按传统做法是：靠嫩戗边的第一根立脚飞橡，其立起高度须比嫩戗收短 4 寸左右，以后逐根收短 1~1.5 寸。

在安装立脚飞橡之前，为使其安装时有所依靠，故须先安装弯眠檐，弯眠檐就是从直挺飞橡到嫩戗间的眠檐，设在立脚飞橡端部，因其外形呈双向弯曲，故称弯眠檐。其平面弯曲度按弯里口木的弯曲度，其立面弯曲度控制在嫩戗垂直高度的 1/5~1/4 之间。弯眠檐的断面尺寸同直挺眠檐，为便于其弯曲，通常做法是按厚度将其开成两片或三片来进行安装。

为了使建筑上的每座戗两边弯曲度均对称，其进出、高低都一致，因此弯眠檐的制作与安装的准确性与统一性十分重要。为了能够使弯度统一，可将所有弯眠檐锯成相同弯度的弯板，以控制其平面弯曲度；而在同一部位，将弯眠檐压下相同的高度，并用木条做临时固定，以控制其立面弯曲度（图 5-2-46）。

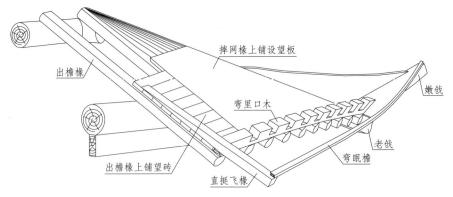

图 5-2-46　弯眠檐的安装

　　立脚飞椽的安装，一般应从靠嫩戗边的第一根开始，可先把立脚飞椽的下端放入弯里口木所开的口子之内，根据口子坐面的斜势，做出同样角度的斜底，使立脚飞椽能垂直平稳地坐落于弯里口木的口子之内，并使其前端的上平面与弯眠檐的底平面相平合，其后尾中线对正摔网线，经检查无误后即可钉牢固定，若有误差，可用推刨做修正。

　　由于越靠近嫩戗的立脚飞椽，其立起高度越高，与摔网椽的相交角度也就越大，因此该部位的立脚飞椽只需坐于弯里口木的口子之内，故其长度配到弯里口木底部即可，但在其下端必须设捻脚木来固定。捻脚木的作用和位于老戗、嫩戗之间的菱角木所起的作用一样。捻脚木的高度、长度与斜势需按该部位的锥形曲面来确定。该部位立脚飞椽的数量约占立脚飞椽总数的 1/2 或 1/3 左右，视戗角的实际情况而定。其余的立脚飞椽，因其立起高度较为平缓，故可一体做成，但其后尾长度不宜短于伸出长度的 1.5 倍。

　　立脚飞椽的安装详见图 5-2-47。

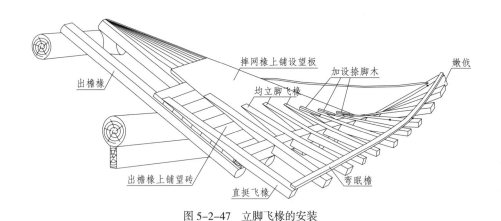

图 5-2-47　立脚飞椽的安装

### （六）弯遮檐板的安装

　　立脚飞椽安装完成后，接下来的工序便是"扫檐"。扫檐是为钉弯遮檐板所做的准备工作，具体做法是：沿着弯眠檐板的外侧将立脚飞椽的外露部分锯去。应注意的是，在锯截时须按屋面的斜坡，成 90° 方向往下锯截，锯截至嫩戗头处略有领直[注]。领直的原因是锯截至嫩戗端头中线处，截面须垂直，不能过中线，从而不影响嫩戗另一侧的扫檐工作。

---

❶ 领直，为吴语，即向下垂直的意思。

檐口扫过之后，要做到曲势与角度都感觉匀顺，因为这关系到弯遮檐板安装的好坏，俗话说："若要檐口封板好，弯檐椽头须来凑。"嫩戗以及两侧弯遮檐板的交角要经过吊线检验，其相交线须与戗角中心线相重合，若有不符，须作修正，否则将影响建筑的立面效果（图5-2-48）。

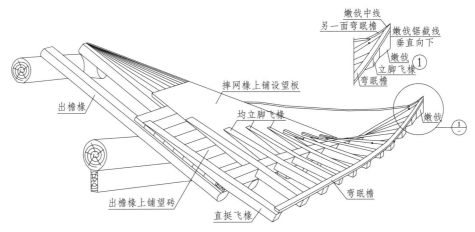

图5-2-48　立脚飞椽与嫩戗的扫檐工序

嫩戗的上端，因两旁有遮檐板相合，故需锯成尖角。所锯尖角称为合角。嫩戗端部所做形似猢狲面之斜角，即称猢狲面。

弯遮檐板以嫩戗的猢狲面中心线（即嫩戗中线）对称设置，设在弯眠檐的外方，其弯度与曲度均同弯眠檐。

遮檐板又称封檐板，也有称风沿板的，其断面尺寸按传统口诀称："亭阁高在五六寸，厅堂须高六七寸，庙宇殿庭八九寸，厚约寸至寸二分。"

遮檐板的安装方法有两种：一是从中间开始到戗头处收头，二是从戗角处开始至中间收头。

遮檐板的长度可以拼接，其接头处须用榫接，以免露缝，一般采用企口榫或斜角榫。拼缝的角度一般为斜方搭接或直接平撞。

遮檐板最后合拢的方法有三种：①上插入法，一般用于中间收头，如攒尖亭之类的建筑，在两边弯遮檐板安装完成后，将中间一块依实际长度，略放长少许，由上敲入，接缝要稍有斜度，使其越往下越紧；②绷入法，亦用于中间段的收头，但一般用于歇山类的建筑，因其水平段的遮檐板较长，本身需要拼接，在最后一块安装时，可将其适当放长并向外绷弯，待两端榫头插入后，去掉绷劲使其伸直，由此达到两端紧密连接的目的；③续接法，常用于戗角处的收头，即遮檐板合角处的最后一块。

遮檐板安装的技术要点：

（1）遮檐板的安装角度，不是与水平面垂直，而是与屋面斜坡成90°的方向，俗称"顺滚倒"。

（2）遮檐板一定要与飞椽钉紧，其上口与眠檐条相平，若弯遮檐板弯曲有困难，可在其背面，适当开几条锯缝，以利于其弯曲，使其与立脚飞椽紧密相接。

（3）遮檐板之间的接头须用榫接。遮檐板与飞椽采用铁钉连接，但须用钉冲把钉帽冲进板面2~3毫米，钉帽须经过防锈处理。

（4）弯遮檐板的端部也须做猢狲面，其位置约在嫩戗猢狲面以下1寸许，目的是使雨水不易淋及嫩戗，从而起到对戗角的保护作用。

（5）嫩戗以及两侧弯遮檐板的交角要经过吊线检验，其相交线须与戗角中心线相重合，若有不符，须作修正，否则将与上部瓦作戗角不协调，从而影响建筑的立面效果。

（6）安装好的遮檐板要曲势弯顺、接头平齐，做到戗角两侧对称、建筑左右对称。猢狲面的交角处须倒棱，所有遮檐板的底口亦要倒棱，倒棱即用推刨将其棱角刨去些许，刨成宽约 2~3 毫米的小圆弧，俗称"倒三板棱"。

弯遮檐板的安装详见图 5-2-49。

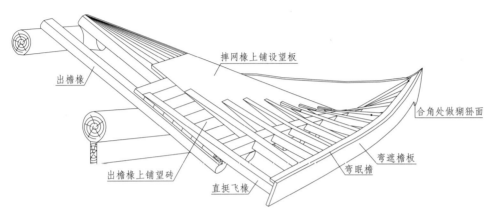

图 5-2-49　弯遮檐板的安装示意图

### （七）卷戗板的安装

与在直挺飞椽上铺设望砖一样，在立脚飞椽的上面也须铺设望板，使嫩戗至直挺飞椽间形成一个曲度与该屋面檐口线相同的锥形曲面，因此，该望板被称为卷戗板。

在配钉卷戗板之前，须对弯里口木的上部以及立脚飞椽的上背部进行修正，使其相平，能使钉好的卷戗板底面与立脚飞椽平合而不出现空隙。

卷戗板用的都是较狭的薄板，其厚度为 0.5 寸，一面须刨光。用其狭薄是为了便于卷曲，达到板底与立脚飞椽完全平合的目的。也有做工较为讲究的戗角，为取其整齐，板的宽度与望砖宽度相同。

卷戗板之间的拼缝须紧密，板头的接缝要错开，不要位于同一根椽子之上，以利于共同受力，钉子的位置要正确，尽量钉在椽子居中处，不能偏钉、空钉与漏钉，详见图 5-2-50。

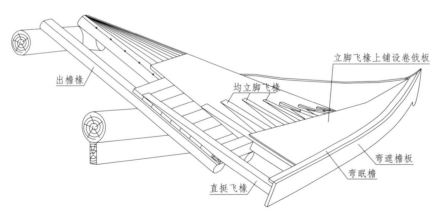

图 5-2-50　卷戗板的安装示意图

### （八）鳖壳板的安装

立脚飞椽越靠近嫩戗，其立起高度也越高，因此在该处所钉的卷戗板是往相反方向倾斜的，于是就形成了一个积水的洼地，而且老戗与嫩戗的上背部，由于菱角木与扁担木的抬高，也与两侧的摔网板及卷戗板之间存在一个高度差。

为解决这个问题，沿着木戗角的中心线，在其两侧对称地搭设鳖壳板实有必要。鳖壳板的作用：一是使戗角部位与屋面檐口的连接有个过渡，避免出现积水现象；二是使屋面的弧线更流畅。

鳖壳属屋面的草架部分，其用材的要求不太高，一般利用一些杉木的边皮料或其他不规则的边材，但仍以杉木边皮为佳，因其质轻、耐腐。所用的鳖壳板无需刨光，毛板即可，板与板之间须留约1厘米左右的缝隙，因为毛糙的板面与适当的缝隙有利于铺设屋面时砂浆与板的连接。

鳖壳板的板厚约为2厘米左右，没有严格的要求，若板较薄或板的跨度较大，可在其下方加设木龙骨。龙骨的两端，一端搭在扁担木上，一端须搭在立脚飞椽的上方，千万不能搭在卷戗板的空当处，因为此处板薄，不能承受较大压力。同样的道理，鳖壳板的接头也不能压在该处。

另外，在搭设鳖壳板时，要认真检查板面与檐口连接的坡度，中间部位宁可向下多弯一点，千万不能做平或向上拱起，否则会给瓦作施工带来很大的麻烦。因为此处的屋面铺设须带点下弯的弧度，若是低了，稍加砂浆即可调整，而若是高了，要去调整就很麻烦，除非满铺砂浆，无端地浪费材料，增加荷重，实在是得不偿失。因此，工匠间流传的俗谚——"软鳖壳，硬山头"——也是很有道理的。

鳖壳板的搭设详见图5-2-51。

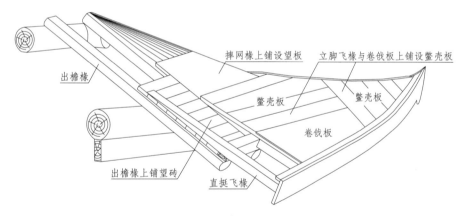

图5-2-51 鳖壳板的安装示意图

# 第六章　园林建筑的大木构造

关于古典园林之设计，《营造法原》提到：

"不崇庄严伟大，但求幽静精巧，计划不重对称，免呆滞之弊，而须曲折，有引人入胜之慨。常以建筑为主体，以花木为陪衬，觉有天然之真趣，给人情感以舒适陶醉之感觉。

园林建筑，立基以厅堂为主，方向随意，但以南为宜。然后分划园宇，大小不拘。曲径通幽更觉柳暗花明；连续庑廊，曲折随宜，高低蜿蜒，宛如冈岭起伏。低处凿池，面水以筑榭，高处堆山，居高以建亭。小园植树叠石，取景则宜幽雅；高阜筑亭建阁，借景务须敞达。而后莳花种竹，深得园林之趣。至于擘划组合，多无定制，各随所宜。"

园林建筑之厅堂，其规模较大者，多采取扁作、圆堂、满轩、鸳鸯诸式。而规模较小者，如花厅、书厅等须以精巧华丽为尚，故以回顶、卷棚、贡式、花篮居多。园林各式厅堂之构造与式样，可参见第三章"厅堂建筑大木结构"。

园林中之小品建筑，则以亭阁、楼台、旱船、庑廊为主。现就其构造式样，分别介绍如下。

## 第一节　亭

### 一、亭的柱子

亭为停息凭眺之所，其平面有方、圆、八角、扇子、海棠诸式，并有单檐重檐之分。列柱之多少，随平面布置而异。其单檐者，方亭通常为四柱或十二柱。八角亭为八柱，六角亭为六柱。圆亭多为五柱或六柱。其重檐者，方亭多至十六柱，而八角亭、六角亭之柱数，则以单檐柱数倍之。

柱之用材，以木为主，兼有用石。其断面，除方亭可用方柱外，其余均用圆柱。

柱之高度（指室内地坪至檐桁底的高度），一般方亭，柱高为2.8~3米，柱径为18~20厘米。六角亭、八角亭之柱高一般为2.8~3.2米，柱径为18~22厘米。一般可在此范围内，按实际情况作适当选用。但是以上数据仅是针对普通亭子而言，并非普遍适用之模式。对于其中体量过大或过小者，则须酌情而定，务使其造型美观、比例得当、坚实耐用❶。

以下是有关各式亭子面宽（边宽）与柱高关系的工程实例，详见图6-1-1~图6-1-4。

### 二、亭的外檐

檐柱上端，架设檐桁，相交之檐桁须采用敲交做法，以便架设戗角。桁下承以连机、夹堂板及枋子。若桁下不设连机与夹堂板，而直接承以枋子，则该枋称拍口枋。

枋下悬挂落，柱间下部设半墙或半栏，半墙约高尺半（50~55厘米），上敷砖细坐槛面砖，用

---

❶ 此节《营造法原》中原文为："方亭柱高，按面阔十分之八。柱径按高十分之一。六角、八角亭柱高按每面尺寸十分之十五，八角亭可酌高，占十分之十六。柱径同方亭。圆亭柱高可按八角亭做法。"以方亭面阔3米为例，其柱高若按面阔的8/10计，为2.4米，明显偏低，而柱径按高的2/10，则达24厘米，显然过大。又如六角亭每面尺寸为1.5米（亭之对径3米），柱高按每面尺寸的15/10计，仅为2.25米，相同尺寸之八角亭，若按每面尺寸的16/10计，其柱高也仅为2.4米。该二例之柱高，明显过低。

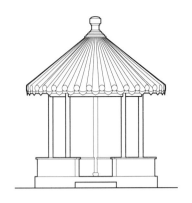

注：该圆亭设五柱，边宽 1.5 米，柱高 2.25 米。

图 6-1-1　面宽与柱高之图例
（圆亭）

注：该方亭面宽为 3 米，柱高 2.8 米。

图 6-1-2　面宽与柱高之图例
（方亭）

注：该六角亭边宽 1.5 米，柱高 3 米。

图 6-1-3　面宽与柱高之图例
（六角亭）

以坐憩。坐槛外缘设短栏，以双摘钩系于柱，栏呈半圆形，高约尺许，花纹流空，称吴王靠，有贡式、藤径、竹节之别。构造简单者则无。

亭之较具规模者，则用四六式桁间牌科作为装饰，多为一斗三升。

亭的外檐做法详见以下图例（图 6-1-5~ 图 6-1-7）。其中"图例一"为桁下采用连机、夹堂板及木枋之做法，"图例二"为拍口枋做法，"图例三"为四六式桁间牌科做法。

### 三、亭的外观

亭的外观，有歇山、攒尖二式。其中方亭除有歇山亭与攒尖亭之分外，还有正方亭与长方亭之别，长方亭多为歇山顶。其余如六角亭、八角亭与圆亭等均属攒尖顶。攒尖亭的外观详见图 6-1-1~ 图 6-1-4。歇山亭的外观详见图 6-1-8、图 6-1-9。

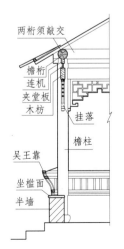

图 6-1-5　亭的外檐做法图例一

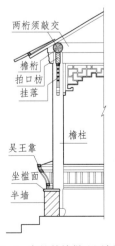

图 6-1-6　亭的外檐做法图例二

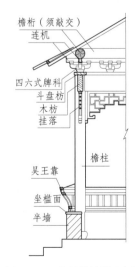

图 6-1-7　亭的外檐做法图例三

注：该八角亭边宽为 1.8 米，
柱高 3.2 米。

图 6-1-4　面宽与柱高之
图例（八角亭）

图 6-1-8　歇山方亭正立面图　　　　　图 6-1-9　歇山长方亭正立面图

### 四、亭的构架

#### （一）歇山亭的构架

##### 1. 歇山方亭

歇山方亭之构架做法，于四边檐桁之上架设搭角梁，搭角梁与檐桁45°相交，并组成一四方形。搭角梁居中设童柱，两童柱之上架设山界梁，山界梁须相对而设，居中立脊童，然后架金桁、脊桁，金桁与山界梁须按敲交做法，最后设戗角、铺木椽，详见图6-1-10、图6-1-11。

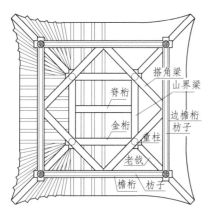
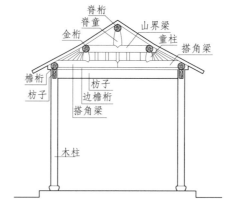

图 6-1-10　歇山方亭屋架与椽桁仰视图　　　　图 6-1-11　歇山方亭屋架横剖面图

##### 2. 歇山长方亭

歇山长方亭之构架，因其开间与进深较小，一般不设搭角梁，而是用两根横梁分别搭在前后檐桁上，再于横梁之上立两根金童柱，上设山界梁，梁上立脊童，然后架桁条，设戗角，铺木椽。具体做法详见图6-1-12~图6-1-14。

##### 3. 歇山长方亭（回顶做法）

有的歇山长方亭在横梁之上，设轩童，架月梁，按三界回顶做法，详见图6-1-15~图6-1-17。

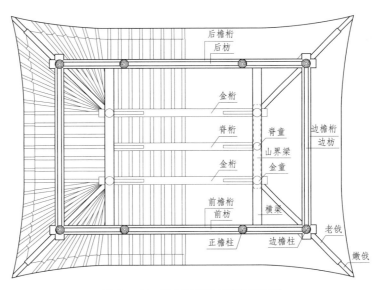

图 6-1-12　长方亭屋架与椽桁仰视图

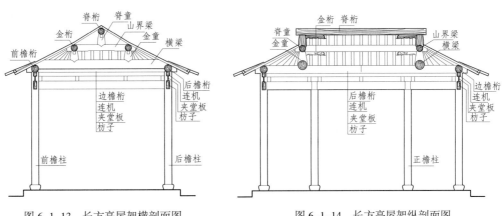

图 6-1-13　长方亭屋架横剖面图　　　　　图 6-1-14　长方亭屋架纵剖面图

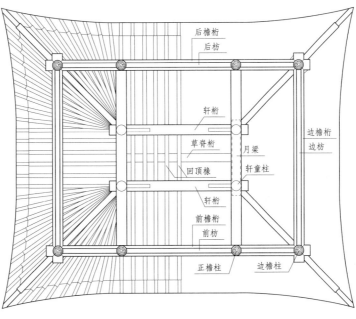

图 6-1-15　长方亭（回顶）屋架与椽桁仰视图

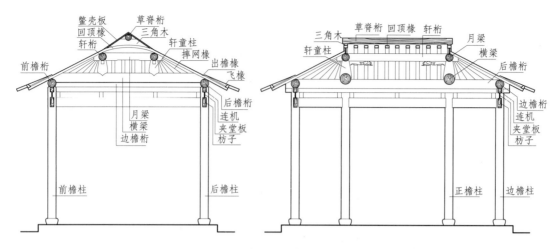

图 6-1-16　长方亭（回顶）横剖面图　　　　图 6-1-17　长方亭（回顶）纵剖面图

#### 4.扇亭

扇亭其实也是歇山亭，不过只是歇山形式的一种变化而已，见图 6-1-18。

与长方亭相比，扇亭的后檐不设边檐柱，而是将两面边檐桁斜向搁在后檐柱上，同时，将前后檐的桁条分别向前做出弧形，由此，长方形的平面便成了扇形平面。详见图 6-1-19，图中虚线所示为长方亭平面。

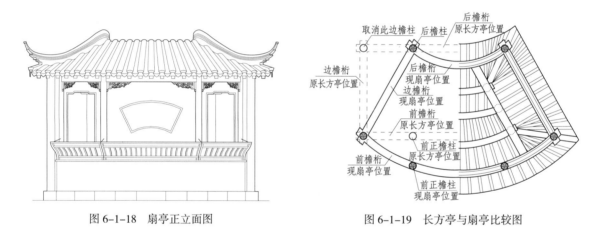

图 6-1-18　扇亭正立面图　　　　　　　　　图 6-1-19　长方亭与扇亭比较图

扇亭的构架，除桁条与枋子须按要求做成弧形状外，其余与长方亭的做法基本相同。具体做法，详见图 6-1-20、图 6-1-21。

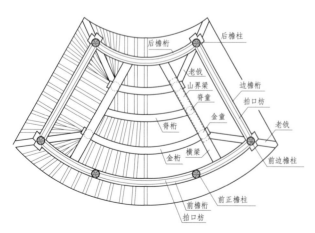

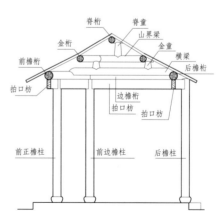

图 6-1-20　扇亭屋架与椽桁仰视图　　　　　图 6-1-21　扇亭构架横剖面图

### （二）攒尖亭的构架

**1. 攒尖方亭**

攒尖方亭的构架，于四边檐桁之上架设与檐桁45°相交的搭角梁，呈四方形，搭角梁居中立童柱，童柱之上再架搭角梁，所架搭角梁间须按敲交做法，由此组成的四方形俗称"蒸笼架"。亭之老戗与出檐椽均架于此，老戗上端向上延伸，相交于灯芯木上，并对灯芯木起到支撑作用，灯芯木之下端架于蒸笼架上所设的横梁上，其上端则筑亭顶。具体做法详见图6-1-22、图6-1-23。

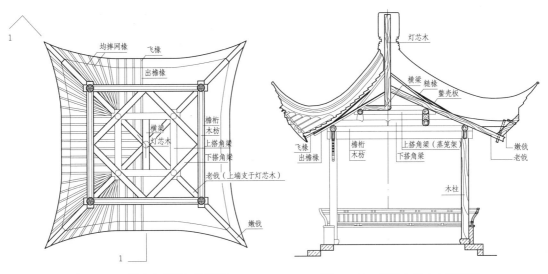

图 6-1-22　攒尖方亭屋架仰视图　　　　　　图 6-1-23　攒尖方亭 1-1 剖面图

**2. 六角亭**

六角亭之构架，先于其檐桁之上，搭设一个由搭角梁组成的四方形，梁上立童柱，搭设一个六边形的蒸笼架，该六边形之边与相应的檐桁平行，相互间按敲交做法。亭之老戗及出檐椽即架于其上。老戗之上端均交于灯芯木上，灯芯木之做法与作用与攒尖方亭相同，详见图6-1-24、图6-1-25。

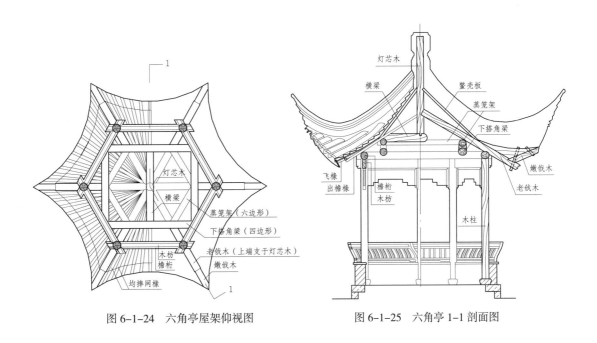

图 6-1-24　六角亭屋架仰视图　　　　　　图 6-1-25　六角亭 1-1 剖面图

## 3. 八角亭

八角亭之构架，除蒸笼架为八边外，其余做法均与六角亭做法相同。详见图6-1-26、图6-1-27。

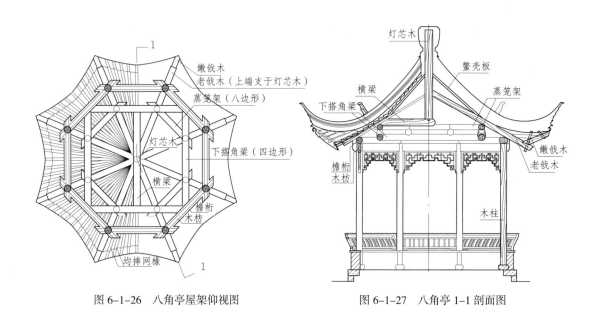

图 6-1-26　八角亭屋架仰视图　　　　　　　　图 6-1-27　八角亭 1-1 剖面图

攒尖亭之灯芯木安装，除了架于横梁木之上外，还有另一种做法，便是不设横梁，灯芯木由老戗支撑，其下端刻花纹作装饰。现以八角亭为例，其具体做法详见图6-1-28。

图 6-1-28　八角亭剖面图（灯芯木做法示例）

### 五、亭之提栈

歇山亭之提栈自五算起，以六算、七算之式递加之。攒尖亭之提栈自六算起，椽及老戗之上须设糙椽或糙戗，以铺钉鳌壳板。所设糙椽或糙戗之提栈自八算、九算起，多至十算，视屋面斜势而决定。攒尖亭须先绘侧样，以定灯芯木之高低。

### 六、重檐亭

若将亭之屋面做成 2 层，该种式样的亭子便称之为重檐亭。重檐亭的构架分上下 2 层，现将其做法分述如下：

重檐亭的下层构架，须于步柱之前立檐柱，檐柱与步柱之间设川相连。故重檐亭的柱，其数量多于单檐亭，为单檐亭柱数的 2 倍，但方亭可多至十六柱。檐柱上端架檐桁，檐桁之下为连机或拍口枋，其外檐做法与单檐做法相同。重檐亭下层屋面称落翼，落翼的出檐椽，其下端架于檐桁之上，上端则架于位于步柱间的承椽枋上。

重檐亭的上层构架是将步柱延长，在步柱的上端架设檐桁，所架檐桁称上檐桁。上檐桁以下为连机或拍口枋，木枋与承椽枋之间设夹堂板或横风窗，可视实际需要而定。上檐桁以上，铺出檐椽及上层构架，上层构架的其他做法，与单檐做法相同。

重檐亭之构架详见图 6-1-29、图 6-1-30。

亭子放戗之制有二：一用老嫩戗发戗；另一用水戗发戗。具体做法可参见第五章"发戗制度式"中相关内容。

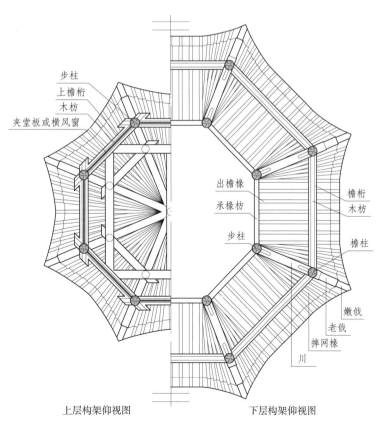

图 6-1-29　重檐八角亭构架仰视图

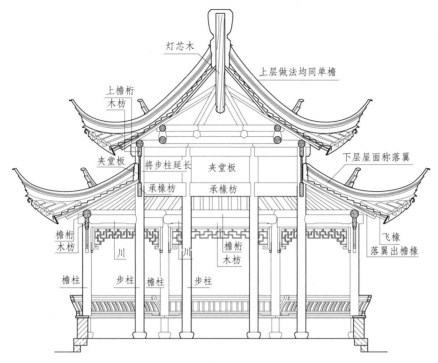

图 6-1-30　重檐八角亭构架剖面图

# 第二节　阁与楼

## 一、阁

阁为重檐双滴，四面辟窗，可登临之建筑物。其平面为方形或多边形，以步柱通长作楼。上层之高，为下层 7/10。屋顶之构造，有歇山与攒尖二式❶。

其实，苏州园林中的阁，其形式之多样，并非《营造法原》中所述那样单一。如拙政园之浮翠阁，便是重檐八角攒尖顶。又如留园之远翠阁，平面方形，重檐歇山顶，但列柱达十八，也已超出以上所述"列柱八至十二"之规定。现将该二例之木构架简述如下，供大家参考。

### （一）浮翠阁

浮翠阁之平面为不等边的八角形，其长边宽为 2.53 米，短边宽为 1.81 米。屋顶形式为重檐攒尖顶。

浮翠阁之构架，以八根步柱通长作楼，其楼面高为 3.87 米，上层檐高为 2.60 米。阁之后设双跑楼梯一座，以供上下。

底层步柱之前未设檐柱，而是采用软挑头，做雀宿檐为底层落翼屋面，屋面檐口未设飞椽，故采用水戗发戗。楼面结构采用两根通长承重，分别做榫连于前后步柱内，承重之上架搁栅，搁栅之上铺楼板。

上层构架与普通八角亭基本相似，设两根通长搭角梁，架于前后短边的檐桁之上，再设两根横梁联系之，从而形成一个四方形之框架。框架之上立童柱，上设搭角梁，所设搭角梁与相应的檐桁

❶ 此处《营造法原》原文为："阁为重檐双滴，四面辟窗，可登临之建筑物。其平面皆为方形，列柱八至十二，以步柱通长作楼。上层之高，为下层十分之七。屋顶之构造，为歇山式。于屋内拔落翼，用枝梁，搭角梁以架屋顶。桁椽用材，均与亭仿佛。"

平行，相互间按敲交做法，搭设成与平面相似的不等边的八边形"蒸笼架"。上层之老戗与木椽均架于其上，将老戗后端向上延伸，并相会于灯芯木处，灯芯木下端未设横梁，由八根老戗支撑。

　　浮翠阁之构架做法详见图 6-2-1~ 图 6-2-5❶。

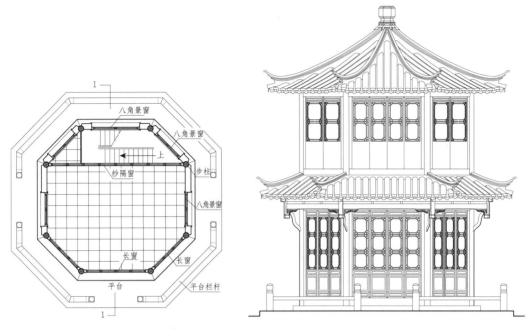

图 6-2-1　浮翠阁底层平面图　　　　　　　　　图 6-2-2　浮翠阁正立面图

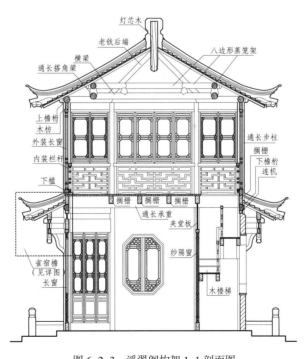

图 6-2-3　浮翠阁构架 1-1 剖面图

❶ 图 6-2-1~ 图 6-2-5 所示并非浮翠阁之测绘图，系笔者根据资料与照片绘制而成，若与建筑实例不符，请以建筑实例为准。

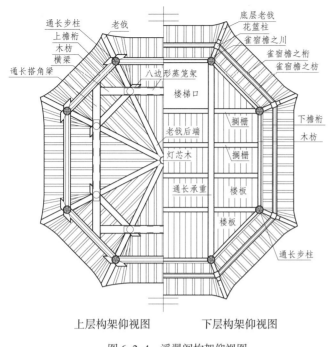

上层构架仰视图　　　　下层构架仰视图

图6-2-4　浮翠阁构架仰视图　　　　　　　　图6-2-5　雀宿檐详图

**（二）远翠阁**

留园之远翠阁，为2层楼阁，平面方形，重檐歇山回顶。

远翠阁之底层平面，其内四界开间为5.5米，进深为4.1米。在其前面及左右两面均设置走廊，廊深为1.45米，其后面为楼梯间，其深亦为1.45米。

远翠阁列柱16根，与《营造法原》中"其重檐者，方亭多至十六柱"之规定相符，但其前走廊因面宽为5.5米，故另立2根方柱，以辅受力之不足，因此，共设柱为18根。

远翠阁之构架，以4根步柱通长作楼，因其后檐为楼梯间，故其正间之2根后檐柱亦随之升高。楼面高为3.45米，前檐高为5.90米，后檐高为5.35米。

远翠阁底层之12根檐柱，分别与4根步柱设川相连。檐柱上端为檐桁，出檐椽之下端搁于檐桁之上，而上端则搁在设于步柱间的承椽枋上。左右两侧走廊之前端，与前走廊相交处，各设戗角一座，为歇山做法。左右走廊之后端因与围墙相连，故按硬山做法，未设戗角。

远翠阁之楼面结构，于前后步柱之间设置承重，以架搁栅，后步柱与后檐柱间亦设川相连，其做法及作用与承重相同，木楼板便铺设于搁栅之上。

远翠阁之上层构架，于步柱之端架檐桁，称上檐桁，其下为连机。设两根横梁架于前后檐桁之上，以代大梁。横梁之上立童柱二，上架山界梁，山界梁之上再架童柱二，上设月梁，月梁之上为轩桁、为弯椽，按回顶做法。山界梁与架于其上之桁条（金桁）须按敲交做法，以架戗角。

远翠阁之外檐立面，其上层左、右与前共三面均设和合窗，以供游人登阁观赏风景。底层走廊，于檐柱之间，上设挂落，下为半墙，半墙之上铺设砖细面砖，供游人凭坐观景。

底层步柱间，前面为落地长窗，左右两面为粉墙，上辟六角景窗，后面为屏门，其后为楼梯间，设木楼梯一座，以供上下。

远翠阁之具体做法，详见图6-2-6~图6-2-12所示，若与建筑实例不符，请以建筑实例为准。

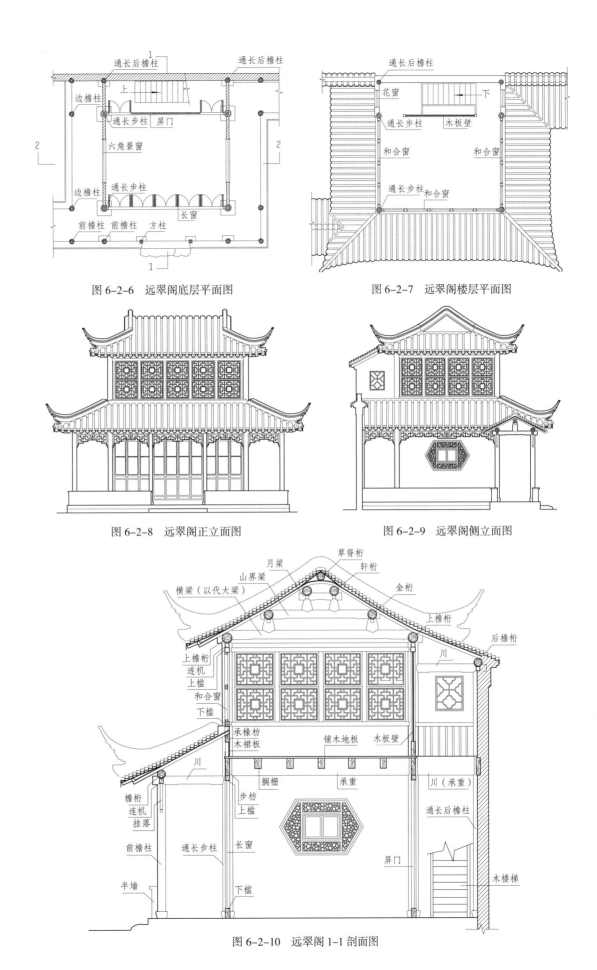

图 6-2-6　远翠阁底层平面图

图 6-2-7　远翠阁楼层平面图

图 6-2-8　远翠阁正立面图

图 6-2-9　远翠阁侧立面图

图 6-2-10　远翠阁 1-1 剖面图

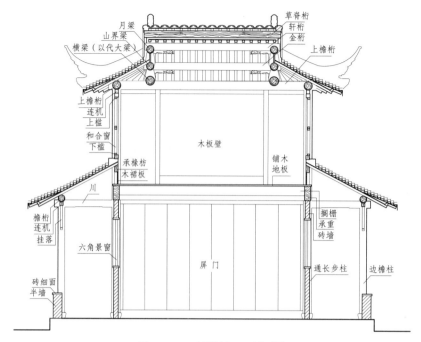

图 6-2-11　远翠阁 2-2 剖面图

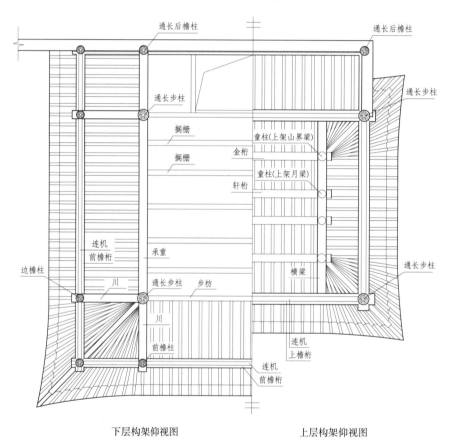

下层构架仰视图　　　　　　　　上层构架仰视图

图 6-2-12　远翠阁构架仰视图

其实，远翠阁之上层构架，因开间与进深都较大，分别达 5.5 米与 4.1 米，同样是屋内拔落翼，若是采用搭角梁做法，则效果会更好。因为横梁做法之屋面荷重仅由前后两根檐桁承担，而搭角梁做法之屋面荷重则由前后左右 4 根檐桁共同承担，其结构之合理性明显优于前者。另外，采用搭角梁之屋架，由搭角梁所组成的四个三角形极大地提高了屋架的整体性与稳定性。因此，若是屋内拔落翼，在开间与进深较大的情况下，还是采用搭角梁的做法为好。

以下为两种做法的歇山构架仰视图，详见图6-2-13。

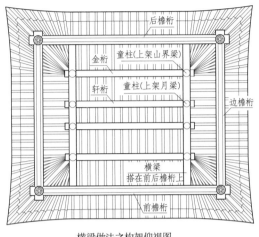 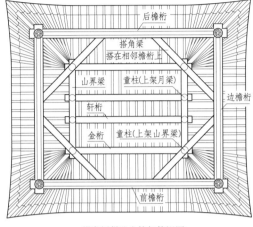

横梁做法之构架仰视图　　　　　　　　　　搭角梁做法之构架仰视图

图6-2-13　两种做法之歇山构架仰视图

## 二、楼

"楼，用于园林，较用于厅堂者规模为小，宜精巧，无需堂皇。开间三间、五间不等，而深度多至六界。梁柱间之装饰，牌科多槟而不用，半栏挂落随意设计。楼之面园一面装长窗，外绕栏杆，或挑硬挑头为阳台。如为雀宿檐及副檐诸式，则装地坪窗。其旁多砌山墙，辟月洞，窗或短窗均可。楼阁内部，任其尖形，取其高爽。或作小轩卷棚，取其幽静。外观则硬山歇山均可。楼梯设于室内，或由假山盘旋而上，尤觉曲折。"

——引自《营造法原》

苏州园林中的楼，其基本形式有歇山、硬山两种，又有重檐、单檐之分。现以下列二例，将其做法分别介绍如下。

### （一）冠云楼（单檐）

留园冠云楼，平面呈凸字形，由主楼及两侧配楼组成，是一座二层单檐楼房。面阔五间，共宽21.64米，进深较浅。其中，主楼向前凸出，三开间，进深4.40米，两侧配楼各为一开间，其后檐与主楼相平，前檐退后，进深2.70米。

冠云楼不设步柱，仅于楼之前后各设檐柱一排，且均隐于后檐墙内及长窗之中。故入其楼内，只见粉墙明窗，空间宽敞，虽面积不大，却不觉其小，然进深虽浅，亦不觉其浅。

冠云楼之楼面高度为3.32米，其楼面构架，于前后檐柱之间，均设承重相连，以架搁栅，搁栅之上铺设楼板。于西配楼内设木楼梯一座，东配楼则与室外盘旋而上的假山踏步相连。

冠云楼之上层檐高为2.63米，前檐柱较下层稍为缩进，采用骑廊轩做法；将后檐柱通长升高，前后檐柱之端，即架设上层屋架。其中，主楼屋架采用五界圆作回顶，于屋内拔落翼，采用歇山做法。配楼屋架则采用三界圆作回顶，两侧为硬山做法。

楼之前檐做硬挑头为阳台，阳台以砖细构件作装饰，面铺方砖，前设台口砖，下为挂枋。台口砖与挂枋立面均略施线脚，简洁而大方。

冠云楼之外檐立面，其上层均外装长窗，内设栏杆，供人登楼眺望。主楼底层亦为长窗，而配楼底层为粉墙，上辟景窗，与长窗形成虚实对比。

冠云楼之屋面，体量不大，且呈中高两低，其两座戗角又为水戗发戗，使整个立面显得轻盈、简洁。

冠云楼之具体做法，详见图 6-2-14~ 图 6-2-19。

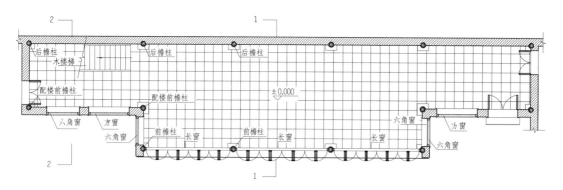

图 6-2-14　冠云楼底层平面图

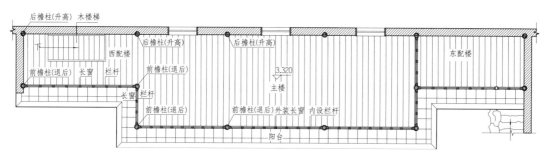

图 6-2-15　冠云楼二层平面图

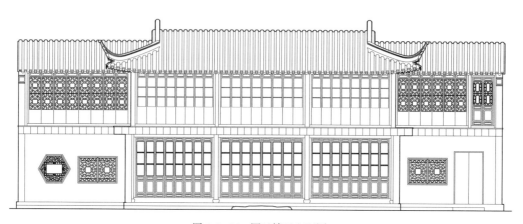

图 6-2-16　冠云楼正立面图

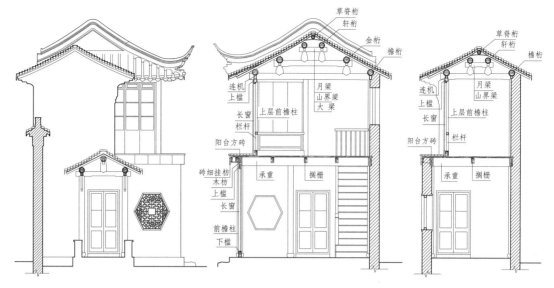

图 6-2-17 冠云楼侧立面图　　　　　图 6-2-18 冠云楼 1-1 剖面图　　　　图 6-2-19 冠云楼 2-2 剖面图

## （二）明瑟楼

留园之明瑟楼为一座二层重檐小楼，体量不大，但造型独特，半边歇山，半边硬山，与相邻的涵碧山房硬山顶相协调，两者组合在一起，是留园中部的主体建筑。

该楼面阔两间，一为正间，一为落翼，总宽 4.45 米。其屋架形式为：于内四界之前后各设一界为廊，廊深与落翼同宽，进深共计为 5.58 米。

明瑟楼之楼面结构，于两步柱间设承重，步柱与廊柱间设廊川相连，其作用与承重相同。承重与廊川之上再架搁栅，以铺楼板。于步柱与廊柱之间，其楼板之下，均做茶壶档轩，甚为幽雅。

将廊川一端挑出桁外做云头，上挑梓桁，云头之下承以蒲鞋头，其规格为五七式。底层落翼出檐椽，其下端架于廊桁之上，上端则架于上廊柱之间所设的承椽枋上。

明瑟楼之楼面高度为 3.07 米，上层檐高为 2.18 米。其上层构架，将步柱通长升高，上层廊柱略收进，梁架也采用内四界前后各设一界为廊，并与落翼兜通，楼层之内四界采用三界圆作回顶。楼内不设楼梯，而是由北面堆叠的假山踏步登楼入内。

明瑟楼之外檐做法，楼层三面除北面留有两扇长窗以供出入外，其余均为和合窗。其底层之外檐，三面均未设窗，廊柱之间，上为挂落，下设半墙，半墙之上为吴王靠。

明瑟楼之具体做法详见图 6-2-20~ 图 6-2-25。

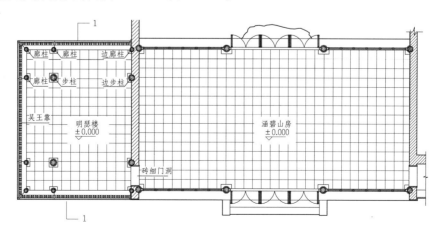

图 6-2-20　明瑟楼与涵碧山房底层平面图

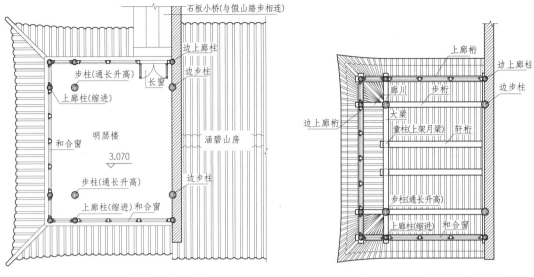

图 6-2-21　明瑟楼二层平面图

图 6-2-22　明瑟楼屋架仰视图

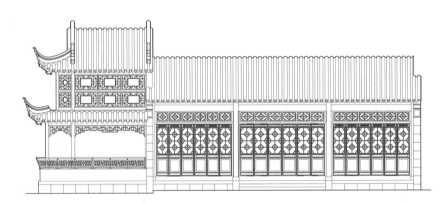

图 6-2-23　明瑟楼与涵碧山房正立面图

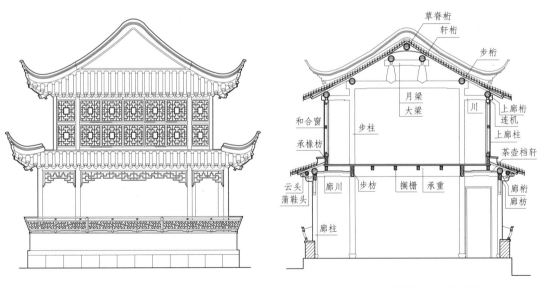

图 6-2-24　明瑟楼侧立面图

图 6-2-25　明瑟楼 1-1 剖面图

# 第三节　水榭与旱船

## 一、水榭

"水榭，为傍水之建筑物，或凌空做架，或旁池筑台。平面为长方形，一间、三间最宜。柱间或装短栏，或置短窗，榭高仅一层，深四、五、六界，作回顶、卷棚诸式，或慢糊白纸，甚觉雅洁。"

——引自《营造法原》

现以苏州某新建园林中一水榭为例，将其做法介绍如下：

该水榭歇山回顶，面阔三间，为一间两落翼做法，总宽5.6米，内四界前不设廊，仅设一界为后廊，廊深与落翼同宽，共深4.0米。内四界之前步柱与四周廊柱同高，其作用与廊柱相同，上架廊桁，檐高3.2米。将后步柱升高做草架，草架采用山界梁形式，上架脊童与脊桁，梁之两端架草桁，草桁与山界梁作戗交，老戗之上端即架于此处。草架以下，其内四界采用回顶三界，做成船篷轩形式，两侧落翼与后廊则做成茶壶档轩形式。水榭之后檐为粉墙，辟景窗，其后廊与两侧走廊相连。水榭前半部跨于水面，置石柱以承重，任水面延伸至建筑之下，似水之源头，使水面有不尽之活意，此乃苏州园林中理水之常用手法。

水榭临水处，立面开敞，三面廊柱间，均上设挂落，下砌半墙，其上为砖细坐槛与吴王靠，游人凭坐于此，是雨中观景极佳之处，故榭名"听雨"。水榭具体做法详见图6-3-1～图6-3-8。

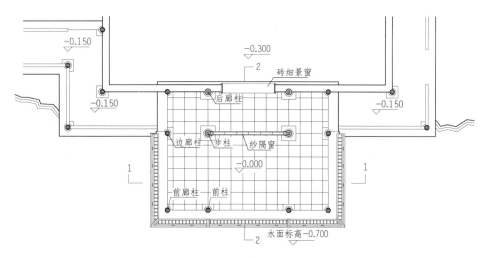

图6-3-1　水榭平面图

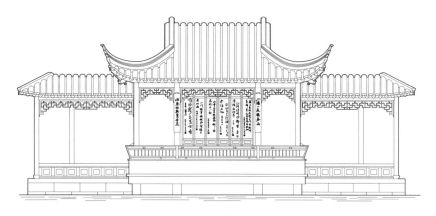

图6-3-2　水榭正立面图

图 6-3-3 水榭侧立面图

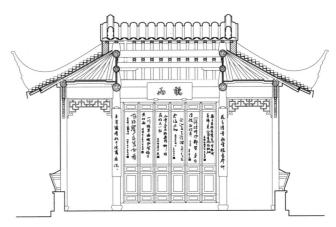

图 6-3-4 水榭 1-1 剖面图

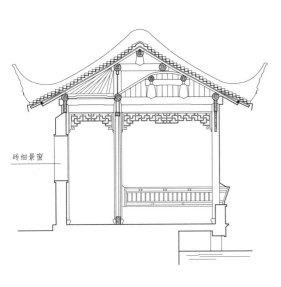

图 6-3-5 水榭 2-2 剖面图

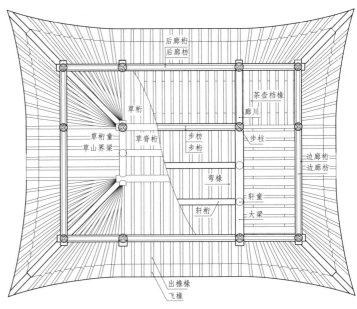

图 6-3-6 水榭屋架仰视图

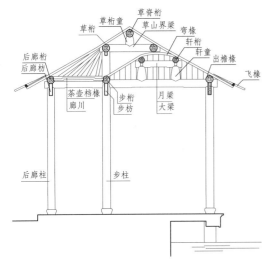

图 6-3-7 水榭屋架横剖面图

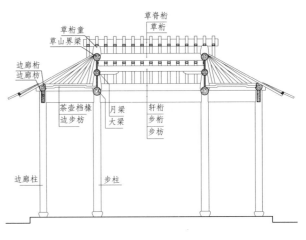

图 6-3-8 水榭屋架纵剖面图

## 二、旱船

"旱船为仿舟楫之形，筑于水中之建筑物。其装置式样，宜令人起似置身舟楫之念。宽约丈余，其进深分船头，中船厅，后梢棚楼三部。船头深约五六尺，中舱深约丈六七尺，以隔扇分内外二舱。两旁装和合窗，启闭颇似舟船。屋顶可做船篷轩、鹤胫轩，或做回顶、卷篷拔落翼做歇山式屋顶，顶多用黄瓜环脊。后舱梢棚楼类阁，四面开窗，与中舱相连，设小梯以上下。"

——引自《营造法原》

旱船，园林建筑中称之为舫，多建于水边。舫类建筑，在苏州园林中不乏其例，其中最为有名的便是拙政园的香洲与怡园的画舫斋。

苏州某新建园林有一船舫，便是仿建拙政园香洲较为成功的一例。该舫三面临水，舫之平面分平台、前舱、中舱与后舱四段，前舱较高，中舱略低，后舱做2层。前、后两舱为歇山式，中舱为两坡落水。

舫之总长为13.15米，宽为3.80米。前舱檐高3.50米，屋内拔落翼作歇山，设两根横梁架于前后廊桁之上，横梁之上架月梁，设轩桁，按三界回顶做法。中舱檐高仅2.45米，两坡落水，内部做成船篷轩形式，与建筑之外形相吻合。后舱为二层，其楼面高度为2.50米，上层檐高2.30米。上层屋架亦为屋内拔落翼，因其歇山方向与前舱作90°之转换，故所设横梁架于左右廊桁之上。为取其高爽，楼内不设回顶，横梁之上架山界梁，再架脊童与脊桁，为尖顶做法。

平台之左侧设一石板小桥连接池岸，犹如船头之跳板，供游人以上下。

前舱开敞，上设挂落，两侧为半墙与吴王靠。前舱与中舱之间，设隔扇以分内外。

中舱两侧为和合窗，窗以下为木制坐槛，游人坐憩聊天，或开窗观景，其感觉与置身于画舫游湖无异。

后舱以粉墙为主，底层两侧均辟八角景窗一宕，后侧设一砖细门洞，游人亦可由此出入。门洞上方设雀宿檐为装饰，既可避免雨水溅入室内，又可打破后墙立面之单调格局，可谓一举两得。后舱上层，四面均设有半窗，便于游人登楼观景。楼内设一小梯与中舱相连。

该船舫之具体做法，详见图 6-3-9~ 图 6-3-18。

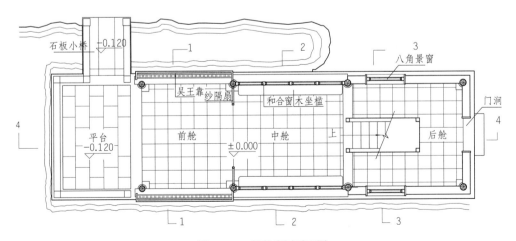

图 6-3-9　船舫底层平面图

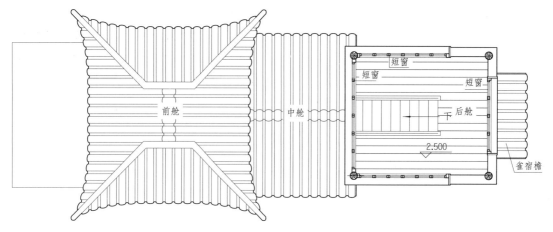

图 6-3-10 船舫二层平面图

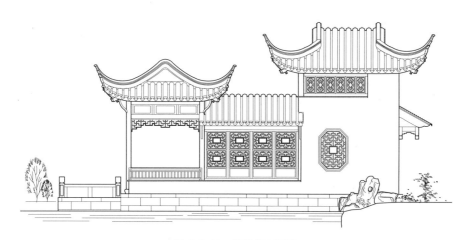

图 6-3-11 船舫侧立面图

图 6-3-12 船舫正立面图

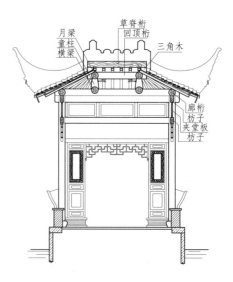

图 6-3-13 船舫 1-1 剖面图

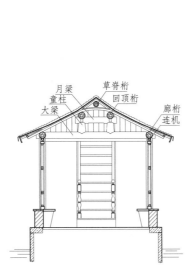

图 6-3-14 船舫 2-2 剖面图

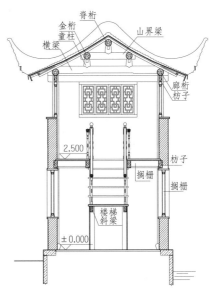

图 6-3-15 船舫 3-3 剖面图

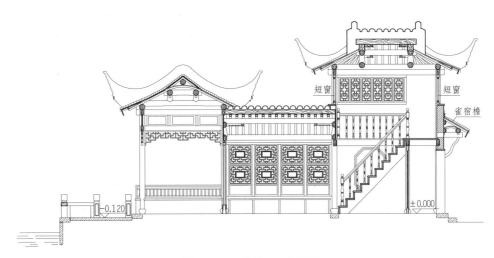

图 6-3-16 船舫 4-4 剖面图

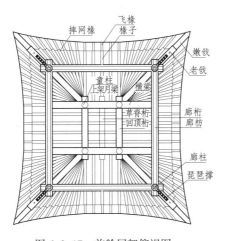

图 6-3-17 前舱屋架仰视图

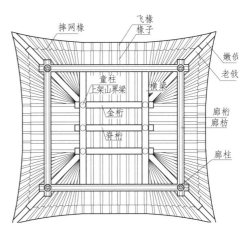

图 6-3-18 后舱屋架仰视图

# 第四节　廊

"廊为连络建筑物，分隔院宇，通行之道，列柱覆顶，随形而弯，依势而曲。两柱之间，宽约丈余，高约八九尺。柱高约按开间十分之六 ❶。上架桁条连机，饰以万川挂落，下设半栏、半墙；或做坐槛、吴王靠，唯不宜装窗，以便眺瞩。廊深约四尺，为柱高之半，连以短川，顶用茶壶档椽。深约七尺者，于其半设墙，做花墙洞，里外可窥，景物隐约，更觉迂回。"

——引自《营造法原》

## 一、廊的形式

廊为园林中应用较多的建筑类型之一，其形式分为直廊、曲廊、波形廊、复廊四种。

（1）直廊：平面为直形的走廊，称直廊。

（2）曲廊：平面呈曲折之廊，称曲廊，将数段直廊按不同角度连在一起，即成曲廊。

（3）波形廊：带坡度之走廊，称波形廊，其平面形式分直廊形与曲廊形。

（4）复廊：将两廊并为一体，中间隔一道墙，墙上设漏窗，两面都可通行，屋面为双坡，这种形式称复廊。复廊的平面形式也有多样，有直廊形的，如狮子林的复廊；有曲廊形的，如怡园的复廊；有既曲又呈波浪形的，如沧浪亭的复廊。

廊若按其位置分，则有沿墙走廊、空廊、回廊、楼廊、爬山廊、水廊等。现将其具体位置分别介绍如下：

（1）在曲廊中，有一部分依墙而建，有一部分则转折向外。沿墙走廊便是曲廊中依墙而建的部分，而空廊则是其转折向外的部分。

（2）回廊是指厅堂四周的走廊。按形式分，回廊属曲廊，其相交角度为90°。

（3）楼廊即上下两层走廊，多用于楼厅附近，故又称边楼。按形式分，楼廊属波形廊。

（4）爬山廊建于地势起伏的山坡上，不仅可以把山坡上下的建筑联系起来，而且走廊的造型高低起伏，丰富了园景。按形式分，爬山廊也属波形廊，其平面形式分直廊形与曲廊形两种。

（5）水廊凌跨于水面之上，能使水面上的空间半通半隔，增加水源的深度与水面的辽阔。其形式以带坡度的曲廊居多。

## 二、廊的立面

廊的造型以轻巧玲珑为上，不宜过于高大，进深亦不宜太深，一般仅二界。除沿墙走廊外，廊的屋面都为双坡落水，故屋面体量不大。基本上采用小青瓦屋面，黄瓜环脊，因此尤觉轻巧。

廊的立面开敞通透，廊柱之间，上设挂落，下为半墙或半栏。亦有一面开敞，一面砌墙，而于墙上设空窗或漏窗，以增加风景深度。

廊的立面，以曲廊为例，详见图6-4-1。

## 三、廊的梁架

廊的梁架较为简单，于廊柱间设川，川上架脊童，设脊桁，做成二界双坡屋顶。有的梁架将内部做成三界回顶，但回顶之上须设草桁，铺鳌壳板，外观仍按二界双坡做法。

---

❶ "柱高约按开间十分之六"可能是根据旧时私家园林之做法而定，如今新建之园林，因游人流量较大，故一般走廊之檐高约为2.6~2.8米，廊深为1.2~1.4米，柱径为14~16厘米。

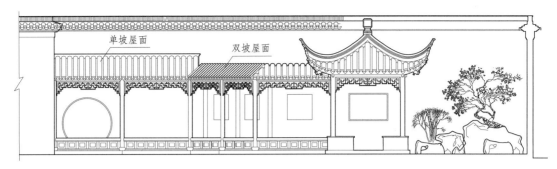

图 6-4-1  曲廊立面图

廊之屋顶有单坡、双坡之分，沿墙走廊均采用单坡形式，而复廊屋顶都为双坡，其内部可做成各种轩式。

图 6-4-2~ 图 6-4-4 为常见的几种走廊剖面图。

#### 四、廊在设计与施工时的技术要点
#### （一）曲廊的技术要点

曲廊实际上是折廊，由数段直廊连接在一起，因此在设计与施工时，两个直廊段的相交线一定要是其交角的角平分线，否则两段走廊的宽度（进深）将不统一，详见图 6-4-5。

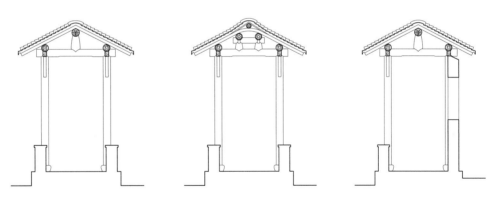

图 6-4-2  各式双坡走廊剖面图

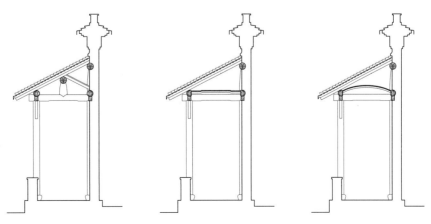

图 6-4-3  各式单坡走廊剖面图

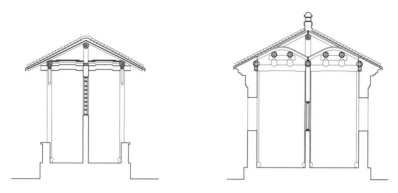

图 6-4-4　两种做法之复廊剖面图

廊段相交线是角平分线之图例

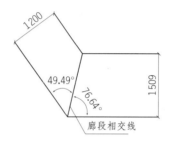

廊段相交线非角平分线之图例

图 6-4-5　两种廊段相交线的比较图

## （二）波形廊的技术要点

由于波形廊带有坡度，其平面形式也分直廊形与曲廊形两种。在设计曲廊形式的波形廊时，其中带坡度的廊段，两边的边长必须相等，否则其屋面会呈翘裂状，同样，该廊段的地坪也会是如此，见图 6-4-6。

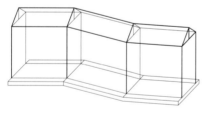

坡度廊段边长相等之图例

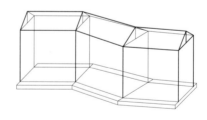

坡度廊段边长不相等之图例

图 6-4-6　两种坡度廊段的比较图

总之，在走廊的设计与施工中，其构造方式可根据不同的要求灵活处理，但仍须遵循上述两个技术要点，否则，将影响设计效果与增加施工难度。

# 第七章 装折

"李氏营造法式及清式营造则例。所载木作制度，凡殿庭架构、斗栱、门窗和栏杆等，有大木和小木之分。依南方香山规例，则均归大木，但有花作之分，小木指专做器具之类。香山在苏州城西南，其居民多世袭营造业。至于门窗、栏杆、挂落等项，即北方之内檐装修，吴语称为装折，昔时花作专营此业。"

——引自《营造法原》

装折，即北方之装修，是具有实用功能和观赏功能双重作用的木构件，分外檐装修与内檐装修两大类。外檐装修指的是建筑外围的各式门窗以及挂落、栏杆等，而内檐装修指的是建筑内部的各式门窗、纱隔（又名纱窗）和罩。

## 第一节 外檐装修

### 一、门窗框宕子

门、窗四周，做木框以连接门或窗，其固定于房屋者统称宕子。简言之，将门窗分成两部分，隔扇（门扇或窗扇）是可动的部分，而所做木框（宕子）便是不动的部分。

窗按通间装于柱间者，两边傍柱垂直之框称为抱柱。其上与抱柱上端相连，位于枋下者，称为上槛。其下横于地面，与抱柱下端相连者，称为下槛，俗称门槛或门限。若房屋过高，于窗顶加装横风窗者，则须于横风窗下装中槛。下槛分三截，两端称金刚腿，连于石鼓磴，较抱柱稍出，做靴腿形斜面，其斜面宜在槛高的1/10~2/10之间，斜面起凸榫，中部门槛与金刚腿相连，可随时装卸，详见图7-1-1、图7-1-2。

装置和合窗，中间之垂直木框称为中枞，两边木框不称抱柱而称边枞，窗顶木框仍称上槛。窗底若位于栏杆之上则称捺槛。

宕子装于墙壁之间者，两旁垂直之木框亦称枞，水平之木框仍称上槛及下槛，详见图7-1-3、图7-1-4。

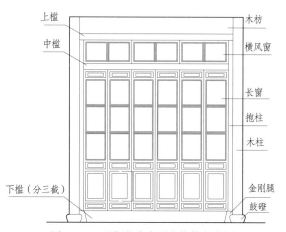

图7-1-1 通间长窗宕子之构件名称图

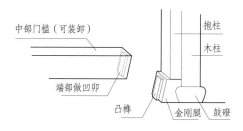

图7-1-2 金刚腿做法示意图

门窗框之抱柱与枞，其进深宽度与木枋厚度相同，约8~9厘米，其立面宽度约在10厘米左右，可视开间与窗之宽度酌情收放。但不宜大于1/2柱径，也不宜小于1/3柱径。

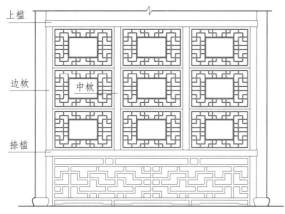

图 7-1-3　和合窗宕子之构件名称图

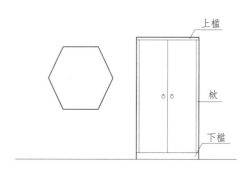

图 7-1-4　墙壁上宕子之构件名称图

上槛之槛面宽可同木枋厚，但也有两边按木枋各放出 1 厘米之做法。上槛之高度可同抱柱之立面宽度。

门窗框装门窗处，须刨低 0.5 寸，称为铲口，转角处都起木角线，以上做法详见图 7-1-5。

落地下槛（即门槛）之高度不宜小于 20 厘米，且应高于两端鼓磴 3 厘米以上，槛面宽度按抱柱两边各放 1 厘米。

下槛的木料高度不足时，其下部可空拼，空拼的高度应不大于槛高的 1/2，所拼的槛板，其净厚应在 1.5~2 厘米之间，槛板相拼应做铲口，并与槛脚做穿带连接。每条槛之拼槛的槛脚不能少于两只。殿庭建筑之下槛不宜用拼槛。

门槛的空拼做法详见图 7-1-6。

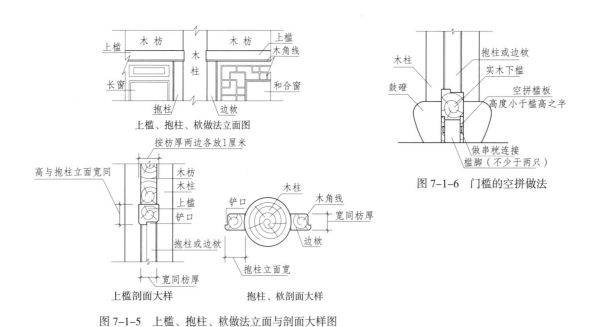

图 7-1-5　上槛、抱柱、枕做法立面与剖面大样图

图 7-1-6　门槛的空拼做法

门窗之旋转轴称为摇梗。门楹钉于上槛，纳摇梗之上端。门楹之相连者称连楹。其外缘做连续不同之曲线，颇觉有致，常用于将军门。钉于下槛纳摇梗之下端者称门臼，材料为铁者，则称地方，地方多用于库门。

根据门窗安装位置的不同，门槛与门臼均有单双之分。

门槛与门臼之安装位置与做法，详见图7-1-7。

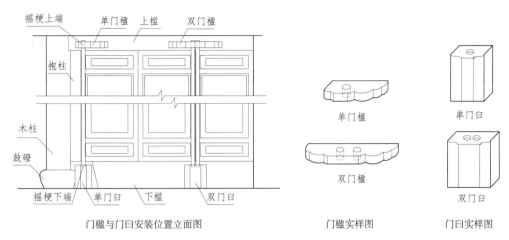

图7-1-7　门槛与门臼安装位置于实样图

## 二、门

门以构造之不同，可分为实拼门与框档门两种，实拼门由木材结方拼成，故较为坚实牢固，宜用于外墙，后门、侧门及墙门多用之。框档门以木料做框，镶钉木板，宜用于大门及屏门。

### （一）墙门（库门）

墙门，常用于门楼及石库门等处，故亦称库门。其构造为实拼门，以厚约2寸许（5~6厘米）之木料相拼，两板相拼，须做高低缝或雌雄缝，并贯以硬木销三道。做法考究者，则在门背钉铁袱，上下两道，宽约2寸，厚2分余。后钉对角斜铁条，称为吊铁。门之正面钉方砖，视门之大小，分均配钉。具体做法详见图7-1-8。

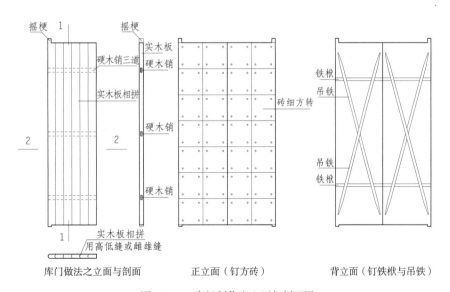

图7-1-8　库门制作之立面与剖面图

库门安装处，无论是门楼，还是石库门，其门框均为石料，两旁垂直的石框称袱，横架在上方的石条称上槛或套环。下面横放于地面上的石条称为下槛，下槛高起地面二三寸的部分，称为铲口。

门两旁砌砖磴，称为垛头，垛头深同门宽。墙面内侧八字形的部分称扇堂，作为门开启时的依靠之所。扇堂斜度以门宽4/10为度。架于垛头上方的石板或木板，称顶板，铺于垛头扇堂间下槛下的石条名叫地栿。

库门摇梗的上端，即安装于顶板上留设的孔内，其下端则安装于石栿之上的地方上，地方即铁制门臼，与石栿相平。

为使库门开启方便，转动灵活，库门之摇梗均与库门一体做出。摇梗上端箍以铁箍，长约2寸许，而于顶板上所留孔内装置铁外箍，以纳摇梗。下端铁箍有底，称淹细，钉铁生钉于内，以代摇梗，其下端坐于地方之上，地方居中开有一凹孔，与铁生钉相配合，便于旋转。为使其固定，地方以及上槛外箍四周均须浇以生铅或明矾。库门之安装详见图7-1-9。

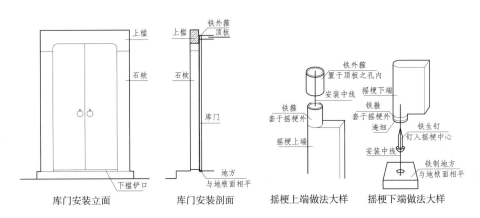

图7-1-9　库门安装之立面、剖面与大样图

## （二）大门与屏门

大门与屏门，二者之构造为框档门，框档门两边直框，称边挺。上下两端之横料，称横头料。横头料与边挺作半出榫连接，其正面外侧作掀皮合角。中间之横料，称光子，光子应做5根，与边挺作半榫连接。其中3根用穿带做法连接门板，板之净厚在1~1.5厘米间，板缝间须用竹钉相拼，板两端做板头榫与横料连接。用于大门者，木板以外复钉竹条，镶成万字、回文诸式，甚为美观。用于屏门者，则多为白漆，详见图7-1-10。

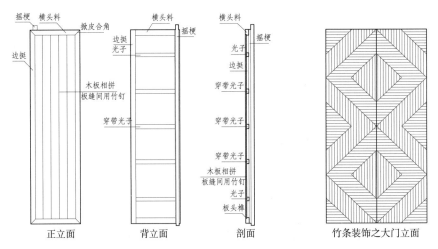

图7-1-10　大门、屏门做法之立面与剖面图

## （三）将军门

"将军门有特殊之布置，其构造亦为框档门，唯门较大，用材较多，以往所谓显贵之第以及庙观之门第多用之。门第进深凡四界，前后作双步，宽一间或三间，将军门即装于正间脊桁之下。门之顶施额枋，枋连于柱以代上槛。额枋前面用阀阅，以置匾额，阀阅即北方之门簪，作圆柱形，其端作葵花装饰，昔时非显贵之家，不能用之。所谓极品之门第用阀阅特大，上立竖匾。其余或二，或四则置横匾。额枋以上，脊桁连机以下，其间装高垫板。因开间较宽，故除抱柱之外，复于门旁立门框，左右相对，称门当户对。抱柱与门当户对之间，填以木板并以横料分作三部，上下两部称垫板，中部狭长者称为束腰。将军门下用高门槛，或称门档，其高占门高四分之一，为特殊之装置，高门槛与两旁下槛平，两端做金刚腿，出入时则将门槛卸去。两旁门当户对之下，左右置砷石，或称硼石，砷石式样不一，详见石作制度。砷石两旁下槛之下砌墙，称月兔墙（法式称伏兔）。将军门高宽为三与二之比。门面装门环，门背装门闩。较巨之门，门环作兽头形，用于祠堂者，后饰门神之像，更显森严。门之摇梗上端穿于额枋后连槛之内，下端旋转于门臼，或以砷座后端伸长作门臼。"（图7-1-11）

——本节全文引自《营造法原》

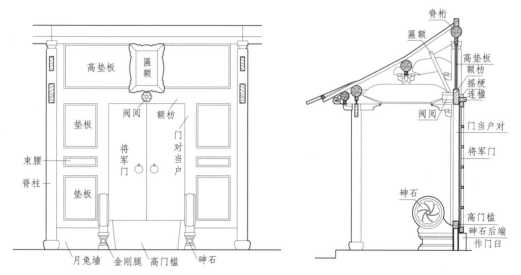

注：本图引自《营造法原》中之"将军门与门第贴式图"。

图 7-1-11 将军门做法之立面与剖面图

## （四）矮挞

矮挞为窗形之门，单扇居多，装于大门及侧门处，其内再装门。矮挞实际上就是古代之短扉，据记载为元代遗制，当时朝廷禁止百姓闭户，为便于检查，于是便有了短扉这种形式。

矮挞为框档门之一种，其上部流空，以木条镶配花纹，下部为夹堂及裙板，隔以横头料，上下比例约以四六分配。下部门槛至夹堂板上横头料占六份，流空部分占四份。

具体做法与大门做法相似，上下横头料与边挺作半出榫连接，其正面外侧做掀皮合角。夹堂板之横头料与边挺为出榫连接，正面作掀皮直叉。其流空部分，四边木条称边条，中间为芯子，其花纹多为直条，由木条镶配而成。夹堂板须以独块木板制成，中间凸起部分称一块玉，作为装饰。裙板以木板相拼，板之净厚在1~1.5厘米间，板缝间须用竹钉相拼，板两端做板头榫与横头料连接。裙板背后设光子两条，与板作穿带连接。具体做法详见图7-1-12。

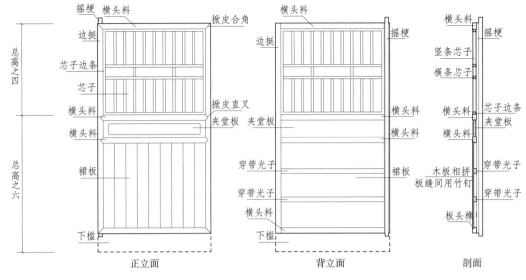

图 7-1-12 矮挞门做法之立面与剖面图

## 三、窗

窗因形式之不同而分长窗、地坪窗、半窗、横风窗、和合窗、风窗等。现将其做法分述如下：

### （一）长窗

1. 长窗之各分部名称

长窗为通长落地，装于上槛与下槛之间。有横风窗时，则装于中槛之下。其构造以木材相合为框，竖者名边挺，或称窗挺，横者称为横头料。

框内以横头料分作五部，上端横头料之间镶板为上夹堂，其下为内心仔，以小木料纵横搭成花纹，其沿边挺及横头料四周之木条，称边条，中间之木条，则称心仔。心仔后装玻璃以采光线❶。其下为中夹堂。再下为裙板，裙板较夹堂板为高。再下为下夹堂。凡夹堂及裙板皆可刻以花纹，简单者雕方框，华丽者常雕如意等装饰。长窗之夹堂及裙板常以通长之木板钉于窗挺之中间。工作精细之窗，内外式样起线相同，内心仔及各部俱双层。

长窗之各分部名称详见图 7-1-13。

2. 长窗之各分部尺寸及用料之断面尺寸

长窗之宽，以开间之宽，除去抱柱，平均分为六扇。

长窗之高，自枋底至地，除去上槛高，以四六分派。其中，自中夹堂之上横头料起，至地面连下槛，占 4/10。该横头料以上，包括窗心仔与上夹堂，直至窗顶，共占 6/10。

如觉长窗过高，可在其上再加设中槛与横风窗，中槛至地面的高度，即为长窗之高，仍按四六分派，而横风窗之净高则为长窗高的 1.5/10。

长窗的各部用料尺寸，以窗高 1 丈计，边挺及横头料之看面宽为 1 寸 5 分，进深为 2 寸 2 分。边条及心仔用料，看面为 5 分，深 1 寸。上夹堂高 4 寸，中夹堂高 4.5 寸，裙板高 1 尺 7 寸，下夹堂高 4 寸。下槛高 8 寸，下槛与窗底，须留风缝 5 分。

---

❶《营造法原》此处原文为："心仔后装明瓦以采光线，明瓦为半透明之蜊壳，方形，以竹片为框，嵌镶其内，钉于窗外。故其花纹之搭配，常限于明瓦之大小。"明瓦，旧时采光材料之一种，因透明度差、面积太小等因素，早被玻璃所替代，现已难觅其踪，只能在部分古典园林中才能见到。

窗之高度有变更时，其各分部高度尺寸可依此比例酌情调整，但各分部用料尺寸一般不变，详见图 7-1-14、图 7-1-15。

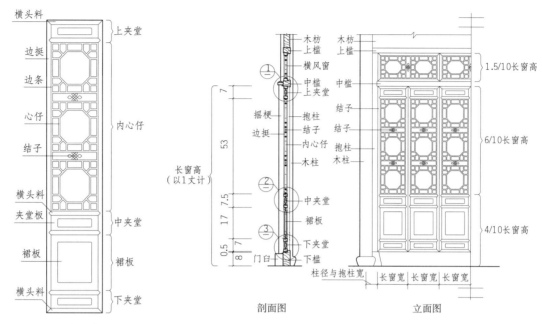

图 7-1-13　长窗之各分部名称图　　　　　图 7-1-14　长窗之各分部尺寸图（单位：寸）

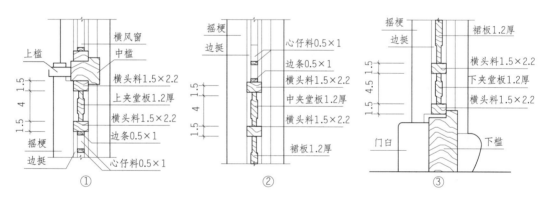

图 7-1-15　长窗各分部尺寸之节点详图（单位：寸）

### 3. 长窗起面之线脚

边挺、横头料，正面均起线，以增美观。起面线角有多种，除有平面、混面、亚面之分外，又有平面木角、亚面木角、文武、合桃等多种。所谓文武面者，即为混面与亚面之组合，而合桃面即是几种大小混面之组合。常见的几种线脚形式详见图 7-1-16。

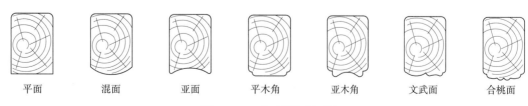

图 7-1-16　各式线脚断面图

4. 长窗各部之间的榫卯连接

1）边挺与横头料之相合做法

长窗边挺与横头料相合，应作双夹榫连接，于横头料上做榫，而在边挺上做卯。长窗边挺应按窗扇长度，上下各放出一定长度，所放长度约为1寸，称走头。

当边挺与上下横头料相合时，作45°掀皮合角，当边挺与中间横头料相合时，须根据所用线脚的不同而采用不同的做法，当线脚为平面与亚面时，作上下成45°相交之实叉，而线脚为混面者，则须作上下成45°相交之虚叉，虚叉者仅表面盖搭，不在边挺上开刻做卯。边挺与横头料之榫卯结构详见图7-1-17。

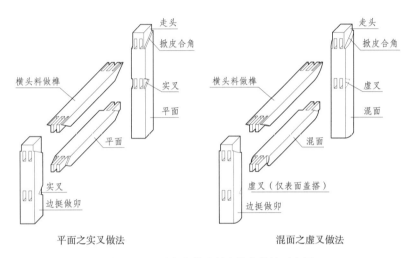

图7-1-17　边挺与横头料之榫卯结构示意图

做挺面起线，须绕横头料兜通，用文武面者，其混面则绕窗之四周，而其亚面则绕横头料兜通即可。

夹堂板、裙板与边挺及横头料之连接，其四周均须按落槽做法，槽之深度为板厚。

具体做法详见图7-1-18。

2）内心仔之相合做法

窗之内心仔四周须做边条，边条之断面须与心仔一致，边条四周相合均用合角。

两根心仔条直角相交时，应做双羊脚榫连接，且正反两面均做合角。

两根心仔条十字相交时，混面者应用合巴嘴（敲交）做法，深度互为该心仔厚的1/2，中间留胆宜为心仔宽的1/3。平面者可用平肩头做法。

两根心仔条丁字相交时，用深半榫连接，半榫宽为心仔宽的1/4~1/3，榫眼深宜为心仔厚的3/4，且不得损坏心仔的另一面。心仔条为平面或亚面时，相交处做实叉，而为混面时，则应做虚叉。心仔条之榫卯连接详见图7-1-19。

5. 长窗内心仔

"长窗因内心仔花纹之不同，有万川、回纹、书条、冰纹、八角、六角、灯景、井字嵌凌等式。匠心各具，式样不一，其习见者，不下十余种，类多雅致可观。就万川而言，复有宫式、葵式之分，整纹、乱纹之别。所谓宫式者，其内心仔均以简单之直条相连，葵式者，其心仔木条之端，多作钩形之装饰。整纹者其内心仔构成之花纹，相连似葵式而多扭曲，空间常饰结子，雕各式花卉。乱纹则似整纹，唯花纹间断，粗细不一。自采用玻璃以后，内心仔遂嵌玻璃宕子。"

——引自《营造法原》

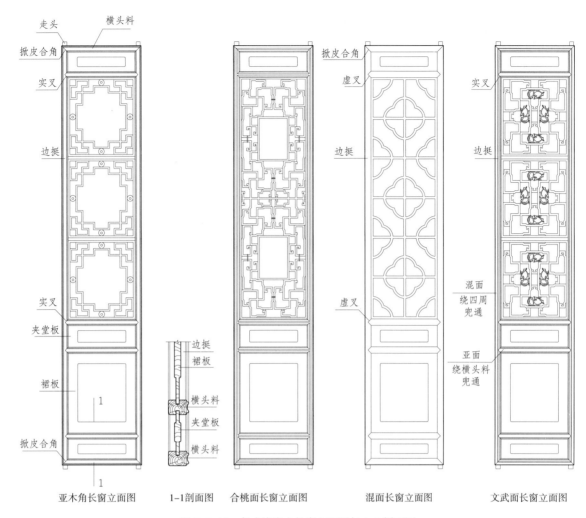

走头　横头料
掀皮合角
实叉
边挺
实叉
夹堂板
裙板
掀皮合角
1

1

边挺
裙板
横头料
夹堂板
横头料
1-1剖面图

亚木角长窗立面图

掀皮合角
虚叉
边挺
虚叉
合桃面长窗立面图

掀皮合角

混面长窗立面图

实叉
边挺
混面绕四周兜通
亚面绕横头料兜通
文武面长窗立面图

图 7-1-18　各式线脚之长窗立面图与1-1剖面图

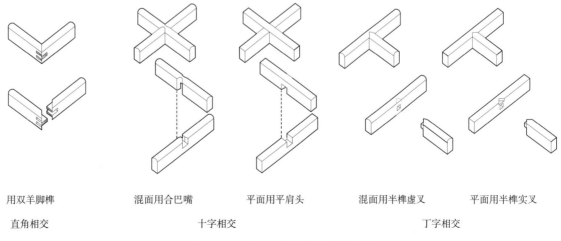

用双羊脚榫
直角相交

混面用合巴嘴
十字相交

平面用平肩头

混面用半榫虚叉
丁字相交

平面用半榫实叉

图 7-1-19　长窗心仔条榫卯连接示意图

长窗内心仔的各种图案形式，可参见《营造法原》之图版二十七至图版三十二中所列之介绍，本文不再重复。

窗的具体做法分宫式、葵式、整纹、乱纹共四种，现就其不同之处，作一解读（图 7-1-20、图 7-1-21）：

（1）宫式：宫式做法较为简单，其基本特征是图案之线条都呈平直形状，由直线条组成，构图简洁，落落大方。

（2）葵式：葵式做法是一种较为复杂的制作方法，其基本特征是构件之末端带有弯钩，或是图案线条并非全由平直线条组成。构件组合时，存在三芯交汇于一节点之现象，耗工较宫式要大，但构图自由，选择题材余地较大，是一种被广泛采用的加工手法。

（3）整纹：整纹是一种复杂的加工手法，图案复杂，局部构件带弓形，构件末端或工字撑有弯钩，空间设雕花结子或珠子之类作装饰。此种做法工艺要求高，耗工大，但构件感觉精细、典雅，非装修精美之建筑不用。

（4）乱纹：乱纹是一种更为复杂的加工手法，其基本特征与整纹相似，但其构件有粗细之分，因此工艺要求更高，耗工也更大，非技术精湛之工匠而不能为。制作时须放 1∶1 之实样方能实施，故冰纹图案也属乱纹。

6. 长窗制作安装的技术要点

（1）长窗根据其安装位置，分外开与内开两种。位于建筑廊柱之间的长窗为外开，而位于步柱之间的长窗则为内开。外开长窗的下槛不设铲口，槛面做成琴面，而于窗扇对开的中缝部位开回风，相应的边挺下端留短走头，短走头长约 3 分至 0.5 寸，略小于所开回风之深度。内开长窗之下槛须开铲口，并于窗扇之中缝处开回风，边挺下端留长走头，长走头长约 1 寸。

长窗无论内开或外开，其上槛均须设铲口、开回风，相应之边挺上端留长走头，走头之长亦为 1 寸。

内开、外开长窗的安装平面详见图 7-1-22。

（2）长窗以宕为单位，通常一宕为六扇，若开间过大，也可八扇。长窗安装应以开间中心线作为长窗开启处，向两侧对称排列。不能于中心线处安装门臼而装成"冲心窗"。

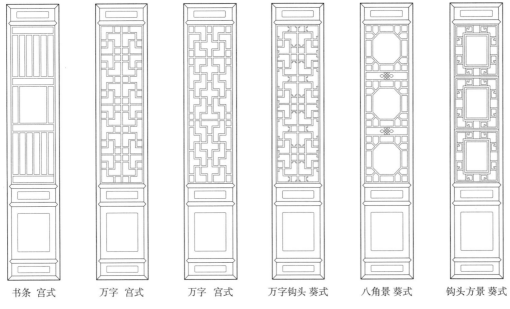

| 书条 宫式 | 万字 宫式 | 万字 宫式 | 万字钩头 葵式 | 八角景 葵式 | 钩头方景 葵式 |

图 7-1-20　各式长窗立面图之一

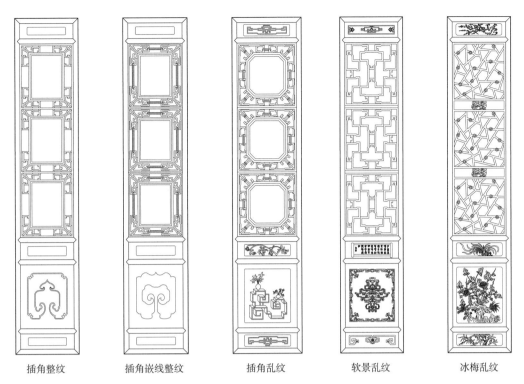

| 插角整纹 | 插角嵌线整纹 | 插角乱纹 | 软景乱纹 | 冰梅乱纹 |

图 7-1-21　各式长窗立面图之二

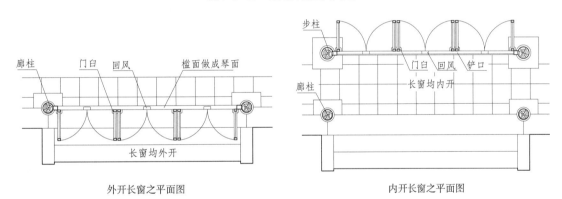

外开长窗之平面图　　　　　　　　　　内开长窗之平面图

图 7-1-22　两种长窗的平面布置图

以安装八扇长窗为例，图 7-1-23 所示之错误做法较为常见，请引以为戒。

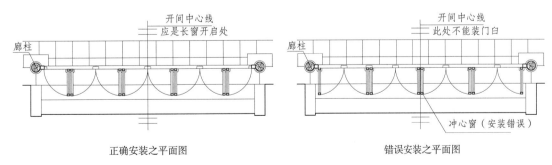

正确安装之平面图　　　　　　　　　　错误安装之平面图

图 7-1-23　两种安装方法之比较图

（3）内开、外开长窗制作上的区别

为有利于避雨，外开长窗安装时，其内心仔以及夹堂板、裙板之装饰面均向内，玻璃装于心仔外侧，玻璃用木制压条及铁钉固定，压条之宽同边条看面，其深应低于边挺面。外开长窗自中夹堂

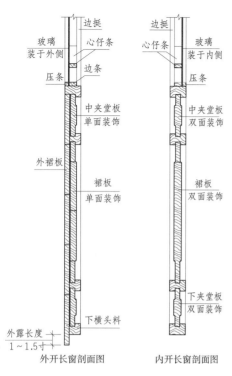

图 7-1-24　内、外开长窗比较图

图中标注（左图，外开长窗剖面图）：玻璃 装于外侧、边挺、心仔条、边条、压条、中夹堂板 单面装饰、外裙板、裙板 单面装饰、下横头料、外露长度 1~1.5寸

图中标注（右图，内开长窗剖面图）：玻璃 装于内侧、边挺、心仔条、边条、压条、中夹堂板 双面装饰、裙板 双面装饰、下夹堂板 双面装饰

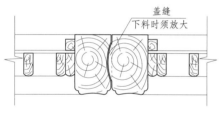

图 7-1-25　鸭蛋缝做法

图中标注：盖缝、下料时须放大

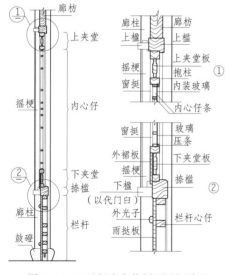

图 7-1-26　地坪窗安装剖面图与详图

图中标注：廊枋、上夹堂、摇梗、内心仔、下夹堂 捺槛（以代门白）、廊柱、鼓磴、栏杆；廊柱、上槛、上夹堂板、抱柱、窗挺、内装玻璃、内心仔条；窗挺、玻璃、压条、外裙板、摇梗、下夹堂板、下槛、捺槛、外光子、雨挞板、栏杆心仔

以下，须做外裙板。裙板拼缝做高低缝，并用竹钉相连，裙板上端做板头榫，与中夹堂之上横头料底面连接，裙板下端较下横头料以下之外露长度约为 1~1.5 寸。

内开长窗安装时，其内心仔、夹堂板、裙板均朝外，玻璃装于心仔内侧。内开长窗不设外裙板，故其夹堂板及裙板均需作双面装饰。

除此之外，中夹堂以上部位，内、外开长窗之做法均相同，内、外开长窗之不同处，见图 7-1-24。

（4）碰缝做法

为便于窗扇开关，两窗之间须做碰缝，碰缝的做法有高低缝与鸭蛋缝两种，其深度视窗挺之断面尺寸而定，一般为窗挺深的 1.5/10~2/10。其盖缝须与窗挺一体做出，不得事后再钉，故须在下料时便预先增放。盖缝应设在开关的右侧，即所谓的"顺手缝"。具体做法，以鸭蛋缝为例，详见图 7-1-25。

（5）夹心仔做法

窗之内心仔若做双层，则称为夹心仔做法。夹心仔之图案应重合，故制作时须放足尺大样。正面之心仔的榫卯与框连接，反面之心仔则以木销方式与框连接。两层之间的相距尺寸能满足安装分隔材料（如玻璃）的厚度。

**（二）短窗**

短窗，或称半窗。在《营造法原》中，将安装于栏杆捺槛之上的短窗称为地坪窗，而将安装于半墙之上的短窗称为半窗。

安装于同一立面的窗扇，其短窗的长度短于长窗，与长窗相比，长窗由上夹堂、内心仔、中夹堂、裙板、下夹堂共五部分组成，若将长窗中之裙板与下夹堂两者去掉，余者即为短窗。故短窗由上夹堂、内心仔、下夹堂（即长窗之中夹堂）三部分组成。

1. 地坪窗

装于栏杆之上的短窗，称地坪窗。地坪窗即北方之勾栏槛窗，用于大厅两边次间廊柱之间，其式样构造须与正间长窗之中夹堂以上部分相同，其宽常以次间开间均分为六。窗下装捺槛，槛上安下槛，代替门白，以纳摇梗，捺槛下装栏杆，栏杆及窗之花纹均向内，栏杆以外装雨挞板，以避风雨。地坪窗之安装剖面图详见图 7-1-26。

地坪窗之安装立面，以某厅堂为例，其外檐廊柱间，正间为长窗，次间为地坪窗，窗下为栏杆，栏杆外装雨挞板，中夹堂以下设外裙板，详见图 7-1-27。

与长窗一样，地坪窗也分内开与外开两种，安装于步柱间者，即为内开。内开之地坪窗，其下不设外裙板，故下夹堂须两面作装饰。安装时，栏杆及窗之花纹均向外，玻璃装于心仔内侧，栏杆内侧所设木板，称裙板。其余做法均与外开做法相同。

内开地坪窗之安装立面可参见图 7-1-27 中内立面所示。

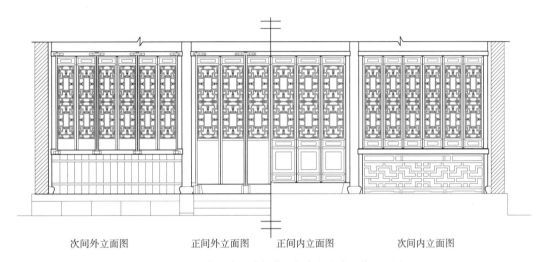

次间外立面图　　　　　正间外立面图　　　正间内立面图　　　　次间内立面图

图 7-1-27　某厅堂（次间装地坪窗）之内、外立面图

2. 半窗

装于半墙之上的短窗，称半窗。半窗常用于次间、厢房过道及亭阁之柱间。窗下砌半墙，上设下槛，以装半窗。墙高根据其安装位置而定，装于次间时，因半窗须与正间长窗之中夹堂以上部分相通，故墙高砌至半窗下槛底；装于厢房过道及亭阁时，墙高约 1.5 尺，上设坐槛，复可凭坐，用于亭阁者，其外可装吴王靠。

半窗根据其安装位置，也有内开与外开之分，装于两步柱之间者为内开，而装于两廊柱之间者为外开。通常内开之半墙，墙厚为半砖，外开窗之墙厚为一砖。

楼厅上层前后廊柱之间所装之短窗，也称半窗。窗高一般为上层廊枋底至楼面距离的 6/10，但也须视实际情况而定，当窗底至楼面距离不满 3 尺时，应确保该距离为 3 尺，并相应调整窗高。

楼厅半窗，窗下不砌半墙，而在窗槛与楼板之间，外侧钉雨挞板，内钉裙板，以避风雨。钉裙板之木枨每间两根，称跌脚，横木上下共三道，称光子。

半窗之安装，与地坪窗安装基本相同，但当半窗为外开时，其下槛应做成通长，除与下槛连接外，尚须与两侧木柱作连接。半窗下槛之高，为长窗下槛高的 0.4~0.6 倍，其宽为长窗下槛宽的 0.8~1 倍。

除此之外，在短窗中，无论是地坪窗还是半窗，其各分部尺寸及用料之断面尺寸均与长窗相同，其基本做法及技术要点亦与长窗相似，故在此对部分内容不再重复，读者如有不详之处，可参见长窗之相关内容。

半窗之安装剖面详见图 7-1-28。

半窗之安装立面，详见图 7-1-29 所示安装于厅堂廊柱及步柱处之半窗外立面图。

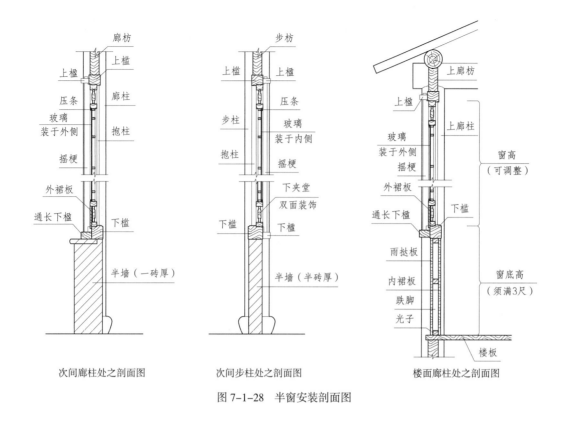

| | | |
|---|---|---|
| 次间廊柱处之剖面图 | 次间步柱处之剖面图 | 楼面廊柱处之剖面图 |

图 7-1-28　半窗安装剖面图

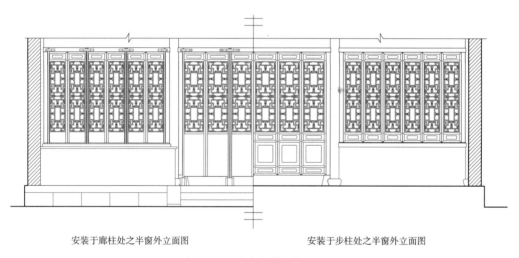

安装于廊柱处之半窗外立面图　　　　安装于步柱处之半窗外立面图

图 7-1-29　半窗安装之外立面图

### （三）横风窗

位于房屋步柱处的长窗，如觉长窗过高，可在其上面加设中槛与横风窗。横风窗由两根边挺及上下横头料相合组成，中间为内心仔，装于上槛与中槛之间，通常根据开间均分为三扇，中间隔以短枨。

横风窗之宽为同一开间中所装长窗之宽的两倍（但须扣除半个短枨看面宽），其高按长窗之高的 1.5/10，呈扁方形。横风窗内心仔之花纹，须与长窗基本相同，一般是参照长窗花纹，作横向设置。

横风窗为固定窗扇,不作开启,但其上下及两边之槛枕仍
需刨出铲口,以便安装,其固定方式为:于横头料上做两个短
榫,与上槛所开之榫眼作连接,而其下方则以木销方式与中槛
连接。

横风窗之窗扇立面见图7-1-30。

横风窗之安装立面与剖面详见图7-1-31。

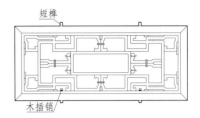

图7-1-30 横风窗窗扇立面图

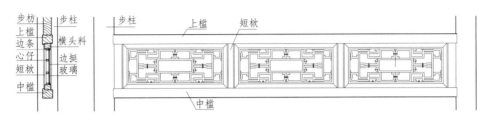

图7-1-31 横风窗之安装立面图与剖面图

### (四)和合窗

和合窗之式样较为特殊,因其开启方式与众不同,系向上旋开,异于上述各窗。常装于次间步
柱之间,或用于亭阁、旱船间。

装于次间步柱之间时,窗下装栏杆,后钉裙板,栏杆花纹则向外。栏杆之上为捺槛,槛面
与长窗中夹堂底相平。捺槛以上与上槛或中槛之间装以和合窗,一间三排,以中枕分隔之。每排
三扇,上下二窗固定,中间开启,以摘钩支撑之。

装于亭阁或旱船时,其排数及扇数均不拘,但若为两扇,则上窗固定,下窗向上开启。

和合窗之窗扇呈扁方形,两边为边挺,上下用横头料,内为内心仔。内心仔之花纹随长窗而异。

和合窗两窗相交处须做高低缝,其中位于上方者做盖缝,位于下方者做底缝。和合窗之上下及
两边,其槛枕均须刨铲口。

和合窗之安装以每排三扇为多,其上窗扇固定,中窗扇作开启,下
窗扇可拆卸。

其具体做法是:先行安装上槛与捺槛,槛直接与柱作半榫连接。再
安装边枕及中枕,于枕之上部做短榫,插入上槛所开之榫眼内,其底部
单边开槽,落于捺槛上所钉之闲游❶上,以便随时卸装。如图7-1-32所示,
图中阴影部分为钉入木内部分。

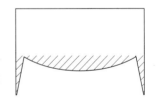

图7-1-32 闲游示意图

槛枕之安装步骤详见图7-1-33。

和合窗之窗扇安装,于边枕及中枕之相应部位钉入闲游,以便安装上下二窗。其中上窗边挺上
部两侧起槽,由下而上套于闲游上,其下部用插销与枕作连接,下窗之边挺于下部起槽,自上而下
套于闲游之上,需拆卸时往上提起即可。上中二窗,连以铰链,开启时将中窗向上旋开,并以摘钩
支撑之。窗扇安装步骤详见图7-1-34。

以上做法,现已基本不采用。现在的常用做法是:上下槛及边枕、中枕均固定,上窗扇之边挺,
一边做短榫,插入木枕所开之榫眼内,另一边用木销与另一木枕作连接,为固定做法,下窗扇之边
挺两侧起槽,套于中枕及边枕所做之硬木短榫上,为可拆卸做法,中窗扇与上窗扇之连接有两种,

❶ 闲游,传统之铁具,长寸许,高约五六分,厚2分,两端弯尖钉,钉入木内,高起如榫头,旧时和合窗安装时多用之,现已很少见到。

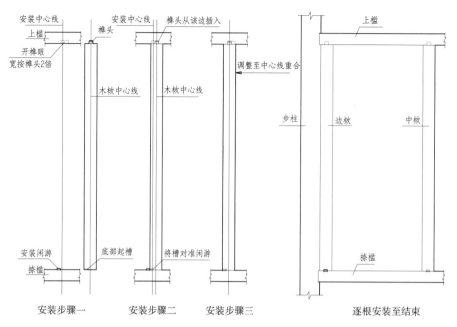

图 7-1-33　和合窗槛枕安装步骤图

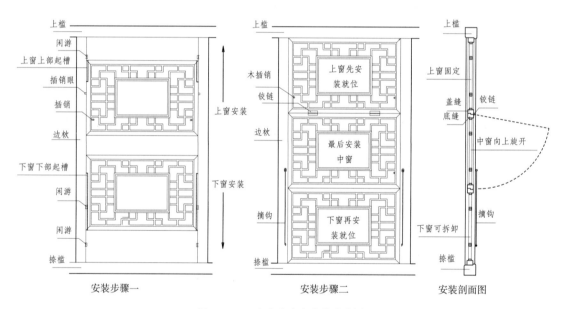

图 7-1-34　和合窗窗扇安装步骤图

一为铰链，二为摇梗，开启时将中窗扇向上旋开，并以摘钩支撑之。和合窗之安装，现今之常用做法详见图 7-1-35。

和合窗之安装立面，以某厅堂步柱间所装门窗为例，该厅堂正间为长窗，两边次间上为和合窗，下为栏杆。长窗与和合窗之上设中槛，其上为横风窗，窗装于中槛与上槛之间，上槛位于步枋之底。所有窗扇与栏杆之花纹均朝外。详见图 7-1-36。

### 四、栏杆

栏杆有高矮两种。低者称半栏，高 1.5 尺至 2 尺 2 寸，常装于走廊两柱之间，以作围护。若于其上设坐槛，坐槛厚 3 寸，宽 5 寸余，可备坐息之用。高者称栏杆，其上为捺槛，装于地坪窗、和

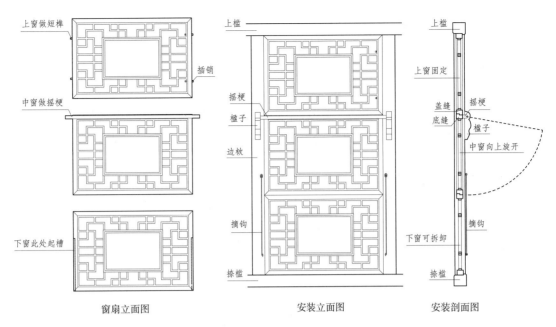

图 7-1-35  和合窗安装之常用做法

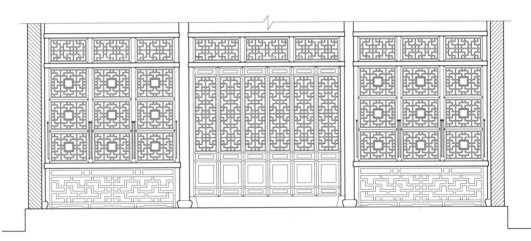

图 7-1-36  某厅堂步柱间装修立面图

合窗之下，以代半墙，其高以长窗高度及捺槛地位而定，一般为 3 尺左右。栏杆若装于楼厅上层之廊柱间用作围护，其高则需 4 尺，详见图 7-1-37、图 7-1-38。

**（一）栏杆之各分部名称**

栏杆由以下部分所组成：两边垂直者，称脚料，通长横档上下共三道，自上而下，分别称盖挺、二料、下料。盖挺与二料之间称夹堂，二料与下料之间称总宕，下料以下称为下脚。夹堂就长度配装短撑或花结，总宕则以木条配成花纹。下脚则常分为三段，

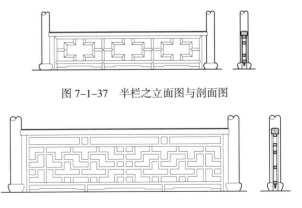

图 7-1-37  半栏之立面图与剖面图

图 7-1-38  楼层栏杆之立面图与剖面图

立小脚，其间镶嵌木板，称芽头，或略施雕花。栏杆之各分部名称，详见图7-1-39。

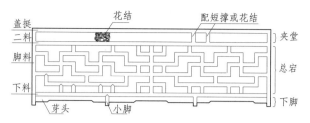

图7-1-39 栏杆之各分部名称图

### （二）栏杆之各分部用料尺寸

栏杆装于两柱之间，柱旁置短抱柱，抱柱宽以阔出鼓磴1寸为宜，其深须大于栏杆深，每边约0.5~1寸。抱柱上置捺槛，其高约3寸，厚约4~5寸。

栏杆高度以长窗高度及捺槛地位而定，以窗高1丈计，除去捺槛厚约3寸外，栏杆实际高度为3尺。夹堂高4寸，总宕高1尺8寸，下脚为2.5寸。脚料及盖挺、二料、下料之看面为1寸8分，深2寸。总宕内之心仔料看面为1.5寸，深1寸8分。

栏杆之各分部用料尺寸，以栏杆实高3尺为例，详见图7-1-40。

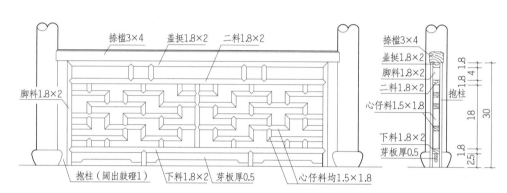

图7-1-40 栏杆之各分部用料尺寸图（单位：寸）

栏杆高度与上图有区别时，其各部尺寸中，除夹堂、总宕、下脚之高度可按比例收放外，其余各部用料均不变。

栏杆为半栏时，其夹堂部分及二料可取消，捺槛与抱柱可适当减小，其余部分不变。以半栏之高为2尺2寸为例，详见图7-1-41。

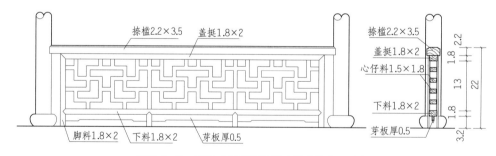

图7-1-41 半栏之各部用料尺寸图（单位：寸）

### （三）栏杆各部节点之榫卯连接

栏杆之脚料与盖挺、二料、下料之间均须做双出榫连接，其中与盖挺间做掀皮合角，与二料、下料间做实叉，若是混面，则做虚叉。

栏杆心仔料之间，直角相交时，其正面做合角，用出榫连接；丁字形相交时，其正面，混面者做虚叉，平面者做实叉，用出榫或深半榫连接；十字形相交时，应做敲交，其深度互为 1/2 料深，正面做合巴嘴。若是阴阳条相交，直角时做万合角（即非 45° 相交之合角），丁字、十字相交时，则与以上做法相同。

栏杆抱柱与柱相交处须做芦壳，用铁钉或竹销与柱连接，捺槛直接与柱相交，用半榫作连接。栏杆一边用短榫与抱柱连接，另一边则用硬木插销与抱柱相连，以便随时装卸。

栏杆各部之榫卯连接详见图 7-1-42。

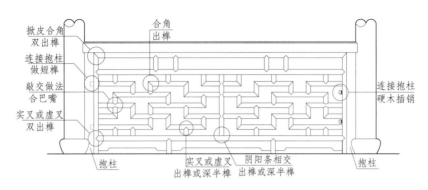

图 7-1-42　栏杆各部节点之榫卯连接

栏杆式样不一，其常见者有万川、一根藤、整纹、乱纹、回纹等多种式样，也可由设计人员随宜设计，以合乎美观为宜。栏杆线脚仅有浑面、亚面、木角三式，取其简洁大方。图 7-1-43 所示为几种式样的栏杆。

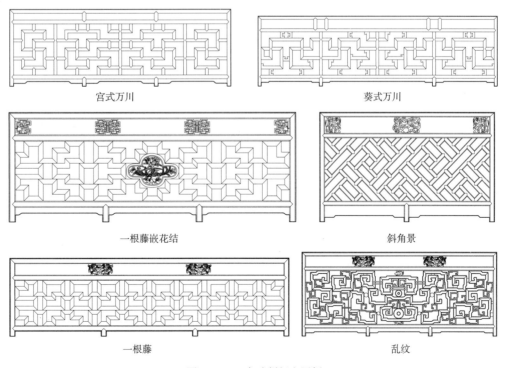

图 7-1-43　各式栏杆之图例

### 五、吴王靠

吴王靠，北方称鹅颈椅，因靠背弯曲似鹅颈而得名，多用于临水的亭榭、楼阁。

吴王靠之构造与栏杆相似，由木料相合成框。其中两侧竖向木料称箍头，三根通长横向木料分别称盖挺、中挺、下挺，盖挺与中挺之间，设短撑或花结，中挺与下挺之间为心仔，下挺以下设短脚，短脚之间为芽板。

吴王靠高度在1尺6寸至1尺8寸之间（约45~50厘米），为便于凭坐时倚靠，吴王靠之心仔部分须做成双曲线之弧形，并向外倾斜，倾斜度为其高度的1/3。

吴王靠之各部名称、分部尺寸及用料断面，以高度为45厘米的吴王靠为例，详见图7-1-44。

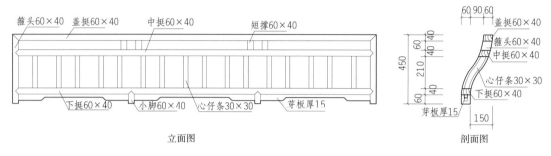

立面图      剖面图

图7-1-44 吴王靠之构造与尺寸（单位：毫米）

吴王靠应一间一扇，相邻两扇吴王靠在同一直线连接时，其接点在柱的中线位置，该处的箍头做成平头。

相邻两扇吴王靠在转角处连接，该处的箍头须作对称之合角，做合角的箍头截面为平行四边形，转角吴王靠的长度按开间尺寸加安装距离与倾斜长度。

装有吴王靠的建筑，其平面有多种形式，有四角、六角、八角等，但无相邻的吴王靠之端部，无论其平面形式如何，收头处均做平头。

吴王靠之长度与箍头形式详见图7-1-45。

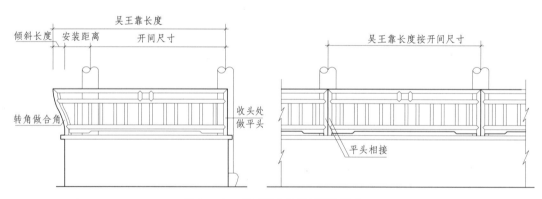

图7-1-45 吴王靠之长度与箍头形式

吴王靠制作安装的技术要点：

（1）吴王靠制作，必须放足尺大样。放样有两种：如是两端箍头均为平头，则仅需做箍头的足尺样板，该样板与吴王靠的剖面图所示相同。如箍头为合角，箍头的足尺样板中相关构件的高度，须与吴王靠的剖面图所示相同，相关构件的宽度须根据相交角度的不同乘以相应的角度系数。另外还须放出角部的平面样板，以取得相关构件的长度尺寸。

（2）吴王靠各构件间的榫卯连接，均与栏杆做法相同，可参见栏杆部分之相关内容。

（3）吴王靠须安装牢固，其箍头下端及中间脚头须做半榫与坐槛面连接。吴王靠之上端用铜或铁制搭钩与柱连接，搭构一端安装于箍头上，其高度在中挺与盖挺间，搭钩之另一端安装于柱上，高度以搭钩角度为20°~30°为最宜。当两扇吴王靠固定于同一柱，且两端相连时，则可用双钩连接。吴王靠之安装详见图7-1-46。

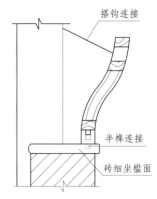

图7-1-46　吴王靠安装剖面图

吴王靠之式样，以竖心仔居多，这是因为吴王靠之剖面，呈双曲线之弧形，横向心仔加工复杂，耗工较大，故除装修精美之建筑外，较少采用。图7-1-47所示为吴王靠之几则图例。

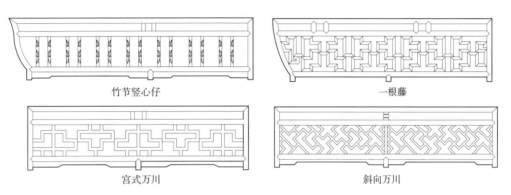

竹节竖心仔　　　　　　　　　　一根藤

宫式万川　　　　　　　　　　斜向万川

图7-1-47　吴王靠之图例

### 六、挂落、插角

#### （一）挂落

挂落是悬装于廊柱间枋子之下的装饰物，由木条相搭而成。

挂落的构造以三边做边框，边框之内做心仔，心仔式样以万川居多，藤茎、软景、冰纹和其他式样并不多见。与长窗一样，万川挂落的做法也有宫式与葵式之分，而两边框下端的脚头，其做法也随之有所区别，葵式者应做钩子脚头，宫式者应做花篮脚头。

所谓万川做法，即以木条搭成"卐"之形状，反复运用，相连而成。通常将两根木条之距离称为份，挂落制作，竖向份头应取单数，一般为五份，横向份头应取双数，份头之数量根据挂落长度而定。

图7-1-48、图7-1-49所示为两种做法之万川挂落。

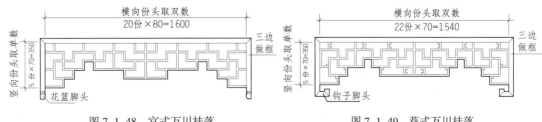

图7-1-48　宫式万川挂落　　　　　　　　　图7-1-49　葵式万川挂落

挂落之用料与窗相同，边框断面，看面为1.5寸（4厘米），深为2.2寸（6厘米），心仔看面为0.5寸（1.5厘米），深为1寸（3厘米）。边框起线，多为亚木角，心仔面常为一混一平，但也有用双面为混面者。

挂落之榫卯结构，边框须做双头榫连接，心仔之间均须做榫卯连接，具体做法与长窗心仔做法相同，可参见长窗部分之相关内容。

藤茎挂落之心仔不用榫卯结构，多用木板雕刻而成，其外框做法须与普通挂落做法相同。详见图7-1-50。

图 7-1-50　藤茎挂落

挂落安装也用抱柱，抱柱看面为柱径的1/4~1/3，宽度比挂落外框宽2~3厘米，抱柱下端做成半如意形，长出挂落脚头约8~10厘米。抱柱与木圆柱连接，须开芦壳，用铁钉固定。挂落则一端用短榫，一端插硬木销，连接在抱柱上，可装可卸。详见图7-1-51。

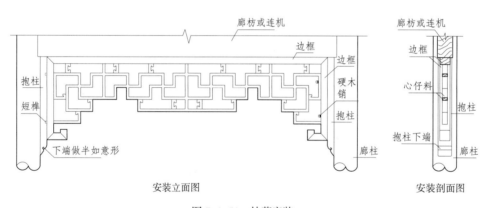

安装立面图　　　　　　　　　安装剖面图

图 7-1-51　挂落安装

图7-1-52所示为几则挂落图例。

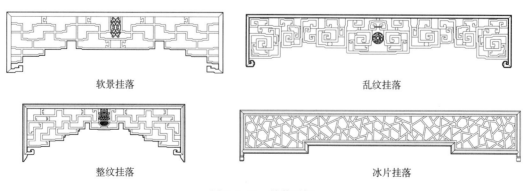

软景挂落　　　　　　　　　　　乱纹挂落

整纹挂落　　　　　　　　　　　冰片挂落

图 7-1-52　挂落图例

## （二）插角

与挂落具有同样装饰功能的构件是插角，插角又称挂芽、花牙子。插角形式小巧，安装于开间的两端，常用于圆亭、扇亭等弧形建筑上，一些檐高较低的走廊，也常以插角来代替挂落。

插角的制作方法大致有两种：一种是由整块木板雕镂而成，另一种是采用榫卯结构拼接而成。图 7-1-53 所示为几则插角图例。

图 7-1-53　插角图例

插角的安装比较简单，在插角一侧做短榫，在抱柱处凿相应的榫眼，插角上端做上大下小之扎榫，在枋底或连机底部凿同样是上大下小的榫眼，榫眼之前凿一方孔，以便安装时能插入扎榫。

安装时，先将插角上的扎榫插入方孔内，再将短榫对准榫眼，将其插入推紧即可。

插角安装及其步骤详见图 7-1-54。

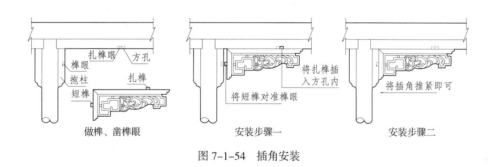

图 7-1-54　插角安装

# 第二节　内檐装修

用于建筑内部的装修，称内檐装修，其作用是划分建筑内部的空间，用以区别其不同的使用和活动范围，其特点是布置灵活，式样多变。内檐装修大致可分为屏门、纱隔、罩等数种，现分述如下。

## 一、屏门

位于厅堂后步柱间之一列，或鸳鸯厅正间脊柱处的通长门扇，称屏门。

屏门以六扇为一宕，安装于上槛与下槛之间，方法与外檐长窗相同，但其下槛之高度可低于外檐下槛高度。正间屏门，一般不作开启，但可拆脱。可拆脱的屏门须在上槛做槽，下槛设闲游，由此作上下拆脱，不设摇梗与上、下栓。而两侧边间屏门，除居中两扇供人员出入外，其余也不开启，但关闭时可用短门闩作闩。

屏门按其做法之不同，可分为直拼门与框档门两种。

直拼屏门多用于鸳鸯厅之正间，因其两面可作雕刻，或书或画，供人欣赏。

框档屏门较为轻便，用于厅堂步柱处较多，框档屏门多为白色，称白膳门。苏州园林中不乏此类做法，网师园中的万卷堂、艺圃中的东莱草堂，都是如此。由于屏门的使用，而使厅堂内部显得更高敞、更气派。

屏门之安装立面，以网师园万卷堂为例，该厅堂面阔三间，后步柱处均设屏门，每间各六扇。正间屏门不作开启，居中挂中堂、楹联，其上为匾额，上书"万卷堂"三字为堂名，由明代苏州才子文徵明所题。两侧边间之屏门，居中两扇向后作开启，以供人员出入。厅堂内部，粉墙、黑柱、白门，显得十分典雅。详见图7-2-1。

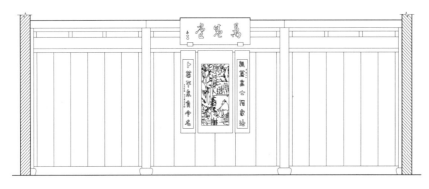

图 7-2-1　网师园万卷堂屏门立面图

### 二、纱隔

纱隔（又名纱窗），外观和做法与长窗相似，但比长窗更精细，多为双起面、夹心仔做法，以便两面观赏。纱隔通常不设内心仔，以雕花镶边替代之，往往在心仔部位裱糊书画，以示高雅。镶边做法亦有多种形式，或做成茶壶档形，周边起阳线，或四周镶回纹装饰，称插角，或在四周连雕花结子。也有在框内镶冰纹彩色玻璃，四周镶花结，前后可睹，亦颇雅洁。纱隔格式，妙在轻巧秀丽，故其夹堂和裙板多雕花卉，或雕案头供物，甚至有用黄杨雕刻镶嵌。结子插角，亦有用黄杨、银杏木雕刻，雕之佳者，生动秀丽，苏州园林有不少实例。图7-2-2所示为几则纱隔图例。

纱隔之安装分两种，一为整宕排列，二为纱隔之间装置挂落或飞罩，供人员出入。整宕排列者，一宕多为六扇，安装于上、下槛之间，安装方法与外檐长窗相同。如在纱隔之间安装挂落或飞罩，则于纱隔底部设短槛，槛作凹凸起线，称为须弥座。须弥座底部用铁闲游固定于方砖或地板上。如因房屋较高，而觉纱隔过长时，其上亦可设中槛与横风窗，横风窗之式样须与纱隔相协调。

若厅堂为三间，纱隔之安装，其正间多为整宕排列，而次间则在纱隔之间安装挂落或飞罩，以便出入，详见图7-2-3。

若开间较大，纱隔安装时，往往居中设置一扇较阔的纱隔，在其两侧对称地安装挂落飞罩与纱隔，左右两边均可出入，该形式多用于水榭或水阁，网师园濯缨水阁的纱隔安装便是如此，详见图7-2-4。

### 三、罩

罩有飞罩、落地罩、挂落飞罩三种。

飞罩和挂落相似，但两端下端如拱门，用于室内，安装在柱间或纱隔之间。若是飞罩两端及地，内缘作方、圆、八角等形状，安装在柱间，落于须弥座上，则称为落地罩，或称地罩。挂落飞罩和飞罩形式相似，但两端下垂比飞罩为短。

罩的做法有两种：一是与挂落做法相似，三边做框（若是落地罩则其内缘亦须作框），框内做心仔，心仔为榫卯连接，花纹亦分宫式、葵式、整纹与乱纹。另一种是以整块或两三块木料雕镂而成，其花纹多采用雀梅、藤茎、花卉等，也有采用"岁寒三友"等大型题材的，则多为落地罩。

　　内檐装修属于精细装修，而罩便是其中的重点，不可等闲视之。罩的大小、形式一般视空间的大小以及装修的华丽程度而决定。用于雕刻的木料，应选用银杏、花梨等优质木材，便于罩的雕镂和拼接。

图 7-2-2　纱隔图例

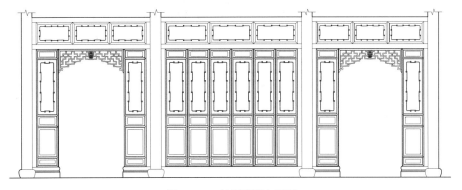

图 7-2-3　纱隔安装立面图

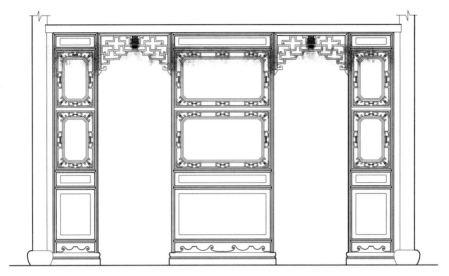

图 7-2-4　濯缨水阁纱隔安装立面图

　　罩之精品，往往制作精良，雕刻精美，拼接精细，构图自由且富有变化，或小巧玲珑，或雍容华贵，能与建筑相适应。

　　罩的图例详见图 7-2-5~ 图 7-2-10。

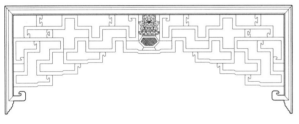

葵式挂落飞罩

雕花挂落飞罩

图 7-2-5　挂落飞罩图例

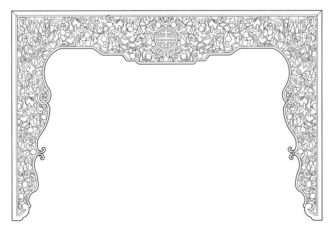

图 7-2-6　飞罩图例之一（雕花飞罩）

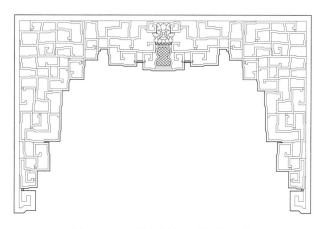

图 7-2-7　飞罩图例之二（整纹飞罩）

图 7-2-8　落地罩图例之一（雕花罩）

图 7-2-9　落地罩图例之二（圆光罩）

图 7-2-10　落地罩图例之三（芭蕉罩）

飞罩、挂落飞罩的安装与挂落相同，落地罩安装于上槛之下，两侧与抱柱连接，底部坐于须弥座上，须弥座则与地面相固定。

罩是内檐装修中的重点，具有通行与装饰的双重作用。罩在内檐装修中的运用，可以使室内空间变得有分隔、有层次，从而区别性质不同的使用空间。如鸳鸯厅的做法，便是如此，厅内脊柱落地，在正间脊柱间设纱隔或屏门，而在左右脊柱间设落地或纱隔飞罩，将厅堂分成南北两个部分，并根据季节的不同区别使用，南半部宜用于冬春，而北半部宜用于夏秋。关于罩在鸳鸯厅中的运用，苏州园林中有多个佳例，如留园的林泉耆硕之馆、怡园的藕花榭、狮子林的燕誉堂等，均为十分成功的作品。

留园的林泉耆硕之馆，厅内面阔五间，四周为走廊。屋面为歇山，鸳鸯厅结构，以脊柱为界，将厅分作南北两部，南是扁作，北为圆堂，均为五界回顶。

厅内脊柱落地，于正间脊柱间设直拼屏门六扇，两次间各为雕花落地圆光罩一宕，上设横风窗，再次间各设雕花纱隔五扇，纱隔前后均作雕花、填绿，由清水银杏制成。

该厅位于冠云峰之南，故其屏门前后所作之雕刻，均与冠云峰有关，南厅一面雕"冠云峰赞"，北厅一面刻"冠云峰图"，可谓图文并茂。北厅因是观赏冠云峰的绝佳之处，其匾额题为"奇石寿太古"，是对冠云峰的赞美，南厅之匾额，上书"林泉耆硕之馆"，作为厅堂之名，意为德高望重的长者之休憩之地。

整列装修，面宽五间，一字排开，左右对称，显得庄重、大方，且雕刻精细，格调高雅，属内檐装修中之精品。

林泉耆硕之馆的内檐装修立面详见图7-2-11、图7-2-12。

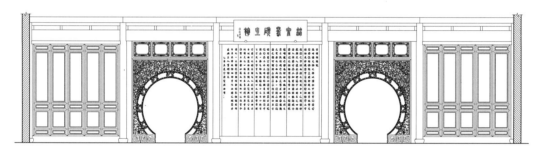

图 7-2-11　林泉耆硕之馆（南厅装修立面图）

图 7-2-12　林泉耆硕之馆（北厅装修立面图）

另外，林泉耆硕之馆的圆光罩也值得一提，该罩由于面积较大，为了避免单薄之感，边框采用内、外两圆形式，框内有重点而又均匀地分布了较大的叶形花纹，其间连以较纤细的、绕曲的树枝形花纹作为衬托，构图自由而富有变化，罩的雕镂和拼接也很精细，堪称罩中精品，详见图7-2-13。

图 7-2-13　林泉耆硕之馆（圆光罩立面图）

罩若用于厅堂轩步柱或后步柱处，其正间多为落地罩，而两侧则为飞罩或纱隔飞罩，见图 7-2-14。

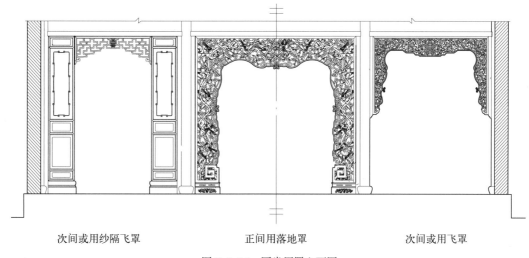

次间或用纱隔飞罩　　　　　　　　正间用落地罩　　　　　　　　次间或用飞罩

图 7-2-14　厅堂用罩立面图

### 四、内檐装修的技术要点

（1）内檐装修属精细装修，同一立面上的构件应选用相同材种、材质的木料。所用木料须经干燥处理后再予制作加工，以减少构件的开裂与变形，干燥处理以自然干燥为佳。

（2）纱隔中用于双面雕刻的夹堂板、裙板、内心仔板，其板厚不宜小于 2.5 厘米，以免影响雕刻。裙板、内心仔板，若其宽度不够，可用 2 块相同材质、材种的板材拼合，但不能多于 2 块，拼合材宽不得小于 20 厘米。两材拼缝必须严密、牢固，并用竹销连接，竹销应设在不影响雕刻的部位。

（3）雕花飞罩、雕花落地罩，当用三块木料相拼时，其横、竖两片相交处应做合角。节点部位做半榫连接，榫厚约为料厚的1/3~1/4。榫卯应设在浅雕处，以免雕刻时将其刻去。

（4）落地罩、飞罩、挂落飞罩以及纱隔之内心仔，其做法为榫卯连接时，均须放足尺大样。放大样时其长度、高度等外围尺寸必须与现场实量尺寸核对，发现差错，及时纠正。

（5）内檐装修，除框档屏门外，所有构件两面均须按正面做法。其榫卯做法均与外檐装修之同类构件相同，但要求更高，制作也应更精细。

（6）构件安装，须横平竖直，不得翘曲，安装牢固，脱卸方便。

# 第八章　木雕

凡在木材表面施以雕刻，使其形成各种花纹、图案或形状，以达到装饰之目的，称之为木雕。苏州木雕是苏州地方民间艺术的重要组成部分，素以运刀含蓄、疏朗灵活、清逸润厚见长，因构图不拘一格、形象生动传神、图案寓意吉祥、情趣雅俗兼备等诸多特点而闻名于世。

## 第一节　建筑木雕的运用

对传统建筑的部分构件进行雕刻加工，以增加建筑的美感，是传统建筑中不可缺少的部分，也是香山帮营造技艺的重要组成部分。将木雕融合于整体建筑中，与白墙青瓦相呼应，构成了和谐统一的建筑外观。同时，精细的木雕与室内装修、陈设、家具等相互映衬，显得古朴雅致，充分体现了我国深厚的文化底蕴与特色。

木雕用于建筑，根据其所在地位的不同，可分为大木构架雕刻与小木装修雕刻两类。

### 一、大木构架雕刻
#### （一）梁类构件

在采用扁作做法的厅堂、殿庭类建筑中，梁类构件上大多施有雕刻，如大梁、山界梁、轩梁、双步、川等，因该类构件均为横向受力构件，为不影响构件的受载能力，所施雕刻以线雕或浅浮雕为多，图案亦较简单，仅于梁的周边起线，或稍加花草、卷叶等图案作点缀，极少有采用繁复图案的（图8-1-1）。

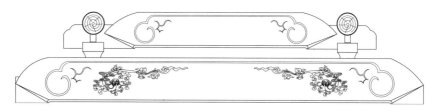

图 8-1-1　大梁、山界梁上所施雕刻

#### （二）山雾云、抱梁云

山雾云位于扁作厅堂的山尖部位，山尖居中设牌科（北方称"斗栱"）一座，用于支承脊桁，山雾云便架在该牌科斗腰的两侧，用于装饰，为使该构件能够充分显露、展示，安装时都有一定的泼势，即向外倾斜。因构件离地较高，俗话说："一丈高，不见糙"，故山雾云都用透雕与深雕手法刻出，以增强其观赏效果，所用图案也只需简单、疏朗，无需繁复、纤巧，故常以流云、飞鹤为主题。

抱梁云位于牌科栱端脊桁的两旁，架于升腰，与山雾云相邻，抱梁云在前，山雾云居后，安装时也须有一定的泼势，倾斜度与山雾云相一致。抱梁云上所施图案以云、鸟为主，亦须用深雕手法刻出（图8-1-2）。

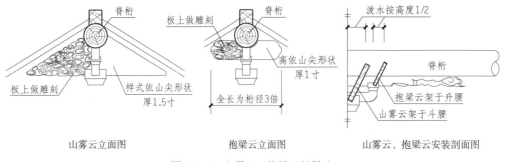

山雾云立面图      抱梁云立面图      山雾云、抱梁云安装剖面图

图 8-1-2   山雾云、抱梁云的做法

### （三）梁垫

梁垫的主要功能是增加大梁的搁置面，起到稳固梁的作用。梁垫一般做如意卷纹状。

若将梁垫加长，在加长部分及梁垫底部，以深浮雕的雕刻方法雕出以花卉为主题的图案，其挑出的部分便称为蜂头，蜂头部位则以镂雕为主。梁垫的两种做法见图 8-1-3。

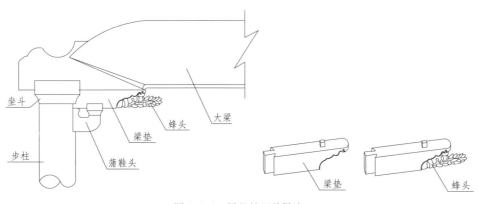

图 8-1-3   梁垫的两种做法

大梁、山界梁、山雾云、抱梁云、梁垫等构件雕刻的实例照片，请见图 8-1-4。

图 8-1-4   网师园万卷堂正间梁架所施雕刻

### （四）棹木

棹木位于内四界大梁下梁垫的两侧，架在梁垫下的蒲鞋头上，以作装饰，安装时亦须向外倾斜，因其形似官帽，旧时用来表示房屋主人的身份，故非官宦人家不能用之。棹木的雕刻方法为深浮雕或镂雕，图案以吉祥物为主（图 8-1-5）。

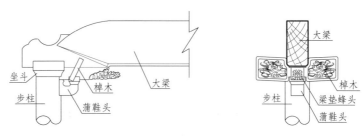

图 8-1-5　棹木

### （五）枫栱、垫栱板

枫栱属于斗栱上的装饰件，位于昂的两侧，架在昂下的升口上，其外形及安装方法均与棹木相似，雕刻图案以云鹤等吉祥物为主，采用深浮雕或透雕刻出。

两座牌科之间，均须填以木板，用于分隔内外，所填木板称为垫栱板，板上常做雕刻，图案以传统花草为主，雕刻手法为透雕（图 8-1-6）。

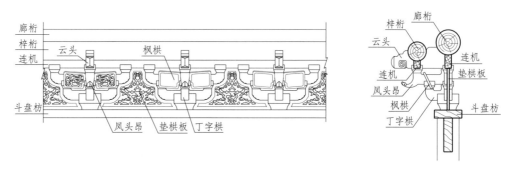

图 8-1-6　枫栱与垫栱板

### （六）水浪机、花机

水浪机用于桁类构件的底面，其功能是增加桁类构件的搁置面，图案以水浪为主，机头雕刻云状，雕刻方法为深浮雕。花机的功能与水浪机相同，以花草为主题，雕刻较为精细，以镂雕为主，常用于轩桁、梓桁的底面（图 8-1-7）。

图 8-1-7　水浪机、花机

### （七）夹堂板

连机与木枋之间所置木板称夹堂板，按开间分为三截，隔以蜀柱，以免翘裂。板上若施雕刻，其图案常以花草为主题，采用镂雕手法，空白处拉空，两面雕刻（图 8-1-8）。

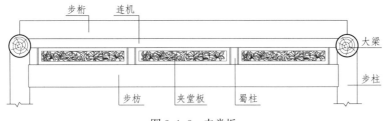

图 8-1-8　夹堂板

### （八）其他

此外用于雕刻的尚有花篮头、琵琶撑以及戗角上的千斤销等其他构件，花篮头常以花草为主题，雕刻手法以浮雕、镂雕为主，琵琶撑多以浅雕手法刻出竹节，而千斤销之外露的端部则刻成花篮形状。

## 二、小木装修雕刻

装修是具有实用功能和观赏功能双重作用的木构件，分外檐装修与内檐装修两大类。外檐装修指的是建筑外围的各式门窗以及挂落、栏杆等，而内檐装修指的是建筑内部的各式门窗、纱隔和罩。

雕刻用于装修，用途不一，做法也各异，有繁有简，现分别介绍如下。

### （一）雕花结子

雕花结子是镶嵌于木装修内部的小饰件，除了具有装饰作用外，还起到木装修内部的连接与加固作用。

雕花结子的图案以各式花卉为多，也有少数采用花篮或花瓶图案，但均为居中设置，以求对称，如葵式做法的挂落与飞罩。

雕花结子是用与构件芯子相同厚度的木板，通过镂雕、浅雕的手法雕刻而成的，具体做法是：将图案以外的部分用钢丝锯拉空去除后，再以浅雕的手法将图案刻出，一般采用双面雕刻，以便两面观赏。注意：图案与构件的相邻处须留出小木桩，以便安装时的相互连接，详见图 8-1-9。

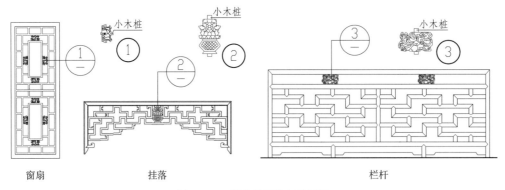

窗扇　　　　挂落　　　　栏杆

图 8-1-9　雕花结子的各种运用

### （二）雕花镶边

雕花镶边多用于纱窗的内心仔部位，纱窗的做法与长窗相似，但比长窗更精细，多为双起面、夹心仔做法，以便两面观赏。纱隔通常不设内心仔，而以通长木板代之，板的两面往往裱糊书画，以示高雅，其周边则围以镶边作装饰。

镶边做法，除雕花外，尚有其他几种形式，或做成茶壶档形，周边起阳线；或四周镶回纹装饰，称插角；或在四周连雕花结子；也有在框内镶冰纹彩色玻璃，四周镶花结，前后可睹，亦颇雅洁。虽然纱窗镶边的做法多样，但均以雕刻手法加工而成。

雕花镶边的运用，请参见"装折"一章中的各式纱隔图例。

### （三）雕花夹堂板与裙板

各式窗扇在古建筑装修中占有较大的比重，窗扇有长短之分：长窗自上至下，依次由上夹堂、内心仔、中夹堂、裙板、下夹堂共五部分组成；短窗则仅由上夹堂、内心仔、下夹堂三部分组成，而无中夹堂与裙板。凡制作精细的长、短窗扇与纱窗，其裙板及夹堂板上大多施有雕刻，以作装饰，而且所处部位是人们观赏的最佳位置，因此该部分的雕刻就显得尤为重要。

此类雕刻，题材丰富，风格各异，有的构图简洁，讲究布局的和谐统一，有的图案内容丰富，注重图案内容的表达，巧妙地运用了神话传说、历史故事、戏曲人物、花鸟走兽、静物器皿等题材，通过借喻、比拟、双关、谐音、象征等手法，来表达人们美化的愿望与高尚的情操，并采用线雕、浅雕、镂雕等多种手法创造出了许多寓意吉祥、图形优美、格调高雅的艺术精品（图8-1-10）。

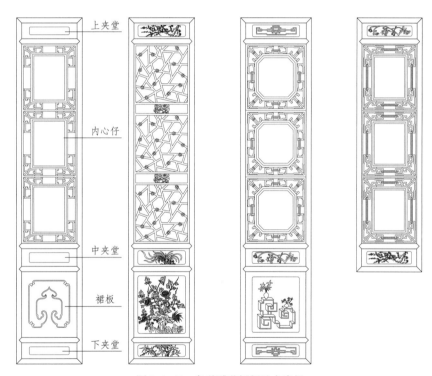

图 8-1-10　各种雕花裙板及夹堂板

### （四）雕花挂落与插角

挂落是悬装于廊柱间枋子之下的装饰物，其构造以三边做边框，边框之内做心仔，心仔大多由木条相搭而成，称万川挂落，但也有少数以木板雕刻成藤茎式样，或以雕刻件相连而成，称为雕花挂落。

与挂落具有同样装饰功能的构件是插角，插角又称挂芽、花牙子。插角形式小巧，安装于开间的两端，常用于圆亭、扇亭等弧形建筑上，一些檐高较低的走廊也常以插角来代替挂落。插角的制作方法大致有两种：一种是由整块木板雕镂而成，另一种是采用榫卯结构拼接而成（图8-1-11）。

挂落                                              插角

图 8-1-11　雕花挂落与插角

#### （五）雕花飞罩与落地罩

罩是一种用于建筑内部的装修构件，其作用是划分建筑的内部空间，用以区别其不同的使用和活动范围，其特点是隔而不断，以增加空间层次，而且布置灵活，式样多变。

罩有飞罩与落地罩之分，飞罩的两端下垂如拱门，安装在柱间或纱隔之间，若是飞罩的两端下垂较长，坐落于地面的须弥座上，则称为落地罩，简称地罩。

罩的做法与挂落做法相似，三边做框（若是落地罩，则其内缘亦须做框），框内做心仔，心仔多以榫卯结构连接而成，若是心仔用整块或数块木料雕镂而成，则称为雕花罩。

雕花罩的花纹大多采用雀梅、藤茎、花卉等，也有采用"岁寒三友"等大型题材的，多为落地罩。用于雕刻的木料应选用银杏、花梨、楠木等优质木材，便于罩的雕镂和拼接。

因为雕花罩均采用双面雕刻，供人作近距离两面观赏，因此，图案的设计与雕刻的精细就显得尤为重要。

设计时正反两面的图案要相似，但不宜雷同，构图自由且富有变化；布局须均衡，疏密要恰当，既有空灵剔透之效果，又具牵连搭接之功能，而且要留有适当的空宕，使观赏视线不断。总之，设计时要考虑总体效果，不必拘泥于细节，因为细节可在雕刻时完善。

雕花罩须用多种雕刻技法方能雕制而成，主要有镂雕、浮雕、圆雕、线雕等，其中镂雕是去除图案的空白部分，浮雕用于雕出图案的大致形状与轮廓，圆雕主要用于罩的两面衔接处，使两者自然过渡而融为一体，增强立体感，线雕主要用于表面的细部加工，使所雕图案更加逼真、细腻。

雕花罩的图例，除"装折"一章所举各例外，图 8-1-12 所示图例也很有特色。

图 8-1-12　雕花藤茎飞罩

## 第二节　木雕的常用技法与工具

**一、木雕的常用技法**

木雕的常用技法主要有线雕、浮雕、阴雕、透雕、镂雕、圆雕等多种。

**（一）线雕**

线雕是用 V 形的三角刀在平面上起阴线的一种方法，故又称"线刻""阴刻"，具体做法是用刻刀在平面上刻出花纹，用于图案中的单线条勾画，线条清晰明快，富有表现力，宛若白描。

**（二）浮雕**

浮雕是指所雕刻的图像高于底面的一种雕刻形式，是一种半立体形状的雕刻品，根据所雕图像浮凸于底面的深浅程度来区分，可分为浅浮雕及高浮雕两种。

浅浮雕是单层次雕像，图案内容比较单一，仅凸出于雕材表面，不用镂空透雕，平面感较强，其手法比较接近于绘画形式。

高浮雕是多层次造像，图案内容较为繁复，立体感较强，局部采取透雕手法镂空，使所塑造的形象更逼真、更具欣赏性。

浮雕，是能够展示出图案凹凸起伏形象的一种雕刻，介于雕塑与绘画之间，可将多种图案组合在一起，内容丰富，所采用的题材较广。

**（三）阴雕**

这是将图像凹下去雕刻的一种手法，与浮雕相反，却与线雕相似，但线雕是单线条刻画，而阴雕是将图像整体下凹，故又称"沉雕"。这种雕刻手法，对于名人书法或画作的刻制，尤为适合，再经过油漆与填色，可以最大程度地保持原作的韵味，苏州园林中有很多这样的实例。

**（四）透雕**

透雕是在浮雕的基础上，将其背景部分镂空的一种雕刻方法，用来表现雕刻物的整体形象。透雕还常和不同的雕刻技法相结合，在浮雕花纹之外或之间稍加透雕，具有很强的工艺欣赏性，是介于圆雕和浮雕之间的一种雕塑形式。

**（五）镂雕**

镂雕又叫"镂空雕"，即将图案以外的部分镂空后再进行雕刻，镂空的方法是使用钢丝锯拉空，也可以"半镂半雕"，就是部分用钢丝锯拉空，部分用凿子剔空，以增强雕件的立体感。镂空后，对雕件两面均进行雕刻的，则称为"双面雕"。

**（六）圆雕**

圆雕又称立体雕，是艺术在雕件上的整体表现，与实物的长、宽、高都符合一定的比例，观赏者可以从不同角度看到物体的各个侧面。因此，雕件的每个面都要求进行加工，是一种以单体存在的立体造型艺术品，具有写实，生动、逼真、传神的艺术效果。

**二、木雕的工具**

木雕的工具主要有雕凿用的刀具以及硬木槌、钻具、钢丝锯、木锉、砂纸等辅助工具。

**（一）雕凿刀具**

香山匠人习惯上称之为凿子，有平凿、斜凿、圆凿、翘头凿、蝴蝶凿、三角凿等多种，每种凿子均有不同的规格与用途，现分别介绍如下。

平凿，刀口平直，主要用于底板的铲平及刻制直线，其规格一般分为大号、中号、小号三种，大号刀口不大于 4 厘米，中号宽在 1~3 厘米之间，小号宽在 1 厘米以内。

斜凿，刀口呈 45° 的斜角，主要用于雕件的镂空狭缝处及角落，作剔角修光之用，也可用于雕件表面的细部刻画。斜凿有止手斜与反手斜之分，以适合各个方向的使用。

圆凿，刀口呈圆弧形，多用于圆形和圆凹处，尤其在传统花卉雕刻上，无论凹凸，均可使用。其规格除有大、中、小三个号别外，根据其圆度可分为圆凿与稍圆凿两种，圆凿的弧度一般在135° 左右，稍圆凿的圆度为 45° 或 30° 均可，圆度不同，用途也不同，可根据雕件的具体情况灵活使用。

翘头凿，分平翘头凿、圆翘头凿两种，也有大小不同的多种规格，平翘头凿主要用来深雕挖空，雕刻时根据空地的大小而使用不同的翘头凿，圆翘头凿则是在挖深底部有凹凸层次时所使用。

蝴蝶凿，是在平凿的基础上，将刀口磨成一面平一面圆，且两面均有刃口，可以起到平圆两用的作用，使用起来较为灵活，其特点是比较缓和，既不像平凿那么板直，又不像圆凿那么深凹，适宜刻制稍圆的线条和在凹面起伏上使用。

三角凿，由 V 形钢材磨制而成，刀口呈三角形，因其锋面在左右两侧，锋利集点就在中角上。操作时，将三角刀尖在木料上推进，木屑从三角槽内吐出，三角刀尖推过的部位便刻画出线条来，主要用于刻制毛发及装饰线纹。三角刀尖的角度大，刻出的线条就粗，反之则细，三角刀尖的角度宜在 55° ~60° 之间。

除了以上分类外，同类的刀具还有刀头厚薄的区别。所谓刀头，就是实际使用的那段刀面，刀头越薄越锋利，但牢度也越差，根据这种情况，开毛坯的刀头可适当厚些，以经受锤子的敲击和用力掘挠；而修光用的刀则宜薄些，可利于其修光。总之，刀具的选择与配置一定要符合工艺的需要，不能随意替代，否则将会出现"事倍功半"的情况，既费工，又不能保证质量，甚至报废。

**（二）辅助工具**

硬木槌，雕凿时用于击打凿柄，以辅雕凿时用力之不足。

钻具，打孔用，传统的钻具有舞钻、牵钻两种，但须双手操作，又较费力，现均以手枪钻代替，方便又快捷。

钢丝锯，锯条由钢丝加工而成，故锯路极细、使用灵活，能够较为准确地锯出雕件的形状轮廓，用以减少雕刻的工作量，或用于雕刻时的镂空处理。

木锉，分粗、细两种，主要用在雕刻的细坯阶段，可将上道工序留下的刀痕凿迹修锉平整。

砂纸，作雕件表面的打磨之用，有粗细不同的各种型号，可随需而选用。

以上便是对雕刻工具的大致介绍。俗话说："工欲善其事，必先利其器"，所以在传统的雕刻工艺中，木雕刀具一般要有 50 件以上，有的工匠甚至多达百余件，因为刀具越多、配置越全，就越能发挥工匠的技艺，雕刻起来也就更加得心应手。

# 第三节　木雕的操作程序与技术要点

## 一、建筑木雕的操作程序

### （一）整体规划

通常由花作师傅和大木筹划，然后决定雕刻在整体构架中的布局和比例，使雕刻的形式、内容同建筑密切结合，达到协调的目的。

## （二）设计和放样

雕花工匠的技艺传承，或是师徒相授，或是父子相承，同时也留下了大量的"花样"作为雕刻的"粉本"，但其题材往往是传统的多，创新的少，有时不能满足业主的需要，为此，经验丰富、技艺高超的工匠会根据业主的喜好及当地的风俗来创作设计，使雕刻更合理，形象更生动。

放样有两种：一种是直接将图样粘贴在构件上；一种是将事先制作的样板放在构件上，将它复描下来。当然也有名师高手胸有成竹地直接刻凿的，技艺之高，令人倾倒。

## （三）打轮廓线

放样后便在构件上打轮廓线，第一次不能刻得过深过重，要逐步进行，不同形式的作品有着不同的侧重面，以分出不同深度的层次和初步的构图形状为妥。

## （四）分层打坯

雕刻要主次分明，层次清楚，为此，雕刻时要分层进行，其基本要领是：从上到下，从前至后，由表及里，由浅入深。所分层次根据图案的复杂程度而定，多的可达五六层，少的则仅有二三层。

## （五）细部雕刻

在粗坯的基础上作具体的刻画，应先从整体着眼，调整好比例与布局，然后通过深入的剔雕，使作品形象逐步清晰并趋完善。其步骤应是从下刻到上，先次要后主体，对于深浮雕的镂空处理，则放到越后越好，以免操作时被误碰损坏而导致前功尽弃，最后将所雕刻的物象细部全部刻出，包括人物的姿态、动作、表情、服饰以及花草的结构、枝叶形态等，要求做到生动自然、比例正确、质感清晰、线条流畅。

## （六）修光打磨

对整个作品从整体到局部再进行一次全面修整，其要求是：一是作品表面光洁、无瑕疵；二是线和面整齐挺括；三是清除雕凿过程中留下的残余痕迹，然后用木砂纸打光，使作品更加精美细腻，打光过后用棕刷刷干净。

## （七）揩油上漆

木雕完成后要揩油上漆，起到防腐的作用，具有美化与保护木雕的双重作用，对于一些用银杏、楠木等高档木料的构件，为了展现出木材的本色与纹理美，则多以揩漆工艺作装饰，使作品更觉古雅。


## 二、建筑木雕的技术要点

### （一）木料的选择与运用

建筑木雕的用材，要求木质纤维紧密，打凿时不易开裂，且要求所用木材必须干燥，防止因收缩开裂而变形。在材种的选择上，大木构架的用材要有一定的强度和韧性，雕刻若施于梁架，以杉木、花旗松、红松等能出大料者为佳，若是梁垫、花机、花篮、琵琶撑等小型雕件，除可与梁架用材相同外，亦可以香樟为之。

小木装修上的雕刻件，如结子、镶边、夹堂板及裙板等，一般均与所在装修的用料相同，若是建筑的装修等级较高，采用揩漆等清水做法，则更需如此，以便保持色泽的统一。夹堂板及裙板若是双面雕刻，板厚不宜小于2厘米，以免雕刻时将板刻穿。普通装修的用材以杉木为多，因为杉木制作的装修构件既轻便，又不易变形，是广泛使用的装修材料。

罩类构件属于室内装修，多以银杏、楠木等高档木材为之。银杏结构均匀，纹理细致，质地轻柔，易于雕刻，是极佳的装修用材；而楠木是中国稀有的珍贵木材，木纹细腻，表面光泽，色彩素雅，耐腐性好，是极为高档的构架与装修用材。

罩类构件的雕刻，料厚应在 5 厘米或以上，可用相同材质、材种的板材拼合，当用三块木料相拼时，其横、竖两片相交处应做合角，节点部位做半榫连接，榫厚约为料厚的 1/4~1/3。榫卯应设在浅雕处，以免雕刻时将其刻去。

### （二）切记雕刻是减法

雕刻的过程，就是雕刻者运用各种刀法，在雕件上由外向内，逐步地通过减去废料，将要雕刻的形体显现出来，因此人们形象地将雕刻称为"做减法"。

在凿粗坯的时候，要记得留有一定的余地，以便修光时调整，这如同裁剪衣服一样，要适当地放宽，诚如工匠中流传的俗谚所说："留得肥大能改小，唯愁脊薄难复肥。""内距宜小不宜大，切记雕刻是减法。"这是工匠们在长期的实践中得出的经验，值得借鉴。

另外，在雕凿镂空的精细纹样时，要先顺着木料的纹理方向小心雕凿，以防止折断，必要时可运用"带筋法"来完成，所谓带筋法，就是对于雕件的悬空易断处，可先留下一块小料与相邻部位作牵连，待作品完成后再用薄刀将该小料去除。

## 第四节　建筑木雕的设计

### 一、木雕设计的注意要点

木雕是在木材上施以雕刻，由于木材本身所具有的特点，木雕与石雕及砖雕相比，雕刻起来相对容易，因此，所用的雕刻技法也更多，于是给木雕的创作带来了更多的变化空间。要提高作品的观赏性与耐久性，关键是要正确处理好图案的题材与构图之间的关系，因此有以下要点值得引起注意。

（1）传统的雕刻题材，大多寓意吉祥，内涵深刻，往往通过象征、寓意和谐音等手法来表达。例如由松、竹、梅组成的"岁寒三友"以及人称"四君子"的梅、兰、竹、菊，分别象征人的气节与品格，如此等等。必须注意的是：在将题材组合时，要将图案进行适当的抽象与简化，不能过分写实。如果能将这些内容很好地组合，不仅可以有个好口彩而且非常活泼和谐，传统图案中有很多成功的范例值得借鉴。

（2）建筑木雕一般是看大效果，在图案美观和谐的基础上，所雕刻的花纹和留出的空间，对比要均衡，要求整个画面疏密得当，均匀平衡，无需繁复。以花卉图案为例，仅需粗枝大叶、盘旋缠绕、生动自然即可，不必像绘画那样细腻逼真。而在雕刻山水风景、人物故事、静物器皿等图案时，则需在空白处点缀些小景或小物件，以达到整个画面的基本平衡，做到上下轻重相当，左右大致均匀。

（3）木雕易受气候变化的影响而产生变形，因此在雕刻时既要考虑到艺术效果，又要想到构件的牢固耐久，例如镂空的飞罩、插角等雕花件就是凭借花纹本身的牵连而连接成为整体的，若花纹连接不牢或局部连接薄弱，都会影响其坚固耐久性，所以花纹之间的牵连要牢固，这在雕刻时一定要注意。

### 二、传统木雕纹样

苏州传统的雕刻题材，内容丰富，内涵深刻，大多寓意吉祥。各式花卉、古玩摆设、静物器皿、山水风景、人物故事等图案，都是人们所喜闻乐见的雕刻题材，以此来表达人们美好的愿望、高雅的情趣。特别是被人称为"花中君子"的梅、兰、竹、菊，以及有"文人四艺"之称的琴、棋、书、画，因分别象征人的高尚品格与文化素养，则更是受到旧时文人雅士的青睐。详见图 8-4-1、图 8-4-2。

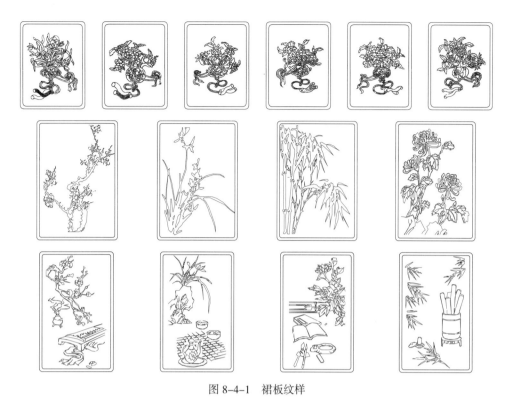

图 8-4-1　裙板纹样

图 8-4-2　古玩摆设、静物器皿（夹堂板及裙板纹样）

### 三、苏州园林中罩之佳例

罩是苏州园林中用之较多的一种装修构件，主要用于建筑内部空间的划分，用以区别其不同的使用和活动范围，其特点是隔而不断，以增加空间层次，而且布置灵活，式样多变。罩有飞罩与落地罩之分，飞罩的两端下垂如拱门，但不及地，安装在柱间或纱隔之间，而落地罩的两端下垂至地面的须弥座上，故称落地罩。罩的心仔若是用木料雕镂而成，则称为雕花罩，其花纹大多采用雀梅、藤茎、花卉等，用于雕刻的木料应选用银杏、花梨、楠木等优质木材，便于罩的雕镂和拼接。

罩之佳例，苏州园林中有很多，其中最为著名的有以下三处：

（1）拙政园留听阁的飞罩，由银杏木雕刻而成，将"岁寒三友"和"喜鹊登梅"两种图案糅合在一起，利用树根形长条花纹贯穿全罩，而在中间和两角以松、雀、梅纹样作点缀，显得小巧玲珑，将浮雕、镂雕、圆雕等多种雕刻技法相结合，接缝处不留痕迹，浑然天成。此罩为清代遗物，十分珍贵，有拙政园"镇园之宝"之称（图 8-4-3）。

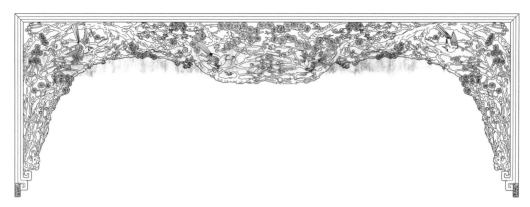

图 8-4-3　拙政园留听阁内的银杏飞罩

（2）网师园梯云室内，于正间后步柱处安装落地罩一宕，罩由黄柏制成，镂刻双面雀梅图案，雕工极为精细，十分精美。若从室内透过落地罩北望，天井北墙前叠有花台，内置石峰、花木等组成小景，犹如一幅天然画作镶嵌于画框之中，令人回味无穷，是园林地罩中不可多得的精品（图 8-4-4）。

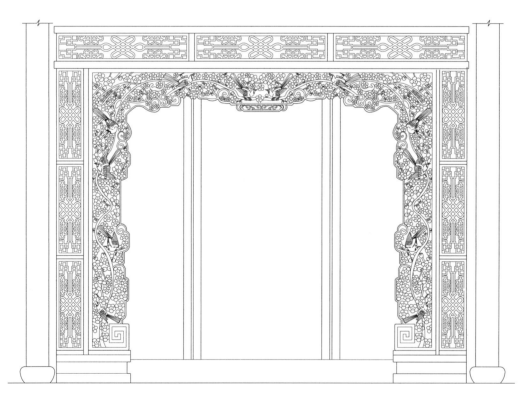

图 8-4-4　网师园梯云室内的黄柏落地罩

（3）耦园"山水间"水阁内，置有一幅大型的杞梓木落地罩，以"岁寒三友"为主题，双面透雕松、竹、梅图案，采用了透雕加浅浮雕的手法刻制而成，刀法娴熟、流畅，风格粗犷、厚重，极具欣赏价值。此罩宽 4.41 米，高 3.33 米，规制较大，雕刻精美，被刘敦桢教授誉为"苏州各园之冠"（图 8-4-5）。

图 8-4-5　耦园山水间内的"岁寒三友"落地罩

狮子林古五松园内的芭蕉罩也很有特色。该罩的雕刻比较写实，形象生动，颇具自然野趣，此形式较为别致，是苏州各开放园林中的孤例（图 8-4-6）。

图 8-4-6　狮子林古五松园的芭蕉罩

# 第九章　家具陈设

传统的家具陈设是古建筑内部不可缺少的部分，它既有实用功能，又起着装修的作用。厅堂内部往往要靠家具的布置来烘托空间的主次，也要用家具来填补空间，以免过分空旷，已故园林专家陈从周先生曾将其形象地比喻为"屋肚肠"。另外，家具的布置要因地制宜，与建筑内部的装修风格、功能要求相协调，或华丽，或素雅，从而营造出各种不同的使用空间与舒适的环境。

## 第一节　传统家具的式样

中国传统家具是我国优秀的工艺美术品之一，它既是人们日常生活中的实用品，又是具有欣赏价值的艺术品，历史悠久，体现出优秀的中国文化与传统的工艺特色。中国传统家具的式样，按其风格来划分，流传至今的主要分为明式与清式两种。

### 一、明式家具

明式家具是指我国明代以来，用红木、楠木、花梨木、鸡翅木、榉木等优质木材所制作的硬木家具，以造型优美、选材考究、制作精细、色泽淡雅而著称于世。以苏州为代表的江南地区，经济发达，文化底蕴深厚，能工巧匠众多，是我国明式家具的主要发源地，所产的家具在工艺制作和造型艺术上均有很高的成就，形成了设计精巧、制作精良、简洁素雅的独特风格，世称"苏式家具"，是明式家具的代表，享有很高的声誉。

明式家具的特点，可用"精、巧、简、雅"四字来概括，主要体现在以下几个方面：

（1）明式家具大多有文人或画家参与设计，讲究素雅精巧，再经手艺高超的能工巧匠精心制作而成。因此，家具的造型秀美简洁，注重实用与审美的一致，装饰虽然不多，但却少而精，淡而雅，散发出独特的魅力，无论整体还是局部，都经得起细品，令人回味无穷。

（2）明式家具在造型上，简练实用，融结构与装饰为一体，没有多余的额外装饰，通体轮廓讲究方中有圆、圆中有方，强调曲线美，整体线条一气呵成，曲折流畅，显得明快而富有变化。

（3）明式家具用的均是优质硬木，质地坚硬，木纹细致，表面光泽，可以做成断面较小的构件及细巧的线脚花纹和精密的榫卯。凡纹理清晰、色泽柔和、没有瑕疵的优质材料，总被安排在家具的显著部位，并常呈对称状，巧妙地利用了木材天然的色泽和纹理，显示出材料的天然美。

（4）明式家具的结构源于传统建筑的梁架结构，横者为梁，竖者为架，结构严谨，用材合理，绝无多余与浪费，各部件间均采用精密的榫卯连接，表面采用刨、刮、削、磨等加工手段，使之触感光滑柔和，视之纹理清晰，显示出高超的制作工艺。

至今，苏州园林中尚有少数明代流传下来的家具，造型简洁大方，用料较细，构件断面多作圆形，装饰少而集中，色彩素净，榫卯精密讲究，是研究明式家具的珍贵实物资料。

### 二、清式家具

中国传统家具工艺发展到清朝的雍正、乾隆时期，形成了有别于明式家具的又一个流派——清式家具。它的特点是用材厚重、装饰华丽、造型稳重、威严气派，家具色彩多为褐、枣、乌黑等深色，和明式家具的用料合理、朴素淡雅、舒适耐用等特点形成了鲜明的对比。

与明式家具相比，清式家具有以下特点：

（1）清式家具的特点首先表现在用材厚重上，家具的总体尺寸较明式宽大，相应的局部尺寸也随之加大。在用料上，清式家具推崇色泽深、质地密、纹理细的珍贵硬木，尤以紫檀、老红木为首选。选材时讲究清一色，各种木料互不掺用，有的家具甚至用同一根木料制成。在制作上，为了保证外观的色泽和纹理的一致，往往采用一木连做，而不用小料拼接。

（2）清式家具在装饰上追求华丽富贵，装饰雕刻加密加多，表现手法主要采用镶嵌、雕刻及彩绘等多种工艺，尤其是镶嵌工艺，不惜功力、用料，巧妙地将金银、玉石、宝石、珊瑚、象牙等名贵材料以及瓷板、螺钿、大理石等工艺品运用于家具的装饰上，内容大多为繁复的吉祥图案，其精美程度可谓是巧夺天工。

（3）在中国传统风格的基础上，清式家具大胆借鉴并运用了西方文化，采用西洋装饰图案的较多，雕刻手法也受西方雕刻风格的影响，所雕花纹隆起较高，个别部位接近于圆雕。

总之，清式家具是在继承历代工艺传统的基础上，做到了有所发展和创新，逐步形成了富丽、豪华、厚重、威严的独特风格，虽然造型繁琐，但制作精密细致，因此与明式家具一样，属于我国家具艺术中的优秀作品而流传至今。

## 第二节　传统家具的基本种类

室内所用家具的种类和式样很多，以苏州古典园林的厅堂布置为例，常用的家具陈设主要有以下几种。

### 一、几案

几案是厅堂布置不可缺少的家具，主要有茶几、花几、天然几以及供桌、琴桌等。

（1）花几：供搁置盆花之用，常置于纱隔前天然几的两侧，或置室隅，高5尺或以上，雕饰比较简单（图9-2-1）。

（2）茶几：分方形、矩形两种。由于放在椅子之间成套使用，所以它的形式、装饰、几面镶嵌以及所用材料和色彩等随着椅子而决定（图9-2-2）。

（3）天然几：长七八尺，宽尺余，高过桌面五六寸，两端飞角起翘，下面两足做片状。所用雕饰有如意、雷纹、卍字等（图9-2-3）。

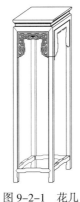

图9-2-1　花几

图9-2-2　茶几与太师椅的配套使用

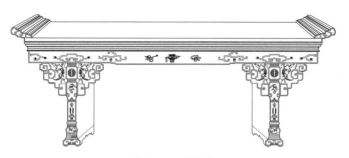

图 9-2-3　天然几

（4）供桌：与天然几相似，但端部无飞角，下设四脚，高度同方桌，置于天然几之前（图 9-2-4）。

（5）琴桌：与供桌相似，但较低矮狭小，多依墙而设，仅作为陈设，其雕饰种类与天然几一样（图 9-2-5）。

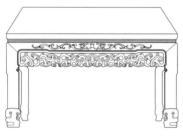

图 9-2-4　供桌

图 9-2-5　琴桌

## 二、桌

桌的用途很广，种类也很多，有用于读书写作的书桌、作画书法用的画桌、宴请接待用的圆桌以及日常用餐的方桌等。

桌有大小之分，做法与名称也各有不同，例如大圆桌有六足，而小圆桌仅五足，又如方桌，每边能坐 2 人的称八仙桌，每边坐 1 人的称四仙桌。此外还有长方桌和半圆形桌，既可单独摆放，又可随需要拼合成方桌和圆桌，桌面常用不同的材料镶嵌，可随季节的不同而更换，夏季常用大理石，冬季则换成各种优质木料的面板，变化与式样颇多（图 9-2-6~ 图 9-2-9）。

图 9-2-6　书桌

图 9-2-7　画桌

图 9-2-8　大圆桌（六足）　　　　　　　　图 9-2-9　方桌（八仙桌）

### 三、椅

椅是一种有靠背的坐具，种类很多，式样和大小差别也较大。苏州园林内用于陈设的主要有以下几种（图 9-2-10）：

（1）太师椅：一种最隆重的坐具，常置于厅堂正厅的主要部位，如天然几之前所置供桌的两侧。椅背形式中高侧低，如凸字形状，椅背上常嵌圆形大理石，配以葫芦、贝叶等图案。

（2）背式椅：这种椅有靠背而无扶手，形体比较简单，多用普通木材制作，常两椅夹一几放在两侧山墙处，或其他非主要位置。

（3）官帽式椅：在背式椅的左右两侧加扶手而成。其式样和装饰有简单的也有复杂的，常和茶几配合成套，以四椅二几置于厅堂明间的两侧，作对称式陈列。

（4）圈椅：圈椅多为明式，因其靠背如圈而得名，其后背与扶手连在一起，一顺而下，婉转流畅。圈的做法有三截、五截之分，圈头多数前挑，而不出挑的只是少数。

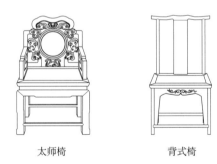

太师椅　　　　　　背式椅　　　　　　官帽式椅　　　　　　圈椅

图 9-2-10　苏州园林中常见的椅类坐具

### 四、凳

不带靠背的坐具称为凳。凳的式样有长凳、方凳、圆凳几种，凳面尺寸也大小不等。方凳一般用于厅堂内，与方桌成套或单独设置（图 9-2-11）。圆凳有海棠、梅花、桃式、扇面等多种式样，常与圆桌配套使用，有的凳面还镶嵌大理石或花梨木作为装饰（图 9-2-12）。

圆形凳中另有外形如鼓状的，称之为墩，有木制、瓷制两种。墩面直径约在 1 尺左右。因旧时常在墩上罩以锦绣，故名绣墩，多用在亭、榭、书房和卧室中（图 9-2-13）。

凳的一种，称机，又名满机，亦有方、圆之分。机面较凳宽大，普通的 2 尺见方，四足垂直于地面并向外绷出。

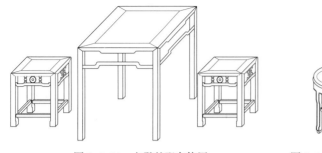

图 9-2-11　方凳的配套使用　　　　图 9-2-12　圆凳　　　图 9-2-13　圆墩

## 五、榻

榻是一种既可坐又可躺的家具，大如卧床，三面有靠屏，以坐为主，兼可睡卧，供人们短时躺卧或午睡、小憩。

榻摆放于客厅正间，是接待尊贵宾客用的家具，榻之中央摆放一张矮几，将榻分为左右两部分，可供宾主分别就坐，几上置茶具等物品。因榻较为高大，为方便就坐，榻前须摆放两张踏凳，其形状如同矮长的小几（图 9-2-14）。

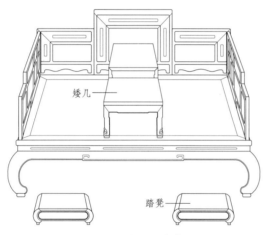

图 9-2-14　榻的配套使用

## 六、屏

用于厅堂陈设的屏风，主要有立屏与曲屏两种，是厅堂陈设中的一种装饰性家具，一般置于室内的显著位置，主要用来分隔室内空间，同时也起到引导、美化环境的作用。

立屏又称座屏，因屏风底部设有底座而名。座屏有单扇屏与多扇屏之分。单扇屏常摆放于厅堂一隅，作为单件陈设。多扇屏则摆放于厅堂正中作为背景，其作用与纱隔长窗相似。曲屏即是可折叠的屏风，由多扇屏风组成，多为双数，最少两扇至四扇，多至八到十二扇，由于能够折叠，长度可以调节，使用较为灵活（图 9-2-15）。

另有几种由此衍生出来的屏，如摆在桌几上的台屏，挂在墙上代替书画用的挂屏等，虽不能算作家具，但也是厅堂陈设中常用的装饰品。

除此之外，常见的传统家具还有用于书房的书柜，以及用于主要厅堂的落地座钟、落地穿衣镜等（图 9-2-16）。

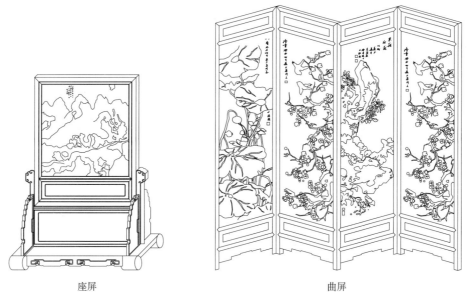

座屏                                              曲屏

图 9-2-15　座屏与曲屏

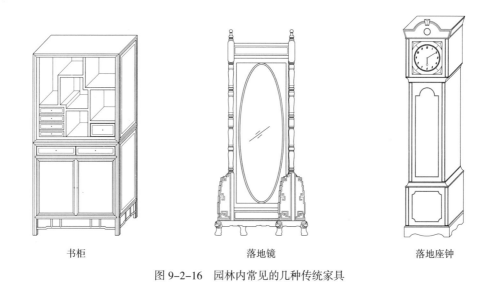

书柜                         落地镜                    落地座钟

图 9-2-16　园林内常见的几种传统家具

## 第三节　传统家具的布置类型

传统家具的陈设布置，与室内装修一样，要根据建筑物的风格，并结合不同的使用功能，因地制宜，分别作出不同的处理。对此，苏州园林中有不少成功的佳例，现按照建筑类型与实用功能的不同，分别介绍以下数例。

### 一、主厅——留园五峰仙馆

五峰仙馆为留园东部主厅，面宽五间，进深十界，内有吊顶，高大宽敞。旧时主厅为接待尊贵客人与举办重大活动的场所，故该厅室内装修豪华，陈设古雅，家具精美，高档讲究，有"江南第一厅堂"之称，因厅内梁柱及家具等均由楠木制成，故又被俗称为楠木厅。

该厅在进深方向，以屏门、纱隔等内檐装修将厅分成前后两厅，前厅较大，约占全馆的2/3，在开间方向，又有家具等陈设布置，将厅堂分隔成正间、次间、边间等不同的使用空间。

**（一）前厅的家具陈设布置**

前厅正间，于屏门之前摆放的是天然几，两侧为花几，天然几的前面是供桌，供桌两侧各有太师椅一把。

前厅正间中央，居中摆放的是楠木大圆桌，周边围以五张楠木圆凳；依进深方向，于柱间布置的是太师椅与茶几，两侧做对称式陈列，每边各有太师椅三张、茶几两张，按间隔摆放，均由楠木制成，形成一个接待宾客的主要空间。

前厅两侧次间，于纱隔长窗之前，各放有琴桌一张，琴桌靠近正间的一侧摆的是高大、精致的瓷器花瓶，花瓶的底座是红木制品，琴桌的另一侧，左次间放的是高大的落地座钟，右次间则是加工精致的雕花插屏，座钟与插屏都是楠木制品。

左右次间之外侧布置相同，依进深方向，居中摆的都是八仙桌，两边为太师椅，形成了接待宾客时正间两边的辅助空间。

左右边间外侧均于山墙短窗之前摆放一张茶几，两边为太师椅。短窗两侧各挂有深褐色的楠木挂屏，挂屏上嵌有两块大理石，宛如天然的山水画，大理石为一圆一方，寓"天圆地方"之意。

边间前檐墙的内侧，窗下摆的均是琴桌。

**（二）后厅的家具陈设布置**

后厅正间，屏门之前，依次摆放的是楠木天然几与楠木供桌。天然几两侧摆的是花几，供桌两侧是太师椅。

后厅两侧次间的布置，靠近纱隔长窗处，居中均是楠木八仙桌，两侧是楠木太师椅。

后厅左侧边间，沿墙居中摆的是被称为"留园三宝"之一的大理石插屏，插屏两侧是花几。右侧边间墙上开有六角形门洞。后檐墙窗下各摆有琴桌一张，与前檐相同。

留园五峰仙馆的家具布置详见图9-3-1~图9-3-6。

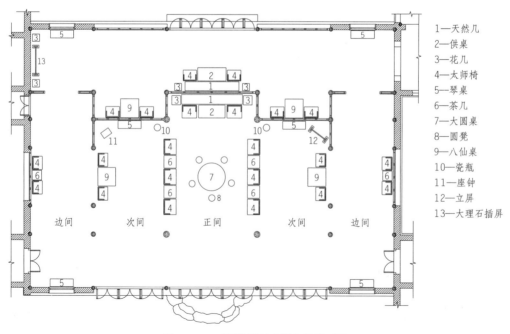

1—天然几
2—供桌
3—花几
4—太师椅
5—琴桌
6—茶几
7—大圆桌
8—圆凳
9—八仙桌
10—瓷瓶
11—座钟
12—立屏
13—大理石插屏

边间　　次间　　正间　　次间　　边间

图 9-3-1　五峰仙馆的家具布置平面图

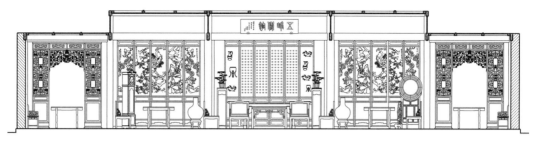

图 9-3-2　五峰仙馆的家具布置——前厅南立面图

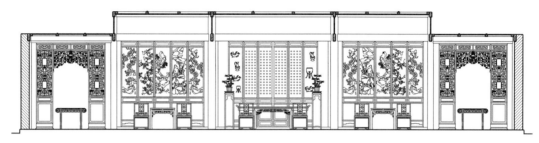

图 9-3-3　五峰仙馆的家具布置——后厅北立面图

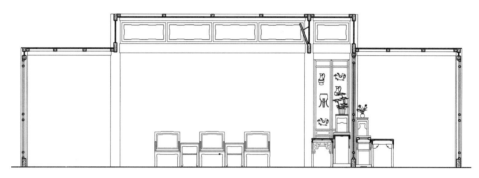

图 9-3-4　五峰仙馆的家具布置——正间剖面图

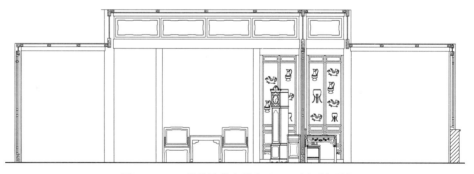

图 9-3-5　五峰仙馆的家具布置——次间剖面图

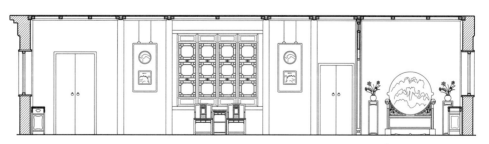

图 9-3-6　五峰仙馆的家具布置——边间剖面图

## 二、鸳鸯厅——狮子林燕誉堂

燕誉堂位于狮子林东部，面宽三间，是苏州园林中著名的鸳鸯厅之一。厅内以屏门纱隔分成南北两厅，南厅名"燕誉堂"，为扁作五界回顶；北厅称"绿玉青瑶之馆"，圆堂五界回顶。

燕誉堂内所布置的多为清式家具，用材讲究，均为红木或楠木等名贵木材所制成，且制作精细、造型厚重，显得雍容华贵、富丽堂皇，更能凸显出其主要厅堂的形象。

### （一）南厅的家具布置

南厅屏门之前，居中摆放的是宽大的天然几，几上有供石、座屏、瓷瓶等古玩作为陈设，显得古朴典雅。几之两旁为花几，上置盆花，花几造型特殊，以线条为主，不施雕饰，简练质朴，颇具明式做法。天然几之前是供桌，两旁各为太师椅。

南厅中央置有圆桌一张，圆桌两旁是茶几与太师椅，按两椅夹一几摆放，位于花几之前。两侧山墙八角景窗处，沿墙摆放的是八仙桌，两旁也为太师椅。另于纱隔之前，靠近山墙一端，左右各置落地座钟与圆形花几，座钟位于左侧，花几位于右侧。

南厅所配置的太师椅，椅背呈中高侧低，如凸字形状，两侧带有扶手，椅背中间嵌有圆形大理石，并配以葫芦、贝叶等图案，制作精美，在旧时属于最隆重的坐具。

### （二）北厅的家具布置

北厅屏门之前，居中摆放的是榻，榻上有矮几，榻前有踏凳。榻之两侧是花几，几上置盆花。其余的家具布置，北厅均与南厅相同，也是居中为圆桌，两侧为两椅夹一几，再两侧为两椅夹一桌。

所不同的是，在南厅所置落地座钟的背面，北厅置的是红木落地衣镜。另外，北厅的家具较南厅为简，规格也较之略小，其座椅仅有靠背而无扶手，称一统背式椅，其等级比太师椅稍低一筹。究其原因，北厅属于内堂，多为女眷活动场所，旧时"重男轻女"的封建意识，由此亦可见一斑。

燕誉堂的家具布置详见图9-3-7~图9-3-11。

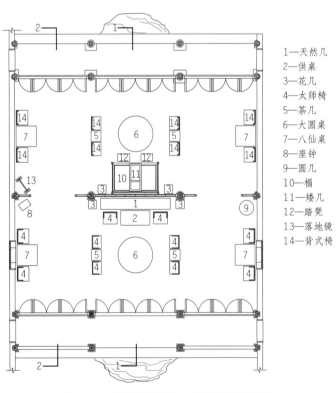

1—天然几
2—供桌
3—花几
4—太师椅
5—茶几
6—大圆桌
7—八仙桌
8—座钟
9—圆几
10—榻
11—矮几
12—踏凳
13—落地镜
14—背式椅

图9-3-7 狮子林燕誉堂之家具平面布置图

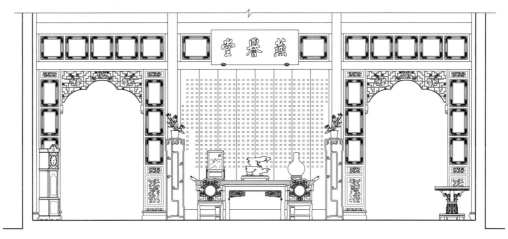

图 9-3-8　狮子林燕誉堂之家具陈设布置——南厅立面图

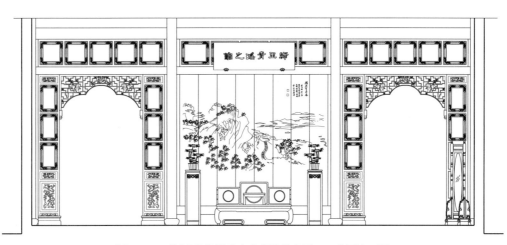

图 9-3-9　狮子林燕誉堂之家具陈设布置——北厅立面图

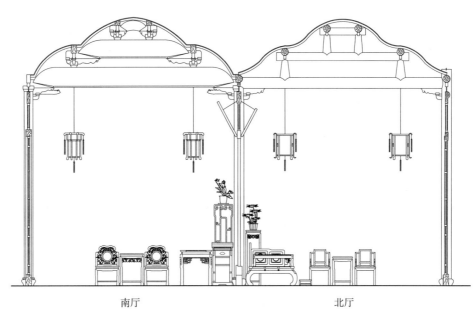

南厅　　　　　　　　　　　　　北厅

图 9-3-10　狮子林燕誉堂正间剖面图（1-1）

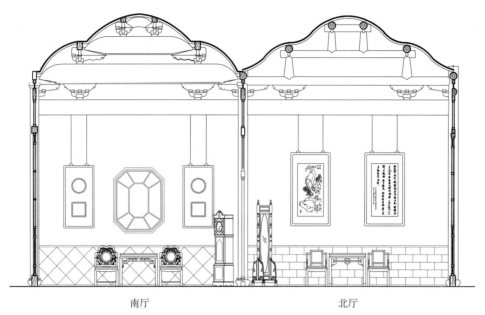

南厅　　　　　　　　　　　　　　　北厅

图 9-3-11　狮子林燕誉堂边间剖面图（2-2）

### 三、四面厅——拙政园远香堂

远香堂位于拙政园中部水池的南岸，是该园的主体建筑之一，平面三开间，四周为回廊，采用四面厅形式，四周长窗透空，环视四面景物，犹如观赏长幅画卷。

厅内所布置的全是制作精美的清式红木家具，清式家具的特点是富丽华贵、用料讲究、精雕细刻、造型厚重，是苏州园林厅堂布置中常用的家具之一。

四面厅的家具布置，通常是以正间内四界为中心，居中摆放主要家具，两侧家具作对称陈列。

远香堂的布置也不例外，正间居中摆的是直径 1.6 米的六足大圆桌，周边围以六张鼓状的圆凳。

正间两侧各配以四椅二几，作对称式陈列。几即茶几，椅为太师椅，椅背形式中高两低，如同凸字形状，椅背上嵌有圆形大理石，并配以葫芦、贝叶等图案，制作十分精美。

两侧次间窗前布置相同，居中摆的都是琴桌，两旁各为花几，也作对称布置，厅之四角，各以方桌与圆桌作点缀。案桌之上，摆有各式盆景与盆花，并配有石供、座屏、瓷器等小型摆件，可随季节的不同而更换鲜花和盆景，与室外随季变换的景色、花木相融合。

除家具之外，厅内布置的还有落地座屏以及瓷缸、瓷瓶等各式瓷器，显得古朴、高雅，充分体现出苏州园林深厚的文化底蕴。

远香堂的家具布置详见图 9-3-12~ 图 9-3-15。

### 四、书厅及其他——艺圃的南斋、香草居、鹤柴

在艺圃的西南，有一小园，环境清幽，别有一番天地，内有小池，称浴鸥池，池岸曲折，湖石叠成，点缀以花木，僻静雅致。在浴鸥池的西侧，有一组平面呈品字形的建筑，其中南北两厅相对而立，南厅名"南斋"，北厅称"香草居"。西侧的建筑向外凸出，称为"鹤柴"。两厅之间，东侧则以园墙相连，上嵌砖额，刻有"芹庐"二字，砖额以下辟有圆形门洞，进洞门，墙内自成小园，有湖石叠成的花台，配以花木，环境更为幽静，原是园主读书之所。

屋内家具与陈设较为简单，所有家具以及所悬宫灯均为明式，造型简练，朴素明快，与艺圃质朴素雅的园林风格相符。

南斋及香草居的家具，都是传统的书房布置的，两厅设有书桌与书柜各一张，以突出其读书学习的文化氛围，并以座椅、茶几、花几等日常家具作点缀。南斋因旧时曾为私塾之所，故厅内置有方桌一张，桌边各置方凳，以供学童读书写字之用。

　　鹤柴面宽三间，两边各设门一宕，分别与南斋和香草居相通，可作为园主休息与接待客人之用。正间后墙之前，设榻一张，榻上置矮几，榻前有踏凳，南侧山墙，居中为琴桌，两侧置花几各一为装饰。

　　南斋、香草居、鹤柴的家具布置详见图9-3-16~图9-3-22。

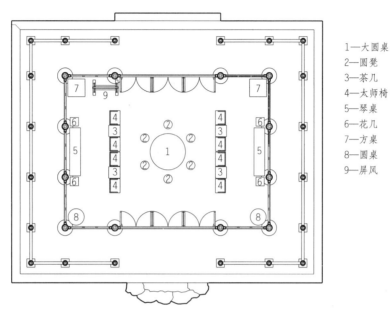

1—大圆桌
2—圆凳
3—茶几
4—太师椅
5—琴桌
6—花几
7—方桌
8—圆桌
9—屏风

图9-3-12　远香堂的家具布置平面图

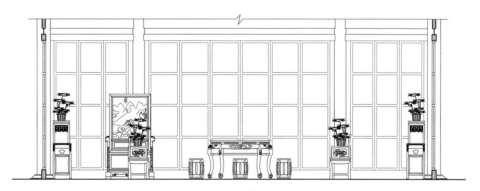

图9-3-13　远香堂的家具布置——厅内立面图一

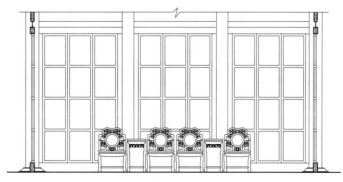

图9-3-14　远香堂的家具布置——厅内立面图二

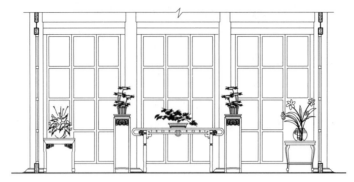

图 9-3-15 远香堂的家具布置——厅内立面图三

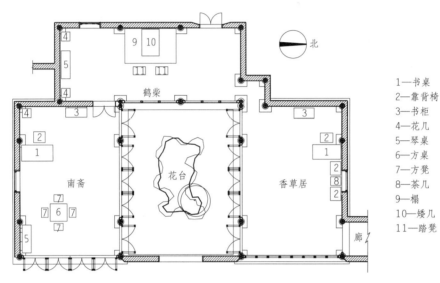

北

1—书桌
2—靠背椅
3—书柜
4—花几
5—琴桌
6—方桌
7—方凳
8—茶几
9—榻
10—矮几
11—踏凳

鹤柴

花台

南斋

香草居

廊

图 9-3-16　南斋、香草居、鹤柴的家具布置平面图

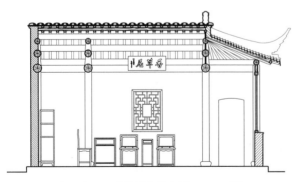

图 9-3-17　南斋家具布置——立面图一

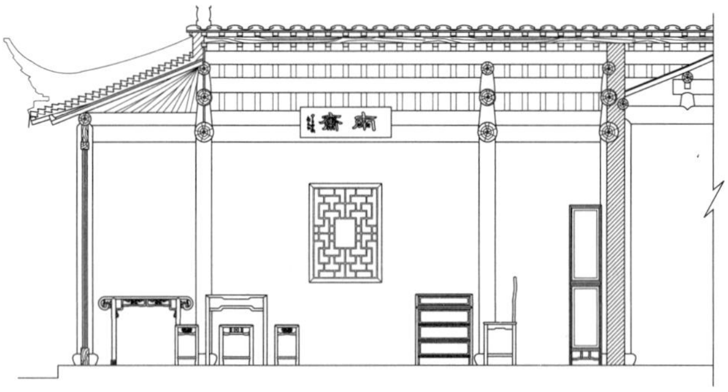

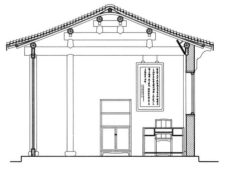

图 9-3-18　南斋家具布置——立面图二

图 9-3-19　香草居家具布置——立面图一　　　图 9-3-20　香草居家具布置——立面图二

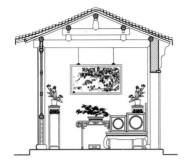
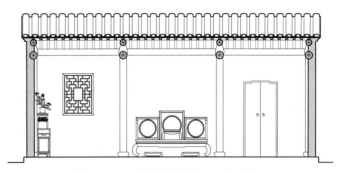

图 9-3-21　鹤柴家具布置——立面图一　　　　　　图 9-3-22　鹤柴家具布置——立面图二

# 第四节　传统家具的制作

苏州园林中用作陈设的传统家具大多是以红木、楠木等高档木材制作而成，人们习惯上将其通称为红木家具，十分珍贵。

**一、传统家具的制作工序**

红木家具的传统制作方式，基本以手工制作为主，从原木材料到成品之间需要很多道工序方能完成，现将其中的木作工序介绍如下。

**（一）干燥处理**

新鲜的木材原料含有大量的水分，水分的自然蒸发会导致木材出现干缩、开裂、弯曲变形、霉变等缺陷，严重影响木材制品的品质，因此，木材在制成家具之前必须进行干燥处理。

传统的干燥处理采用的是自然风干法，但干燥周期较长，有的要长达数年，而且对于干燥的质量也不易掌控。现在一般都是将开好料的板材架空后装入干燥室，进行烘干处理，烘干须分多步进行，使木材的含水率逐步降至 8%~12%，用以防止木材的开裂变形，保证家具的经久耐用。

**（二）选材配料**

选材就是对板材进行精选，将烘干中开裂、变形或有虫蛀等缺陷的木料剔除出来。配料是在选材的基础上，根据所制家具的各种部件，选择符合其尺寸与造型的木料，为使所制家具更为美观，选材时须精心比对相邻部件的花纹、颜色等，把它配得色泽相当，纹理一致，过渡自然。

**（三）家具制作**

根据所制家具的类型及其外形，将其分解并制作出各种部件，部件之间采用相应的榫卯构造作连接，其中榫卯连接是传统家具制作的关键。

**（四）雕刻**

红木家具大多有雕刻精美的纹饰与图案，雕刻须在部件制作完成后进行。

**（五）组装**

组装就是将各种制作合格的部件组装为成品家具。组装须在水平、干净的地面上逐道进行，以便通过校验来判别安装是否合格，一旦发现问题，必须及时修正，因为组装结束后再作修正很困难。

**（六）打磨**

家具组装结束后，须对家具表面进行打磨，打磨时先用刮刀刮，再用从粗到细的砂纸进行多遍打磨，使之线条流畅平滑，手感舒适细腻，表面平整无波浪感，确认合格后，方可交予下一道的油漆工序。

### 二、传统家具的构造与榫卯做法

传统家具的构造都采用框架结构，将木料加工成各种部件组成框架，各部件之间采用榫卯作连接，从而制成各种式样的家具。现以苏州园林中常见的桌案类及椅类家具为例，将其构造与榫卯做法介绍如下。

#### （一）桌案类

桌案类的家具很多，供桌、琴桌、方桌、圆桌，以及茶几、花几、天然几等均归属此类，其用途与造型虽各有不同，但其构造却大致相似，主要由面板、腿足、各类连接件及装饰件等组成，具体构造如图9-4-1所示。

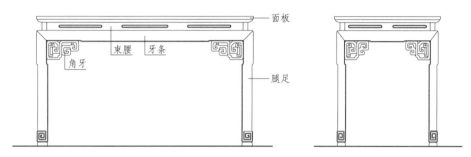

图9-4-1　桌案类家具的基本构造

**1.面板的构造**

**1）攒边与攒边装板**

家具的面板，如几面、案面、桌面、椅面等，其构造多采用攒边与攒边打槽装板做法，所谓攒边，就是将四根较厚的木条以45°角相连，围成一个四方的边框，其长边出榫称为"大边"，短边凿眼称为"抹头"。大边和抹头或透榫露明连接，或半榫隐藏，这种榫卯称为结角榫。攒边的做法既可以使木条之间的应力相互抵消，不易变形，又可以将木条不美观的截面纹理隐藏在攒边之内。

攒边打槽装板，是将芯板装纳在四根带有通槽的边框之中而形成面板，其优点有三：一是可将薄板当作厚板用；二是将芯板装入边框时，芯板的四周可留出一定的余地，避免芯板发生涨缩时所产生的变形；三是可将板材的断面隐藏起来，使家具更为美观。具体做法如图9-4-2所示。

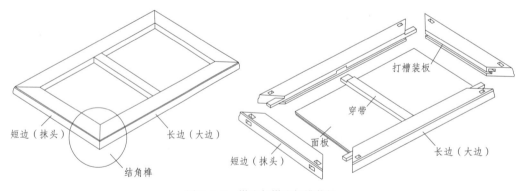

图9-4-2　攒边与攒边打槽装板

**2）龙凤榫与穿带做法**

家具的面板，其芯板采用两块或多块薄板拼接时，须采用"龙凤榫"做法。先将拼板的一面刨出断面为燕尾形的长榫，而在与它相邻板的一面开出相应的槽口，再用推插的办法把两块板合拢拼紧。所用的榫卯称为"龙凤榫"，以防止拼缝上下翘裂错开，并可防止拼板从横的方向被拉开。

薄板依次拼合完成后，为增强板在长度方向的强度，就必须在板的背面穿上一根断面为燕尾形的木料，在拼板的背面开一条相应的槽口，将木料穿入槽口，称为"穿带"，穿带与槽口的两端要稍有宽窄，穿带从宽处推向窄处，这样才能越穿越紧。穿带两端均须出头，以用作榫头，与面框相结合。拼板上穿带的多少，视板的长度而定，其间距约为40厘米左右。具体做法，如图9-4-3所示。

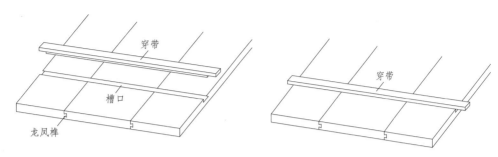

图9-4-3　龙凤榫与穿带做法示意图

3）结角榫

攒边都采用结角榫作连接，做法分为单榫、双榫、来往榫和保角榫四种。

（1）单榫：在大边的两头各做一榫，榫处于大边厚度的中间部位，在两边抹头的相应部位各凿与榫规格相同的眼，将榫穿入榫眼即可。

（2）双榫：双榫又称夹榫，做法与单榫相似，但大边两头做两只榫，榫与榫之间留有相等的空隙，抹头的两头则凿与榫相同的两眼，因此双榫做法比单榫更牢固、平整。单榫与双榫的具体做法如图9-4-4所示。

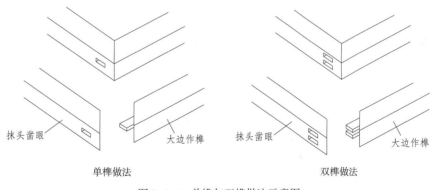

单榫做法　　　　　　　　　双榫做法

图9-4-4　单榫与双榫做法示意图

（3）来往榫：在大边与抹头的两头各做一眼一榫，榫与眼紧靠，中间无空隙，结合后，两榫相交成直角十字形，受力均等且平整，特别适合用于有腿足的家具，因为面框的来往榫可将腿足十字锁住，使之更加牢固、耐久。

（4）保角榫：在单榫做法的基础上，于大边开榫的尖端凿一斜眼，在抹头开眼的尖端留一小榫，两料结合后，其功能又像来往榫。不同的是在同一平面上眼与榫分前后，而来往榫则在同一位置榫与眼分上下。该榫适用于宽面框的结合，使面框不易翘裂变形。

来往榫与保角榫的具体做法如图9-4-5所示。

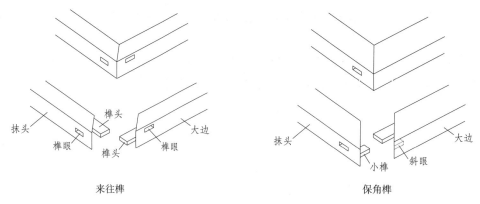

图 9-4-5  来往榫与保角榫做法示意图

2. 面板与腿足的连接

1）粽角榫连接

家具的面板，若直接与腿足做连接，须采用粽角榫做法，因其适宜用于框形的连接，将三根方材以合角的方式结合在一起，形成一个类似粽子角的转角而得名，每根料的转角都形成 45°的斜线。在制作时，因三根料的榫卯比较集中，为了牢固，一是要开长短榫头，采用避榫制作，二是所用木料要适当粗壮些，以免影响结构的强度，见图 9-4-6。

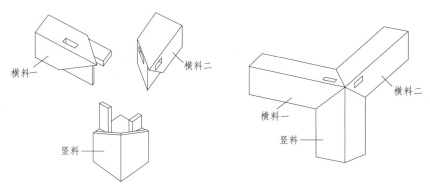

图 9-4-6  粽角榫做法示意图

2）抱肩榫连接

束腰是指面框和牙条之间的缩进部分，有束腰的家具是传统家具的经典款式，对有束腰的家具须采用抱肩榫做连接。具体做法是：在腿足上部承接束腰和牙条的部位切出 45°斜肩，并在斜肩以内凿出三角形的榫眼，相应的牙条亦做 45°斜肩，并留出三角形榫头，这样两相扣接，可以做到严丝合缝，见图 9-4-7。

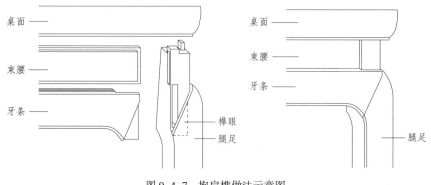

图 9-4-7  抱肩榫做法示意图

3）夹头榫连接

有的桌案类家具（如天然几、琴桌等），其腿足与面板的结合不在面板的四角，而在长边两端适当收进的部位，因此须在腿足上端开长口，夹住牙条和牙头，并在上部使用长短榫与案面结合。该做法被称为夹头榫做法，是连接桌案的腿足、牙边和角牙的一组榫卯结构，见图9-4-8。

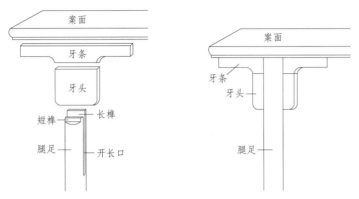

图9-4-8　夹头榫做法示意图

4）插肩榫连接

插肩榫的外观虽与夹头榫不同，但其构造却是相似的，也是在腿足上部的顶端做出长短榫，与案面结合，腿足上部也开口，用以嵌夹牙条。不同之处在于腿足的上端，其外侧削出了八字形的斜肩，牙条与腿足相交处则挖出相应的槽口，腿足由此向上插入，故称为插肩榫。此榫的特点是牙条受压后，与足腿的斜肩咬合得更紧密，而且牙条与腿足的表面在同一平面，显得整齐美观，见图9-4-9。

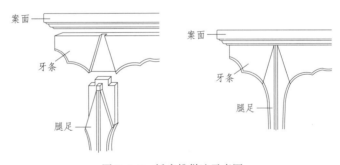

图9-4-9　插肩榫做法示意图

3. 格肩榫

桌椅类家具中，连接腿足用以加固及装饰的横料称为横档，横档与腿足之间采用格肩榫做连接。

格肩榫是连接横材与竖材的一种榫卯结构，在做法上，分为大格肩与小格肩两种。格肩榫的榫头在中间，两边均有榫肩，不易扭动，坚固耐用。大格肩有实肩和虚肩之分，小格肩都是实肩。

大格肩的实肩做法是在横材的端部做出榫头，在榫头的外侧做出等边三角形的斜肩，三角形斜肩紧贴榫头，然后在竖材上凿出榫眼，并在其外侧开出与三角形斜肩形状相同的豁口，以纳斜肩。

小格肩都是实肩，其做法与大格肩的实肩做法基本相同，只是把紧贴榫头的斜肩抹去一节，仅留其中的一部分，目的是为了少剔去一些竖材木料，以增加竖材的承重能力。

两种格肩榫的实肩做法详见图9-4-10。

虚肩与实肩的区别在于三角形的斜肩，虚肩的斜肩不是紧贴榫头，而是与榫头之间留出一定的空隙，不与榫头相连。在竖材的榫眼外侧，也挖出与斜肩大小相同的豁口，但不与榫眼相连。这样做的目的也是为了少剔去一些竖材，以免削弱立柱的支撑能力。

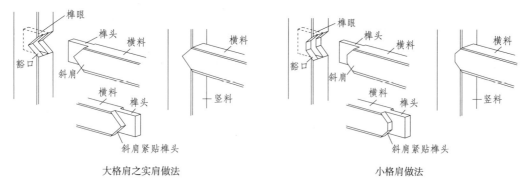

大格肩之实肩做法　　　　　　　　　　　小格肩做法

图 9-4-10　两种实肩做法示意图

虚肩的另一种做法是用在圆料上，若所连接的横材与竖材都是圆料，为了把横竖材连接得圆润、柔和，并使横竖材的圆面齐平，在横材的榫头两边做出弧形圆口，在竖材上凿出相应的榫眼，当榫头与榫眼合严之后，弧形口正好与竖材的圆面相吻合，该做法又称为飘肩。

两种材料的虚肩做法详见图 9-4-11。

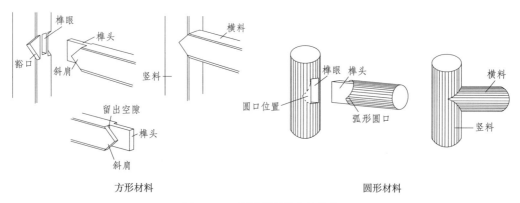

方形材料　　　　　　　　　　　　　　　圆形材料

图 9-4-11　两种材料的虚肩做法

### 4. 燕尾榫

桌类家具中，书桌与画桌的区别在于有无抽屉，书桌有，而画桌则无。

燕尾榫是平板木材的直角连接节点，将两块平板直角相接，为防止受力后被拉开，将榫头做成梯台形，故名"燕尾榫"。燕尾榫是抽屉制作中所用到的一种榫卯结构，有一边明榫、一边暗榫以及两边均是明榫两种做法，前者常用于抽屉面板的垂直拼接处（图 9-4-12）。

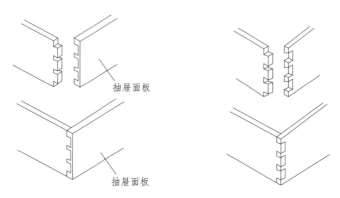

图 9-4-12　燕尾榫的两种做法

## （二）椅类

### 1. 椅的种类

凡带有靠背的坐具，均称为椅。椅的名称与形式很多，若将其分类，大致可分为以下三类。

（1）靠背椅：只有靠背没有扶手的椅子，称为靠背椅。

（2）扶手椅：既有靠背又有扶手的一种，称为扶手椅，苏州园林中常见的太师椅便属扶手椅。

（3）圈椅：圈椅多为明式，因其靠背如圈而得名，其后背与扶手连在一起，一顺而下，婉转流畅。

椅的种类详见图9-4-13。

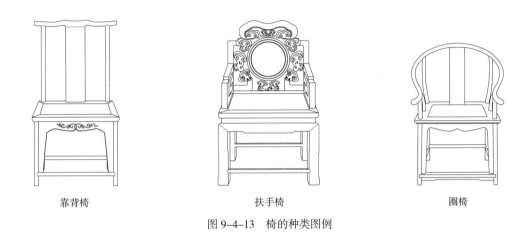

靠背椅　　　　　　　　　　扶手椅　　　　　　　　　　圈椅

图9-4-13　椅的种类图例

### 2. 椅的构造

椅类家具的构造，椅面以上的部件由靠背及扶手（如有）组成，椅面及椅面以下的部件，均与桌类家具大致相同或相似，详见图9-4-14。

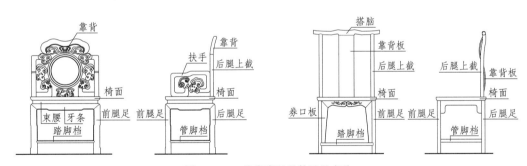

图9-4-14　椅类家具的构造及名称

1）搭脑

座椅靠背最上面的横梁称搭脑，搭脑有多种形式，给座椅的造型带来许多变化的空间，以下为常见的几种搭脑形式（图9-4-15）。

2）扶手

靠背两侧的扶手，式样很多，但就其构造来说，主要分为以下三种：整体扶手、榫接扶手与插角扶手（图9-4-16）。

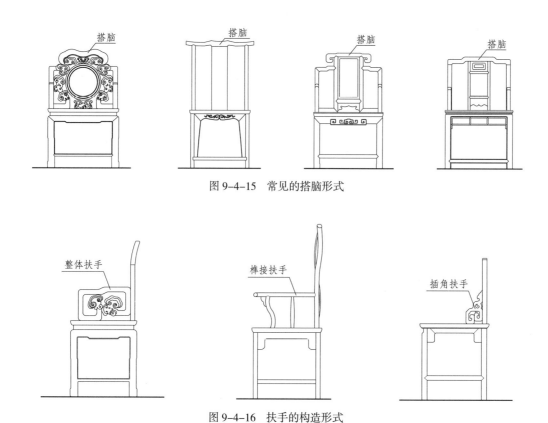

图 9-4-15　常见的搭脑形式

图 9-4-16　扶手的构造形式

3. 椅的几种榫卯做法

椅类家具的榫卯做法，多与桌案类家具相同，如攒边及攒边装板、结角榫、粽角榫、抱肩榫、格肩榫等。根据椅类家具的构造特点，常用的还有以下几种榫卯做法。

1）椅子后腿穿过椅盘的做法

将椅子的后腿向上延伸，与靠背的搭脑相接，使椅子上下连成一体，是椅子制作中比较考究的做法，经常被采用，因其强度远高于上下分成两截的构造。具体做法分圆腿与方腿两种，详见图 9-4-17。

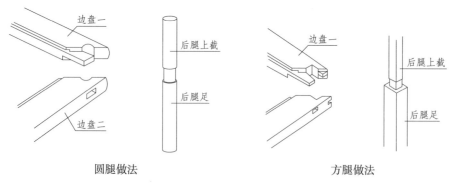

圆腿做法　　　　　　　　　　　　方腿做法

图 9-4-17　椅子后腿穿过椅盘的两种做法

2）套榫

圆腿椅子的搭脑与腿料连接时常用套榫，在腿料的上端做出方形榫头，搭脑的底部也挖出相应的方形榫眼，由此镶合，称为"套榫"（图 9-4-18）。

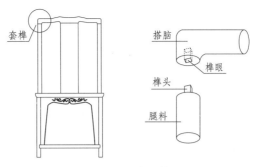

图 9-4-18　套榫做法

3）楔钉榫

圈椅的靠背与扶手连在一起，称椅圈。椅圈由三截或五截弧形扶手采用楔钉榫连接而成。

楔钉榫是连接弧形木料常用的榫卯结构，将弧形木料截割成上下两片，用出榫嵌接，榫头上的小舌入槽，使其上下不能移动。然后在搭口中部凿一方孔，将一枚断面为方形，一边稍粗、一边稍细的楔钉插入贯穿，使其左右也不能移动。楔钉榫常用于圈椅的扶手、圆形几面、圆形拖泥等部位。

具体做法，以圈椅扶手为例，详见图 9-4-19。

图 9-4-19　圈椅扶手的楔钉榫做法

以上介绍的是传统家具中榫卯结构的一部分，而并非全都。家具的榫卯结构源自中国的传统建筑，两者之间有许多共通之处，可互相借鉴使用。在家具的设计与制作中，可根据不同的构造方式与要求，分别灵活选用。

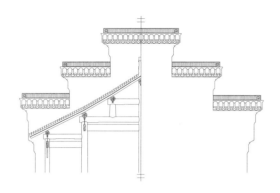

# 瓦作篇

　　瓦作，又称水作。凡房屋建筑中以砖、石、瓦、灰等为材料的工作内容，如墙体砌筑、粉刷，屋面铺设、筑脊，砖细砖雕、花窗花街等，均属瓦作。瓦作在古建筑中占据着极为重要的地位。

# 第十章　古建筑墙体

## 第一节　古建筑墙体的分类与构造

### 一、古建筑墙体的分类与名称

在《营造法原》中将墙体称为墙垣。墙体，在古建筑中，根据其在建筑中的位置与用途，可分为山墙、檐墙、隔墙、半墙、塞口墙、围墙等多种。现分别介绍如下：

（1）山墙：在硬山建筑中，位于房屋两端，沿进深方向依边贴而砌筑的墙，称山墙。山墙根据其立面形式的不同，又分为硬山墙、屏风墙、观音兜三种。

（2）檐墙：沿房屋开间方向，于檐柱处所砌的墙，若其墙高至枋底或檐口，则称为檐墙。檐墙依其所处位置，有前檐墙、后檐墙之分，按屋面檐口做法的不同，檐墙的做法又可分为出檐墙与包檐墙两种。

（3）隔墙：用于分隔屋内空间的墙，称隔墙。

（4）半墙：位于窗下的矮墙，称半墙。位于廊柱之间，上置坐槛，供人凭坐休憩的矮墙，称坐槛半墙。位于将军门下槛以下的半墙，称月兔墙。

（5）塞口墙、围墙：厅堂前后天井的两旁以及厅堂前后的墙，称为塞口墙。用于分隔院落的墙，称围墙。用于区分与邻家界限的墙，称界墙。塞口墙、围墙、界墙的形式大致相同，墙体顶部出飞砖、做双落水瓦顶，瓦顶之上筑脊。

### 二、各类墙体的构造做法

#### （一）山墙

山墙分硬山墙、屏风墙、观音兜三种。

1. 硬山墙

硬山建筑的两端，依屋面弧度砌至木椽面平，外观如人字形，上覆飞砖二皮，其上盖瓦，与屋面相平的墙，称硬山墙。

硬山墙的墙体，在砌筑时，墙体外侧将边贴各柱封砌于墙内，其内侧须放出柱中心线1寸，以增强墙柱之间的连接，该做法俗称"咬中一寸"。

旧时做法中，山墙外侧自下至顶须向内倾斜，称收水，收水以高1丈收进1寸为标准。墙厚需一砖以上，约1尺至1尺2寸，山墙外侧下部，其厚度常较上部放出1寸，称为勒脚，勒脚约高3尺左右❶。

山墙位于廊柱以外的部分，称为垛头。若硬山屋面前、后均为出檐做法，则山墙前、后均有垛头。若屋面后檐为包檐做法，则山墙后檐无需垛头，与后包檐墙跟通即可。

有的山墙于飞砖以下再砌出博风作为装饰，博风凸出墙面约1~2寸，博风下部为上大下小之弧形曲线。以下为硬山墙的立面图与剖面图，详见图10-1-1。

---

❶ 现在的仿古建筑，因砌体强度增加，墙体均垂直到顶，收水与勒脚很少再做。

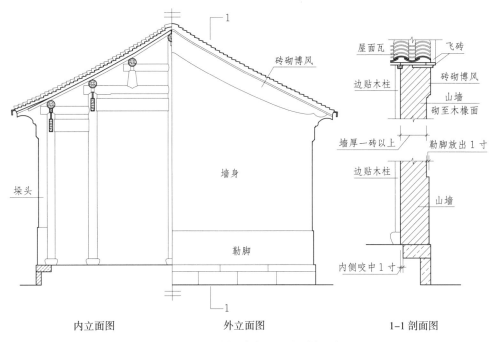

内立面图                 外立面图                 1-1 剖面图

图 10-1-1  硬山墙之立面图、剖面图

硬山墙的垛头做法：

垛头可分为上、中、下三个部分，其上部挑出，以承檐口，中部称墙身，下部为勒脚。垛头之厚与山墙相同，垛头之长，以勒脚缩进阶沿外口 1~2 寸为宜，但最长不得超出阶沿外口。垛头之高，以屋面檐口之高作为总高，其上部挑出部分约占总高的 1.5/10 左右。

垛头上部做法，自墙身起，先挑二路线脚，其上为方板，称兜肚，兜肚以上，根据檐口深浅的不同，或做曲线，或做飞砖，逐皮挑出与檐口相接。

垛头形式有多种，分混水与清水两种做法。

清水做法即砖细做法，垛头由清水砖制作，其外观比较精细，形式也有飞砖式、纹头式、吞金式、朝板式、壶细口式等多种，具体做法，详见"做细清水砖作"一章。

混水做法则相对简单，按要求用砖砌出垛头形状，再以纸筋灰粉出各路线脚。混水垛头的兜肚以上之挑出部分有卧瓶嘴、三飞砖、壶细口等多种做法。其中卧瓶嘴仅用于混水做法，其具体做法是：在兜肚之上，将砖或木板逐皮挑出与檐口相连接，挑出部分的下方，粉出向上弓起的弧形，其前部呈平面，与弧形面交接处粉成尖嘴状，因其形似半个卧倒的花瓶，故苏州工匠将其形象地称为卧瓶嘴。

混水垛头做法详见图 10-1-2。

2. 屏风墙

房屋两侧山墙高出屋面，并依照屋面提栈的斜度砌成阶梯形状的墙，称为屏风墙。屏风墙每级墙体顶部均做有双落水瓦顶。根据山墙阶梯形的多少，屏风墙的形式分为三山屏风与五山屏风两种。

屏风墙的形式，根据房屋进深的大小而定。若房屋进深较大，须用五山屏风，若进深较小，则用三山屏风。

1）各级屏风墙的宽度分法

以屋面前后檐口的进深作为总宽，若为五山屏风，将总宽分为五份半，中屏风占一份半，其余四级各占一份。若是三山屏风，将总宽分为三份半，中屏风占一份半，其余二级各占一份。

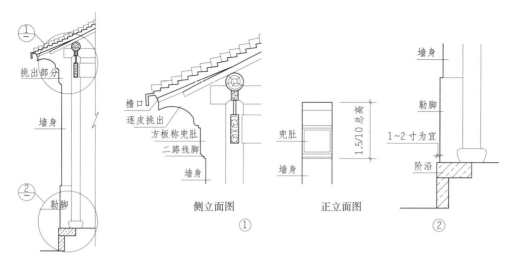

图 10-1-2　硬山墙之垛头做法

2）各级屏风墙的高度分法

中屏风的檐口距屋脊底的高度为 4.5 尺（约 130 厘米），将中屏风檐口距屋面檐口高度作为总高，若是五山屏风，将总高分成三份，作为各级屏风墙檐口之间的距离。中屏风一级须稍高，其余两级可平分。若是三山屏风，则将总高分成两份，中屏风一级稍高即可。

无论是五山屏风还是三山屏风，中屏风均需向两端挑出作垛头，挑出长度与高度均可参考屋面檐口垛头做法。其余各级仅需单面挑出作垛头，其做法与中屏风相同。

屏风墙檐口之上，沿墙厚方向，向两侧各出飞砖二皮，飞砖以上用砖砌出人字形坡度，其提栈为三至四算。檐口两侧分别置花边、滴水，上铺双落水瓦顶，顶部筑甘蔗段屋脊。

图 10-1-3 所示为五山屏风墙做法。

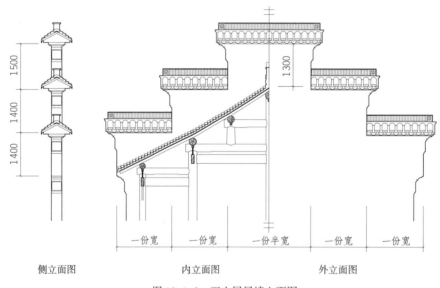

图 10-1-3　五山屏风墙立面图

若房屋进深较浅，可选择三山屏风，三山屏风做法与五山屏风基本相同，只不过少了二级屏风而已。但中屏风檐口与脊底的距离须适当减小。

具体做法详见图 10-1-4。

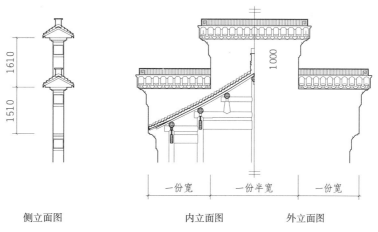

側立面圖        內立面圖        外立面圖

图 10-1-4　三山屏风墙立面图

3. 观音兜

山墙由下檐呈曲线至脊，高起若观音兜状者，称观音兜，观音兜有全观音兜与半观音兜之分。

半观音兜山墙，自金桁处起做曲线拔高至顶，墙顶高度距屋脊底 3 尺（约 83 厘米），上部做平，宽 3.5 尺（约 96 厘米）。山墙高于屋面部分，内外两侧均须出飞砖，铺盖瓦，做法与硬山屋面之边楞做法相同，所做飞砖、盖瓦须与下部屋面顺接并相通（图 10-1-5）。

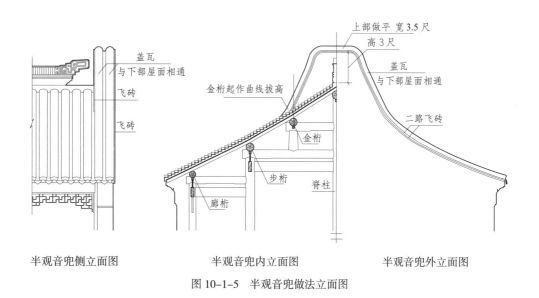

半观音兜侧立面图      半观音兜内立面图      半观音兜外立面图

图 10-1-5　半观音兜做法立面图

全观音兜做法有两种：其一，自廊桁处起曲势，拔高至顶，全观音兜山墙高于半观音兜，墙顶高度距脊底 4 尺（约 110 厘米），顶部宽 5 尺（约 138 厘米），其余做法均与半观音兜做法相同（图 10-1-6）。

全观音兜的另一种做法是：自檐口以上再砌垛头，然后做观音兜，采用该做法的观音兜更高、更宽，与上述全观音兜做法的高度相比，其高须再加所砌的垛头高，其宽则须再加垛头的挑出长度。其余做法均与全观音兜做法相同（图 10-1-7）。

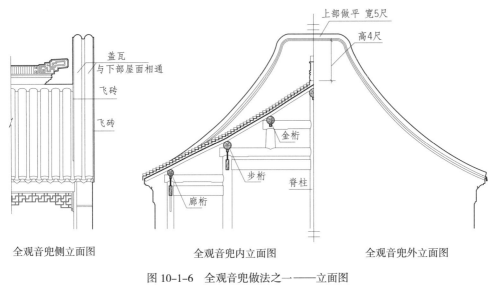

全观音兜侧立面图　　　　　全观音兜内立面图　　　　　全观音兜外立面图

图 10-1-6　全观音兜做法之一——立面图

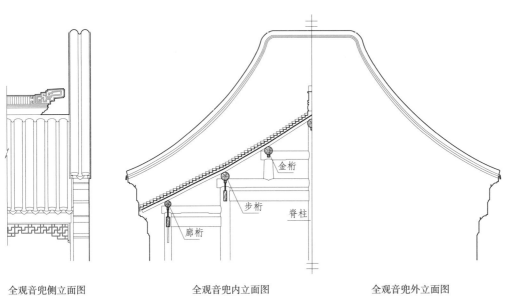

全观音兜侧立面图　　　　　全观音兜内立面图　　　　　全观音兜外立面图

图 10-1-7　全观音兜做法之二——立面图

**（二）檐墙**

沿房屋开间方向，位于檐柱处所砌的墙，称为檐墙。檐墙内侧须出柱中心线 1 寸，即"咬中一寸"，其外侧将檐柱封砌在内，檐墙的墙厚须为一砖及以上。檐墙做法有出檐墙与包檐墙两种。

1. 出檐墙

位于廊柱出檐处，高及枋底，称为出檐墙，出檐墙的椽头挑出墙外。墙顶与枋底相接，因墙厚大于枋厚，故墙顶须向上斜收，做出坡形，所做坡形称墙肩，墙肩的高度为墙厚的一半。出檐墙的剖面图详见图 10-1-8。

2. 包檐墙

若房屋的檐椽不挑出，仅至廊桁中线，而由檐墙的墙顶封护椽头，该檐墙称为包檐墙。包檐墙顶逐皮挑出作葫芦形之曲线，称为壶细口，

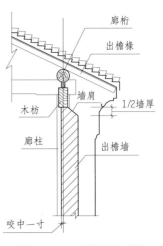

图 10-1-8　出檐墙剖面图

其挑出部分便为房屋的出檐长度。壶细口下所施的通长枋子称为抛枋。抛枋凸出墙面少许，下面的圆形线脚称托浑。一般做法是用不同厚度的砖，将壶细口、抛枋、托浑砌筑成形后，外施纸筋粉刷。而其精细者，则以做细清水砖为之，称砖细抛枋或清水抛枋。

采用前包檐墙的建筑，其山墙前端一般有垛头，两墙相交，则在垛头里端一侧。后包檐墙处一般无垛头，与山墙相交，则在山墙外侧。除此之外，前后包檐墙之做法均相同。

包檐墙做法详见图10-1-9。

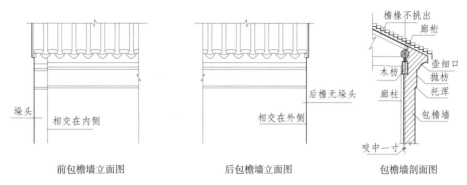

图 10-1-9　包檐墙做法的立面与剖面图

### （三）隔墙

用于分隔屋内空间的墙，称隔墙。隔墙根据其不同的位置与所起作用，分有两种：一是山墙隔墙，也称内山墙，位于贴式屋架下，沿进深方向砌筑，将房屋分隔成正间、次间、边间等不同的空间，内山墙之山尖部分以山垫板分隔为多。二是开间隔墙，位于桁下或枋下，沿开间方向砌筑，将房间分隔成前、后两个部分。

为节约空间，隔墙之墙厚多为半砖，或根据柱径的大小采取不同的砌筑方式以选择合适的墙厚，墙厚以不大于柱径为宜。

隔墙砌筑时的技术要点：

（1）隔墙须沿柱中心线砌筑。

（2）隔墙砌筑时，与圆柱相交的砖须做丫口（即砍出八字形）与柱连接，使墙与柱形成整体，见图10-1-10所示。

（3）如隔墙较高，墙内须设一至二道通长墙筋与柱连接。墙筋为木制，宽同墙厚，两端也须做丫口与柱连接，为增加与砖及粉刷层的粘结，墙筋无需刨光，毛料即可。隔墙中如设有门宕，门宕上皮一定要设墙筋。以内山墙做法为例详见图10-1-11。

（4）隔墙顶部与梁、桁、枋等构件的底部连接时，上皮砌砖须斜向砌筑，并尽量贴紧构件底部，使墙与构件形成整体。斜向角度随墙顶与构件的空隙高度而定，以不大于45°为宜。

与梁、桁等圆形构件镶接时，砌砖上部做丫口，与枋类构件镶接时，砌砖上部须劈掉砖角，以增加与枋底的接触面，详见图10-1-12。

### （四）半墙

厅堂建筑的正间前檐，两柱之间往往安装落地长窗，而在次间与边间前檐，其两柱之间则以安装短窗为多。短窗底下若是栏杆，该窗称地坪窗。若短窗底下为矮墙，该窗则称为半窗。位于半窗下的矮墙，便称半墙。半墙依其所处位置的不同，有半窗外墙与半窗内墙两种。

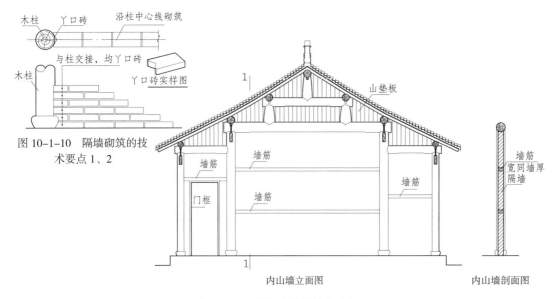

图 10-1-10 隔墙砌筑的技术要点 1、2

内山墙立面图　　　　　　内山墙剖面图

图 10-1-11 隔墙砌筑的技术要点 3

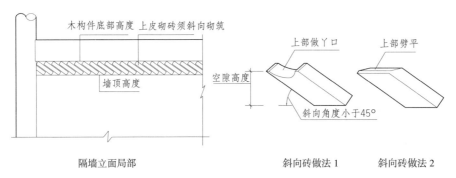

隔墙立面局部　　　　斜向砖做法 1　　斜向砖做法 2

图 10-1-12 隔墙砌筑的技术要点 4

### 1. 半窗外墙

长窗与半窗若装于前檐廊下，除另有通行与通风之功能外，其作用便与前檐墙相同。

半窗外墙的厚与檐墙相同，一般为一砖及以上。半窗外墙的高度，砌至半窗下槛底部。因同一立面上的半窗与长窗中夹宕以上部分的式样及做法相同，故半墙砌筑须在半窗安装后进行。

因外墙半窗为外开，窗的下槛装于下槛外侧，故半窗外墙的内侧（含粉刷层）与下槛内侧相平，其外侧依墙厚，一端与山墙垛头内侧相交，另一端须过廊柱中心线 1 寸，半墙顶部于下槛之底常设砖细面砖作为装饰，面砖挑出外侧墙面约 3~4 厘米。具体做法详见图 10-1-13。

### 2. 半窗内墙

若是将落地长窗与半窗退后一界，安装于步柱之间，窗下之半墙即为半窗内墙。步柱与廊柱之间的一界，常作走廊使用，故装于步柱间的窗，无论长短，均为内开，于是半窗之下槛安装于下槛内侧。半窗内墙之墙厚常为半砖，半墙外侧（含粉刷层）与下槛外侧相平，半墙内侧（含粉刷层）与下槛内侧相平，或略为缩进，缩进时，下槛下方须刨出圆口，以便与半墙上口顺接。半墙之高与半窗外墙一样，砌至半窗下槛的底部。详见图 10-1-14。

### 3. 坐槛半墙

位于廊柱间之半墙，其上若不装半窗，而装坐槛者，则称坐槛半墙。坐槛半墙之墙厚较宽，为

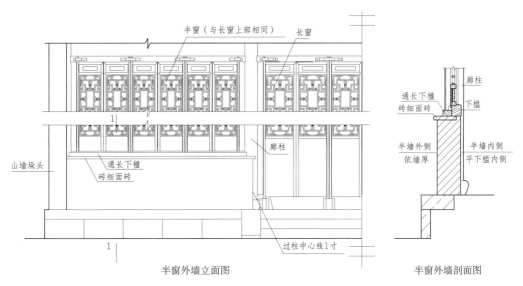

图 10-1-13　半窗外墙做法的立面与剖面图

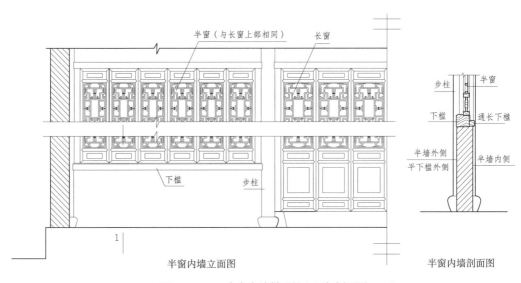

图 10-1-14　半窗内墙做法的立面与剖面图

一砖及以上，坐槛半墙之高，为 1 尺 8 寸（约 50 厘米）。半墙内侧过柱中心线 1 寸，其外侧依墙厚。墙上所设坐槛多为砖细制作，也有少数木制。坐槛内侧与半墙粉刷面相平，其外侧挑出墙面少许，约为 1 寸。

坐槛半墙之上装有吴王靠，供人凭坐倚靠、休憩观景者，则多为山间小亭、池边水榭等园林建筑。装有吴王靠的坐槛面较宽，约有 40 厘米，因其墙厚，其内侧可超过柱中心线 1 寸，视实际情况而定。坐槛半墙做法详见图 10-1-15。

**（五）塞口墙**

位于厅堂前后天井的两旁以及厅堂前后的墙，称为塞口墙。塞口，在吴语中便是填塞口子的意思。塞口墙，顾名思义，大多在房屋建造完成后砌筑。

1. 塞口墙的构造

塞口墙的构造由三部分组成，即勒脚、墙身与墙顶。

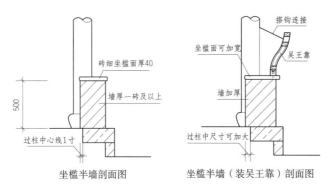

坐槛半墙剖面图　　　　坐槛半墙（装吴王靠）剖面图

图 10-1-15　坐槛半墙剖面图

塞口墙的墙厚较厚，须为一砖及以上，视其高度而定，墙身越高，墙厚也须越厚。勒脚放出两边墙身各 1 寸，勒脚高 3 尺。墙身若做"收水"，则须两面都做，收水斜度为墙高的 1/100，但现在随着砌体强度的增加，收水也可不做。塞口墙的墙高并无具体规定，视其实际需要而定。

塞口墙的墙顶有两种做法，即有抛枋与无抛枋两种。

有抛枋做法是：于墙顶挑出 3~5 厘米，作托浑与线脚，再挑出 3 厘米砌抛枋，抛枋高度为 1 尺 6 寸至 1 尺 8 寸（约 45~50 厘米），抛枋之上逐皮挑出做壶细口，壶细口以上用砖砌出人字形坡度，其提栈为三至四算。檐口两侧分别置花边、滴水，上铺双落水瓦顶，顶部筑甘蔗段屋脊。

无抛枋做法则相对简单得多，于墙顶各出飞砖二路，第一路飞砖出挑 4 厘米，第二路飞砖出挑 7 厘米。飞砖之上挑出半砖砌人字形坡度，坡度以上做法与有抛枋做法相同。

两种墙顶做法详见图 10-1-16。

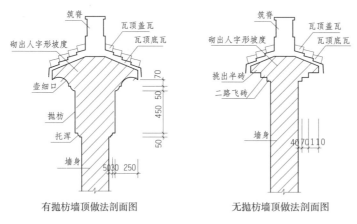

有抛枋墙顶做法剖面图　　　　无抛枋墙顶做法剖面图

图 10-1-16　两种做法的墙顶剖面图

2. 塞口墙与各式建筑的连接

塞口墙与硬山厅堂的连接可分为以下两种情况：一是塞口墙之墙顶高于屋面檐口，二是塞口墙之墙顶低于屋面檐口。

塞口墙之墙顶高于屋面檐口的具体连接详见图 10-1-17。

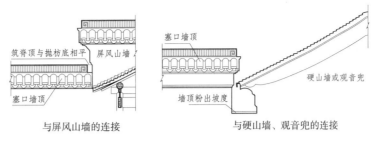

图 10-1-17 墙顶高于厅堂檐口的两种连接

如果塞口墙顶低于屋面檐口的连接，则不论山墙的形式如何，其连接方式均相同，详见图 10-1-18。

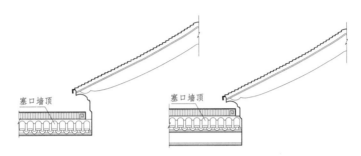

图 10-1-18 墙顶低于厅堂檐口的两种连接

江南古建筑的进深较深，多数住宅深达数进，每进之间以塞口墙作分隔，而在塞口墙中间往往筑有墙门作为通道。

墙门与塞口墙的连接有以下几种方式：一是塞口墙高于墙门，墙门位于塞口墙以下（图 10-1-19）；二是塞口墙顶与墙门顶基本持平，则塞口墙顶之筑脊与墙门筑脊做通（图 10-1-20）。

高于塞口墙的墙门称为门楼，塞口墙与之相接，便在门楼的两侧山墙之间（图 10-1-21）。

塞口墙与墙门及门楼的几种连接方式详见图 10-1-19~图 10-1-21。

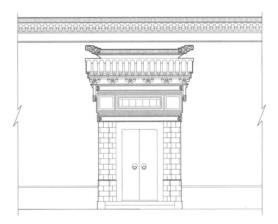

图 10-1-19 塞口墙与墙门的连接之一

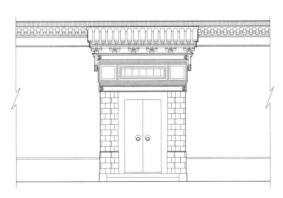

图 10-1-20 塞口墙与墙门的连接之二

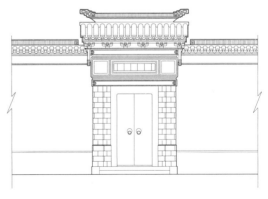

图 10-1-21 塞口墙与门楼的连接

## （六）围墙

用于分隔院落的墙，称围墙；用于区分与邻家界限的墙，称界墙。

围墙的形式较为丰富，除与塞口墙相同的平直形状外，另有高低起伏作曲线状的云墙、局部升高的屏风墙等。园林中的围墙常留有各种式样的门洞，以便游人通行，若门洞较高，就须将围墙局部升高，局部升高的围墙也有多种做法。另外，为打破围墙单调的立面，园林中的围墙还留设各式漏窗，以利游人观景。但不管围墙的外观形状作何变化，其构造与塞口墙大致相同。图 10-1-22~ 图 10-1-24 所示为几种不同形式的围墙立面图。

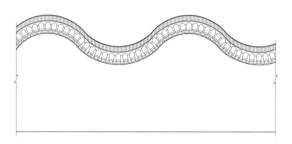

图 10-1-22　高低起伏的云墙

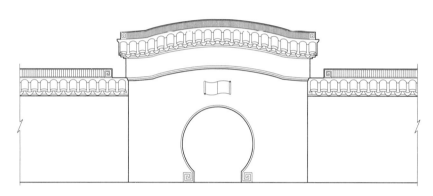

图 10-1-23　局部升高的屏风墙（形式之一）

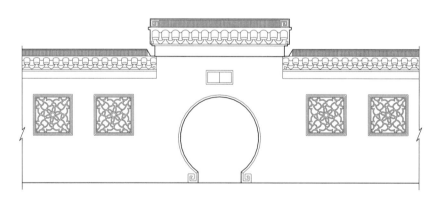

图 10-1-24　局部升高的屏风墙（形式之二）

围墙顶的做法也有小青瓦筑脊顶、小青瓦游脊顶、筒瓦花筒脊等多种形式。但也有围墙不做瓦顶，仅于顶部出飞砖，挑出少许，其上做圆弧形之坡度，以利排水，墙顶做白，与墙身浑然一体，倒也简雅别致，用此墙顶之围墙多为波浪形的云墙，苏州拙政园中的枇杷园，其围墙便是如此。图 10-1-25、图 10-1-26 所示为几种不同做法的围墙顶。

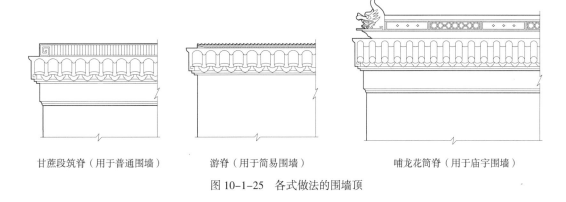

甘蔗段筑脊（用于普通围墙）　　　　游脊（用于简易围墙）　　　　哺龙花筒脊（用于庙宇围墙）

图 10-1-25　各式做法的围墙顶

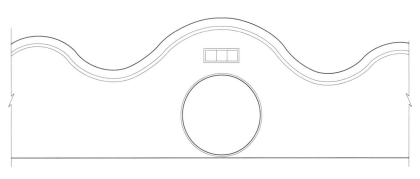

图 10-1-26　不做瓦顶的云墙立面

### 三、墙体构造的技术要点

（1）勒脚放出墙身两边各 1 寸，勒脚高 3 尺，或为廊柱高的 1/3。山墙、檐墙、塞口墙、围墙做勒脚，其余不做。

（2）收水斜度以墙高 1 丈收进 1 寸为标准，即为墙高的 1/100。山墙、檐墙单面收水，收水做在墙的外侧，墙的内侧砌过柱中心线 1 寸，俗称"咬中一寸"。塞口墙、围墙则宜双面收水。

## 第二节　古建筑墙体的传统砌法

### 一、古建筑的传统用砖

砖之大小不一，随产地及种类的不同而分为多种，旧时苏州用砖采自南北二窑，凡嘉兴一带称南窑，苏州陆墓一带称北窑。用于砌墙者，分为城砖及二斤砖等多种，系根据砖的大小与重量而命名。因旧时砖之品种繁多，规格不一，现大多已不再烧制。对于旧时用砖之名称、重量、大小，读者如有兴趣与需要，可参阅《营造法原》原文第十二章，本文不再重复。

### 二、各式墙垣砌法

砖之较长一边，称为长头，较短一边，称为丁头。砌墙之式不一，大致可分为以下三类：实滚、花滚、空斗（或称斗子）。

现以长 7 寸、宽 3.5 寸、厚 7 分的二斤砖为例，将其做法分别介绍如下。

**（一）实滚**

实滚砌法是以砖扁砌，或以砖之丁头侧砌，都用于房屋之坚固部位，如勒脚与楼房下层。实滚共有实扁、实滚、实滚芦菲片三种砌法，详见图 10-2-1~ 图 10-2-3。

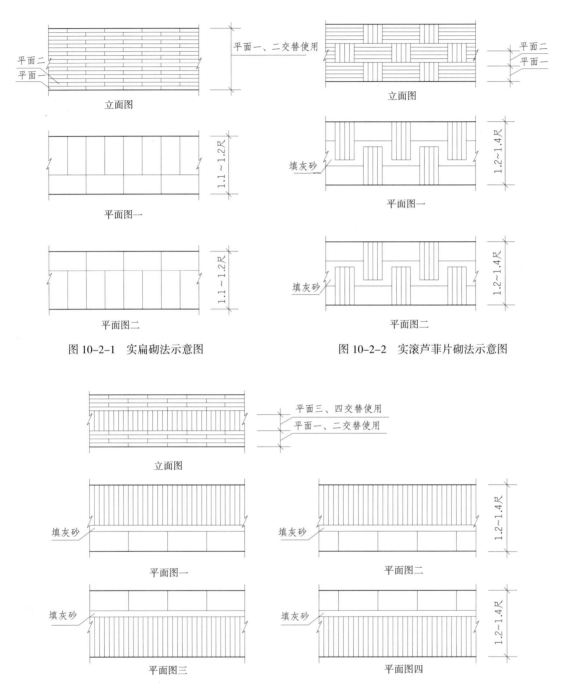

图 10-2-1　实扁砌法示意图　　　　　　　图 10-2-2　实滚芦菲片砌法示意图

图 10-2-3　实滚砌法示意图

**（二）花滚**

花滚砌法即实滚与空斗相间而砌，具体砌法是先砌二皮扁砖，其上再以砖侧砌，侧砌一层与芦菲片相似，将扁砌之砖亦侧砌成斗砖，斗砖空隙处填以碎砖与灰砂。花滚墙虽不及实滚墙坚固，但比较省砖、经济，常用于勒脚以上墙体。

另一种花滚砌法是实扁镶思，具体做法是扁砌一皮，再侧砌一层，侧砖之间立斗砖半块，空隙之间填以灰砂，故虽称实扁，但也属花滚。

　　具体做法详见图 10-2-4、图 10-2-5。

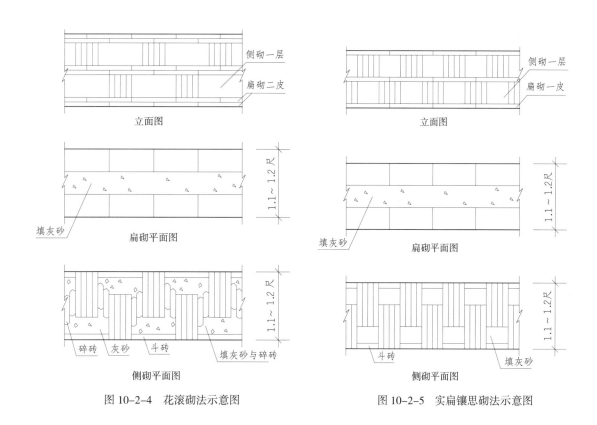

图 10-2-4　花滚砌法示意图　　　　　　　图 10-2-5　实扁镶思砌法示意图

### （三）空斗

　　在空斗砌法中，平砌之砖称卧砖（也称扁砖），侧砌之砖称斗砖。卧砖之上，前后左右侧砌斗砖，砌成中空斗形，所砌之墙称空斗墙。因其砖省而价廉，又可起到防声隔热的作用，就如同现在的空心砖墙，故虽不及实滚与花滚之坚实，但用于不需负重之隔墙，亦属相宜。

　　空斗墙中，将垂直于墙面的斗砖称为丁砖，而平行于墙面的仍称斗砖。空斗之式，以结构用砖之不同又可分单丁、双丁、三丁、大镶思、小镶思、大合欢、小合欢等多种形式。其中小镶思、小合欢墙厚仅半砖，料省工简。

　　现将其构造与做法分别介绍如下：

　　单丁空斗，即先砌卧砖一皮，其上砌斗砖层作斗，斗之丁砖为一块，即称单丁，若丁砖为两块、三块，则分别称双丁、三丁。

　　空斗镶思，又称大镶思，其做法与单丁空斗基本相同，墙厚均在一砖以上（可在 1 尺左右），不同之处在于空斗镶思之斗砖长半砖，而单顶空斗之斗砖长一砖。

　　用大合欢砌筑的墙不设卧砖，为全斗做法，其墙厚为一砖（7 寸）。

　　小镶思、小合欢的做法分别与大镶思、大合欢相同，但其墙厚仅为半砖。

　　各式空斗墙之具体做法详见图 10-2-6~ 图 10-2-9。

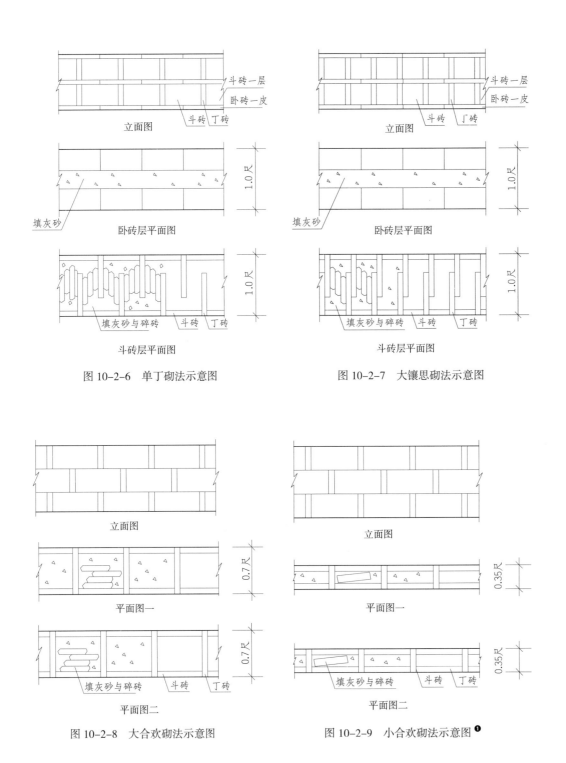

图 10-2-6 单丁砌法示意图　　　　图 10-2-7 大镶思砌法示意图

图 10-2-8 大合欢砌法示意图　　　　图 10-2-9 小合欢砌法示意图 ❶

### 三、各式墙垣之用途

由以上图例可知，实滚墙类的墙体最为坚固，其厚度又能作调整，故适合砌筑于勒脚、山墙、檐墙、塞口墙、围墙等有收分的墙体。

花滚墙类的墙体较为坚固，厚度也能作调整，适合砌筑带有收分的墙体，如山墙、檐墙、塞口墙、围墙的墙身。

---

❶ 以上所有砌法图例系按《营造法原》图版绘制，未考虑砖缝。

空斗墙中的单丁、双丁、三丁与空斗镶思（大镶思），虽然负重不及实滚、花滚，但其厚度也能作少量调整，故适于砌筑檐口不太高的檐墙。

至于大合欢、小合欢与小镶思墙，因其墙厚分别为一砖与半砖，故只能砌筑隔墙一类的内墙。

# 第三节　花漏窗

"园林墙垣，常开空宕，以砖瓦木条构成各种图案，中空，谓之花墙洞，亦称漏墙、漏窗，以便凭眺，似有避内隐外之意。花墙外形不一，或方，或圆，或六角，或八角，或扇形，或叶形等。框中构图，更以用材不同而异，初仅以瓦片搭配而成，后以木片构钉刷以白粉。造图构形，更无限制，可随设计者之匠心，而成精美之花纹。"

——引自《营造法原》

花窗，旧称花墙洞，外观为不封闭的空窗，窗洞中装饰着各种镂空花纹，所以又称漏窗、花漏窗。

花窗大多设置在园林内部的分隔墙面上，以长廊檐墙和院墙为多。花窗的设置，不仅可使平直的墙面产生变化，而且透过花窗，使空间似隔非隔，景物若隐若现，富有层次，并且随着游人脚步的移动，景色也随之变化，起到移步换景的作用。而花窗本身的图案，在不同光线的照射下，产生了富有变化的光影效果。因此，花窗的设置是园林中必不可少的艺术处理手段之一，对园林景观起到了画龙点睛的作用。

### 一、花窗的分类

花窗外形不一，做法各异，形式多样，可分为多种类型。

（1）以外形来分，可分为方形与异形两种，花窗外形大多为方形。其他形状的花窗，如圆形、六角形、八角形、扇形、叶形等，均称为异形花窗。各式异形花窗，详见图10-3-1、图10-3-2。

图10-3-1　异形花窗图例之一

（2）以花窗的做法来分，可分为用瓦片搭制而成的瓦花窗、清水花窗、混水花窗以及琉璃花窗等数种。其中，清水花窗即砖细花窗，因制作工艺复杂、成本太高而很少采用。混水花窗由砖、瓦、木等材料搭制骨架，施以粉刷而构成各式图

图10-3-2　异形花窗图例之二

案，表面刷白，与粉墙黛瓦的苏州园林风格一致而被广泛采用。瓦花窗因式样单调，变化不多，且易于损坏，现也很少采用。琉璃花窗，在苏州园林中，用之较少。图10-3-3、图10-3-4所示为瓦花窗与琉璃花窗。

（3）以花窗图案的形式来分，凡构成图案的线条均为直线条的花窗，称为硬景花窗；全由弧形线条构成图案的花窗，称软景花窗；由直线条与弧形线条共同构成图案的花窗，称软硬景花窗，见图10-3-5~图10-3-7。

图案采用堆塑方法制成的花窗，称堆塑花窗。在苏州园林中，最有名的堆塑花窗莫过于狮子林的"四雅花窗"以及沧浪亭的"四季花窗"。

  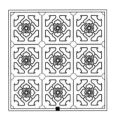 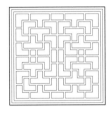

图 10-3-3　各式瓦花窗　　　　　　　　　　　图 10-3-4　琉璃花窗

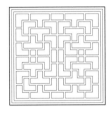 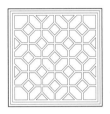 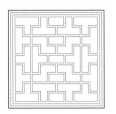 

图 10-3-5　硬景花窗图例

  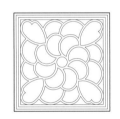 

图 10-3-6　软景花窗图例

  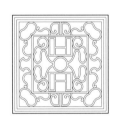 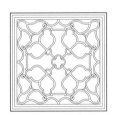

图 10-3-7　软硬景花窗图例

　　古人将琴、棋、书、画称为四雅，在狮子林里，有四个形状不同的花窗，其中分别塑有古琴、棋盘、书籍与画卷，被称为四雅花窗。这组构筑精美的花窗既富有鲜明的文化特色，又充满了诗情画意，突出了古典园林的幽雅情调。

　　而所谓的四季花窗由塑有四季花果的堆塑花窗所组成，分别是：外为桃形、内含碧桃的桃窗，外为石榴形、内含石榴果的榴窗，窗形呈伸展开的荷叶状、内塑荷莲的荷花窗，外为海棠形、内似海棠树的海棠窗。从图案内容看，好像缺了冬季，称四季花窗，有点名不副实。但造型独特，堆塑精美，构图富有想象，线条飘逸舒展，属为数不多的花窗精品。

　　图 10-3-8 所示，依次排列为琴、棋、书、画的四雅花窗。

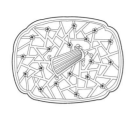

图 10-3-8　四雅花窗

## 二、花窗的传统制作工艺

### （一）花窗的构造

花窗外形不一，做法各异，但其构造大致相同，由窗芯（包括边条）及二路镶边组成，镶嵌于墙体之中。

花窗的各分部尺寸，以混水花窗为例，窗芯与边条看面为 2 厘米左右，宽约 8~10 厘米，不能过宽与过窄。窗芯过宽，则显笨拙；若是过窄，又觉单薄。镶边看面为 2~2.5 厘米，较墙面逐路缩进，缩进距离，按墙厚扣除芯子宽后，余数作均分。花窗构造详见图 10-3-9。

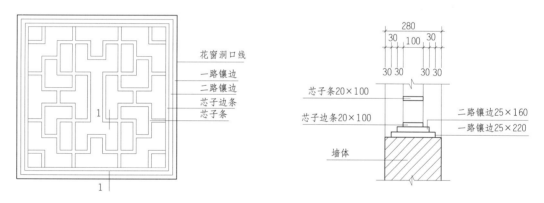

图 10-3-9　花窗构造示意图

### （二）材料准备

混水花窗的材料主要有各式瓦片（筒瓦、大瓦、小瓦）、望砖以及与望砖相同厚度的木片。各式瓦片为构筑弧形线条用，望砖用于边条以及平直线条，木片作用与望砖相同。但用木条较为方便，一是其长度不限，不用拼接，二是可按图案要求事先钉制。瓦片、望砖、木片均须加工成 5~8 厘米的条状。

### （三）搭制图案

传统的花窗制作，应先做一个木框，木框的内净尺寸为窗芯外形。将木框平放在安装花窗墙边附近的平地上，木框内铺上黄砂，砂厚约 1 厘米左右。将砂刮平，画出米字线，或在木框上画出图案的关键尺寸线，以便搭制时，对线条位置的控制。

按图案要求，将瓦片、望砖、木片等材料搭制在木框内，搭制应从米字格中心开始，逐块向外扩展，以便尺寸与位置的控制，做到上下对称、左右对称。

**（四）花窗安装**

在墙上预先留出的花窗洞口背面，砌一垛薄墙，墙厚 1/4 砖即可，墙面用纸筋粉平，弹出米字格。先砌底部镶边与边条，再将木框内搭制好的砖、瓦按原样逐块砌到花窗洞内。砌筑顺序为自下而上，且与两侧镶边及边条砌筑同步进行。砌筑时要根据米字格随时与木框内的构件作比对，以免图案走样。砖瓦之间的连接须用水泥纸筋加上麻丝作加固，以提高节点的整体性。

**（五）花窗粉刷**

在花窗安装完成约 2~3 天后，可将花窗背面的薄墙拆除，然后进行粉刷。花窗粉刷的专用工具主要有铁皮小匙、三角直尺、各种花窗样板尺。三角直尺断面为等边三角形，每面宽为望砖厚加粉刷层，约 2 厘米左右，用于镶边与平直线条的粉刷。花窗样板尺，按各式瓦片的断面制作，尺宽约 2 厘米左右，用于粉刷各种弧形线条。

花窗粉刷须由 2 人配合进行，每人负责一面。同一芯子须同时进行，以免因间隔时间太长，影响搭接处的平整度。注意：如用木条代替望砖来搭制平直线条，粉刷前要以麻丝纸筋打底，防止粉刷层脱落。待整宕花窗粉刷完毕并干透后，即可将其刷白。

以上便是普通混水花窗的传统制作工艺。其缺点：一是因窗芯均由砖、瓦、木条等搭制而成，稳定性较差，容易损坏。二是花窗制作均是在施工现场进行，施工周期较长，往往因此而影响工期。

针对以上问题，现在对传统的制作工艺作了改进，改进后制作的花窗，其稳定性得到了提高，且大大地缩短了施工周期。

## 三、改进后的花窗制作工艺

花窗制作工艺的改进主要体现在两方面：一是用预制的钢筋混凝土框来代替传统的镶边，将现场制作改为在加工厂制作，减轻了施工现场的压力，并缩短了施工周期；二是用钢丝网加水泥砂浆粉刷来制作花窗芯子，提高了花窗的稳定性。现将其制作工艺介绍如下：

**（一）预制钢筋混凝土框**

混凝土框的大小，根据花窗的外围尺寸每边放出 8~10 厘米，框的高度与花窗所在墙体的厚度相同，框内设镶边二路，镶边的断面尺寸以及与框边的缩进距离均与传统做法相同。混凝土框须配钢筋，所配钢筋须经过计算方能确定。框的四边，每边沿中线须设预留孔 2~3 个，孔的大小以能插进直径 8 毫米的钢筋为准，孔的作用是便于框与墙体及花窗芯子的连接。

**（二）花窗芯子的制作**

1. 图案放样

为便于操作，放样须在作台上进行，作台高在 75 厘米左右，作台大小以能同时放置 2~3 个花窗为宜。

将放样用的夹板平铺在作台上，用笔画出芯子的外框线，并打好米字格。根据图案，用三角直尺以及花窗样板尺放样，放样用尺与传统做法粉刷用尺相同，目的是使所放图案仍保持传统做法的风格与韵味。放样完毕并经检查无误后，可描出芯子与边条中心线。

2. 花窗芯子制作

花窗芯子以钢丝网作骨架，将钢丝网裁成约 15 厘米宽的条状，对折压平，备用。在样板的芯子线条上，偏中钉上铁钉，按铁钉位置，将条状钢丝网弯曲成形，节点处用铁丝绑扎固定。

用 1：2 水泥砂浆粉在钢丝网两面，作为芯子的糙坯，芯子糙坯看面约 1.2 厘米。3~4 天后，待芯子具有一定强度，便可将铁钉拔除，取起芯子，并作清理。

3.花窗粉刷

先将预制好的混凝土框垫高、放平，为便于操作，垫高约在 50 厘米左右。再把芯子糙坯安装在混凝土框内，安装要居中，芯子四边距预制框四边的距离，两面要相等，并插入 8 毫米的钢筋将芯子与框作连接。

安装完成后，便可对花窗进行粉刷。花窗粉刷与传统工艺相同。

粉刷完成后，须进行养护，养护期满，即可运至工地安装。安装方式，一般采用机械吊装。

以上便是经改进后的花窗制作工艺，特别适合于外地工程与出国工程，可减少施工现场的用工量，节约工程成本。

花窗的另一种做法是：花窗芯采取预制方法，以增加花窗的整体性，但安装仍采用传统做法。具体做法是：在墙面预留的洞口上将底边砌至标高，然后砌筑二路镶边，把粉好的花窗芯居中安装在镶边上。花窗安装须横平竖直，侧面须与墙面洞口边线平行。经检查无误后，方可砌筑两侧镶边与顶部镶边。镶边粉刷与传统做法相同。

该做法适合于花窗工作量不是太大的工地。

**四、花窗制作的技术要点**

（1）花窗芯子的宽，可随墙厚作适当调整，但调整范围应控制在 8~10 厘米之间，不能过宽与过窄。窗芯过宽，则显笨拙；若是过窄，又觉单薄。若是半砖墙，芯子的宽也不能小于 6 厘米。若是墙体较厚，应将墙的厚度扣除常规的芯子宽后作均分，只能单独调整镶边的进深距离，而不能连芯子一起，全部按比例作调整。

（2）花窗放样，要使用根据各类瓦片断面制作而成的花窗样板尺，以保持花窗图案由砖、瓦木条搭制而成的传统风格。

（3）安装于同一立面的花窗，除异形花窗外，其大小须一致，安装高度统一，以做到整齐美观。

（4）花窗若安装于带有坡度的走廊檐墙上，其底边及顶边应与走廊室内地面平行，而两侧边线则垂直于地面，见图 10-3-10。

（5）经粉刷后的花窗，其平直线条要横平、竖直，弧形线条要流畅、和顺。整宕花窗要表面平整，花窗空宕大小合理，芯子看面厚薄一致。芯子上下平整、口角整齐。镶边要宽度相等，进出一致，与墙面平行。

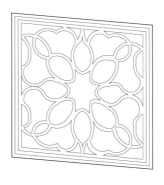 

图 10-3-10　用于坡度走廊的花窗立面

**五、各式花窗图例**

现将一百余幅方形花窗图例，附录于后，供读者参考，详见图 10-3-11~ 图 10-3-16。

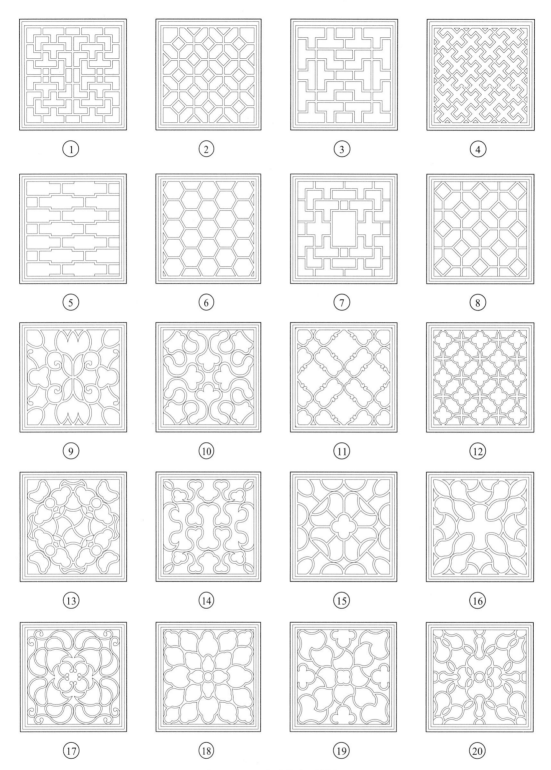

①　②　③　④
⑤　⑥　⑦　⑧
⑨　⑩　⑪　⑫
⑬　⑭　⑮　⑯
⑰　⑱　⑲　⑳

图 10-3-11　各式花窗图例之一

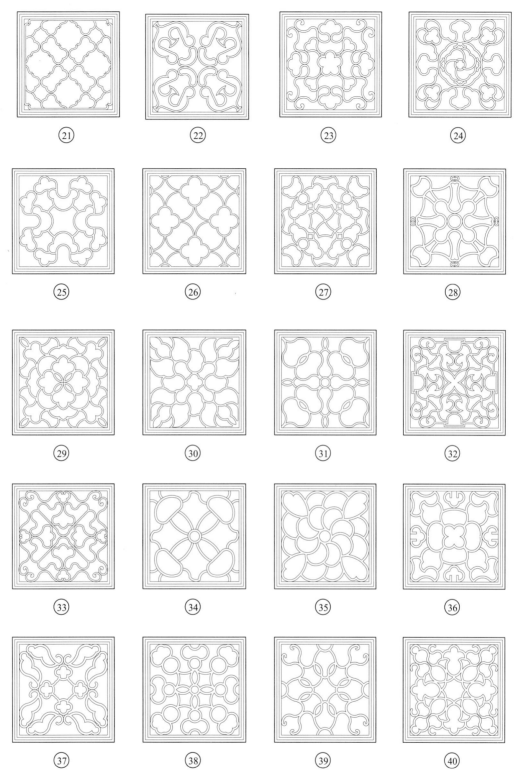

㉑　　　　　　㉒　　　　　　㉓　　　　　　㉔

㉕　　　　　　㉖　　　　　　㉗　　　　　　㉘

㉙　　　　　　㉚　　　　　　㉛　　　　　　㉜

㉝　　　　　　㉞　　　　　　㉟　　　　　　㊱

㊲　　　　　　㊳　　　　　　㊴　　　　　　㊵

图 10-3-12　各式花窗图例之二

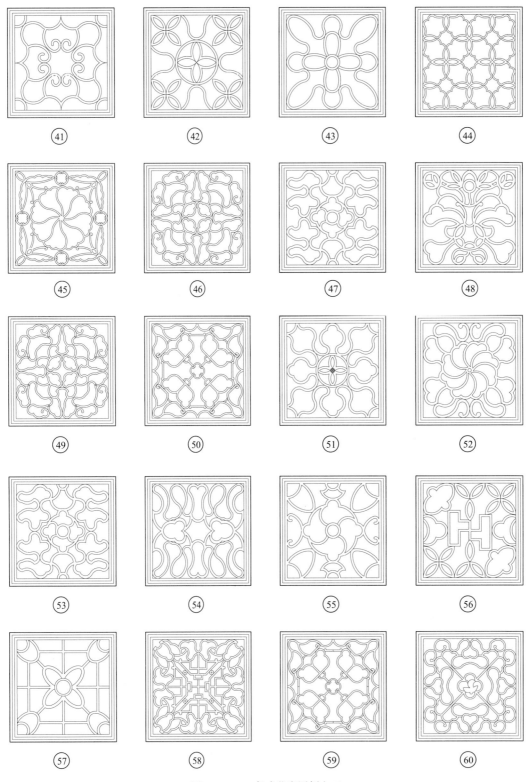

㊶ ㊷ ㊸ ㊹

㊺ ㊻ ㊼ ㊽

㊾ ㊿ 51 52

53 54 55 56

57 58 59 60

图 10-3-13　各式花窗图例之三

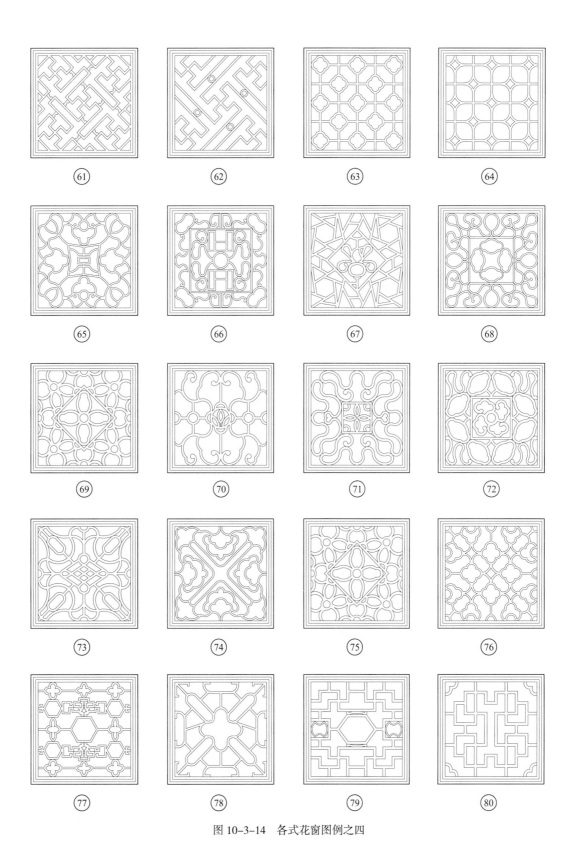

图 10-3-14　各式花窗图例之四

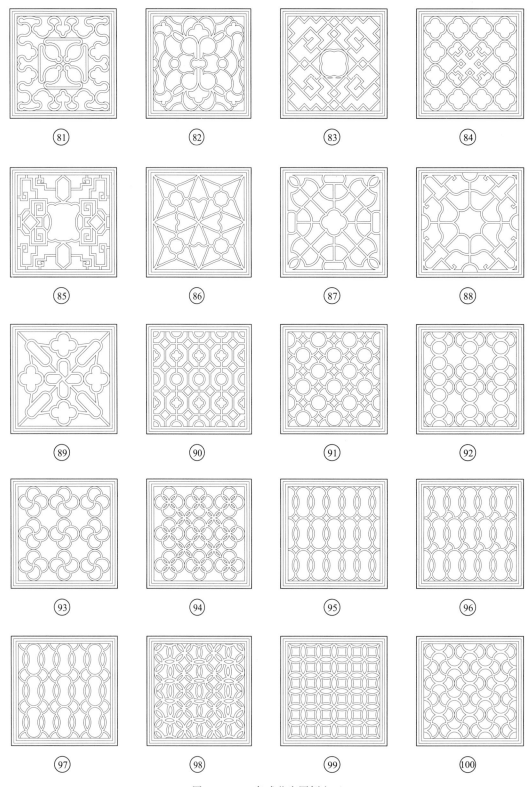

81　82　83　84

85　86　87　88

89　90　91　92

93　94　95　96

97　98　99　100

图 10-3-15　各式花窗图例之五

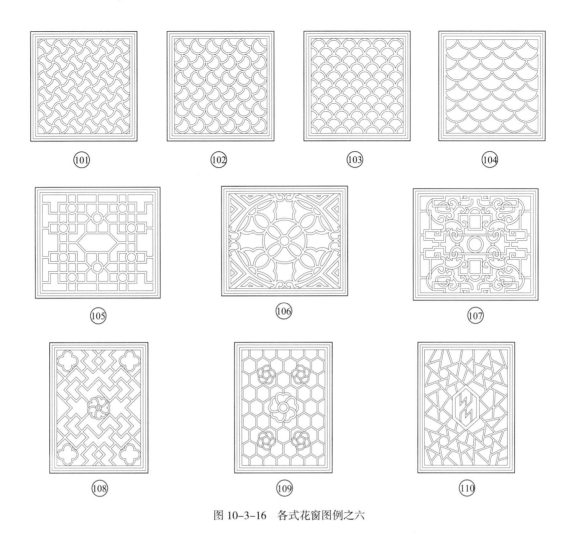

图 10-3-16　各式花窗图例之六

# 第十一章  屋面瓦作与筑脊

屋顶乃中国古建筑中最具特色之所在，其外观多呈曲线或曲面，造型多变，或庄重，或轻盈，历来为中外建筑界所推崇。其构造除采用不同形式的梁架及桁椽等木构架外，其余则由铺瓦筑脊等瓦作工艺来完成。

铺瓦筑脊因系砖瓦叠砌，加上手工粉塑而成，且所用材料品种繁多，规格不一，又是全凭工匠手工操作，因此其中手法出入，终有差距；又因殿庭厅堂的造型与功能之不同，其做法亦有异。

《营造法原》中用大量篇幅专门介绍了屋面瓦作中各种构件的名称、构成、功能与做法，分别对厅堂、殿庭等各类建筑中的戗、脊及其他构件，就其形制、构造、尺寸、用材等，都进行了较为详尽的阐述。现分别将其介绍如下：

## 第一节  屋面形式

屋面除有单檐与重檐之区分外，其基本形式大体可分为硬山、四合舍（北方称庑殿）、歇山、悬山、攒尖顶等五种。

### 一、硬山

屋面前后做坡，两面落水，其两旁筑山墙，墙高与屋面相平或略高于屋面者，称硬山。若两侧山墙高于屋面，则可将墙做成屏风墙或观音兜。各式硬山屋面详见图 11-1-1～图 11-1-3。

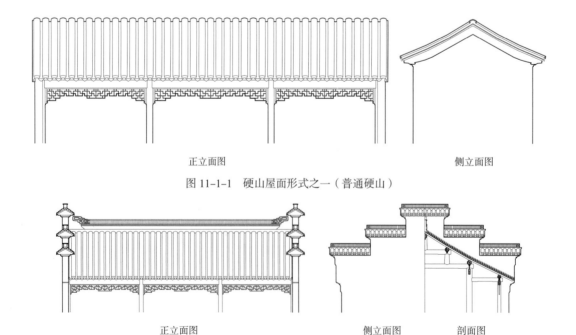

正立面图　　　　　　　　　　　　　　侧立面图

图 11-1-1　硬山屋面形式之一（普通硬山）

正立面图　　　　　　　　侧立面图　　　剖面图

注：屏风墙分两种形式，即三山屏风、五山屏风，本图例为五山屏风。

图 11-1-2　硬山屋面形式之二（屏风墙）

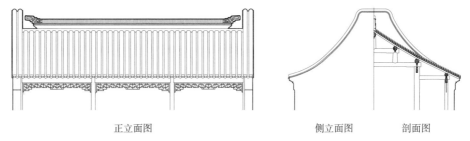

正立面图      侧立面图      剖面图

注：观音兜分两种形式，即全观音兜与半观音兜，本图例为全观音兜。

图 11-1-3   硬山屋面形式之三（观音兜）

## 二、四合舍

屋面前后左右四面落水，正旁屋面相合成阳角，其上筑脊，成四坡五脊者，称为四合舍（北方称庑殿），见图 11-1-4、图 11-1-5。

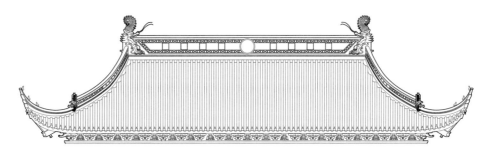

图 11-1-4   四合舍屋面正立面图

图 11-1-5   四合舍屋面侧立面图

## 三、歇山

屋面前后做落水，两旁做落翼，山墙位于落翼之后，缩进建造者，称为歇山。又因歇山之屋顶结构如同硬山或悬山与四合舍相交所组成，故有四坡九脊，又被称为"九脊顶"，见图 11-1-6、图 11-1-7。

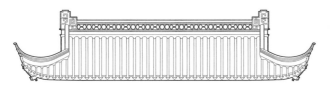

图 11-1-6   歇山屋面正立面图

图 11-1-7   歇山屋面侧立面图

#### 四、悬山

悬山为前后落水，其桁端挑出山墙之外，护以木板，称为博风，或用砖博风，使山尖悬空于外，故名悬山。但其桁条悬挑于山墙以外，易遭风雨侵袭，因此在雨水较多、空气湿度较大的江南地区，该式样并不适用，故有"江南尤悬山"一说，见图11-1-8、图11-1-9。

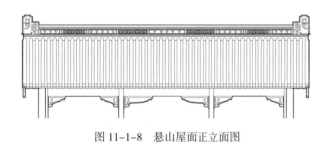

图11-1-8　悬山屋面正立面图

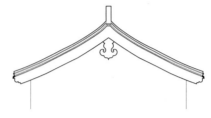

图11-1-9　悬山屋面侧立面图

#### 五、攒尖顶

屋面向上汇合成尖形，上覆宝顶，称为攒尖顶。攒尖顶大都用于亭或阁，常见者有四角顶、六角顶、八角顶等，而圆顶则较为少见，见图11-1-10~图11-1-13。

图11-1-10　四角顶屋面立面图

图11-1-11　六角顶屋面立面图

图11-1-12　八角顶屋面立面图

图11-1-13　圆顶屋面立面图

## 第二节　屋面铺设

#### 一、屋面瓦件的名称、规格及其用途

屋面铺设的主要材料为大瓦、小瓦与筒瓦，与其配套的分别是滴水瓦、花边瓦与勾头瓦。以上材料统称瓦件。常用的各类屋面瓦件详见图11-2-1。

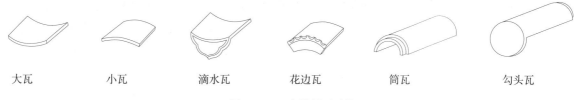

| 大瓦 | 小瓦 | 滴水瓦 | 花边瓦 | 筒瓦 | 勾头瓦 |

图 11-2-1　各类屋面瓦件

常用屋面瓦件尺寸：

大瓦 20 厘米 ×20 厘米，小瓦 18 厘米 ×18 厘米，斜沟瓦 24 厘米 ×24 厘米。

滴水瓦有大滴水、斜沟滴水，其尺寸分别与大瓦、斜沟瓦相配套。花边有大花边、小花边，其尺寸分别与大瓦、小瓦相配套。

铺设屋面所用之筒瓦尺寸：14 寸筒瓦 29.5 厘米 ×16 厘米，12 寸筒瓦 28 厘米 ×14 厘米，10寸筒瓦 22 厘米 ×12 厘米。

勾头瓦也分 14 寸、12 寸、10 寸，分别与相应筒瓦配套。

另有一种筒瓦，其用途主要为构筑屋脊、竖带与戗脊，称花筒。花筒有三种规格：5 寸筒 13 厘米 ×12 厘米、7 寸筒 15 厘米 ×12 厘米、10 寸筒 22 厘米 ×12 厘米，见图 11-2-2。

图 11-2-2　各式花筒

将瓦仰置相叠、连接成沟者，称底瓦，覆于两底瓦上者称盖瓦。底瓦应用大瓦，盖瓦则用小瓦。为便于流水，底瓦须大头向上，盖瓦须大头向下。底瓦于檐口处置滴水瓦，盖瓦则置花边瓦。

屋面若其盖瓦不用小瓦而用筒瓦，则于檐口处置勾头瓦，详见图 11-2-3。

盖瓦用小瓦之屋面，称板瓦屋面，又称小青瓦屋面。盖瓦用筒瓦者，称筒瓦屋面。

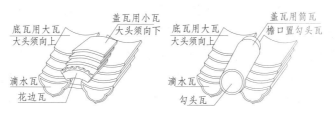

图 11-2-3　屋面瓦件用途示意图

## 二、屋面分楞

盖瓦一列，称为一楞，两楞之距离称豁。屋面两端之瓦楞称边楞。用于硬山墙之边楞为盖瓦，用于屏风墙者，其边楞为底瓦，如图 11-2-4~ 图 11-2-6。

屋面瓦楞之多少，应视屋面总开间尺寸与瓦楞之大小而定。与北方古建筑做法不同，按苏州地区传统做法，屋面正中一楞应为盖瓦，俗称"雄楞居中"。但除此之外，还须根据屋面形式而定，若是硬山，则两边楞亦应为盖瓦。若是屋面两侧为屏风墙，则两边楞应为底瓦。详见图 11-2-7、图 11-2-8。

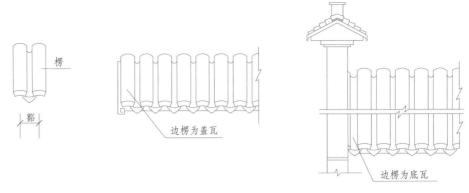

图 11-2-4　楞与豁之图例　　　图 11-2-5　硬山屋面图例　　　图 11-2-6　屏风墙屋面图例

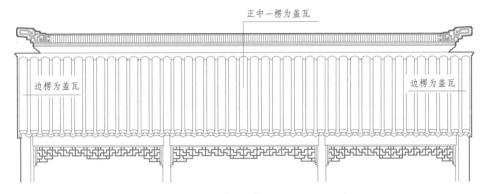

图 11-2-7　屋面分楞图例之一（硬山屋面）

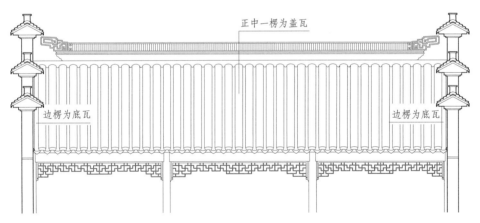

图 11-2-8　屋面分楞图例之二（屏风墙屋面）

屋面分楞的技术要点：

**（一）小青瓦屋面**

厅堂：底瓦采用大瓦，盖瓦采用小瓦。一豁之尺寸（即楞距）为9寸（约25厘米左右）。

殿庭：底瓦采用斜沟瓦，盖瓦采用大瓦。一豁之尺寸（即楞距）为9寸2分（约26厘米左右）。

盖瓦搭盖底瓦部分，每侧不应小于1/3盖瓦宽。

底瓦楞的水路（瓦楞的外露宽度）应在1/3底瓦宽左右，不宜过大或过小，过大则易漏水，过小则瓦楞易被树叶等杂物堵塞而影响流水。

## （二）筒瓦屋面

厅堂：底瓦采用大瓦，盖瓦采用 12 寸筒瓦。一豁之尺寸（即楞距）为 7.5~8 寸（约 21~23 厘米左右）。

殿庭：底瓦采用斜沟瓦，盖瓦采用 14 寸筒瓦。一豁之尺寸（即楞距）为 8~8.5 寸（约 22~24 厘米左右）。

筒瓦搭接底瓦部分：混水筒瓦 ❶ 每侧不得小于 1/3 盖瓦宽，清水筒瓦每侧不得小于 2/5 盖瓦宽。底瓦楞的水路也应在 1/3 底瓦宽左右。

## 三、屋面铺设
### （一）小青瓦屋面的铺设

为便于读者理解，现以铺设硬山式小青瓦屋面为例，用图解的方式简述其操作步骤及要领如下。

1. 操作步骤一：砌山墙，形成屋面弧线

在屋面木基层安装结束后，先将两侧山墙砌至木椽面，上砌飞砖二皮，依屋面提栈砌出屋面弧度，称匀栈。

匀栈时必须注意的是，在金柱处应稍低，步柱处可稍高，而檐头则须翘起之，从而形成一条两头高、中间低的屋面弧线。这便是香山帮建筑做法的关键——"囊金叠步翘檐头"。

具体操作详见图 11-2-9。

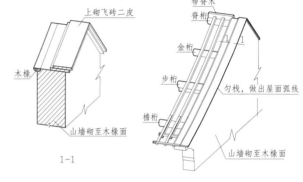

图 11-2-9　屋面铺设操作步骤一示意图

2. 操作步骤二：木基层上铺设望砖（图 11-2-10）

先于檐口处设面沿，再在屋面木基层上铺设望砖，每根桁条之上设勒望一道，勒望的作用，一为防止望砖下滑，二为使铺设的望砖横向整齐划一。安装时，宽度不满一块的望砖称为找望，找望须设在每界望砖的最顶端。

如有飞椽，则在飞椽上部再增铺望砖一皮（图 11-2-11）。

望砖分为糙望、批线望砖、做细望砖三种，其中糙望一般铺设在仰视看不见的地方，即底部有轩或吊顶等处。

若是相邻两界间屋面提栈相差过大，或脊桁上设有帮脊木，则需在相邻两界间或头停椽部位的望砖之上铺设鳖壳板，其目的是使屋面的弧线更加和顺、流畅。为了防止望砖被压碎，须在鳖壳板与望砖间加铺木条。

3. 操作步骤三：分楞、划线、安装瓦口板

在屋面上部，先铺灰、找平，弹出屋面开间方向的中线，该中线须与屋面檐口及屋脊线相垂直。根据中线，再分楞、划线，即排瓦档。分档时应注意，两侧边楞及正中一楞均须为盖瓦，瓦档距一般为 24~25 厘米，视房屋总开间尺寸而定。

将划好的瓦档线，用线垂直引到屋面檐口并划上记号，作为安装瓦口板的依据。

---

❶ 筒瓦屋面铺设完成后，在筒瓦楞上再施以粉刷者，称混水筒瓦，反之，则称清水筒瓦。

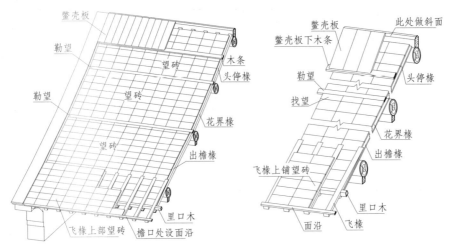

| 图 11-2-10 屋面铺设操作步骤二示意图 | 图 11-2-11 望砖铺设细部大样图 |

根据分好的瓦档距制作瓦口板，在屋面檐口处安装瓦口板，瓦口板与面檐外口相平。所设瓦口板应与上部瓦档距互相垂直对应，即底瓦对底瓦，盖瓦对盖瓦，并在瓦口板上划上盖瓦中线。

具体操作详见图 11-2-12、图 11-2-13。

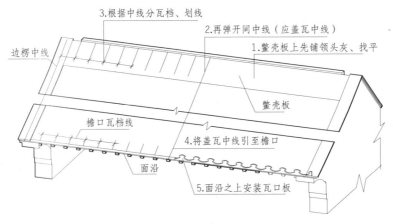

图 11-2-12 屋面铺设操作步骤三示意图

图 11-2-13 瓦口板大样图

4. 操作步骤四：做边楞、对老瓦头

根据瓦档线，即可做边楞与对老瓦头。

做屋面时，通常是先做两边山墙的边楞，由于边楞比较关键，将直接影响到屋面铺设的质量，因为作为屋面盖瓦楞的样板，屋面的弧度、瓦的铺设厚薄、滴水瓦的角度与进出等一系列因素都由边楞决定，而且两条边楞必须做成相互平行、两边对称，并分别与屋面檐口线及屋脊线相互垂直。

根据瓦档线，在屋脊两边分别安装一定长度的底瓦楞与盖瓦楞，俗称"对老瓦头"。老瓦头的长度以不影响砌筑屋脊为宜，且其上端须伸进屋脊内，伸进长度为屋脊宽的 1/3。

与此同时，在檐口瓦口板上安装滴水瓦，所装滴水瓦须与老瓦头相对应。安装滴水瓦前，应根据两条边楞的滴水瓦，在开间方向架设一根通长线（线架在滴水瓦之头角上），作为滴水瓦安装的基准线。

具体操作详见图11-2-14。

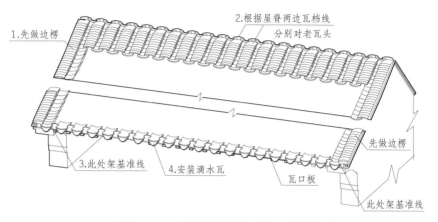

图11-2-14　屋面铺设操作步骤四示意图

滴水瓦须挑出瓦口板一定长度，一般挑出长度为5~7厘米。为滴水瓦安装牢固，滴水瓦的两边须开口子，所开口子的大小以能装入瓦口板为宜，口子与滴水瓦边的距离便是滴水瓦的挑出长度，详见图11-2-15。

图11-2-15　滴水瓦安装大样图

5. 操作步骤五：砌筑攀脊与屋脊

待屋面前后两边老瓦头完成后，即可做攀脊。其做法为：在屋面合角的老瓦头空隙间，先用碎砖瓦垫实，再铺灰浆抹平。上合两皮瓦，用灰浆铺设，合瓦时上下两皮瓦的接缝要错开，攀脊面高出盖瓦二三寸。硬山屋面于攀脊两端覆花边瓦，称嫩瓦头，嫩瓦头挑出墙外约1寸，与勒脚上下相齐。

攀脊之上砌筑滚筒，滚筒之端做钩子头，因其形似螳螂之肚，故也俗称"螳螂肚"。滚筒上面是二路瓦条（即二路线），二路瓦条之间缩进寸余，称交子缝。瓦条之上安装或砌筑纹头，纹头安装时，其外侧应略高于内侧，且与嫩瓦头成一直线，不得超出嫩瓦头。纹头之后，在瓦条上面排瓦筑脊，上施粉刷，其高为1寸，称盖头灰。

具体操作详见图11-2-16、图11-2-17。

6. 操作步骤六：按边楞弧度，逐楞铺设底瓦、盖瓦

铺设底瓦前，先将安装好的滴水瓦与相应的老瓦头拉通线，作为进深方向的基准线，如屋面弧势较大，可在线上扣上铁钉，使基准线的弧度与屋面弧度相一致，便于按线铺设底瓦。如发现已做的老瓦头与基准线有误差，应对老瓦头作调整，以免所铺的瓦楞出现歪斜、间距大小不同或不平行的现象。

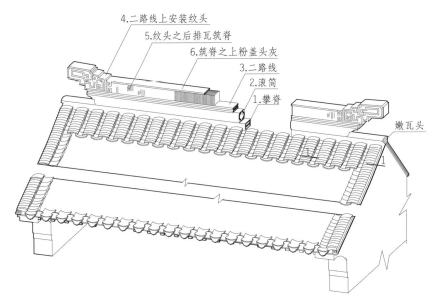

图 11-2-16　屋面铺设操作步骤五示意图

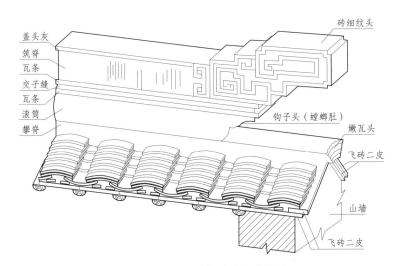

图 11-2-17　1-1 剖面与纹头大样图

　　架好线后，先在瓦底铺灰，再铺底瓦。底瓦铺设要平整，因此须将瓦口弧度过大或过小的瓦挑出，挑出的瓦片可敲成瓦条作垫片。相邻的两楞底瓦，铺设时高低应一致，底瓦两侧用瓦条垫实并糊上灰浆。

　　相邻的两楞底瓦铺好后，便可进行盖瓦楞的铺设。先用碎瓦片垫入两楞底瓦间的沟槽内，其余空当满铺灰浆，再在檐口铺好领头灰，然后安放花边瓦。花边瓦安放在相邻的两张滴水瓦上，缩进滴水口 2 厘米，后根捺紧滴水瓦，然后依次铺设盖瓦。盖瓦后端均须落在底瓦上，否则会导致盖瓦楞与底瓦楞的弧度不一致，直接影响到屋面的铺设质量。待整楞盖瓦铺设完毕后，要用直楞板直楞，直楞时须注意，所铺瓦楞要直，瓦的两边高低须一致，发现弧度有过大或过小的瓦要予以更换，总之，所铺盖瓦的弧度、厚度与高低均以边楞为准。

　　于是，按照先底瓦、再盖瓦的次序，逐楞铺设，直至屋面铺设完成。具体操作详见图 11-2-18、图 11-2-19。

图 11-2-20 所示为小青瓦屋面铺设完成后的示意图。

小青瓦屋面铺设的技术要点：

滴水瓦瓦头挑出瓦口板的长度不大于"一插手"❶，（即 7 厘米），
且不得小于 2 厘米。

若有斜沟，则斜沟底瓦搭盖不小于 15 厘米（沿排水方向，斜沟
底瓦宜解口），斜沟两侧的百斜头伸入沟内不应小于 5 厘米。

底瓦搭盖外露不应大于 1/3 瓦长（一搭三），檐口部分可作适当
调整。

盖瓦搭盖外露不应大于 1/4 瓦长（一搭四），厅堂、亭阁、大殿
等建筑物屋面的盖瓦搭盖外露不应大于 1/5 瓦长（一搭五）。

盖瓦搭盖底瓦，每侧不应小于 1/3 盖瓦宽。

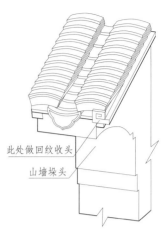

此处做回纹收头

山墙垛头

图 11-2-18　山墙檐口细部大样

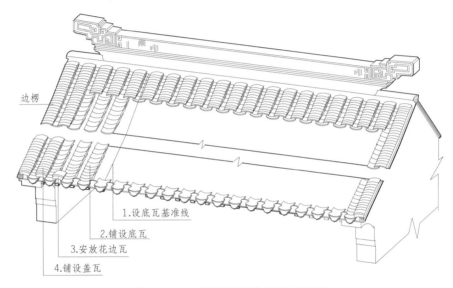

边楞

1.设底瓦基准线

2.铺设底瓦

3.安放花边瓦

4.铺设盖瓦

图 11-2-19　屋面铺设操作步骤六示意图

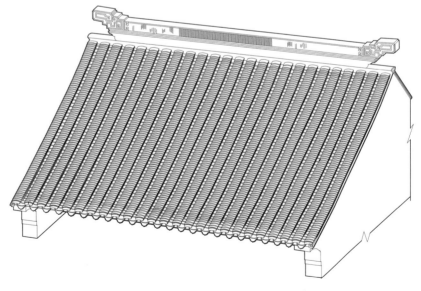

图 11-2-20　小青瓦屋面铺设完成后的示意图

❶　一插手，即四个手指宽，约为 7 厘米，旧时工匠用来控制尺寸的简易方法。

**（二）筒瓦屋面的铺设**

屋面铺设，其盖瓦不用小青瓦而用筒瓦者，称筒瓦屋面。故筒瓦屋面的铺设与小青瓦屋面基本相同，不同的是：

（1）盖瓦楞因所用材料不同，其形式与做法亦不同，见图11-2-21。

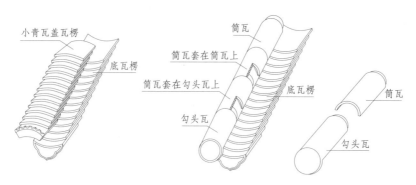

图 11-2-21　小青瓦盖瓦楞与筒瓦盖瓦楞的细部大样

（2）筒瓦屋面因其盖瓦用的是筒瓦，屋面檐口置的是勾头瓦，而小青瓦屋面檐口置的是花边瓦，故二者的瓦口板式样不同，见图11-2-22、图11-2-23。

图 11-2-22　筒瓦屋面檐口细部大样

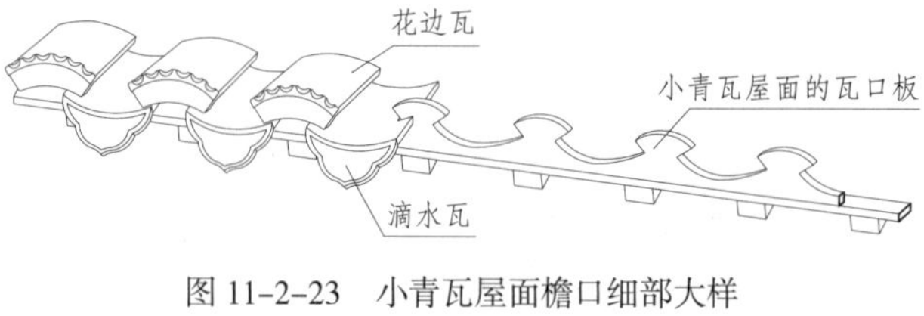

图 11-2-23　小青瓦屋面檐口细部大样

（3）小青瓦屋面操作步骤为先做脊，再做屋面。筒瓦屋面操作步骤为先做屋面，再做脊。

除此之外，筒瓦屋面的铺设与小青瓦屋面基本相同，均可参照铺设小青瓦屋面的方法进行。

另外，筒瓦屋面尚分清水与混水两种做法。

所谓清水做法就是将铺设好的筒瓦表面及接缝内的灰浆、垃圾等清理干净，不再在其表面作任何粉刷，仅需对接缝作勾缝处理，因此，清水筒瓦对于筒瓦的选材及铺设要求都比较高。

如果对所铺设的筒瓦采用刨、切等加工手段，使筒瓦表面圆弧一致、大小均等，安装时在筒瓦之间用油灰嵌缝，经打磨后便成了砖细筒瓦屋面。

混水做法就是在做好的盖筒表面先用砂浆打底，再用纸筋灰光面，使粉刷后的瓦筒大小一致，圆弧均匀，待表面自然干燥后，再刷黑水二度即可。

筒瓦屋面铺设的技术要点：

盖筒瓦时，上下筒瓦的接缝应紧密，且在安装时在瓦顶头披上灰浆，防止缝道渗水，其接缝，清水筒瓦不得大于3毫米，混水筒瓦不得大于5毫米。

当屋面提栈超过六算半时，每隔三四张瓦须加设荷叶钉1只。

有的筒瓦屋面檐口勾头瓦上还加设铁钉，安装檐人或钉帽，防止瓦件下滑并起到装饰作用。

# 第三节　厅堂筑脊

前后屋面合角于脊桁之上，合角处筑攀脊，于攀脊之上筑屋脊，称为正脊。

正脊一般由三部分组成，即脊头、脊身、脊座（即攀脊），详见图11-3-1。

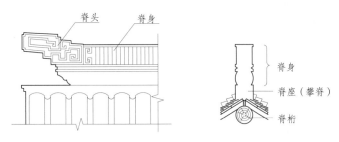

图11-3-1　屋脊做法示意图

### 一、正脊的分类

根据脊身所用的材料以及安装形式的不同，大体可分为以下三种：

（1）将瓦斜向平铺于攀脊之上者，称游脊，见图11-3-2。

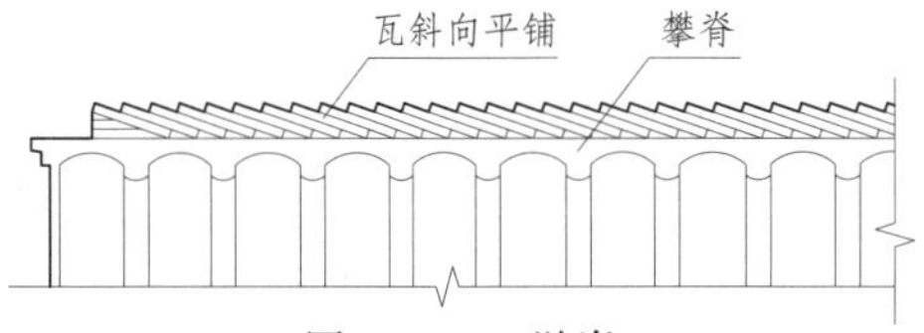

（2）凡将瓦竖立紧排于攀脊或滚筒瓦条之上，瓦顶作盖头灰者，统称筑脊，见图11-3-3。

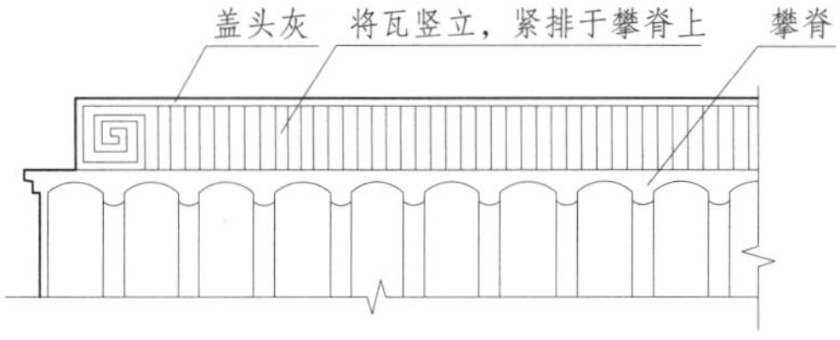

（3）滚筒瓦条之上用砖瓦叠砌、脊顶采用盖筒者，称花筒脊。花筒脊有亮、暗花筒之分，见图11-3-4。

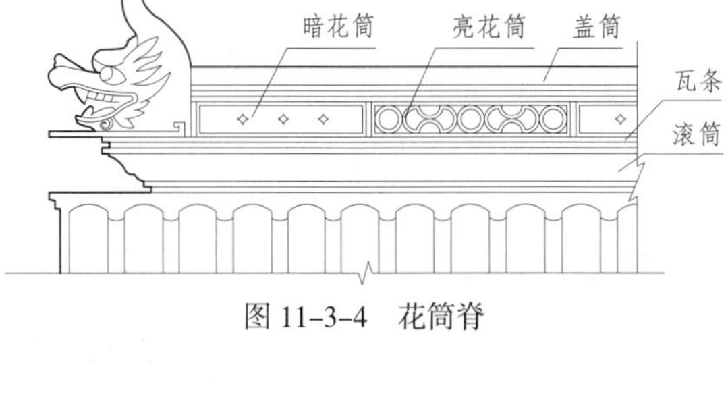

根据脊头形式的不同，正脊分甘蔗脊、雌毛（亦名鸱尾）脊、纹头脊、哺鸡脊、哺龙脊等各种形式。各种脊式之立面见图11-3-5~图11-3-10。

图11-3-2　游脊

图11-3-3　筑脊

图11-3-4　花筒脊

### 二、正脊的砌筑之法

筑脊之法，随各式而异，有繁有简。

简者如游脊、甘蔗脊等，仅于屋面合角处的瓦头上安置攀脊瓦，于攀脊上筑脊。

繁者如纹头、雌毛、哺鸡、哺龙诸脊，一是将攀脊两端砌高，使脊端翘起，做钩子头，二是在攀脊之上砌滚筒。两者之上均可设瓦条，瓦条可一路，亦可二路。瓦条之上再予筑脊，脊之两端设脊头，脊头有雌毛、纹头、哺鸡、哺龙等，其形式多样，视建之体量、等级、用途等诸多因素而定。

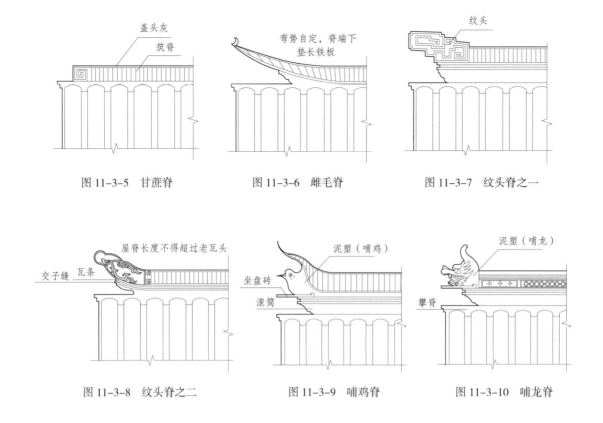

图 11-3-5　甘蔗脊　　　　　　　图 11-3-6　雌毛脊　　　　　　　图 11-3-7　纹头脊之一

图 11-3-8　纹头脊之二　　　　　图 11-3-9　哺鸡脊　　　　　　　图 11-3-10　哺龙脊

现将各种脊式之做法简述如下。

### （一）游脊

游脊将瓦斜向平铺于攀脊上，且无脊头装饰，因其构造简单，故不宜用于正房，一般用于简易平屋或简易围墙之围墙顶。

游脊的做法较为简单。先做攀脊，其做法为在屋面合角的瓦头上合两皮瓦，用灰浆铺设，合瓦时上下两皮瓦的接缝要错开，合瓦前两边架好水平线，攀脊面与设置的水平线做平，其面高出盖瓦二三寸（6~9厘米）。硬山于攀脊之端覆花边瓦，称嫩瓦头❶，嫩瓦头挑出墙外，与勒脚上下相齐。

待攀脊做好后，即可铺瓦，游脊的铺设应始于脊端边楞中线处，先于该处砌筑瓦墩，然后将瓦斜盖在瓦墩上，所盖之瓦须大头朝上，相邻两瓦须排列紧密，并露出瓦长的1/3左右。

游脊从两端向脊中会合（脊之中间称龙腰），相交成倒八字状，在该处略施粉刷，粉平即可。脊之两端不刷回纹，顶部亦不刷盖头灰，然其攀脊面之粉刷须紧光，以防雨水渗漏。

游脊做法详见图11-3-11。

### （二）甘蔗脊

甘蔗脊一般用于普通平房，也常用于围墙之围墙顶。甘蔗脊的攀脊做法与游脊相同。

甘蔗脊的砌筑也始于脊端边楞中线处，先于该处用整瓦叠砌瓦墩，瓦墩高度同瓦高，将瓦竖立紧排于攀脊之上，称为筑脊。排瓦从两端向龙腰处会合，会合之处略施粉刷。脊之两端须刷回纹作装饰，脊顶刷盖头灰，以防雨水，详见图11-3-12。

---

❶ 在《营造法原》及其图例中，将该处瓦头称为"老瓦头"。在铺设屋面时，须先在屋脊两边分别安装一定长度的底瓦楞与盖瓦楞，传统上将之称为"对老瓦头"，或是"做老瓦头"。为明确区分两者之不同，很多同行将前者改称为"嫩瓦头"。为不至于让读者混淆，故本文也统一将其称为"嫩瓦头"。

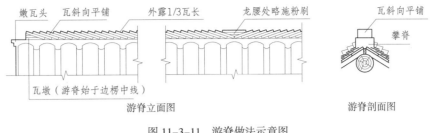

图 11-3-11　游脊做法示意图

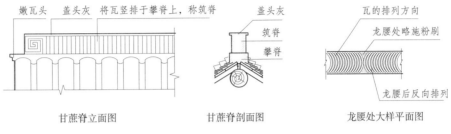

图 11-3-12　甘蔗脊做法示意图

#### （三）雌毛脊

雌毛脊，一般用于普通民房。因其两头翘起，故须将攀脊两端砌高，做钩子头。钩子头高 4 寸，其上砌方形之线脚，厚约 1 寸，称瓦条。瓦条与攀脊之间须凹进 1 寸，称交子缝。钩子头一般位于第二或第三楞盖瓦中，视其起翘高度而定。

脊端起翘须用"铁扁担"，铁扁担外挑长度不得超过嫩瓦头，其后端伸进钩子头后的距离须大于外挑长度，以防倾覆。

扁担头上方先安装一张滴水瓦，铁扁担下方通长贴砌一路瓦条，与交子缝上方瓦条跟通，再依次斜向排列小青瓦，至钩子头处将瓦逐步竖直，其做法与筑脊相同。

瓦顶粉"盖头灰"，脊端须粉成鹰嘴式作装饰，瓦底自上而下依次粉瓦条、交子缝、攀脊。因雌毛脊之脊身亦为筑脊，故龙腰处做法与甘蔗脊相同，详见图 11-3-13、图 11-3-14。

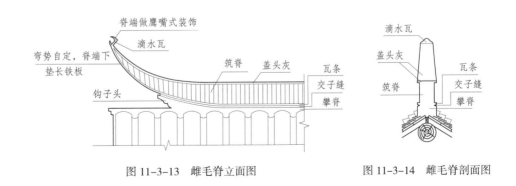

图 11-3-13　雌毛脊立面图　　　　　　图 11-3-14　雌毛脊剖面图

#### （四）纹头脊（用钩子头）

用钩子头做法之纹头脊多用于普通厅堂，现将其做法简述如下：将攀脊两端砌高，做钩子头，钩子头应砌筑于脊两端各向内缩进一楞半瓦的距离处，钩子头因形似螳螂肚，故又俗称"螳螂肚"。其上部与瓦条连通，瓦条之上安装或砌筑纹头，纹头之外侧应略高于内，且与嫩瓦头成一直线。

纹头之后，在瓦条上面排瓦筑脊，排瓦时应先在底部抹上纸筋灰，再排瓦。排瓦一般是两边同时进行，到脊中会合，中间做龙腰。筑脊用瓦，其规格大小须一致，排列整齐垂直，并呈同一水平面，上用纸筋灰浆粉平，两侧用纸筋灰浆粉成出线，称盖头灰，其宽度同筑脊底部瓦条。

屋脊粉刷时按顺序先用纸筋灰粉攀脊部位，粉刷后攀脊表面须平整，侧面无凹凸不平现象，纹头底螳螂肚粉刷应注重线条部位的流畅及两边对称，攀脊以上瓦条粉刷后做到粗细一致，交子缝距离大小相同，线条走势和顺、自然。

图11-3-15、图11-3-16所示便为用钩子头做法之纹头脊。

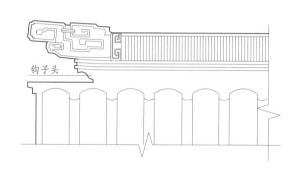
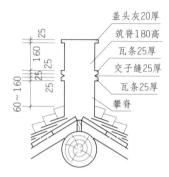

说明：不用钩子头时，攀脊高6~8厘米，有钩子头时，攀脊高12~16厘米。

图11-3-15　纹头脊立面图（用钩子头）　　　图11-3-16　纹头脊剖面图（用钩子头）（单位：毫米）

### （五）哺鸡脊（用滚筒）

脊之高者，则不用钩子头，而在攀脊之上砌滚筒，滚筒用5寸或7寸筒瓦对合砌成，实以灰砂。其上砌瓦条。若砌二路瓦条，中间须设交子缝。瓦条之上筑脊，哺鸡则置于筑脊之两端，头向外，后部用铁片弯曲，外加粉刷，翘起如尾，其下设坐盘砖，置于瓦条之上。哺鸡有开口、闭口之分，哺鸡头上插铁花者，称铁秀花哺鸡。

哺鸡脊之砌筑顺序、要领如下：在攀脊之上砌滚筒，用青砖及灰浆砌筑，砌至与筒瓦内口高度相同时，用灰浆把筒瓦贴在砖砌体的两侧面上，筒瓦应高低相平、进出一致并调整成水平状。滚筒上方为二路瓦条，中间为交子缝。滚筒两端须粉出螳螂肚形，其部位亦在脊两头各向内缩进一楞半瓦的距离处。

坐盘砖安装于上部瓦条之上，外侧略高，其外挑口与嫩瓦头相平并成垂直状，内侧应向上做回纹。坐盘砖用料为方砖或硬木。哺鸡及哺鸡座用青砖砌筑，经粉刷泥塑而成。哺鸡的嘴尖、背部的铁片鸡尾均应与坐盘砖外挑口对齐、相平。上部瓦条上面砌筑一路束塞，束塞上面砌一路瓦条，瓦条之上垂直排瓦作筑脊，瓦上施以粉刷作盖头灰。因该做法共有三道瓦条，故俗称"滚筒三线"。

哺鸡背部的铁片鸡尾须绕麻线、作粉刷，顺鸡背而下，一分为二，分别与盖头灰及瓦条相兜通。

图11-3-17、图11-3-18所示为用滚筒做法的哺鸡脊。

### （六）哺龙脊（暗亮花筒脊）

该做法之哺龙脊则大都用于寺宇之厅堂。其砌筑顺序及操作要领如下：

哺龙脊与哺鸡脊做法基本相同，在攀脊之上先设交子缝，再砌瓦条，瓦条之上依次砌筑滚筒、二路线❶，二路线之上为坐盘砖，坐盘砖以上的哺龙座及哺龙用青砖砌筑，经粉刷泥塑而成。坐盘砖

---

❶ 为方便叙述，在《营造法原》中，将二路瓦条及中间的交子缝统称为二路线。

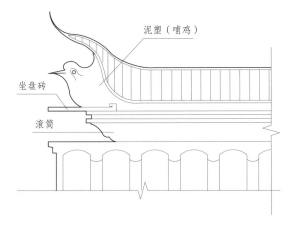

图 11-3-17 哺鸡脊立面图（用滚筒）

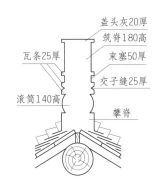

图 11-3-18 哺鸡脊剖面图（用滚筒）（单位：毫米）

也可用方砖或硬木做成，其外挑口及哺龙头外侧的点与老瓦头对齐并成垂直状。

哺龙脊之筑脊部分一般采用暗、亮花筒形式，具体做法为：将脊之总长度留出两边哺龙头长度后分为若干份，应为单数，因为暗花筒段与亮花筒段交替使用。先设置好亮花筒段的长度及段数，余下长度将其平分数段后，即为暗花筒段之长度。

亮花筒用 5 寸筒瓦砌筑，砌筑的亮花筒孔大小要一致，上下筒瓦中点对直，排列匀称，其形式可做成金钱与定胜等数种。亮花筒四周均用望砖作镶边并兜通，镶边外口较其上下瓦条两边各缩进 1 寸。

暗花筒的砌筑与亮花筒基本相似，所不同的是将亮花筒部分改为用青砖砌筑的束塞，其高度与宽度都与亮花筒相同。

在砌好的亮花筒及暗花筒镶边之上砌筑二路线，二路线之上覆盖筒。图 11-3-19~ 图 11-3-21 为用暗、亮花筒做法的哺龙脊。

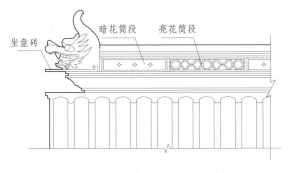

图 11-3-19 哺龙脊立面图（暗亮花筒）

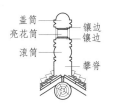

图 11-3-20 亮花筒段剖面图

图 11-3-21 暗花筒段剖面图

### 三、正脊的高度

厅堂正脊高度，随脊式不同，其高度也不同，自 1 尺至 1 尺 8 寸不等（28~50 厘米）。各种脊式之筑脊的高度及其剖面，详见图 11-3-22。

不同脊式的筑脊，其两端可配用相应的脊头，如：

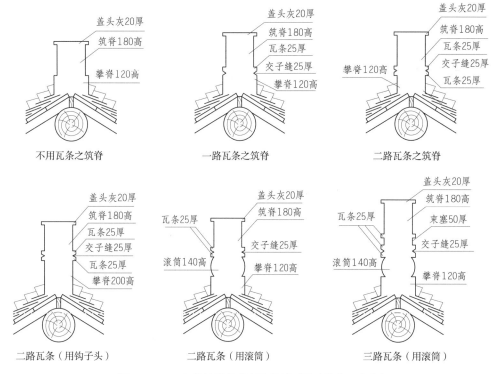

| | | |
|---|---|---|
| 盖头灰20厚 | 盖头灰20厚 | 盖头灰20厚 |
| 筑脊180高 | 筑脊180高 | 筑脊180高 |
| 攀脊120高 | 瓦条25厚 | 瓦条25厚 |
| | 交子缝25厚 | 交子缝25厚 |
| | 攀脊120高 | 瓦条25厚 |
| | | 攀脊120高 |
| 不用瓦条之筑脊 | 一路瓦条之筑脊 | 二路瓦条之筑脊 |

二路瓦条（用钩子头）　　二路瓦条（用滚筒）　　三路瓦条（用滚筒）

图 11-3-22　各种筑脊的高度及其剖面图（单位：毫米）

甘蔗脊的筑脊一般不用瓦条。

一路瓦条筑脊的脊头，可配简单的纹头与雌毛脊，用于普通民居。

二路瓦条筑脊的脊头，常用纹头，用于普通民居。若两端加钩子头，则用于普通厅堂。

滚筒之上用二路瓦条或三路瓦条，其脊头则用制作精细的纹头、哺鸡，用于装修豪华的厅堂。

屋脊由砖瓦叠砌而成，脊高者，为防止脊因受风雨而动摇，则须采取加固措施。传统做法是：在帮脊木上，逐段直立旺脊木，两端之哺鸡或哺龙内则植以吻桩木，在攀脊或滚筒内横置方木料一根，称龙筋，用于连接吻桩木及旺脊木，以提高脊的整体性。详见图 11-3-23。

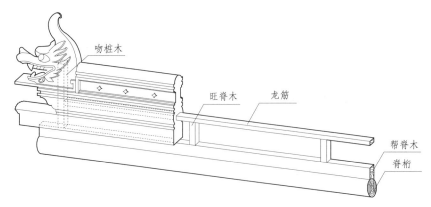

图 11-3-23　吻桩木、旺脊木、龙筋做法示意图

如今都用钢筋做铁钉，内灌水泥砂浆来代替旺脊木、吻桩木等做法，用于加固屋脊。

屋脊形式采用筑脊时，旺脊钉则须设置于脊两端及中间龙腰处，屋脊过长者，须于滚筒部位设置横向钢筋一道，与旺脊钉连接，内灌水泥砂浆。

屋脊形式为亮花筒时，除于脊两端及中间龙腰处设置旺脊钉外，各字碑处亦需另行设置，横向钢筋须设两道，滚筒及盖筒处各一道，并分别与旺脊钉连接，内灌水泥砂浆。

旺脊钉采用经过铁匠锻打的专用铁钉（可采用钢筋加工），其直径、长度，须根据脊高而定。钉入帮脊木长度约 10~15 厘米。

### 四、黄瓜环脊及其做法

厅堂屋脊，除上述各式之外，尚有另外一种形式，即回顶。如园林建筑，其厅堂、走廊、水榭等，屋顶形式大多采用回顶，而不用正脊，仅用黄瓜环瓦代之，该瓦因弓似黄瓜形，故称黄瓜环（图 11-3-24）。

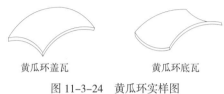

黄瓜环盖瓦　　　　黄瓜环底瓦

图 11-3-24　黄瓜环实样图

黄瓜环亦有盖、底之分，分别覆于盖、底瓦之上，故前后屋面相合处呈凹凸起伏之状，称黄瓜环脊。

图 11-3-25 所示便为黄瓜环脊之厅堂立面。

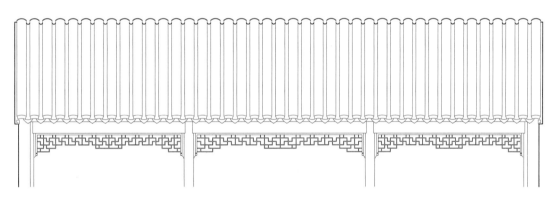

图 11-3-25　黄瓜环脊屋面立面图

现将黄瓜环瓦脊的具体做法简述如下：

由于黄瓜环脊不做攀脊，故在做瓦头时，屋脊两边的瓦头须留出一定长度，以便黄瓜环瓦的安装。

常用黄瓜环瓦的规格，其底瓦与盖瓦均为 32 厘米 × 18 厘米。黄瓜环瓦与小青瓦的搭接长度不能少于小青瓦长度的 2/3，故屋脊两边瓦头的预留长度一般为 8~10 厘米。

铺设瓦头时，脊的两边均要设置水平线，使屋脊两边前后坡的瓦头高低一致，不能倾斜，并在同一水平线上。

待屋脊瓦头全部做好后，在整条屋脊当中铺设灰浆。先将黄瓜环底瓦安装在两边的小青瓦底瓦上，再安装黄瓜环盖瓦。在安装黄瓜环盖瓦前，用灰浆糊在黄瓜环底瓦相邻的水路内，安装底瓦及盖瓦时，均须拉上水平线。

安装时灰浆须饱满，以免屋脊漏水。安装结束后，须将两边泛出的灰浆全部清理干净，在黄瓜环盖瓦两侧用纸筋灰浆嵌缝，待两侧嵌缝自然干燥后，再刷黑水两度。

图 11-3-26 所示为园林走廊回顶做法的大样图。

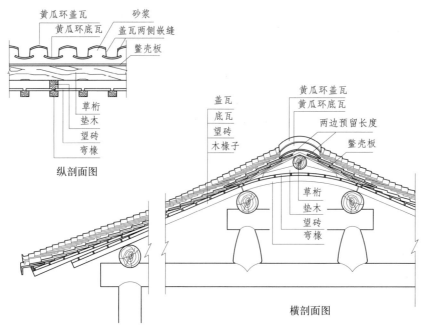

图 11-3-26 黄瓜环脊做法示意图

# 第四节 厅堂竖带及水戗

## 一、厅堂竖带

歇山形式的厅堂,共有九条脊。现分述如下。

除正脊外,于山尖内侧,依屋面斜坡,自正脊起至戗根筑脊,该脊称为竖带。因正脊之前后、左右均设有竖带,故竖带共有四条。竖带自正脊起至戗根处,沿戗而下,下端至角飞椽或嫩戗头,翘起兜转呈弧线状,称为水戗,水戗亦有四条。

竖带筑于两盖瓦间,中心线对底瓦。竖带以外为盖瓦一楞,下砌飞砖二路,逐皮收进,其下为博风,博风由砖砌粉出,合角处做悬鱼、如意等。

图 11-4-1~图 11-4-3 所示为亮花筒正脊之歇山屋面形式。

歇山屋面,若采用黄瓜环脊,因其前后竖带相连环通,顶做圆形,故该竖带又称"环包脊",如图 11-4-4、图 11-4-5 所示。

竖带与屋面瓦楞平行,砌筑于山墙内侧第一、二楞盖瓦间,中心线对底瓦,上部与屋面正脊相连接,竖带下部共有两种形式:其一,竖带与戗根相交后,沿戗而下,转为戗角,即无花篮座式。其二,竖带自上而下至花篮座,花篮座设在木结构之檐桁上方,戗角与竖带 45° 相交,即有花篮座式,见图 11-4-6、图 11-4-7。

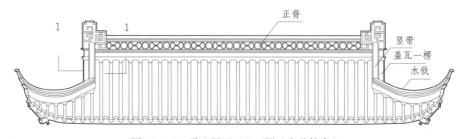

图 11-4-1 歇山屋面正立面图(亮花筒脊)

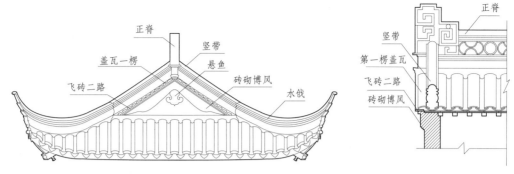

图 11-4-2　歇山屋面侧立面图（亮花筒脊）　　　　　　图 11-4-3　1-1 剖面图

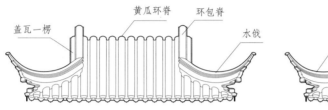

图 11-4-4　歇山屋面正立面图（黄瓜环脊）

图 11-4-5　歇山屋面侧立面图（黄瓜环脊）

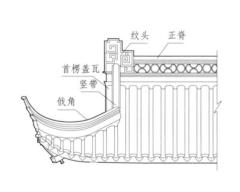

图 11-4-6　竖带形式之一（无花篮座式）

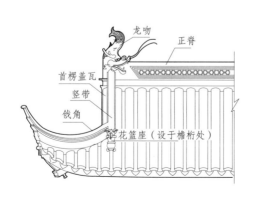

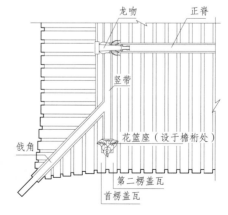

图 11-4-7　竖带形式之二（有花篮座式）

厅堂竖带的构造较为简单，自下而上依次为脊座、滚筒、二路瓦条，瓦条间为交子缝，瓦条之上设盖筒。

其做法为先于山墙内侧首两楞盖瓦之上，用砖砌筑脊座，脊座中心线对底瓦中心线，约高2寸，上用7寸筒或5寸筒对合砌成滚筒，上筑二路瓦条，中间设交子缝，瓦条与交子缝可用望砖或加工成条状的瓦片砌筑，上覆盖筒，外施粉刷，共高约1尺3寸至1尺5寸，厚约6寸，详见图11-4-8。

竖带砌筑的技术要点：

（1）竖带砌筑须在屋盖铺设完成后进行。

（2）砌筑顺序应从下向上。有花篮时应在竖带下部花篮位置处，即底部檐桁上预先设置旺脊钉，以备砌花篮座之用。

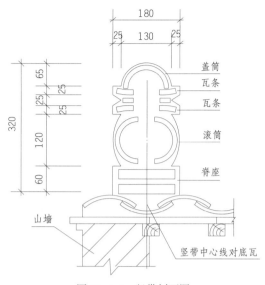

图11-4-8　竖带剖面图

（3）竖带滚筒高度须低于正脊滚筒高度，因竖带与正脊为斜交，两者滚筒斜交处的高度应一致。

## 二、厅堂水戗

水戗高同竖带，唯戗端逐渐降低。用水戗发戗者，则将戗座垫高六、七寸，作壶口形，然后逐皮挑出弯起，或兜转作卷叶状。水戗内必须贯以木条或铁条，戗端承以铁板，上端承戗头弯起，其下端则坚钉于戗角木骨上。

——引自《营造法原》

水戗的发戗形式，根据木结构戗角做法的不同，可分为以下两种形式：

（1）木戗角仅有老戗木而不用嫩戗木者或老戗木上仅覆子角梁者，该发戗形式称"水戗发戗"。

（2）木戗角既有老戗木又有嫩戗木者，该发戗形式称"嫩戗发戗"。

两种发戗形式的立面见图11-4-9、图11-4-10。

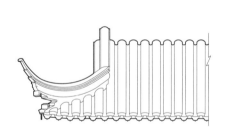

图11-4-9　发戗形式之一（水戗发戗）

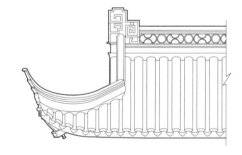

图11-4-10　发戗形式之二（嫩戗发戗）

现将两种发戗形式的操作步骤与要领介绍如下。

### （一）嫩戗发戗

1.步骤一：铺设鳖壳板、分楞、划线

沿木戗角中心线，在其两侧对称地铺设鳖壳板。鳖壳板的作用：一是使戗角部位与屋面檐口的连接有个过渡，避免出现积水现象。二是使屋面的弧线更流畅。

在鳌壳板上，沿木戗角中心线向戗根方向抹灰浆，使之形成向上呈弧形的尖角形状，在中心线两侧，均匀分出瓦档线，瓦档线须与屋面沿口线垂直，瓦之档距应大致与该屋面之瓦楞间距相同。戗头部位的第一楞瓦应为底瓦，戗根部位应为盖瓦，并与歇山山墙内侧的第一楞盖瓦相通。

根据瓦档线，制作并安装瓦口板，见图11-4-11。

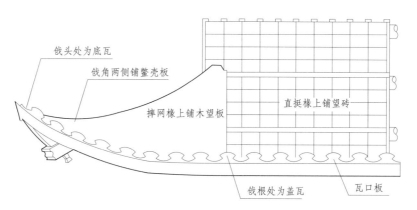

图11-4-11　嫩戗发戗操作步骤一：铺鳌壳板、分楞、划线

2. 步骤二：按瓦档线对老瓦头

依据瓦档线，分别沿屋脊与戗角中心线两侧对老瓦头。所铺之老瓦头，特别是在戗角部位，必须瓦楞平直，盖瓦压平，相邻瓦楞坡势均匀，瓦档大小统一，出水流畅，无倒流水现象，且与沿口花边、滴水垂直对应。

按回顶（黄瓜环脊）做法，在屋脊两侧老瓦头的顶端分别安装黄瓜环的底瓦与盖瓦。在戗角两侧的老瓦头沟槽内，沿木戗中心线预埋数档粗铁丝或旺脊钉，用于固定上部铁制戗挑。

在檐口瓦口板上分别安装花边瓦、滴水瓦，在嫩戗尖处两侧安装的是滴水瓦，因其对称布置而形似蝴蝶，故亦称蝴蝶瓦，详见图11-4-12。

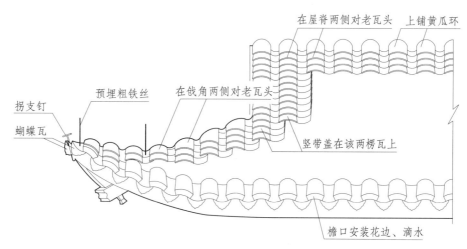

图11-4-12　嫩戗发戗操作步骤二：按瓦档线对老瓦头

### 3. 步骤三：安装拐支钉、老鼠瓦

拐支钉是一种特制的铁钉，呈丁字形，长约10厘米，安装于嫩戗尖处，起支撑老鼠瓦之作用。老鼠瓦安装在两侧蝴蝶瓦上，由拐支钉支撑。该瓦由5寸筒瓦做成，因其前端呈齿状，故称老鼠瓦。

嫩戗发戗的操作步骤三详见图11-4-13。

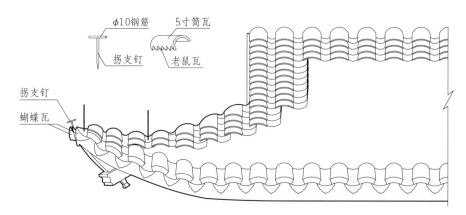

图11-4-13　嫩戗发戗操作步骤三：安装拐支钉、老鼠瓦

### 4. 步骤四：砌筑戗座

沿戗脊中心线砌筑戗座，戗座做法同攀脊，先用青砖砌筑，高低随戗的弧度向上铺设，砌至两边盖瓦高度后，上覆小青瓦二皮，用纸筋灰浆粉刷戗座表面及两边瓦当。

于戗座端头处安装老鼠瓦，老鼠瓦安装在两侧蝴蝶瓦上，由拐支钉支撑。该瓦由5寸筒瓦做成，因其前端呈齿状，故称老鼠瓦。在其上方所设之勾头瓦，则称猫唥瓦❶。作为戗座的收头，老鼠瓦与猫唥瓦之间的空隙处应粉刷成对称之弧形曲面。

在歇山山墙的盖瓦楞上砌筑竖带脊座，与戗座呈45°斜交，其高度与宽度均与戗座做通。脊座中心线对准底瓦中心线。

步骤四详见图11-4-14。

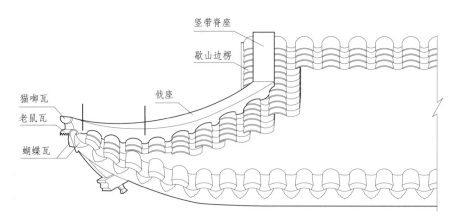

图11-4-14　嫩戗发戗操作步骤四：砌筑戗座

---

❶ 对于本文中所说的"猫唥瓦"，现在很多同行都称之为"御猫瓦"。其实并不妥当，理由有二：其一，《营造法原》图版四十中，便将此瓦称为"猫唥瓦"，其二，唥，读"xian"，吴语中读"hai"（孩），唥即"用口叼住"之意，猫唥瓦位于老鼠瓦之上方，正如猫用口叼住老鼠，十分形象。故本文采用"猫唥瓦"之说法。

5. 步骤五：砌筑滚筒

砌筑滚筒时应安放第一块铁制戗挑，其长度根据戗高控制。滚筒用青砖砌筑，由于戗角呈弧形，在砌筑时须依据其弧度、垂直度以及与其相接部位的关系，每皮砖的高度应严格控制，当青砖砌筑到滚筒弧度之高时，两边覆上筒瓦。滚筒与竖带斜交时其两者上下高度应一致。

滚筒头设于猫唧瓦之上，呈向前斜挑之势，滚筒头侧面砌成螳螂肚形，正面似葫芦形，称太监瓦，见图11-4-15。

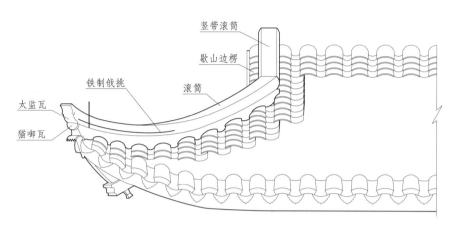

图11-4-15　嫩戗发戗操作步骤五：砌筑滚筒

6. 步骤六：砌筑二路线

滚筒上方砌筑二路瓦条，即二路线。瓦条之间为交子缝，瓦条于太监瓦处逐皮向外伸出，称四叙瓦，四叙瓦因形似古时候上朝时所用的朝板，故又称朝板瓦。四叙瓦的伸出长度应逐皮增加，约为1寸。

二路线上再安放第二块铁制戗挑，该戗挑主要起着加固、稳定四叙瓦及安装上部勾头筒瓦之作用。戗挑的伸出长度应根据戗角的具体情况而定，但太监瓦后伸入戗内的长度一定要大于伸出长度，戗挑的弧形应与木戗的弧形一致。

步骤六详见图11-4-16。

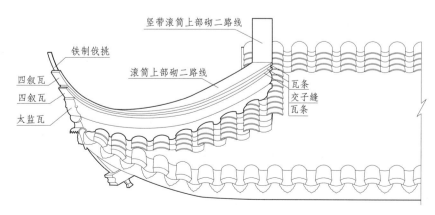

图11-4-16　嫩戗发戗操作步骤六：砌筑二路线

7. 步骤七：砌筑盖筒、安装勾头

砌筑戗脊盖筒，盖筒砌筑用筒瓦，盖筒应沿戗脊中心线居中砌筑，盖筒宽度应缩进瓦条外口各1寸。从戗根方向往上砌至四叙瓦端部，高低随戗之弧度，做到弧形一致。

于戗挑顶部设置勾头瓦，所设勾头瓦与四叙瓦之距离应比四叙瓦之长度增加2寸（6厘米），勾头瓦安装时，其钩子头应呈水平状。戗挑上部设瓦片，然后绕麻线，作粉刷，高度、宽度由盖筒处向戗顶顺势收分，做到弧线流畅、两边对称、过渡自然，见图11-4-17。

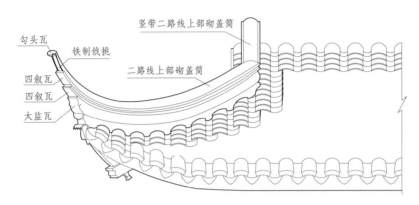

图11-4-17　嫩戗发戗操作步骤七：砌筑盖筒、安装勾头

8. 步骤八：戗角粉刷、铺盖屋面

戗角砌筑成型后，即可对其表面进行粉刷，粉刷的材料可用水泥纸筋，也可用水泥砂浆，但为了增加砂浆的和易性，须掺加部分白灰。一般在砂浆中都适当加入由黑色颜料拌合的黑水，这样能使戗角的颜色保持得更长久。

粉刷的顺序依次为攀脊侧面（即瓦档）及上背面、二路线、滚筒、盖筒，粉刷可从戗角两边同时进行。先将攀脊侧面粉平，然后上三角直尺分段粉其背面，要求弧线流畅，进出一致。

对于二路线的粉刷，须先粉瓦条的侧面，然后粉其上下面，再在交子缝部位粉上砂浆，然后用特制的传统工具——"扯模"将瓦条、交子缝的造型拉扯出来。拉扯必须随着戗角的弧度，从戗头到戗根逐段拉扯而成。如有高低、弯曲之处，经修整后，重新用"扯摸"再扯上一遍，直到所扯线条宽度一致、角线清晰、弧度流畅、进出都达到要求为止。

滚筒经粉刷后，上下两线保持平行，为保证滚筒弧度一致、大小相同，可采用传统工具"螺壳匙"❶来进行操作。

同样，戗脊盖筒表面的粉刷也可采用"螺壳匙"来操作。粉刷时，盖筒两边须留设相同宽度的边，其尺寸与瓦条的高度相同。粉刷后的盖筒顶面与瓦条保持相等的弧面，该弧面须圆度饱满，线条流畅。

粉刷戗角所用的传统工具详见图11-4-18。

对于其他部位的构件，如老鼠瓦、猫啣瓦、太监瓦、四叙瓦等，则按传统式样用纸筋或砂浆搨塑而成。

戗角扯模（粉二路线用）　螺壳匙（匙，吴中匠人读其为"抄"）

图11-4-18　粉刷戗角所用的传统工具

---

❶《营造法原》注："一种水作用具，俗称螺壳匙，粉圆面用。"

待全部构件经自然干透后，再刷黑水二度。然后，将剩下部分的屋面全部铺设完成，详见图 11-4-19~ 图 11-4-21。

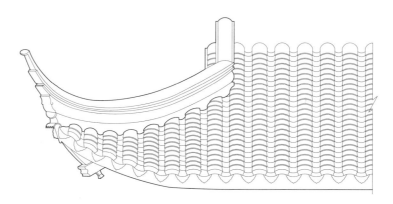

图 11-4-19　嫩戗发戗操作步骤八：戗角粉刷、铺盖屋面

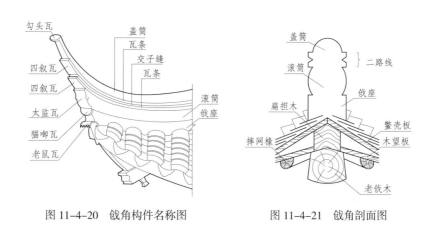

图 11-4-20　戗角构件名称图　　　　图 11-4-21　戗角剖面图

### （二）水戗发戗

水戗发戗与嫩戗发戗相比，则相对比较简单，仅需在攀脊（即戗座）前端上覆花边瓦，称嫩瓦头。嫩瓦头须伸出两侧蝴蝶瓦之外约 1 寸。

由于水戗发戗的木戗角不设嫩戗木，因此，木构件本身不起翘，为使戗脊端部能够翘起，故在嫩瓦头之后，须将戗座砌高六七寸，俗称打墩子。墩子做成壶口形状，称吞口，吞口前端须缩进嫩瓦头约 3 寸。吞口形式有多种，如回纹、螳螂肚等。

图 11-4-22 中的吞口形式为回纹吞口。

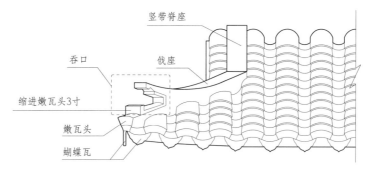

图 11-4-22　水戗发戗之吞口做法示意图

戗座之上有以下两种做法：

其一是在戗座之上直接砌筑二路线，安放铁制戗挑，上覆盖筒。然后，将二路线逐皮伸出，成四叙瓦，戗挑之端再安装勾头瓦，其施工工艺与构件名称均与嫩戗发戗相同。

其二是戗座之上先设滚筒，再砌筑二路线，其余做法均与第一种做法相同，因该做法设有滚筒，与嫩戗发戗相同，故称"水戗嫩发"。

详见图11-4-23、图11-4-24。

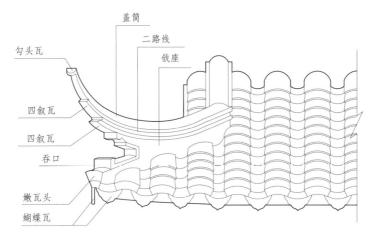

图 11-4-23　水戗发戗做法之一

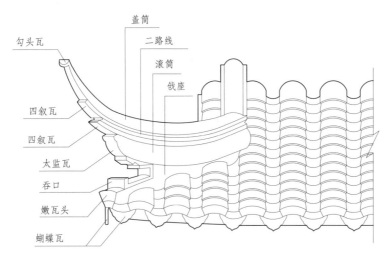

图 11-4-24　水戗发戗做法之二（水戗嫩发）

戗角的形式，除按木结构的不同而区分为水戗发戗与嫩戗发戗之外，若按戗头的形式来分，则可分为勾头戗、如意头戗、洋叶戗等几种类型，详见图11-4-25。

若按吞口形式的不同，则可区分为回纹吞口与螳螂肚吞口，详见图11-4-26。

水作戗角发戗的技术要点：

（1）所发戗角的各个构件（如勾头瓦、四叙瓦、太监瓦等）的中点均须在同一垂线上，该垂线应与水戗及木戗中心线重合。在操作过程中，可用线垂吊线的方法来控制。

（2）同一建筑的各个戗角的高度、进出、弧度、造型等各个技术参数都须保持一致，操作过程中，可根据预先所制样板，通过吊线、尺量的方法来控制。

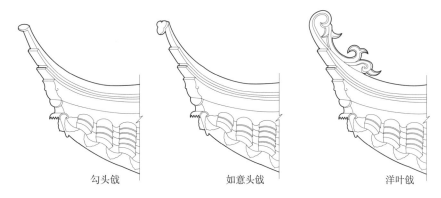

| 勾头戗 | 如意头戗 | 洋叶戗 |

图 11-4-25　戗角按戗头形式的分类

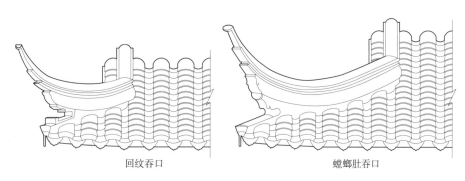

| 回纹吞口 | 螳螂肚吞口 |

图 11-4-26　戗角按吞口形式的分类

# 第五节　殿庭筑脊

## 一、殿庭正脊之分类名称及规格尺寸

殿庭正脊两端置龙吻或鱼龙吻，称为龙吻脊，龙吻分五套、七套、九套、十三套，而正脊亦随之而称五套龙吻脊、七套龙吻脊等。正脊之高低，因系砖瓦叠砌，手法出入，难有精密之规定。

表 11-5-1 所述仅为概略，应视殿庭之开间进深，随势审定，务使不卑不高，适合屋面斜势。

殿庭所用吻脊之规格与尺寸表　　　　　　　　　　　　　　　　表 11-5-1

| 间数 | 用吻脊 | 脊高 |
|---|---|---|
| 三开间 | 用五套龙吻 | 3.5~4 尺 |
| 五开间 | 用七套龙吻 | 4~4.5 尺 |
| 七开间 | 用九套龙吻 | 4.5~5 尺 |
| 九开间 | 用十三套龙吻 | 5 尺以上 |

其中：

五套龙吻：高 2.8 尺，阔 1 尺，厚 4 寸，吻嘴高 1.1 尺。

九套龙吻：高 4.2 尺，阔 1.35 尺，厚 6.5 寸，吻嘴高 2.2. 尺。

十三套龙吻：高 5.5 尺，阔 1.7 尺，厚 9.5 寸，吻嘴高 2.5 尺。

"凡殿庭筑脊，所用之脊兽，如龙吻、天王、坐狮、檐人、筒瓦、通脊等以及厅堂筑脊所用之哺鸡、哺龙等，昔时皆设窑制造，称为窑货花色（图11-5-1）。其式样之大小，花纹之设计，均有定制，颇似北方之琉璃作。唯其材料为普通窑货，不施彩釉，价格较廉。"

——引自《营造法原》

正样　　　　侧样

十三套龙吻　　　　　　鱼龙吻　　　　天王

图 11-5-1　窑货花式

昔时所用之窑货吻脊，现今市场上已无人烧制，所用吻脊大都采用砖砌粉塑。故对龙吻脊不再以套来命名，而是以所用瓦条的多少及脊头的形式来区分，如五瓦条鱼龙脊、九瓦条龙吻脊，详见图11-5-2~图11-5-5。

## 二、九套龙吻脊之做法
### （一）九套龙吻脊之构造
"脊之构造，就九套龙吻脊而言，下部为滚筒，用大毛筒做，直接砌于盖瓦上，不做攀脊，底瓦处流空，赖以减少风力。滚筒上砌二路线，上为三寸宕，面平较瓦条缩进，以七两砖砌，或用

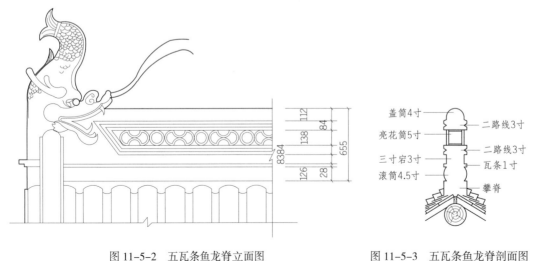

图 11-5-2　五瓦条鱼龙脊立面图　　　　　图 11-5-3　五瓦条鱼龙脊剖面图

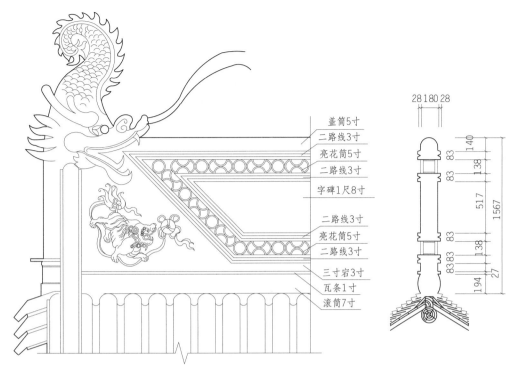

图 11-5-4　九瓦条龙吻脊立面图　　　　图 11-5-5　九瓦条龙吻脊剖面图

盖筒5寸
二路线3寸
亮花筒5寸
二路线3寸
字碑1尺8寸
二路线3寸
亮花筒5寸
二路线3寸
三寸宕3寸
瓦条1寸
滚筒7寸

28 180 28

140
83
138
83
517
83
138
83 83
194
27
1567

通脊（图 11-5-6）●，以减轻负重。三寸宕上为亮花筒，亮花筒两面夹以瓦条，中以五寸筒对合砌成金钱、定胜等形连续周绕，颇增美观，亦有减轻风力、增加稳固的作用。亮花筒以上为字碑，以方砖镶砌，可划分数段。字碑以上，与下对称，为亮花筒、三寸宕，三寸宕以上筑瓦条一路，上覆盖筒。其高度自下而上，滚筒约七寸，二路线约三寸，三寸宕三寸，亮花筒七寸，字碑约一尺四寸，亮花筒七寸，三寸宕三寸，瓦条一寸，盖筒四五寸，共高约五尺。其余各式鱼吻脊之高低，可依上表之规定，以瓦条亮花筒字碑之取舍增减，随宜伸缩。"

图 11-5-6　通脊实样图

——引自《营造法原》

图 11-5-7、图 11-5-8 便为根据以上所述而绘制之九套龙吻脊的立面图与剖面图。

由上图可见，九套龙吻脊共有七路瓦条，故亦称七瓦条龙吻脊。

**（二）亮龙筋及其做法**

如《营造法原》中所述"直接砌于盖瓦上，不做攀脊，底瓦处流空，赖以减少风力"的滚筒，在传统做法中，将其称之为"亮龙筋"。

"亮龙筋"做法的关键是：由于在屋面合角处不做攀脊，滚筒直接砌于盖瓦上，由盖瓦承担屋脊全部之重，且底瓦处流空，故合角处之前后瓦楞须对齐，大小一致，规格统一，并垂直相交于屋脊中心线。瓦楞相交处，前后两者须"严丝合缝不漏水，砌筑牢固不松动"。

在传统做法中，亮龙筋的砌筑必须设置如下关键构件：

---

● 通脊，用于正脊之空心砖料，昔时窑货之一种，共分 3 寸与 5 寸两个规格，分别用于砌筑三寸宕与五寸宕，以减轻屋面负重。现也无人烧制，均用砖砌代之。

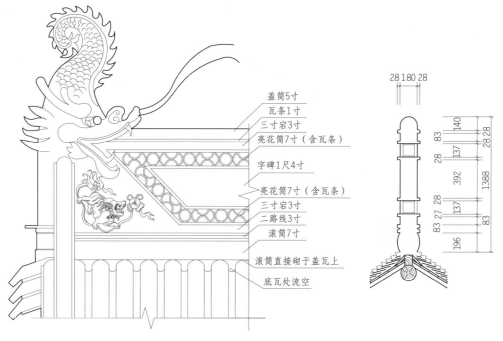

图 11-5-7　九套龙吻脊立面图　　　　　　图 11-5-8　九套龙吻脊剖面图

（1）用于底瓦楞的尼姑瓦、蟹脐瓦。

（2）用于盖瓦楞的和尚瓦、人字木。

（3）用于支承滚筒的鸦鹊砖（《营造法原》中称"乌鹊砖"）、千斤砖。

以上构件，在《营造法原》中也有提及，如：

蟹脐瓦：用筒瓦做。

人字木：为底瓦间、盖瓦下之分楞木条，以人字形短木固定之。

千斤砖：用 5 斤砖，高 6 寸❶，每楞一个，盖在风档上部，支承正脊。

乌鹊砖：将砖截角，形如乌鹊，在正脊下钩承第一张盖（筒）瓦用，每楞一个。

现将上述构件的制作、用途以及安装部位，分述如下：

（1）底瓦楞顶端设置尼姑瓦、蟹脐瓦。

由于底瓦与底瓦相交，两瓦之间存在一定的空隙，要消除该段空隙，须对其中一块底瓦进行加工，加工后的底瓦俗称"尼姑瓦"。

在两楞底瓦的顶端加设一块筒瓦，为使筒瓦能与底瓦紧密结合，须将筒瓦按照底瓦弧度截去四个角，该瓦称为蟹脐瓦。

安装时，在底瓦楞的顶端，先设置一张尼姑瓦与底瓦相交，再在其上设置一张蟹脐瓦，便能使底瓦楞做到"严丝合缝不漏水"。

其具体做法详见图 11-5-9。

（2）盖瓦楞顶端设置人字木、和尚瓦。

由于滚筒是直接砌于盖瓦上，由盖瓦承担屋脊全部之重，为提高盖瓦的承载能力，须在底瓦之间、盖瓦之下设置人字木。

---

❶ 高 6 寸，原文此处可能有误，5 斤砖没有 6 寸高。

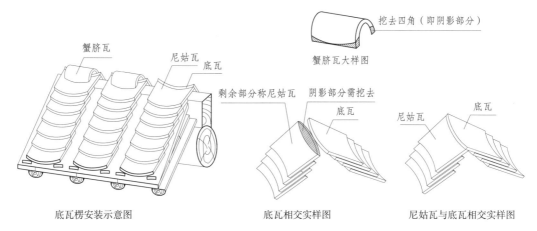

挖去四角（即阴影部分）

蟹脐瓦大样图

蟹脐瓦　　　尼姑瓦　底瓦

剩余部分称尼姑瓦　　阴影部分需挖去

底瓦　　　尼姑瓦　　底瓦

底瓦楞安装示意图　　　底瓦相交实样图　　　尼姑瓦与底瓦相交实样图

图 11-5-9　亮龙筋做法详图 1（底瓦楞顶端设置尼姑瓦、蟹脐瓦）

同样，盖瓦与盖瓦相交，两瓦之间也存在一定的空隙，要消除该段空隙，须对两块盖瓦都进行加工，加工后的两片盖瓦就称"和尚瓦"。

安装时，先将人字木安装于两楞底瓦之间的帮脊木处，因人字木之角度可调整，故俗称"鹤膝"。铺设盖瓦楞时，须将其顶端的几张瓦铺设在人字木上，为提高盖瓦的承载能力，人字木背部须做成与盖瓦相同的弧形。

在盖瓦楞的合角处，两边各安放一张和尚瓦，并做到"严丝合缝不漏水"。若是盖瓦为筒瓦，也须采用如此做法。

具体做法详见图 11-5-10。

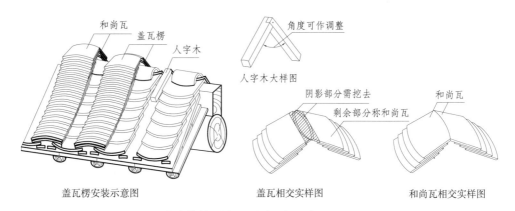

和尚瓦　盖瓦楞　人字木

角度可作调整

人字木大样图

阴影部分需挖去　　　和尚瓦

剩余部分称和尚瓦

盖瓦楞安装示意图　　　盖瓦相交实样图　　　和尚瓦相交实样图

图 11-5-10　亮龙筋做法详图 2（盖瓦楞顶端设置人字木、和尚瓦）

（3）用于支承滚筒的鸦鹊砖、千斤砖。

跨于两楞盖瓦间的第一皮砖，称鸦鹊砖，为尽量扩大砖与盖瓦的接触面积，增加稳定性，须将砖截角，截角后的砖因形如鸦鹊之尾，故称鸦鹊砖。该砖须用密实度较高的砖（如青砖或方砖）加工而成。

将鸦鹊砖跨于两楞盖瓦间，能起到"砌筑牢固不松动"的作用。

砌筑在鸦鹊砖之上的一皮砖，称千斤砖，起支承正脊的作用，故也须用密实度较高的砖砌筑。

图 11-5-11 所示便为鸦鹊砖、千斤砖的加工与安装示意图。

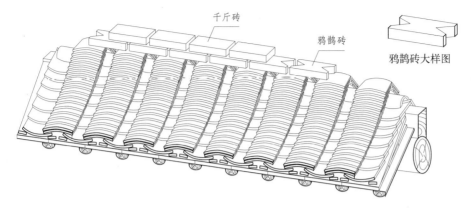

图 11-5-11　亮龙筋做法详图 3（用于支承滚筒的鸦雀砖、千斤砖）

### （三）九套龙吻脊操作步骤与要领

现以九套龙吻脊为例，将其砌筑的操作步骤与要领介绍如下。

1. 操作步骤一：分瓦档线，设置旺脊钉，铺设老瓦头

定屋脊中心线，分瓦档线：屋脊中心线应与前后屋面檐口线平行。沿屋脊中心线两边，依据屋脊长度划分瓦档线，划分之瓦档线应雄楞（盖瓦）居中，边楞为盖瓦，且档距与檐口档距相同。

沿屋脊中心线设置旺脊钉：旺脊钉须设置于两端龙吻处、中间龙腰处及各字碑中心处，每处各一根。旺脊钉的长度、直径，根据脊高而定。而两端龙吻处则须根据龙吻高度而定，应达龙尾顶部，所有旺脊钉均须钉入帮脊木 10~15 厘米左右。

沿屋脊中心线铺设老瓦头。铺设老瓦头时，应先铺底瓦，再铺盖瓦，并在铺设好的老瓦头顶部相交处，前后两边各安装一块和尚瓦或尼姑瓦。盖瓦上是和尚瓦，底瓦处须尼姑瓦，两两相对，安装牢固，严丝合缝。前后两楞底瓦的顶端（即尼姑瓦之上），安装一块蟹脐瓦。铺设盖瓦前，须在底瓦之间、盖瓦之下架设人字木，将顶端数张盖瓦铺设在人字木上，以提高盖瓦的承载能力，见图 11-5-12。

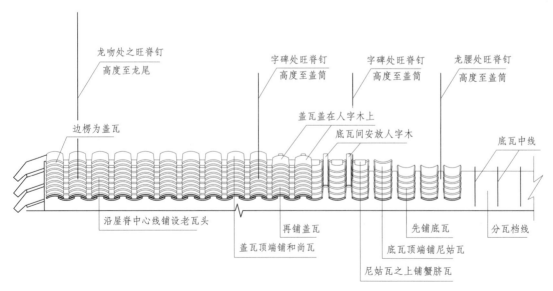

图 11-5-12　九套龙吻脊操作步骤一：分瓦档线，设置旺脊钉，铺设老瓦头

2. 操作步骤二：安装鸦鹊砖、千斤砖，砌筑滚筒，砌筑二路线

在铺设好的老瓦头顶部相交处，跨于两楞盖瓦之间各安装一块鸦鹊砖，尽量增加该砖与盖瓦的接触面，使之牢固结合，并在同一水平线上。

砌筑滚筒，在鸦鹊砖之上用青砖砌筑滚筒（其中第一皮青砖称千斤砖），当青砖砌筑到滚筒高度时，两边覆上筒瓦。在砌筑好的滚筒面上，用望砖或瓦条逐路砌筑二路线。见图11-5-13。

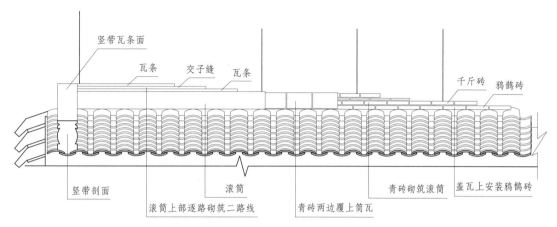

图11-5-13　九套龙吻脊操作步骤二：安装鸦鹊砖、千斤砖，砌筑滚筒，砌筑二路线

3. 操作步骤三：砌筑吻座、三寸宕，设置亮花筒，砌筑实墙段

对准屋脊中心线，于山尖顶部，竖带外侧砌筑吻座，如有排山（另详）应先做排山，吻座（另详）也可与竖带同步砌筑。吻座高度砌至与正脊二路线相平，安装托盘砖，托盘砖用方砖制作。

于二路线上部用青砖砌筑三寸宕，三寸宕宽度应缩进瓦条外口各1寸，高度为3寸。

设置亮花筒位置，两侧龙吻到亮花筒边的距离要设置准确，角度按45°设置，一般脊多高，留设距离就多宽（以45°底角为准）❶。

架设亮花筒，亮花筒用5寸筒瓦对合砌成金钱、定胜等形状，两面夹以瓦条。旺脊钉处用青砖砌筑，外贴筒瓦作装饰。

龙吻脊头部位用青砖砌筑实墙，该实墙在传统做法中称"窑门"，实墙宽度同三寸宕，实墙外侧缩进托盘砖2寸，向上自然收分，与预先勾勒出的龙吻形状一致，见图11-5-14。

4. 操作步骤四：砌筑字碑段，架设亮花筒，砌筑三寸宕、瓦条及盖筒

在下路亮花筒瓦条上用青砖砌筑字碑段，字碑段宽度同三寸宕，高度为1尺4寸。字碑可在砌筑时同步安装，也可预留空洞，最后安装字碑。字碑以上，与下对称，依次架设亮花筒，砌筑三寸宕，做法同操作步骤三。

三寸宕以上筑瓦条一路，瓦条用望砖砌筑，宽度为两边挑出三寸宕各1寸，高度为1寸。

瓦条之上设横向钢筋一道，分别与旺脊钉连接，内灌水泥砂浆，上覆盖筒。盖筒用16寸筒瓦，居中铺设，缩进瓦条外口两边各1寸。盖筒长度为分别至两端龙吻之龙口处，见图11-5-15。

5. 操作步骤五：泥塑龙吻脊头、粉刷、安装字碑等工作

龙吻脊头按预先勾勒出的龙头形状用青砖砌筑，并在砌筑时用铁件做成骨架绑扎在吻座处旺脊钉上或预埋在砖砌体内。龙须可用钢筋制作，外绕麻丝，施以粉刷。

---

❶ 亮花筒的留设距离，工程实例中有多种形式，本例是其中之一，因与木作中升的形式相似，称板升底做法。但无论采用何种形式，其留设距离均须左右对称、前后对称。

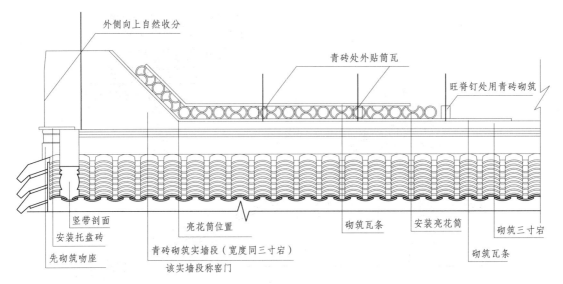

图 11-5-14　九套龙吻脊操作步骤三：砌筑吻座、三寸宕，设置亮花筒，砌筑实墙段

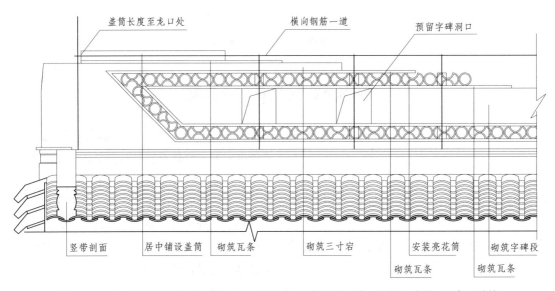

图 11-5-15　九套龙吻脊操作步骤四：砌筑字碑段，架设亮花筒，砌筑三寸宕、瓦条及盖筒

　　龙吻脊头的堆塑，应在预先勾勒出的图案上用铁钉、铁丝作骨架或连接，用麻丝纸筋灰逐层堆塑紧光，要求造型逼真，比例正确，线条流畅，工整精细。堆塑的龙吻脊头，还须前后对称，左右对称。

　　龙吻脊的粉刷顺序，应先上后下，先外后内，材料采用掺入适量黑水拌合后的麻丝纸筋灰。粉刷后的盖筒表面要有饱满圆度，上口水平，与瓦条平行。

　　所有瓦条、交子缝经粉刷后均须线条顺直，上下距离大小相等、进出一致，相互平行。

　　三寸宕、字碑段等表面需粉刷的部位，经粉刷后应表面平整，无接痕，与相邻瓦条交接清楚，呈垂直状。

　　亮花筒无需粉刷，仅需在接头处用纸筋嵌平，刷白水二度即可。

　　滚筒表面粉刷后，应圆润饱满，弧度统一，上下平行。亮龙筋处所留设空洞，称风档，四周粉刷均需密实紧光，以防漏水，所有留设风档，须大小统一，间距相等，在同一水平线上。

　　最后安装字碑，在龙腰及龙吻空白处堆塑传统图案，见图11-5-16。

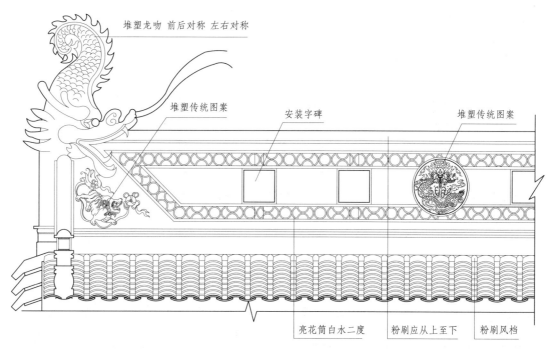

图 11-5-16　九套龙吻脊操作步骤五：泥塑龙吻脊头、粉刷、安装字碑等工作

龙吻脊砌筑的技术要点：

（1）龙吻脊分亮龙筋和暗龙筋两种做法，所谓暗龙筋，即将脊之滚筒砌在攀脊上，而不是直接砌在盖瓦上。因此，若做暗龙筋，就须在攀脊内设万年圈，供日后维修屋面时穿绳索、架软梯之用。

（2）预埋旺脊钉时，应注意不能将旺脊钉设在底瓦处，而须设在盖瓦内。避免旺脊钉由于长期暴露在外，从而影响使用寿命。

（3）龙吻脊一般应做成两头高、中间低，呈弧线状。其原因有二：一是构成了一种曲线美，体现出了古建筑的一个特点。其二，也是人们视觉上的需要，因为龙吻脊大多较高、较长，一般均取仰视角度观看，若做成绝对的直线状，反而会有一种两头下沉的感觉，使人感到很不舒服。

# 第六节　殿庭竖带及水戗

竖带依殿庭之屋顶式样而别。常见者有四合舍、歇山、硬山等式。

## 一、四合舍（即庑殿）殿庭

"四合舍殿庭外观，较歇山为庄严，都用于崇巍之建筑，吴中已不多见，所存者仅文庙一处而已。四合舍为四坡五脊，其前、后坡与两边坡合角处之投影，非四十五度之直线，乃成自下而上，逐渐向外推出之曲线，北方谓之推山。

四合舍之竖带即位于二坡汇合之处。竖带可分上下两部，其上部之高就屋面斜度，其顶与正脊相平。其下端至老戗根上，减低而为水戗。竖带构造，亦以砖瓦叠砌，用九套龙吻脊者，其竖带自底至面，可分为脊座、滚筒、二路线、三寸宫、二路线、亮花筒、瓦条、盖筒，共高约三尺。但须依提栈及屋面坡度，而定其高低，可于瓦条空宫诸处伸缩之。竖带下端，做花篮靠背，置天王。三寸宫下端靠背处，作回纹花饰，称为缩率，天王以前将脊座、滚筒、二路线延长，上覆盖筒，而成水戗。"

——引自《营造法原》

现就以上所述内容，将其具体做法，分别介绍如下。

**（一）四合舍屋面的平面布置**

图 11-6-1、图 11-6-2 便为四合舍推山做法之木结构平面布置图与剖面图。

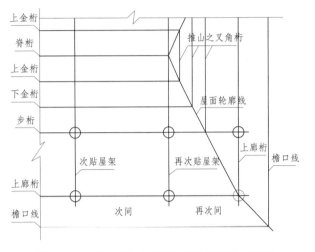

图 11-6-1　推山做法之木结构平面布置图（局部）

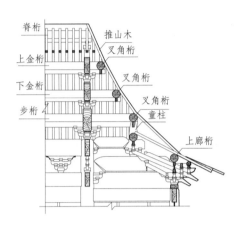

图 11-6-2　木结构剖面图

四合舍屋面的前、后坡与两边坡合角处的投影，非 45° 之直线，而是自下而上逐渐向外推出之曲线，北方谓之推山，其竖带即位于二坡合角之处。故该屋面的竖带亦非 45° 之直线，其各构件的平面布置详见图 11-6-3。

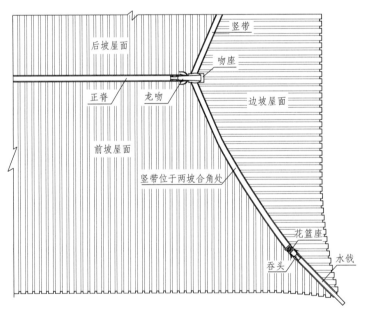

图 11-6-3　四合舍屋面平面布置图（局部）

**（二）四合舍屋面的竖带与水戗**

按《营造法原》所述，竖带自底至面，可分为脊座、滚筒、二路线、三寸宕、二路线、亮花筒、瓦条、盖筒，共高约 3 尺，详见图 11-6-4、图 11-6-5。

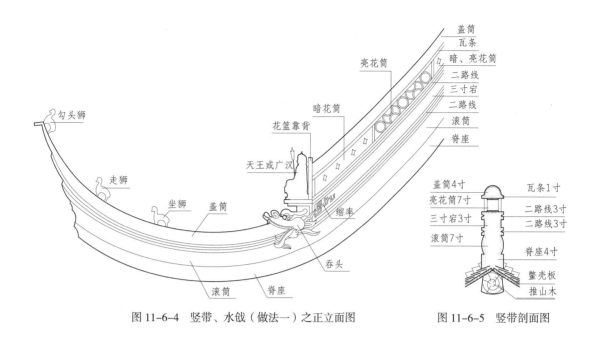

图 11-6-4 竖带、水戗(做法一)之正立面图　　　图 11-6-5 竖带剖面图

　　殿庭竖带常采用五瓦条亮、暗花筒做法,故除上图所示之做法外,花篮座之后之竖带也可有其他做法,见图 11-6-6、图 11-6-7。

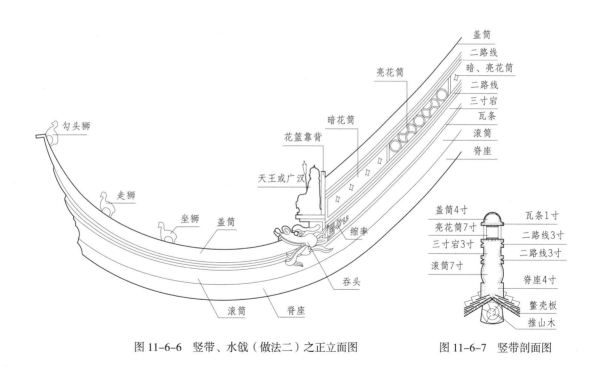

图 11-6-6 竖带、水戗(做法二)之正立面图　　　图 11-6-7 竖带剖面图

　　"水戗形式为南方中国建筑之特征,其势随老嫩戗之曲度。戗端逐皮挑出上弯,轻巧、灵巧、曲势优美。水戗构造,下为戗座,上为滚筒,二路线,盖筒。戗端自摘檐板合角处,前旁滴水之上与戗成正角,置五寸筒瓦,称老鼠瓦,下承以拐子钉,钉于嫩戗尖上。上就戗座处尽头置勾头筒,

称御猫瓦，或称蟹脐瓦。其上以滚筒之端，作葫芦形之曲线，称太监瓦 <sup>❶</sup>。其上以瓦条逐皮伸出，称四叙瓦。再上为勾头狮。戗背置走狮、坐狮以为装饰，其数成单，以戗之长度而定，普通或三或五，颇觉疏朗有致。"

——引自《营造法原》

关于四合舍之竖带、水戗的立面图以及各构件之名称，详见图11-6-8。

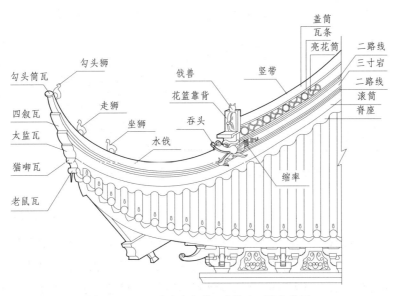

图11-6-8　四合舍之竖带、水戗立面及名称图

图11-6-9、图11-6-10为四合舍屋面之立面图。

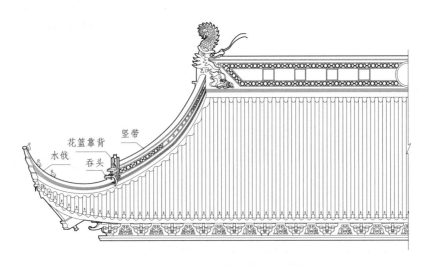

图11-6-9　四合舍屋面之正立面图

---

❶ 原文："上就戗座处尽头置钩头筒，称御猫瓦，或称蟹脐瓦。其上端以葫芦形之曲线，称太监瓦。"此句可能有误。因为按苏州传统做法，将筒瓦截去四角，称为"蟹脐瓦"，该瓦用于殿庭正脊滚筒之下，底瓦楞之上，起连接前后两楞底瓦的作用，或是用于戗角滚筒之端，外施粉刷，做成葫芦形。故此句应改为："上就戗座处尽头置钩头筒，称猫唧瓦。其上端以葫芦形之曲线，称太监瓦，或称蟹脐瓦。"

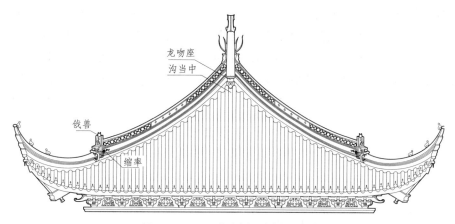

图 11-6-10　四合舍屋面之侧立面图

## 二、歇山殿庭

### （一）竖带与花篮座

歇山殿庭之龙吻脊及竖带的构造与做法同四合舍。与四合舍不同的是，其竖带位于歇山山墙内侧的两楞盖瓦之上，其中心线对底瓦。竖带沿屋面直下，过老戗根，其端于檐桁处设花篮靠背及靠背底座，上坐天王，称天王座。

花篮靠背及靠背底座，用清水方砖制作。靠背底座安装在竖带高度的一半距离处，靠背宽度较竖带宽度两边各出 1 寸，高出竖带盖筒约 2~3 寸。靠背底座宽度同靠背，其进深约为靠背高度的 2/3，视所塑天王尺寸而定。靠背底座以下依次为天王台、花篮及花篮脚头。花篮座做法详见图 11-6-11、图 11-6-12。

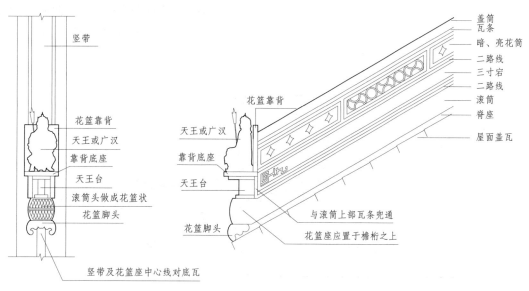

图 11-6-11　花篮座做法正立面图　　　　图 11-6-12　花篮座做法侧立面图

据《营造法原》记载，吻座或天王座以及水戗前之吞头，以前均系窑货，现已改粉塑。以前采用窑货时，吻座与天王座由车头、车心、车脚三部分组成。现分别介绍如下：

天王座的车心即竖带滚筒的端部，而滚筒以下的脊座端部则为车脚。车心与车脚可做成多种形式，据《营造法原》介绍，竖带的窑货，车心常做虎面，而车脚便做虎脚。若滚筒头做成花篮状，则车脚便做成花篮脚头。车心以上的所有构件均属车头，自下而上分别为下镶边、天王台、上镶边、靠背底座与靠背。上、下镶边的取舍与天王台的高度可按竖带高度的不同而作调整，详见图 11-6-13。

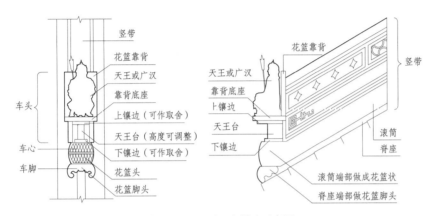

图 11-6-13　天王座做法示意图

### （二）各式吻座

各式吻座的车头做法大体都相同，用方砖及青砖砌筑，其上砌窑门（即吻头以下之砖砌体），其下分别为车心与车脚。车心与车脚有多种形式，如直叠式、花瓶式、香炉式等，视具体情况而定，详见图 11-6-14。

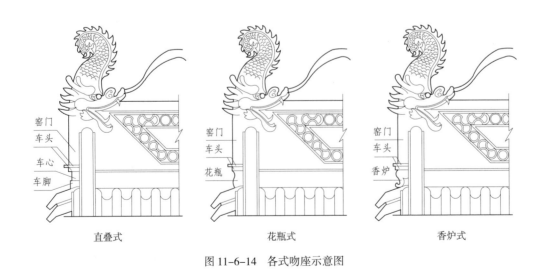

直叠式　　　　　　　　花瓶式　　　　　　　　香炉式

图 11-6-14　各式吻座示意图

## （三）排山

竖带外侧将勾头筒、滴水瓦排列于博风板之上，称为排山，排山合角处，于吻座之下，当中设勾头瓦，详见图11-6-15、图11-6-16。

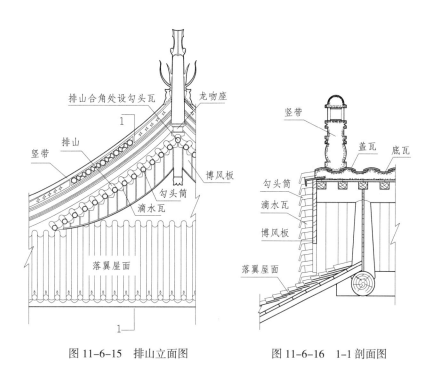

图 11-6-15　排山立面图　　　　　图 11-6-16　1-1剖面图

## （四）水戗

歇山屋顶之水戗呈45°，接于竖带下端，花篮靠背之后。戗根高同竖带，其相接处饰以兽头，作张口状，称为吞头。戗之半做花篮靠背，上置坐狮，戗旁亦作缩率装饰，坐狮以前，水戗构造一如四合舍，详见图11-6-17。

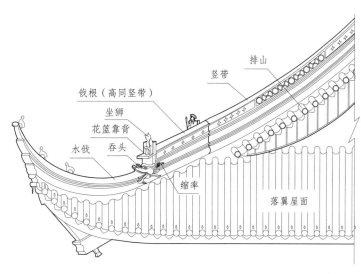

图 11-6-17　歇山之水戗立面图

### （五）赶宕脊

歇山侧面，沿落翼屋面上部，与水戗成 45° 相连之脊称赶宕脊。赶宕脊须设在排山以外，高同水戗根。脊之中央，在两金柱处向上做八字宕，隐入博风板之内。滚筒底部与底瓦间要流空，俗称"穿脊过水"，便于雨水向下流出。详见图 11-6-18、图 11-6-19。

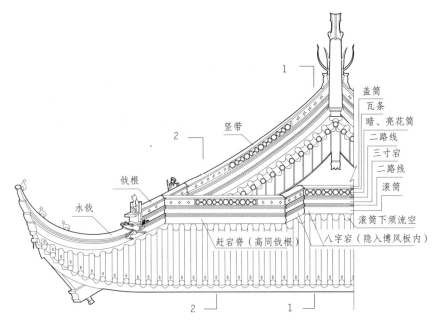

图 11-6-18　赶宕脊做法立面图

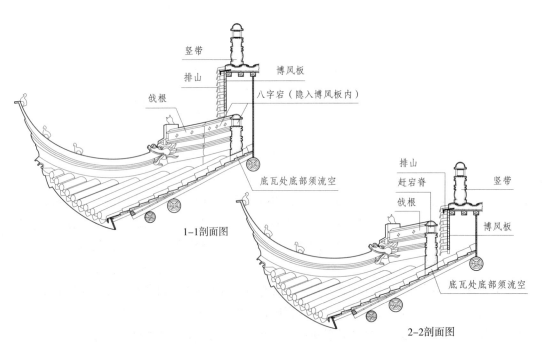

图 11-6-19　赶宕脊做法剖面图

图 11-6-20、图 11-6-21 为歇山屋面立面图。

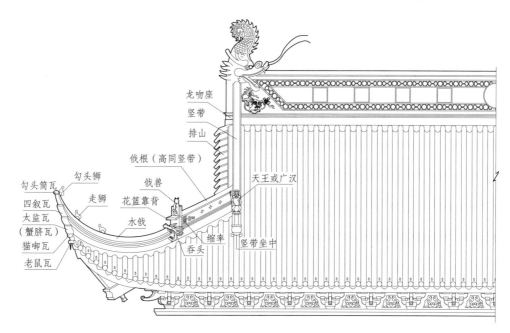

图 11-6-20　歇山屋面之正立面图

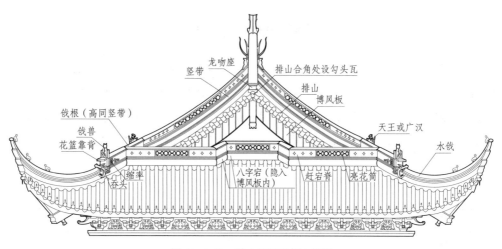

图 11-6-21　歇山屋面之侧立面图

### 三、硬山殿庭之竖带

《营造法原》中原文为："殿庭硬山，亦作竖带，其制同歇山。竖带下端止于步柱之上。"

但按苏州地区传统做法，硬山、歇山之竖带下端大都止于檐柱或檐桁之上，工程实例中也很少见到有竖带下端止于步柱之上的做法。因此，本文认为《营造法原》中"竖带下端止于步柱之上"之说法，可能为笔误，应为"竖带下端止于檐柱之上"。

为方便大家比较，现将两种做法的立面图绘制如下，供大家参考（图 11-6-22~图 11-6-25）。

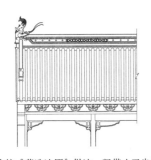

注：图为按《营造法原》做法，竖带止于步柱之上。

图 11-6-22　硬山殿庭（做法一）之正立面图　　　图 11-6-23　硬山殿庭（做法一）之侧立面图

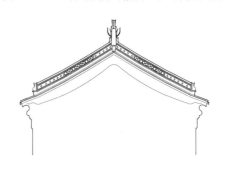

注：图为按传统做法之一，竖带止于檐柱之上。

图 11-6-24　硬山殿庭（做法二）之正立面图　　　图 11-6-25　硬山殿庭（做法二）之侧立面图

## 第七节　重檐屋面

殿庭屋面分单檐、重檐两种。单檐则于其木构架之上铺瓦筑脊，具体做法一如以上所述。而重檐则将轩步柱或步柱延长，再架屋顶，下层之出檐椽下端架于廊桁，其上端架于步柱间之承椽枋上。柱端架步枋，上铺斗盘枋，置牌科。牌科之上架上廊桁及梓桁，铺出檐椽及屋面，即成重檐，详见图 11-7-1、图 11-7-2。

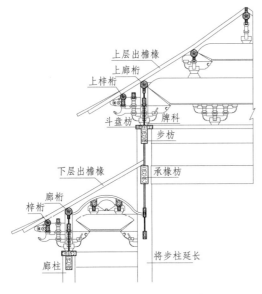

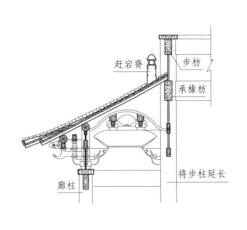

图 11-7-1　重檐屋面木结构示意图　　　　　　图 11-7-2　下层屋面铺设示意图

重檐筑脊，其上层做法与单檐相同。其下层之出檐椽，一头架于承檐枋上，另一头架于下廊桁上。于出檐椽之上铺设屋面，屋面铺设用筒瓦或小青瓦。屋面上端离承椽枋尺许，绕屋四周做赶宕脊，若是硬山，则仅需于前、后两面做。脊高约2尺，分脊座、滚筒、二路线、亮花筒及盖筒。详见图11-7-3。

赶宕脊与下层水戗相连成45°。水戗根高同赶宕脊，脊之中设靠背坐狮，狮前发戗之制与上层相同。

水戗泼水与垂直成25°角，自嫩戗尖至勾头狮，斜长同界深，或视材料及环境而伸缩之，务以坚实不易损坏为主。详见图11-7-4。

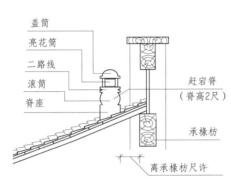

图11-7-3 赶宕脊做法示意图

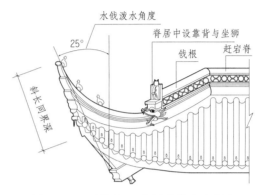

图11-7-4 重檐屋面下层水戗做法示意图

赶宕脊做法的技术要点：

殿庭赶宕脊所处位置有两种：一是在歇山落翼屋面上部排山以下，二是在重檐下层屋面上部。由于其所处位置不同，故具体做法也不同，现简述如下。

歇山赶宕脊的位置应设在排山以外，与水戗成45°相连，赶宕脊高同水戗根。脊之中央，在两金柱处向上作八字宕，隐入博风板之内。其砌筑要点是滚筒底部与每楞底瓦间要形成空当，俗称"穿脊过水"，这样，排山上滴下的雨水可从过水孔向下自然流出。

重檐下层屋面的赶宕脊，绕屋四周与下层水戗成45°相连，其高同戗根。其砌筑要点是：除滚筒底部与每楞底瓦间均要做成"穿脊过水"外，赶宕脊上所有盖筒都应向外倾斜，以防雨水向内侵入。

图11-7-5~图11-7-10所示为几种屋面形式的重檐殿庭。

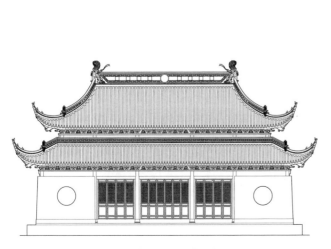

图11-7-5 四合舍式之重檐殿庭正立面图

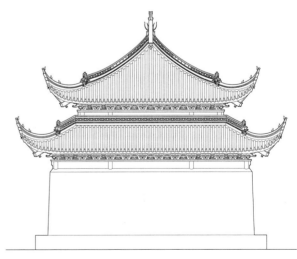

图11-7-6 四合舍式之重檐殿庭侧立面图

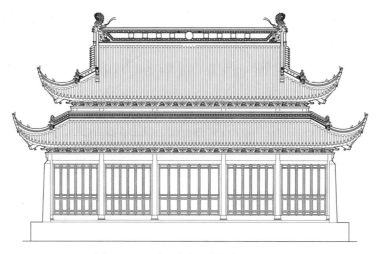

图 11-7-7　歇山式之重檐殿庭正立面图

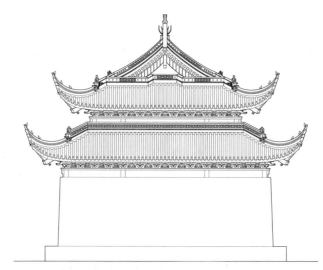

图 11-7-8　歇山式之重檐殿庭侧立面图

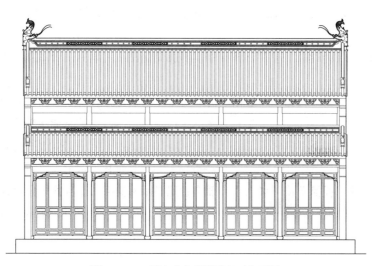

图 11-7-9　硬山式之重檐殿庭正立面图

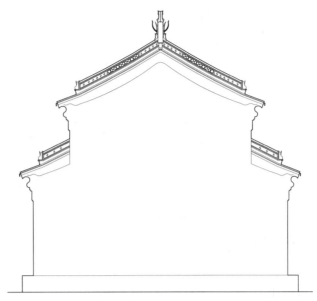

图 11-7-10　硬山式之重檐殿庭侧立面图

## 第八节　园林建筑之屋面形式与做法

建筑在古典园林中具有使用与观赏的双重作用，其建筑类型主要有厅、堂、轩、馆、楼、阁、榭、舫、亭、廊等。现就其屋面形式简述如下。

**一、厅、堂**

按《营造法原》之说法，厅堂依其内四架构造用料之不同而区分，用方料者谓之厅，用圆料者称为堂。

但也不完全如此，因为园林建筑的名称不甚严格，并不完全以其功能与形式来命名，有时也混用。如怡园的藕香榭，拙政园的倚玉轩，留园的林泉耆硕之馆等，其建筑形式为四面厅，却都被命名为榭、轩或馆。

厅与堂均为园林内进行各种活动的主要场所，其功能基本相同，故人们又常将其合称为厅堂。厅堂较高而深，面宽为三至五间不等，其内部装修亦较复杂而华丽。

**（一）厅堂建筑的屋面形式**

厅堂建筑之屋面形式，有歇山与硬山两种，歇山顶一般用于四面厅，有时也用于鸳鸯厅。除四面厅外，硬山顶可运用于任何形式的厅堂。现举例说明苏州园林中厅堂建筑的几种屋面形式。

苏州园林用于四面厅之歇山顶常为回顶，即黄瓜环脊，如拙政园的倚玉轩、秋香馆，网师园的小山丛桂轩，留园的林泉耆硕之馆等。图 11-8-1 就是歇山回顶（黄瓜环脊）四面厅之立面图。

但也有少数四面厅是用龙吻脊的，如拙政园的远香堂是该园的主体建筑，用的就是五瓦条鱼龙吻脊。远香堂之立面图详见图 11-8-2。

藕香榭是怡园的主体建筑，鸳鸯厅结构，装修豪华，体量较大。而其屋面形式却与众不同，屋脊是纹头花筒脊，为正脊做法，因为是歇山，所以有竖带，但其竖带为环包状，却又是回顶做法，把这两种做法用在同一座建筑上，在苏州园林中比较少见。另外，发戗为水戗发戗，戗角为洋叶戗，这些都是用在小体量建筑上的手法。所以，该建筑看上去纤巧有余而气派不大，详见图 11-8-3。

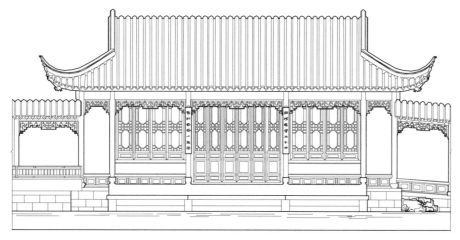

图 11-8-1　苏州某新建园林中四面厅之立面图（黄瓜环脊）

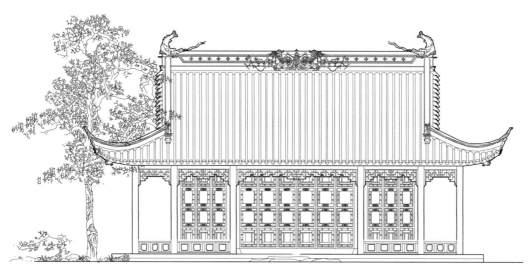

图 11-8-2　拙政园远香堂之立面图（鱼龙吻脊）
来源：顾兆明先生提供。

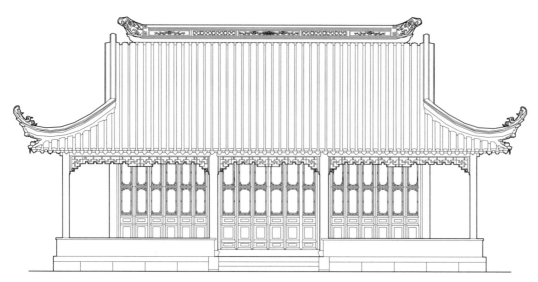

图 11-8-3　怡园藕香榭之立面图（纹头花筒脊）

除四面厅外，硬山顶可运用于任何形式的厅堂。硬山厅堂之屋面以回顶（黄瓜环脊）居多，留园的五峰仙馆、涵碧山房等都是黄瓜环脊。

　　但也有多种形式，如：狮子林的门厅为鱼龙纹脊；拙政园的玉兰堂，其正脊为五瓦条亮花筒脊，两端为立式回纹脊头；狮子林的燕誉堂、拙政园的兰雪堂是纹头脊；网师园的看松读画轩是哺鸡脊。

　　图 11-8-4~ 图 11-8-8 为硬山厅堂各种屋面形式的建筑立面图。

### （二）厅堂建筑的屋面做法

　　厅堂建筑的屋面做法，分硬山与歇山两种，而且以小青瓦铺设为多。硬山式小青瓦屋面的铺设详见本篇"屋面铺设"一节中的相关内容，故不再阐述。现就歇山式小青瓦屋面的做法分述如下。

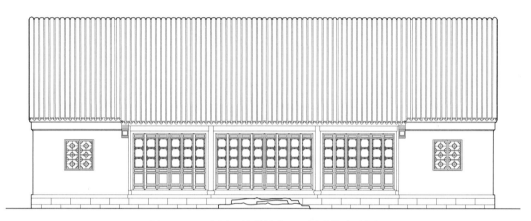

图 11-8-4　留园五峰仙馆之立面图（黄瓜环脊）

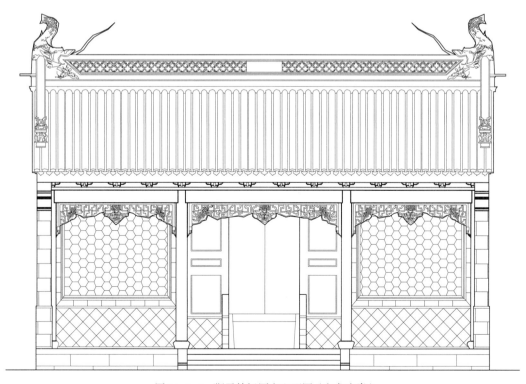

图 11-8-5　狮子林门厅之立面图（鱼龙吻脊）
来源：顾兆明先生提供。

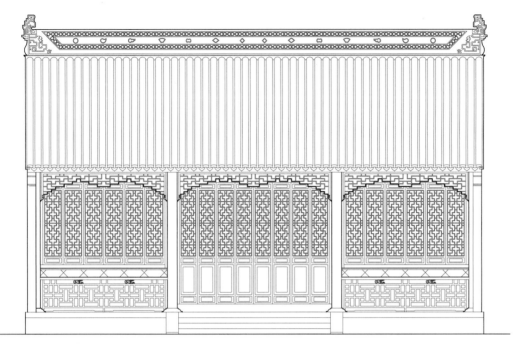

图 11-8-6　拙政园玉兰堂之立面图（亮花筒立式回纹脊）
来源：顾兆明先生提供。

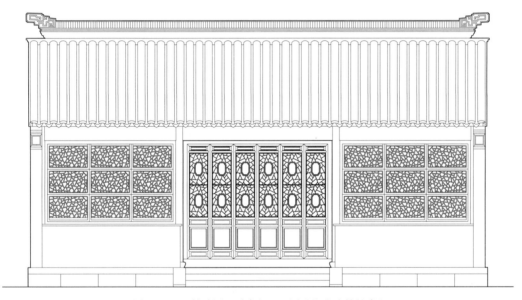

图 11-8-7　拙政园兰雪堂之立面图（纹头滚筒筑脊）

1.歇山顶的屋面构件的组成及其名称

歇山屋面由前坡、后坡及两个边坡所组成，其中边坡又称为落翼。

两侧落翼的上端所砌之墙体被称为山墙，山墙与屋面前后坡相平。

屋面前后两坡相交处所筑之脊称屋脊，屋脊有两种做法：一是在屋面前后两坡相交处做攀脊，攀脊之上筑脊，称正脊做法，正脊形式与做法有多种，详见本章"厅堂筑脊"一节；二是回顶做法，即黄瓜环脊。

屋面前坡或后坡与相邻落翼相交处所筑之脊称水戗，水戗共有四条。

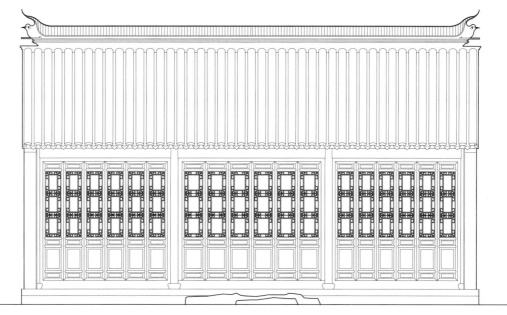

图 11-8-8 网师园看松读画轩之立面图（哺鸡筑脊）

在屋面山墙的内侧第一与第二楞盖瓦之上所筑之脊称竖带，竖带的名称与做法与屋脊做法有关。

若是正脊做法，竖带共有四条。但也有两种做法：其一，竖带自正脊起，依屋面斜坡而下至花篮座，花篮座设在屋面檐桁上方；其二，竖带自上而下至戗根处，沿戗而下转为水戗。

但若是回顶做法，由于前后竖带相连环通，顶做半圆形，故该两条竖带被称为"环包脊"，环包脊有两条，其下方一般不做花篮座。

图 11-8-9 为两种屋脊做法的歇山屋面平面图。

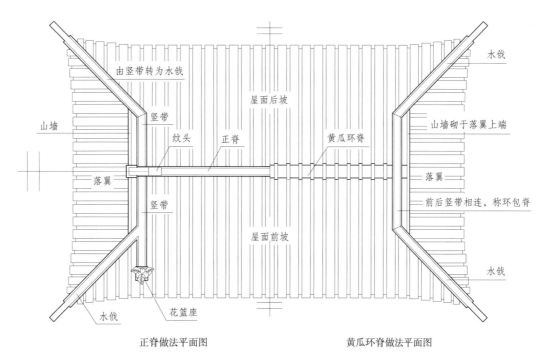

正脊做法平面图　　　　　　　　　　黄瓜环脊做法平面图

图 11-8-9　歇山屋面构件之平面布置图

2. 歇山顶屋面铺设的操作步骤及要点

1）操作步骤一：安装面沿、勒望，铺设望砖，戗角部位铺钉鳖壳板

在屋面木基层安装结束后，先于屋面檐口四周设置面沿，再在屋面木基层上铺设望砖，每根桁条之上设勒望一道，在木戗角两侧铺钉鳖壳板，鳖壳板的作用是使戗角部位的屋面坡势比较和顺，避免出现积水，详见图11-8-10。

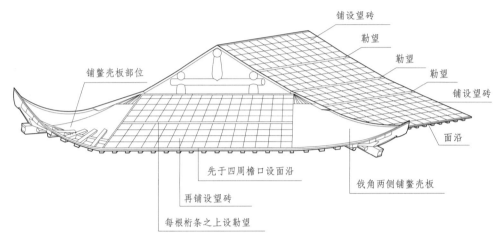

图 11-8-10　歇山屋面铺设操作步骤一

2）操作步骤二：分中、排瓦档

屋面望砖铺设完成后，即可分中、排瓦档（即分楞）。歇山屋面的分中、排瓦档须按下列次序进行：

（1）分前后屋面直挺部分的瓦档距，先定出屋脊中心线的中点，量出该中点与竖带中心线的距离，根据开间方向应雄楞（盖瓦）居中与竖带中心线对底瓦的原则，均分瓦档距，竖带中心线外侧为盖瓦一楞。将分好的瓦档距垂直引至屋面檐口。

（2）分前后屋面戗角部分的瓦档距，量出竖带外侧盖瓦中心线与木戗角顶部的距离，因戗角第一楞瓦为底瓦（用滴水瓦，又称蝴蝶瓦），根据此原则，将量得的水平距离扣除半张滴水瓦之宽度后，由此均分出的瓦档距，即为戗角部分的瓦档距。

（3）落翼部分戗角的瓦档距，与前后屋面戗角部分的瓦档距相同，故只需将其标记在相应部位即可。

（4）分落翼直挺部分的瓦档距，因落翼部位的瓦当不要求一定要盖瓦居中，故仅需均分即可。

分瓦档距的技术要点：

（1）若盖瓦用小瓦，底瓦为大瓦，则瓦档距一般取24~25厘米。

（2）须将所有分好的瓦档距垂直引至相应的屋面檐口并作出标记，以便制作与安装瓦口板之用。

图 11-8-11 为歇山屋面分中、排瓦档之平面图。

3）操作步骤三：两侧落翼对老瓦头，砌筑山墙

根据分好的瓦档距，在两侧落翼直挺部分的上端对老瓦头，老瓦头须与檐口处的瓦档线垂直对应，即底瓦对底瓦，盖瓦对盖瓦，老瓦头的长度以不影响砌筑山墙为宜。

山墙砌在老瓦头之上端，山墙之下须用碎瓦或望砖砌平垫实，以保证砌筑稳固。砌筑山墙时，砂浆须饱满，以免今后漏水。

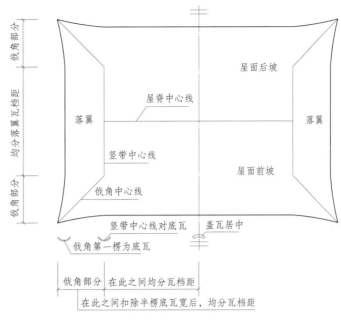

图 11-8-11　歇山屋面铺设操作步骤二

歇山山墙的砌筑高度，须砌至相应的木椽面，上设飞砖二皮。

歇山山墙的内侧须砌在边贴山垫板处。若未设山垫板，则一般应砌过木柱中线 1 寸，俗称"咬中一寸"。但有时为了立面的需要，将脊桁与金桁适当悬挑，这时的山墙内侧就须视实际情况而定。

山墙的外侧应保证缩进上部飞砖 2 寸即为边楞外侧的原则，这是在分瓦档时便须注意到并计算好的，再根据所设飞砖的路数以及是否砌筑砖博风等具体情况而定，详见图 11-8-12。

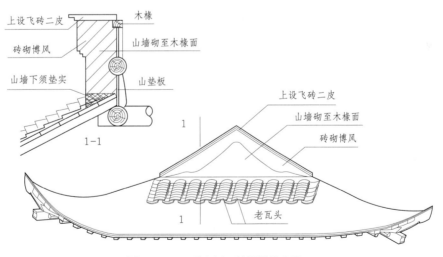

图 11-8-12　歇山屋面铺设操作步骤三

4）操作步骤四：前后屋面对老瓦头，檐口安装瓦口板

根据瓦档线，前后屋面对老瓦头，两侧山墙铺设边楞，边楞退进山墙飞砖 2 寸。制作、安装檐口瓦口板，瓦口板上安装滴水瓦，瓦口板须与老瓦头相对应。

详见图 11-8-13。

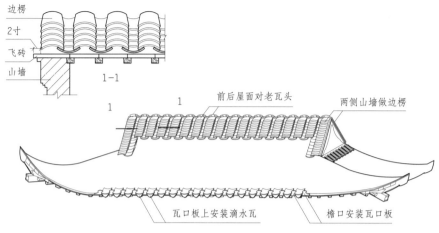

图 11-8-13　歇山屋面铺设操作步骤四

5）操作步骤五：砌筑屋脊（黄瓜环脊）

厅堂屋脊有两种，一是正脊，二是黄瓜环脊。

前后屋面老瓦头铺设完成后，便可筑脊。现以黄瓜环脊为例，简述其做法如下：

黄瓜环瓦也有盖、底之分，在屋面合角处不做攀脊，仅以黄瓜环瓦分别覆于瓦头的盖、底瓦之上，称为黄瓜环瓦脊。

黄瓜环瓦无论盖、底瓦，其规格均为32厘米×18厘米。因黄瓜环瓦与小青瓦的搭接长度不能少于2/3的小青瓦长度，故两边瓦头要留出8~10厘米的长度，以便黄瓜环瓦的安装。

对老瓦头时，屋脊两边的瓦头须对准，不得偏差，高低要一致，不能倾斜。

筑脊时，先在两边瓦头空隙处满铺灰浆，再将黄瓜环底瓦安装在两边的底瓦上。瓦要安装成水平状，不能倾斜，避免今后漏水。然后，安装黄瓜环盖瓦，安装底瓦及盖瓦时，均须拉上水平线，使安装好的黄瓜环脊成一水平直线。

盖瓦安装时，灰浆须饱满，以免屋脊漏水。安装结束后，要将两边泛出的灰浆全部清理干净，在盖瓦的两侧用纸筋灰浆嵌缝，待嵌缝自然干燥后，再刷黑水两度。

图 11-8-14 为黄瓜环脊做法的剖面与立面图。

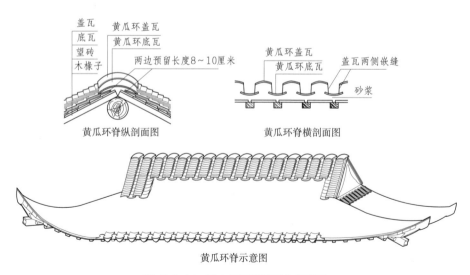

图 11-8-14　歇山屋面铺设操作步骤五

6）操作步骤六：砌筑竖带与水戗

厅堂竖带与水戗的砌筑，本章第四节"厅堂竖带与水戗"中已有图文作了较为详尽的介绍，请参见相关内容。现将其操作步骤与要点简述如下。

竖带位于山墙内侧第一、第二楞盖瓦之上，其中心线对底瓦，本例因采用黄瓜环脊做法，故其前后竖带环连相通，又称环包脊。环包脊的下方，分别与水戗成45°斜交。

水戗位于屋面两坡合角处，其构造与竖带相同，自下而上依次为戗座（脊座）、滚筒，二路线与盖筒，详见图11-8-15。

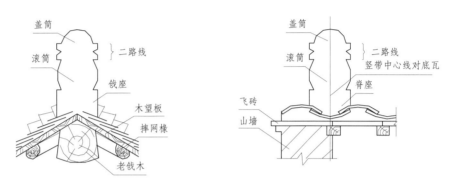

注：图示中两者相同构造之尺寸，在斜交处须做通。

图11-8-15　水戗与竖带剖面图

水戗与竖带可同步砌筑，也可先将竖带砌至戗根处，然后再砌水戗。水戗砌筑又称发戗，其操作步骤依次为：

（1）沿木戗中心线先预埋数档粗铁丝（绑扎铁制戗挑用），在嫩戗的顶部安装拐支钉，再在其两侧按瓦档线对老瓦头，戗角两侧的第一楞瓦为滴水瓦，即蝴蝶瓦。

（2）砌筑戗座，其具体做法为在两侧老瓦头之间的沟槽内填入碎瓦与灰浆，上覆二皮瓦，其面高出盖瓦2寸，用纸筋灰浆粉刷戗座表面及两边瓦档。戗座之端部设老鼠瓦，老鼠瓦设在两张蝴蝶瓦之上，由拐支钉支撑，其上方设一张勾头瓦，称猫卿瓦。

（3）砌筑滚筒，戗座之上砌筑滚筒，滚筒用青砖砌筑，外覆筒瓦，滚筒之端，其侧面呈螳螂肚状，正面为葫芦状，称太监瓦。

砌筑滚筒时，滚筒内须放入第一块铁制戗挑，因滚筒与竖带为斜交，两者相交处的高度须一致。

（4）砌筑二路线，于滚筒之上砌筑二路瓦条，瓦条之间为交子缝，即二路线。瓦条于太监瓦处逐皮向外伸出，称四叙瓦。

（5）砌筑盖筒、安装勾头，于二路线上安放第二块铁制戗挑，该戗挑主要起加固、稳定四叙瓦及安装上部勾头瓦之作用。

二路线上砌筑盖筒，盖筒用筒瓦砌筑，其宽度应缩进瓦条外口各1寸。从戗根方向往上砌至四叙瓦端部，高低随戗之弧度，做到弧形一致。

于戗挑顶部设置勾头瓦，所设勾头瓦与四叙瓦之距离，应比四叙瓦之长度增加2寸（6厘米），勾头瓦安装时，其钩子头应呈水平状。戗挑上部设瓦片，然后绕麻线，做粉刷，高度、宽度由盖筒处向戗顶顺势收分，做到弧线流畅、两边对称、过渡自然。

黄瓜环脊做法之歇山立面与水戗、环包脊（竖带）及其构件名称详见图11-8-16。

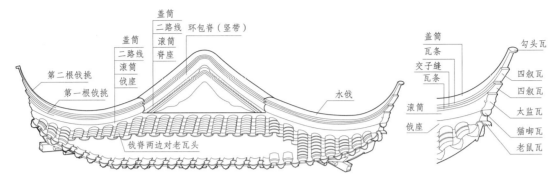

图 11-8-16　歇山屋面铺设操作步骤六

7）操作步骤七：粉刷与屋面铺设

水戗与竖带砌筑成型后，即可对其进行粉刷，粉刷的顺序为先下后上，即戗（脊）座、滚筒、二路线、盖筒。对于其他部位的构件，如老鼠瓦、猫唧瓦、太监瓦、四叙瓦等，则按传统式样用纸筋或砂浆揢塑而成。

山墙的粉刷，按照先线脚、后平面的顺序进行，如有堆塑，须粉刷结束后，方可进行。

待粉刷面自然干燥后，刷二度黑水，但在博风与堆塑处，须刷灰白色的料水。粉刷结束后，按照先底瓦、后盖瓦的次序，逐楞铺设，直至将屋面全部铺设完成。

以上便是歇山式屋面铺设的基本内容，不详之处请参见本篇相关章节。

## 二、轩、馆

轩与馆亦属厅堂类型，但有时用于次要部位，或体量、规模小于厅堂。如网师园的竹外一枝轩、留园的清风池馆等，其屋面形式也基本分歇山与硬山两种。详见图11-8-17、图11-8-18。

图 11-8-17　留园清风池馆（歇山回顶）　　　图 11-8-18　网师园竹外一枝轩（硬山回顶）

但还有另一种形式——一面是硬山，另一面是歇山，如网师园的蹈和馆。详见图11-8-19。

## 三、楼、阁

楼、阁多设于园的四周，或半山半水之间，楼、阁如在园林中作为重要对景，位置应明显突出，如作为配景，则位于隐僻处居多。

楼的立面形式有单檐与重檐两种，其形式多样，富有变化。处理手法随环境之不同而不同，因地制宜，灵活处理，以赋予建筑或灵巧活泼，或稳重大方的艺术效果。

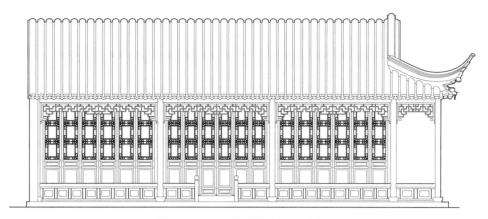

图 11-8-19　网师园蹈和馆（回顶）

　　楼的屋面形式常作歇山或硬山两式，分单檐与重檐两种做法。其屋脊虽以回顶居多，但也有多种形式，如筑脊、花筒脊、插脊等。其脊头更是式样繁多，有立式回纹、洋叶纹头、哺鸡等各种做法。

　　留园的明瑟楼是一座2层重檐小楼，体量不大，但依山傍水而建，半边歇山，半边硬山，其竖带做法又颇为别致，在其收头处将传统的花篮座做法改为水戗发戗，且翼角轻盈，犹如风帆展开，与涵碧山房组合在一起，明瑟楼恰似船的尾舱，而涵碧山房就是中舱，若于对岸远远望去，两者仿佛为荡漾于青山绿水之间的一艘精美的画舫，是留园的主要景致，亦可谓苏州园林中难得的佳构，见图11-8-20。

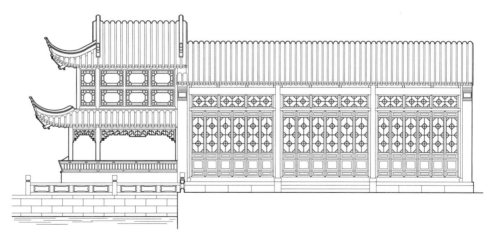

图 11-8-20　明瑟楼（重檐）与涵碧山房

　　留园的冠云楼是专为观赏冠云峰而设，楼以峰名，称冠云楼。作为林泉耆硕之馆的对景，又是能衬托冠云峰的极好屏障，该楼坐北朝南，是一座单檐楼房。面阔五间，但进深较浅，其中主楼三开间为歇山回顶，进深仅五界，两边副楼为硬山回顶，进深仅三界。故屋面体量不大，且呈中间高、两边低，其两只戗角又为水戗发戗，使整个立面显得轻盈、简洁，见图11-8-21。

　　阁与楼相似，但其作用更适宜远眺。重檐四面开窗，造型较楼更为轻盈，平面为方形或多边形，屋面形式有歇山或攒尖顶。

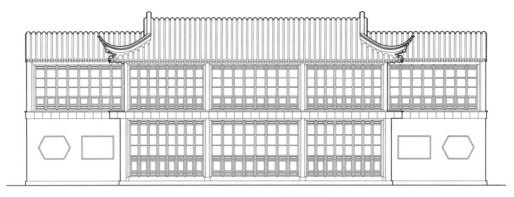

图 11-8-21　留园冠云楼（单檐）

　　如拙政园的浮翠阁，八角重檐攒尖顶，位于拙政园西部的土山上，山上林木茂密，绿草如茵，如同浮动于一片翠绿浓荫之上，因而得名浮翠阁。登阁眺望四周，但见山清水秀，满园青翠，一派生机盎然，令人赏心悦目，心旷神怡（图 11-8-22）。

图 11-8-22　拙政园浮翠阁

　　留园的远翠阁，位于园之北部，为两层楼阁，重檐歇山回顶。楼名取自古诗"前山含远翠，罗列在窗中"。在阁上远眺，满目绿树翠竹，其景观令人欣然（图 11-8-23）。

　　除此之外，苏州园林中还有多处被称为阁的单檐建筑，均为临水或近水建造，如狮子林的修竹阁、拙政园的留听阁与网师园的濯缨水阁。其屋顶形式也都是歇山回顶，与水榭相似。

　　但网师园的濯缨水阁，其屋顶形式却与众不同，因该建筑之木结构进深为五界，仅于内四界前设廊，并设木戗两座，而内四界后却未设廊，故后檐未设木戗。因此，其前檐与两侧落翼设出檐并加飞椽，为出檐做法，而后檐却不出檐，为包檐做法，落翼与后檐相交处是屏风墙做法。

　　因此，虽是歇山形式，其屋面的前半部分与一般的歇山做法相同，但后檐因是包檐做法，故竖带在与水戗相交时，相交角度为90°，两侧水戗沿屋面后檐分别向落翼方向延伸并逐渐升高，戗座以下便为屏风墙之墙顶做法。

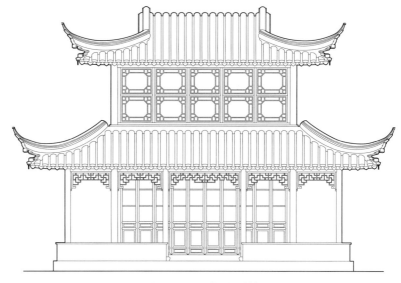

图 11-8-23 留园远翠阁

图 11-8-24~ 图 11-8-27 为该建筑之后檐立面与剖面图。

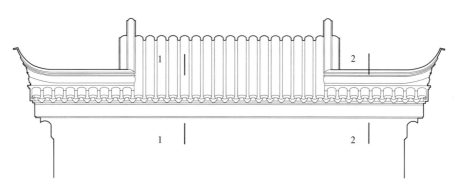

图 11-8-24 网师园濯缨水阁后檐立面图

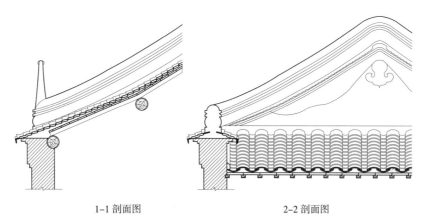

1-1 剖面图　　　　　　　　　2-2 剖面图

图 11-8-25 网师园濯缨水阁后檐剖面图

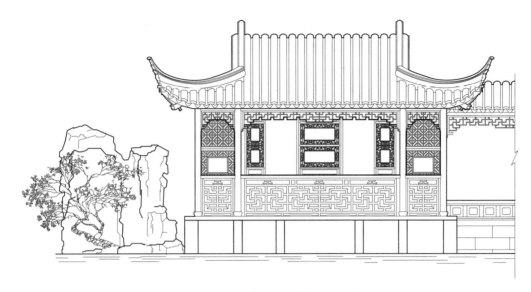

图 11-8-26 网师园濯缨水阁正立面图

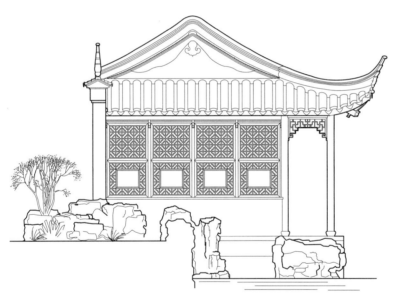

图 11-8-27 网师园濯缨水阁侧立面图

**四、榭、舫**

榭与舫多属临水建筑，榭多置于池畔，半临水池，临水立面开敞，故又称水榭。其屋顶多为歇山回顶，戗角飞翘，简洁大方，见图 11-8-28、图 11-8-29。

舫类建筑，在苏州园林中最为有名的经典实例是拙政园的香洲与怡园的画舫斋。

舫又称旱船，是一种船形建筑，多建于水边，三面临水。舫之平面分前、中、后三段，前舱较高，中舱略低，后舱 2 层。前、后两舱为歇山式，中舱为两坡落水。

**五、亭**

亭为休憩、凭眺之处，多半设于池侧、路旁、山上或花木丛中，是园林中的主要风景之一。其式样和大小须因地制宜，与环境相协调。

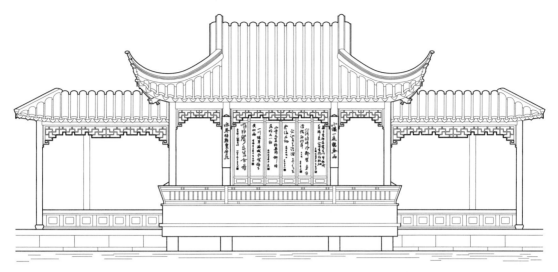

图 11-8-28　苏州某新建园林中水榭之立面图（黄瓜环脊）

图 11-8-29　某新建园林中的船舫之正、侧立面图
来源：顾兆明先生提供。

　　亭的平面，常见的有方形、长方形、六角形和八角形，但也有长六角形与长八角形的，更有少数采用圆形、梅花形、海棠形、扇形等多种形状，如拙政园的笠亭为圆形，环秀山庄的海棠亭为海棠形，拙政园的与谁同坐轩为扇形等。

　　亭的立面有单檐与重檐两种，以单檐居多。其屋面形式一般为歇山顶与攒尖顶，而攒尖顶采用的宝顶形式却有多样，因此给亭的造型带来了更多的变化空间。

**（一）亭的屋面形式**

1. 方亭

　　苏州园林里方亭的实例很多，但基本上只有两种屋面形式，即攒尖顶与歇山顶。歇山顶的有著名的沧浪亭，攒尖顶的有拙政园的梧竹幽居亭、怡园的金粟亭等（图 11-8-30、图 11-8-31）。

2. 长方亭

　　长方亭大多为歇山回顶，如拙政园的绣绮亭、雪香云蔚亭（图 11-8-32、图 1-8-33）。

3. 六角亭

　　六角亭多为攒尖顶，苏州园林有很多实例，如拙政园的荷风四面亭、留园的可亭、怡园的小沧浪亭以及狮子林的湖心亭（图 11-8-34）。

图 11-8-30　方亭之一（攒尖顶）

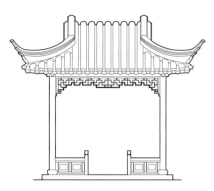

图 11-8-31　方亭之二（歇山顶）

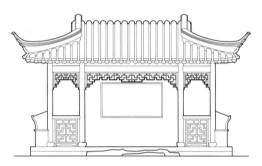

图 11-8-32　绣绮亭正立面（歇山回顶）

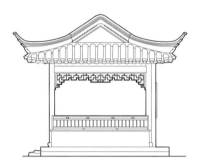

图 11-8-33　绣绮亭侧立面（歇山回顶）

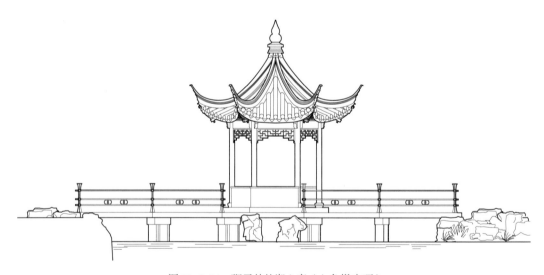

图 11-8-34　狮子林的湖心亭（六角攒尖顶）

4. 长六角亭

平面为长六角形的亭子，在苏州园林中并不多见，有留园的至乐亭、天平山的四仙亭。长六角亭，其实就是一种组合亭，亭的两边为对称的六角半亭，居中为一段双坡屋面与两边半亭相连，屋面上端设正脊，正脊为花筒脊，其断面与戗角相同，脊的两端设立式纹头，详见图 11-8-35。

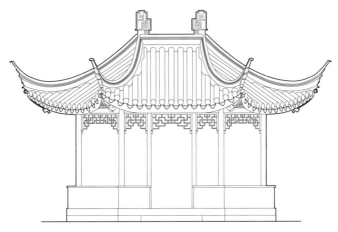

图 11-8-35　留园的至乐亭（长六角亭）

5. 八角亭

八角亭有拙政园的塔影亭、天泉亭（重檐）和西园的湖心亭（重檐）（图 11-8-36、图 11-8-37）。

图 11-8-36　拙政园的塔影亭（八角攒尖顶）

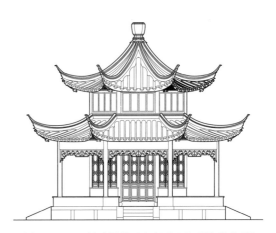

图 11-8-37　拙政园的天泉亭（八角重檐攒尖顶）

6. 长八角亭

天平山的御碑亭，平面呈不等边的长八角形，屋面为筒瓦铺设，八角重檐，古朴精美，亭中立有乾隆帝南巡至苏州时为天平山所题的诗碑，故称御碑亭。

因该亭为安置皇帝的御笔而建，地方官员在建造时不惜工本，所用木构架全是楠木结构，其外围设八根花岗石柱。朝南的五级台阶，居中设有御路，上刻团龙浮雕，其余的七面台阶与侧石均刻有精美的线条与图案。因此，其屋面的做法也别具匠心，与众不同。

虽说是八角亭，但在其上檐的顶端，却是四角攒尖顶的做法，上部宝顶居高临下，由四条戗脊拱托着，显示出接受四面朝贺的皇家气派，而四条戗脊的下部延伸至金柱处，分别一分为二，化成了八条戗脊，仿佛象征着八方安定的锦绣河山，这分明又是八角亭的做法。其中变化，一气呵成，不留痕迹，令人拍案叫绝。

亭的下檐做法与一般的重檐八角亭相同，别无二致，但整座亭子造型独特，比例得当，在周围枫树林的掩映下显得格外端庄雄伟，堪称不可多得的亭中精品（图 11-8-38、图 11-8-39）。

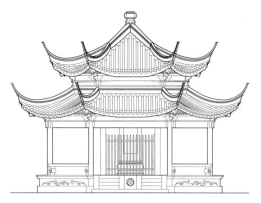

图 11-8-38　天平山御碑亭正立面
（重檐八角攒尖顶）

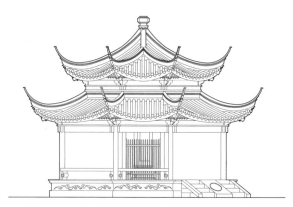

图 11-8-39　天平山御碑亭侧立面
（与正立面成 45° 角之投影）

7. 圆亭

圆亭有拙政园的笠亭与留园的舒啸亭。其中拙政园的笠亭，平面为圆形、五柱，留园的舒啸亭，平面为六角形、六柱，屋面均为圆顶，筒瓦铺设（图 11-8-40）。

8. 扇亭

扇形亭在苏州园林中有拙政园的与谁同坐轩、狮子林的扇子亭。其中与谁同坐轩为小青瓦屋面、黄瓜环脊，狮子林的扇子亭为筒瓦屋面、亮花筒脊。图 11-8-41 为某新建园林中的扇亭立面图。

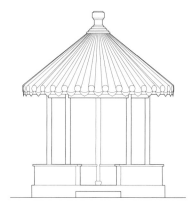

图 11-8-40　拙政园的笠亭（筒瓦圆顶）

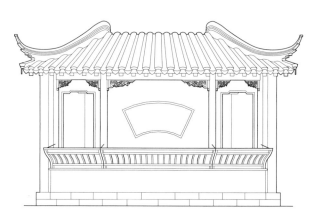

图 11-8-41　苏州某新建园林中的扇亭正立面图

9. 梅花亭

梅花形的亭子，最有名的莫过于香雪海的梅花亭。该亭旧筑毁于兵灾，现存建筑重建于 1923 年，出自香山帮建筑大师姚承祖之手。香雪亭造型别致，以梅花为题材，故平面为梅花形，设五柱。其屋面亦呈梅花瓣状，为五坡攒尖顶，小青瓦铺设。宝顶上设铜鹤一座，寓"梅妻鹤子"之意（图 11-8-42）。

10. 海棠亭

环秀山庄有一座别致的方亭，该亭外方内圆，其平面呈海棠花形，设四根断面为海棠形状的木柱，屋面为筒瓦，亦呈海棠花形，四坡攒尖顶。整座亭自上而下，宝顶、天花、枋、吴王靠、半墙、台阶等均以海棠花为基本构图，因此亭名"海棠亭"（图 11-8-43）。

图 11-8-42　香雪海的梅花亭　　　　　　　图 11-8-43　环秀山庄的海棠亭
（五坡攒尖顶）　　　　　　　　　　　　（四坡攒尖顶）

**（二）亭子的屋面做法**

亭子的屋面形式主要有攒尖顶与歇山顶两种，其中歇山顶之做法已在厅堂建筑中作了较为详尽的介绍，现对攒尖顶的做法作进一步的介绍。

攒尖顶的屋面形式，常见的有四角顶、六角顶与八角顶，除圆顶外，攒尖顶一般由屋面、戗脊、宝顶三部分所组成。攒尖顶的角即戗脊，故也称戗角，角与角之间的屋面称为翼，翼的多少由角的数量来决定，即四角亭有四个戗角，其屋面分成四翼，上覆宝顶。以此类推，六角亭有六个戗角、六翼屋面及一座宝顶。

当然，圆顶也属攒尖顶，但圆顶没有戗脊，故圆顶仅由屋面与宝顶所组成。

现以六角亭为例，对其屋面、戗脊、宝顶这三部分的做法与技术要点分述如下：

1. 屋面做法与技术要点

六角亭有六翼屋面，每翼屋面做法都相同，其技术要点有如下几点。

1）加设糙戗、糙椽，铺设鳌壳板

亭之木结构安装完成后，即可安装面檐与铺设望砖（如有），其做法与普通屋面做法相同。

为使亭子的戗角弧线流畅，屋面坡度和顺，须在木戗的上方加设糙戗，在木椽间加糙椽，其上及两侧铺设鳌壳板（图 11-8-44）。

2）分中、排瓦档

在屋面檐口线上量出其中点，再在屋面上端量出灯芯木的中点，将上下两点相连，弹出屋面中心线。根据盖瓦须坐中与戗角边为底瓦的原则，将量得的中心线与木戗尖处的距离扣除半张底瓦宽度后，即可均分瓦档距。瓦档距的宽度尚须依据所用盖瓦（小青瓦或筒瓦）而定（11-8-45）。

3）铺设屋面中楞与戗脊两边老瓦头

先铺设居中盖瓦楞，即中楞，因中楞较为关键，瓦的铺设厚度、屋面的弧度都将由此而决定。

根据所排瓦档距，沿木戗中心线两侧分别对老瓦头。其具体做法与歇山戗角基本相同。但亭子屋面的提栈较大，屋面弧度也大，故所铺之瓦须瓦楞平直，盖瓦压平，相邻瓦楞坡势均匀，瓦档大小统一（图 11-8-46）。

2. 戗角做法与技术要点

攒尖亭的戗角做法与歇山戗角基本相同，所不同的是，攒尖亭所有的戗角都汇集于灯芯木，因此对其精确度要求更高。

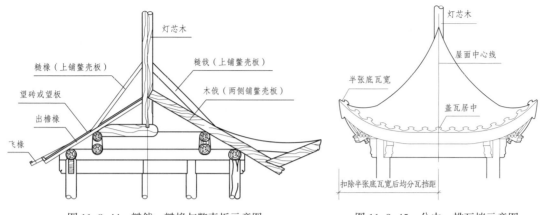

图 11-8-44 糙戗、糙椽与鳌壳板示意图　　　图 11-8-45 分中、排瓦档示意图

具体做法是：在灯芯木的中点钉上铁钉，分别于各木戗尖处相连，所做连线即为各戗的中心线，并将该线垂直引至屋面上，作为戗角砌筑的控制依据。

在汇集处的所有戗角必须做到：①戗角中心线对准灯芯木的中点；②所有戗座、滚筒、盖筒均须做通，即在同一水平面上，不得出现高低或倾斜，这在操作时就需严格控制。

具体做法详见图 11-8-47、图 11-8-48。

3. 宝顶做法与技术要点

在攒尖亭中，宝顶的作用尤为重要，其处理得好坏将直接影响到整座亭子的外观效果。

宝顶有多种形式，常见的有方形、六角形、八角形、圆形和葫芦形，须根据相应的屋面形式来选用，如方亭用方形，六角亭用六角形，圆亭用圆形，否则会给人一种不伦不类的感觉。除方亭外，圆形与葫芦形宝顶可用于任何形式的攒尖亭。

宝顶有清水与混水两种做法，所谓清水即指砖细做法，而混水则是由砖砌粉刷而成。

砖细做法的宝顶，称砖细宝顶，因其块面清晰，楞角分明，易于加工成各种条形线脚，故多用于多角亭。

混水做法的宝顶，常用于外形呈弧面、线脚为弧状的宝顶，如圆形与葫芦形宝顶；但线脚较少、较粗的多角形宝顶，也常采用此种做法。

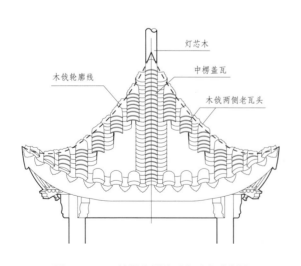

图 11-8-46 铺设中楞及对老瓦头示意图

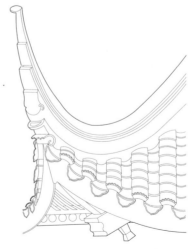

图 11-8-47 六角亭戗角大样图

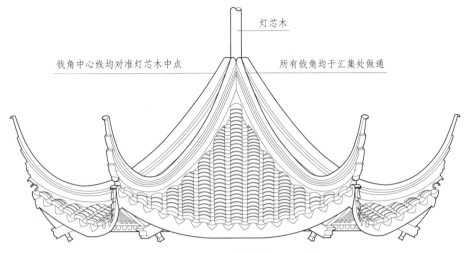

灯芯木

戗角中心线均对准灯芯木中点　　　　　　所有戗角均于汇集处做通

图 11-8-48　六角亭戗角正立面图

总之,对于宝顶的选用,须根据亭子的屋面形式、高度、大小、所处环境与地形等诸多因素而定。

图 11-8-49 所示为几种常见的宝顶形式。

方形　　　　六角形　　　　八角形　　　　圆形　　　　葫芦形

图 11-8-49　常见的各式宝顶

砖细宝顶的做法要求较高,分制作与安装两个程序进行。

制作时,首先根据图纸要求挑选合适的砖料,经过开料、划线、刨面、线脚制作、割角、拼装、补磨等多道工序制作而成。加工的砖料应表面光滑,楞角整齐,几何尺寸准确,色泽均匀一致。

安装时,先在砌筑好的戗角顶部安装一块托盘砖,作为宝顶的基座。托盘砖由整块砖料制作,砖的中心须开设圆孔,圆孔的大小应略大于灯芯木的直径,以便托盘砖套在灯芯木上。托盘砖须安装牢固,并呈水平状,其周边与灯芯木的距离均相等。

将加工好的宝顶构件逐皮安装在托盘砖上,安装时,构件位置摆放正确,横平竖直,相交角度符合要求,宝顶的每个立面须与屋面檐口平行,其中心线对准灯芯木中心线。

构件之间用油灰粘合,必要时用木扎与灯芯木连接,以免日后构件脱落或倾覆。构件之间的所有缝隙须大小一致。待油灰干后,再进行打磨。

宝顶底部与戗角相交处,用纸筋灰浆粉塑出脚头,使安装好的宝顶与亭子浑然一体,详见图 11-8-50。

混水宝顶的做法则较为简单,但也须根据宝顶的形式及大小制作相应的托盘砖作为宝顶基座,再于托盘砖之上用灰浆、青砖砌筑宝顶。

砌筑时，根据事先制作的样板来控制所砌宝顶的形状与大小。样板须按宝顶的半个剖面来制作，并在灯芯木的中心点钉上铁钉，将样板套在铁钉上，随时用来对砌体进行检查、比对。这样砌出来的宝顶形状，在任何方位看，都能符合要求。

砌体表面用水泥砂浆进行粉刷，粉刷时也须用样板来控制，使粉刷后的形状与样板相同，表面无凹凸不平现象，线条平行，大小相等，流畅和顺。

宝顶底部与戗角相交处，也用纸筋灰浆粉出脚头，待所粉面层自然干透后，再刷二度砖灰色的涂料，详见图11-8-51。

图11-8-52为采用砖细宝顶的六角亭正立面图。

以上便是攒尖顶做法的基本内容，不详之处，可参见本篇相关章节。

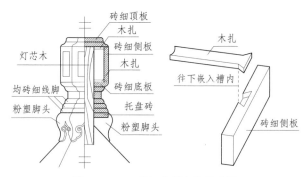

图11-8-50 砖细宝顶安装示意图

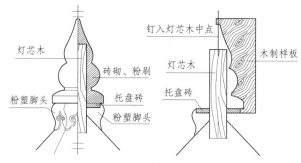

图11-8-51 混水宝顶砌筑示意图

图11-8-52 采用砖细宝顶的六角亭正立面图

重要提示：在做亭子屋面之前，除需搭设脚手架之外，一定要对其木构架进行加固。具体做法为在相对应的两木柱间以及相邻的两木柱间设置剪刀撑，原因是亭子属对称结构，且体量小、自重轻，又无墙体支撑，在施工时，由于操作人员与材料的重量，亭子会因受力不均而引起旋转，进而倒塌，因此一定要进行加固。加固设施，要待屋面施工完全结束后方能逐步拆除。

**六、廊**

廊在园林中是联系建筑物的脉络，又常是风景的导游线。它的布置往往随形而弯，依势而曲，蜿蜒透迤，富有变化，而且可以划分空间，增加风景的深度。

（一）**廊的形式**

廊按形式分有直廊、曲廊、波形廊、复廊四种，苏州园林的走廊基本上都是小青瓦屋面，回顶做法，即黄瓜环脊。现就其屋面形式分述如下：

1.直廊

廊既然是联系建筑物的脉络，它势必与建筑物相连接。其屋面的连接方式大致可分为以下三种情况：

1）与硬山厅堂相连接

走廊与硬山厅堂相连，其相连处走廊的第一楞瓦应为底瓦，且要做泛水，以防漏水，见图11-8-53、图11-8-54。

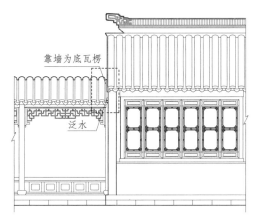

图11-8-53　走廊与硬山厅堂相连接之立面图

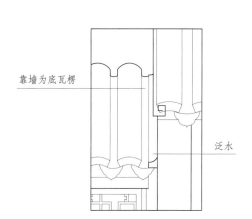

图11-8-54　泛水做法示意图

2）与歇山厅堂相连接

走廊与歇山厅堂相连，其相连处走廊的第一楞瓦应为盖瓦，其出檐椽在出檐部位应做博风板为收头，上做边楞，走廊山尖与厅堂空隙处应封木板，以防风雨，见图11-8-55、图11-8-56。

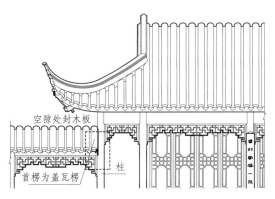

图11-8-55　走廊与歇山厅堂相连接之立面图

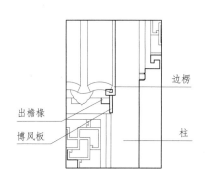

图11-8-56　博风板收头做法示意图

3）与亭子相连接

走廊与亭子相连接，有以下两种情况：

其一，若走廊屋脊高度低于亭子檐口高度，则按上述与歇山厅堂之连接方法处理。

其二，若走廊屋脊高度高于亭子檐口高度，以歇山亭为例，见图11-8-57。

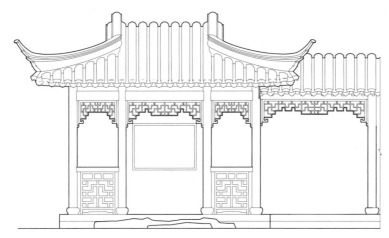

图 11-8-57　走廊与歇山亭相连接之立面图

如属上述情况，则应先处理木结构部位（俗称"爬龙梢"），其具体做法为：

先将亭子与走廊相交处之出檐椽缩短至该亭之檐桁，再将走廊脊桁延伸至亭子望砖上部，在脊桁延伸部分的两侧铺设鳌壳板，见图 11-8-58。

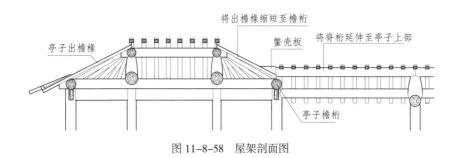

图 11-8-58　屋架剖面图

安装走廊木椽子，注意：走廊及亭子露明的椽子均须完整，见图 11-8-59。

铺设屋面瓦片，走廊与亭子屋面相交处做斜沟，用以排水，斜沟做法另详，见图 11-8-60。

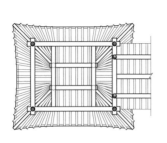

图 11-8-59　屋架仰视图

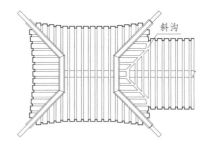

图 11-8-60　屋面平面图

2. 曲廊

曲廊多逶迤曲折，有一部分依墙而建，其他部分则转折向外，因而由廊及墙划分出若干不同形状的空间，栽花布石，布置小景，这是苏州园林常用的手法之一。

沿墙的走廊，其屋顶大多采用单面坡式，一般不做屋脊，仅以攀脊或泛水作为收头，倒也颇觉轻巧自然，见图 11-8-61。

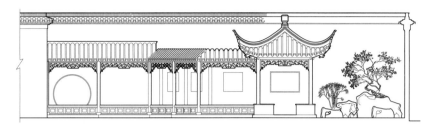

图 11-8-61　曲廊立面图

　　曲廊实际上是折廊，是由数段直廊连接在一起，因此两个直廊段的交界线一定要是其交角的角平分线，否则两段走廊的宽度（进深）将不统一，见图 11-8-62。

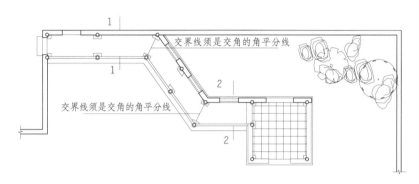

图 11-8-62　曲廊平面图

　　廊的屋面有单坡、双坡之分，见图 11-8-63、图 11-8-64。

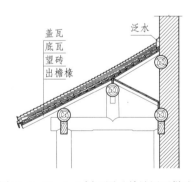

图 11-8-63　1-1 剖面图（单坡屋面做法）

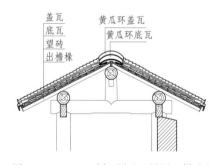

图 11-8-64　2-2 剖面图（双坡屋面做法）

### 3. 波形廊

　　波形廊就是带坡度的走廊，其平面形式分直廊形与曲廊形。须注意的是，若是曲廊形式的波形廊，带坡度的廊段两边的边长须相等，否则其屋面会呈翘裂状，同样，该廊段的地坪也会如此。

　　波形廊也有单坡与双波之分，其剖面及做法与曲廊基本相同。

　　园林内有山又有水，因此有的建筑依山，有的建筑傍水。波形廊不仅可以把园林内不同标高的建筑联系起来，而且走廊的造型也因此而高低起伏，丰富了园景。图 11-8-65 为波形廊之立面图。

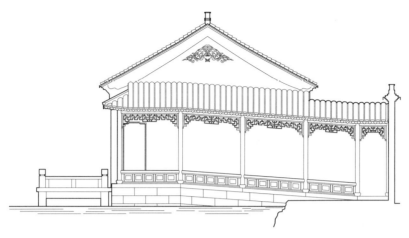

图 11-8-65　波形廊立面图

**4. 复廊**

将两廊并为一体，中间隔一道墙，墙上设漏窗，两面都可通行，屋面为双坡，这种形式称复廊，见图 11-8-66、图 11-8-67。

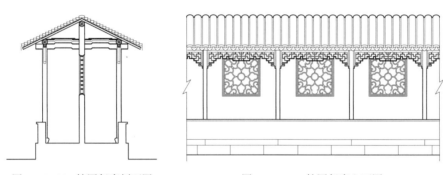

图 11-8-66　怡园复廊剖面图　　　　　　　图 11-8-67　怡园复廊立面图

复廊的平面形式也有多样，有直廊形的，如狮子林的复廊，有曲廊形的，如怡园的复廊，有既曲又呈波浪形的，如沧浪亭的复廊。

走廊若按位置分，还可分为沿墙走廊、空廊、回廊、楼廊、爬山廊、水廊等。其构造方式须根据不同的要求灵活处理，但屋面形式基本上不会超出以上几种范围。

**（二）走廊屋面铺设的技术要点**

曲廊之间的廊段相交，一般有两种形式，即直角相交与钝角相交（因实例中未见有锐角相交）。图 11-8-68、图 11-8-69 为两种相交形式的曲廊屋面平面图。

因是双坡落水，在两屋面相交部位，其阳角处做攀脊，上覆盖瓦，或于攀脊上发水戗，而在阴角处则做斜沟，用于排水。

详见以下图例：

（1）阳角为"盖瓦做法"。注意：若是黄瓜环脊，阳角须过屋脊中，以免漏水，见图 11-8-70。

（2）阳角为"发戗做法"，同样，其阳角也须过屋脊中，见图 11-8-71。

（3）在两屋面相交部位，其阴角处应铺设一条底瓦楞，用于排水，该底瓦楞称为斜沟。

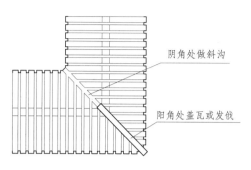

图 11-8-68　曲廊屋面平面图之一（直角相交）

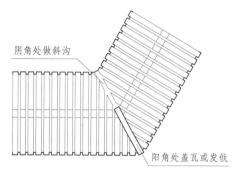

图 11-8-69　曲廊屋面平面图之二（钝角相交）

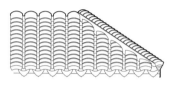

直角相交曲廊立面图

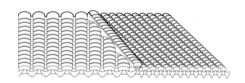

钝角相交曲廊立面图

图 11-8-70　阳角"盖瓦做法"之图例

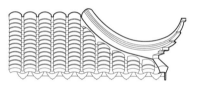

直角相交曲廊立面图

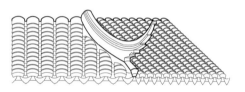

钝角相交曲廊立面图

图 11-8-71　阳角"发戗做法"之图例

　　为利于排水，斜沟须用斜沟瓦铺设，斜沟底瓦宜解口❶，其檐口处用斜沟滴水。与斜沟相交的瓦楞称为百斜头。

　　斜沟底瓦之间的搭盖不应小于 15 厘米，斜沟两侧的百斜头伸入沟内不应小于 5 厘米，以免漏水。斜沟做法详见图 11-8-72、图 11-8-73。

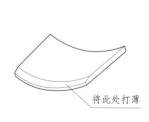

图 11-8-72　解口做法示意图

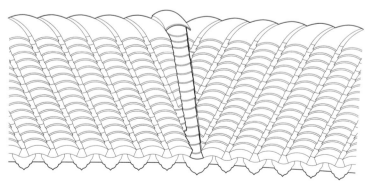

图 11-8-73　斜沟做法示意图

---

❶ 将瓦之边口打薄，称解口。

# 第九节　屋面堆塑

堆塑工艺是瓦作工艺中一项重要的装饰艺术，主要用于古建筑的屋脊、竖带、戗角、山墙山尖等部位的表面装饰以及混水门楼、工艺漏窗等处，其特点是取材简单、题材丰富、寓意吉祥、表现力强。

### 一、香山帮堆塑工艺的特点

堆塑，香山帮工匠习惯上称之为堆灰，是一项完全由手工操作的传统营造技艺，对操作工匠的要求很高，既要对古建筑的传统文化十分了解，又要有相当的美术与绘画基础，并且具备熟练操作各项堆塑技巧的能力，因此，在香山帮中被誉为最有技术含量、最具文化内涵的一种技艺，同时也是香山帮中最难学、最复杂的一种营造技艺。

香山帮堆塑工艺主要用于建筑，是一种用来美化建筑物的装饰艺术。在苏州，自古以来就有用堆塑工艺来装饰、美化建筑的传统。这些堆塑，题材丰富，风格各异，或构图简洁，讲究布局的和谐统一，或内容丰富，注重图案内容的表达，巧妙地运用神话传说、历史故事、戏曲人物、山水风景、花卉鸟兽等题材，通过借喻、比拟、双关、谐音、象征等手法，来表达人们美好的愿望与高尚的情操。

香山帮堆塑工艺有题材丰富、表现力强的优点，但也有它的局限性。因为堆塑只能表现某个动作的瞬间或神态，没有任何情节与语言，堆塑者想要表达的主题或思想，全由观赏者体会与联想，因此，雕塑图案的合理选择以及适当的展示方式是判断堆塑作品优劣的重要依据之一。

### 二、建筑堆塑施工工艺的分类

香山帮堆塑主要用于建筑，而建筑堆塑根据堆塑成品的不同，其施工工艺大致可分为以下两类。

第一类是先以砖瓦将作品叠砌成形，再经手工仔细粉塑，逐步堆叠而成。采用此类工艺的主要有各式屋脊及吻头、竖带的花篮及花篮座、戗根部的吞头及天王台等一系列屋面装饰构件。为叙述方便，将此类工艺称为砌筑类堆塑。该类工艺的特点是讲究集体配合与分工，因此，施工班组的搭建很重要，虽然不要求人人都是工匠高手，但必须配备能够解决工程中的难点与疑点的技术力量，尤其是对领衔操作的技术工匠要求更高。

第二类是先根据图案用钢筋、铁丝或竹木等材料扎成骨架，主要骨架须与墙面或屋脊结合牢固，并用水泥纸筋逐层堆塑出图案的初步造型，为防止开裂与脱壳，每堆一层须绕一层麻丝或铁丝，再对图案进行细塑，并将表面压实抹光，最后上色。采用此类工艺的主要有山墙山尖以及屋脊两面堆塑的传统图案，故称之为图案类堆塑。此类工艺的特点是堆塑作品的优劣与否和操作工匠的技术高低、艺术修养及对作品的领悟程度有着直接的关系，因此要想创作出优秀的作品，操作工匠的挑选至关重要。

### 三、建筑堆塑的分类运用
#### （一）砌筑类堆塑在古建筑屋顶上的运用

1.屋脊上的运用

屋脊是古建筑屋面的重要组成部分，其砌筑得好坏与否，不仅关系到整个建筑的坚固持久，还是表示建筑等级的重要标志之一。苏州地区的屋脊做法主要有龙吻脊、鱼龙吻脊、哺龙脊、哺鸡脊、纹头脊、雌毛脊、甘蔗脊等数种，不同的屋脊形式表示了不同建筑的等级与用途，这在封建社会里有着严格的规定，其中龙吻脊等级最高，殿庭类建筑方能用之，如苏州著名的"三大殿"——文庙大成殿、玄庙观三清殿、城隍庙工字殿等用的都是龙吻脊，而鱼龙吻脊次之，哺龙脊、哺鸡脊则再次之，一般庙宇、祠堂可用之，普通民居则采用纹头脊、雌毛脊、甘蔗脊、游脊等。

虽然屋脊形式众多，做法各异，而且有简有繁，但都是砖瓦叠砌，加上手工粉塑而成，且所用材料品种繁多，规格不一，又是全凭工匠手工操作，其中手法出入，终有差距，因此，工匠的选择至关重要，尤其是对领衔操作的工匠要求更高，既要能熟练掌握其内部构造，并对古建筑传统文化十分了解，因为不同的部位有其各自的工艺要求和传统花式图案，这些都要符合江南古建筑的传统做法与规范，而且还要有相当的美术与绘画基础，具备熟练操作各项堆塑技术的能力。唯有具有以上能力的能工巧匠方能够胜任。

现对以下几种屋脊的做法作一大致介绍。

1）龙吻脊

殿庭正脊两端所置吻头为龙吻，该脊便称为龙吻脊。

据《营造法原》介绍，旧时正脊两端所置龙吻均设窑烧制，称窑货花式，其式样之大小，花纹之设计，均有定规，与北方的琉璃作相似，但不施彩釉，外观与普通砖瓦一样，故价格较廉。

根据龙吻的大小、高低，龙吻分五套、七套、九套、十三套等几种规格，而龙吻的套数系根据殿庭的开间而定。《营造法原》规定：三开间用五套龙吻；五开间用七套龙吻；七开间用九套龙吻；九开间用十三套龙吻。故其正脊亦随所用龙吻套数而称之，如五套龙吻脊、七套龙吻脊等。

旧时所用之窑货吻脊，如今市场上已无人烧制，所用吻脊大都采用砖砌粉塑，故对龙吻脊不再以套来命名，而是以所用瓦条的多少及脊头的形式来区分，如五瓦条鱼龙脊、九瓦条龙吻脊等。

龙吻脊两端龙吻的几种形式详见图11-9-1。

图11-9-1 龙吻脊的几种形式

2）鱼龙吻脊

从广义上讲，鱼龙吻脊亦属龙吻脊，但做法较简，塑成龙首鱼尾，故称鱼龙吻脊，因此体量也较小，多为五瓦条花筒脊做法，详见图11-9-2。

图11-9-2 鱼龙吻脊的几种形式

至于哺龙脊、哺鸡脊、纹头脊、雌毛脊、甘蔗脊、游脊等各种屋脊的形式与做法，本章第三节"厅堂筑脊"内有详细介绍，读者可自行参阅相关内容。

2. 屋面上的运用

除屋脊外，砌筑类堆塑在古建筑屋面上还有如下运用。

1）竖带与花篮座

竖带紧靠屋面正脊，位于屋面内侧的第一、二楞盖瓦之上，其中心线对底瓦，沿两侧屋面斜坡直下，其端止于檐桁处，竖带端部设花篮座，座上均有堆塑，或花卉，或果蔬，题材颇多，若是用于庙宇，竖带端部则设花篮靠背，上坐天王，称天王座（图11-9-3、图11-9-4）。

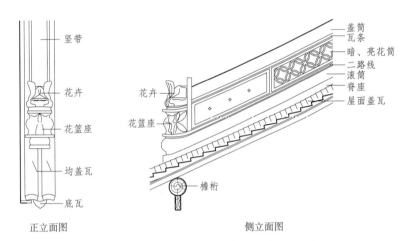

图 11-9-3　竖带与花篮座做法正、侧立面图

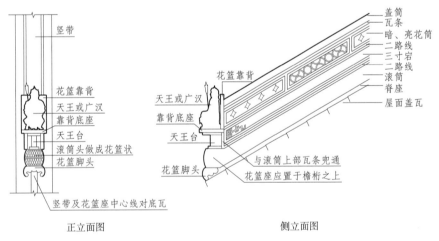

图 11-9-4　竖带与天王座做法正、侧立面图

2）歇山殿庭屋面做法

歇山殿庭的屋面，构件众多，构造繁复，而且都有其不同的工艺要求和传统花式图案，譬如戗根、吞头、缩率等名称与做法，如不加解释与图示，一般人则很难理解，现略加解释如下：戗根属水戗的一部分，与竖带相交，相交处高同竖带，其前部设花篮靠背，上置坐狮，下饰兽头，做张口状，口衔前部水戗，称为吞头，花篮座旁于三寸宕处所做回纹形花纹称缩率，用作装饰，详见图11-9-5。

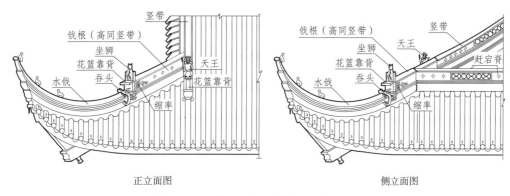

正立面图        侧立面图

图 11-9-5 歇山殿庭屋面做法正、侧立面图

### （二）图案类堆塑在古建筑屋脊上的运用

图案类堆塑运用于古建筑屋脊上，主要位于屋脊居中的龙腰处，若是殿庭类建筑，通常塑的是"团龙喷水"（图 11-9-6）等一类图案，显得威严庄重，使之与建筑氛围相符。

图 11-9-6 屋脊龙腰处的"团龙喷水"

而厅堂类建筑往往塑的是吉祥题材的图案，苏州园林中此类堆塑的精品当推拙政园远香堂。该厅屋面的鱼龙吻脊最具特色，此脊采用五瓦条暗花筒做法，两端吻头塑成龙首鱼尾，而所塑吻头比例协调，堆塑精美，尤以尾部为最，鱼尾高翘，充满动感，活灵活现，生动逼真，堪称苏州园林建筑中堆塑之精品。屋脊龙腰处，两面均有堆塑，南面堆的是"狮子滚绣球"，北面堆的是"丹凤朝阳"。所堆作品寓意吉祥、比例得当、栩栩如生，深受业内人士与观赏者的好评。详见图 11-9-7~图 11-9-10。

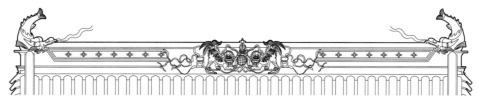

图 11-9-7 拙政园远香堂鱼龙吻脊南立面图

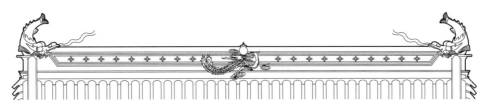

图 11-9-8　拙政园远香堂鱼龙吻脊北立面图

图 11-9-9　南立面堆塑"狮子滚绣球"详图

图 11-9-10　北立面堆塑"丹凤朝阳"详图

**四、香山帮堆塑工艺的特点**

**（一）堆塑属于"加法"，便于修改**

堆塑工艺，顾名思义，就是堆与塑。所谓"堆"，就是在平面上堆筑纸筋灰，首先是扎骨架，即用钢筋、铁丝或木竹料，按图样扎成所需要的骨架，主骨架需与屋脊或墙面结合牢固，然后用水泥纸筋堆塑出图案的初步造型。所谓"塑"，其实与雕刻手法相类似，也要用到直线雕、阳雕、阴雕、浮雕、深雕、透雕等多种技法，所不同的是，雕刻的过程就是雕刻者运用各种刀法在雕件上由外向内逐步地通过减去废料，将要雕刻的形体显现出来。因此，雕刻被人们称为"做减法"，一刀不慎，将会影响雕品效果，甚至成为废品，而堆塑则不然，是一个边堆边塑逐步将作品完善的过程，应该属于"加法"。因此，与雕刻工艺相比，堆塑工艺便于修改，这是堆塑工艺的一大特点。

**（二）堆塑是具有立体感的艺术品，适合多角度观赏**

堆塑是用钢、竹、木等材料做骨架，再用水泥纸筋层层堆叠而成的立体工艺品，其观赏效果与浮雕类似，能够给人以直接的视觉印象，从而引起观赏者的共鸣或联想。但是堆塑只能表现物象中一个瞬间的动作和神态，因此，为了正确表达作品的主题思想，堆塑题材的选择以及作品的构图与搭配等都显得尤为重要。虽然堆塑作品本身不产生透视效果，但是由于其放置位置的高低不同，从而可产生不同的光影效果，或者是观赏者视点的不同，使人产生各种不同的感觉。

**五、香山帮堆塑的施工步骤**

现以中国园林博物馆内苏州畅园展区为例。该施工工地上的所有堆塑均由苏州香山帮工匠完成实施，很有代表性。其具体施工步骤如下。

## （一）绘制图稿

堆塑施工前一般需要绘制堆塑图稿，图稿由承担堆塑施工的工匠绘制，因为他们都有一定的绘画基础，而且熟悉各种古建筑传统图案，图稿应按一定的比例绘制，并画上网格线，以便放实样。

## （二）放实样

在需要堆塑的山墙上放实样，放样采用网格放大法。

## （三）扎骨架、刮糙坯

先用钢筋、铁丝或竹、木材料，按图样扎成人物或飞禽走兽造型的骨架，主骨架需与墙面结合牢固；再用水泥纸筋堆塑出人物的初步造型。打糙用的水泥纸筋中的纸脚可粗一些，每堆一层需绕一层麻丝或铁丝，以免龟裂、脱壳，影响作品的寿命。

## （四）细塑、压光

用铁皮的条形工具按图精心细塑，切勿操之过急。水泥纸筋中的纸脚可细一些，水泥纸筋一定要捣到本身具有黏性和可塑性才可使用。压实是关键，用黄杨木或牛骨制成的条形，头如大拇指的溜子把人物或动物表面压实抹光。抹压到没有溜子印，发亮为止。

## （五）待所塑作品干透后，方可上色、上涂料

完工后的实例照片详见图11-9-11。

图 11-9-11　堆塑实例照片（园博园内之畅园展馆）

### 六、香山帮堆塑的分类做法

#### （一）人物堆塑

要堆塑人物，首先要熟悉和掌握人体比例、结构。人的身高比例一般以头的长度作为单位，对此，古代画家总结出了"立七""坐五""盘三"的说法。"立七"就是说一般人站着的高度为七个头高，"坐五"是指坐着为五个头高，"盘三"指盘坐着为三个头高。而对头部的比例有"三停""五部"的说法。"三停"是将人的面部正面高度三等分，从发际线到眉线为上停，眉线到鼻底为中停，鼻底至颌底线为下停。"五部"是指将人的面部正面宽度五等分，以一个眼长为一等分，即两眼之间相距为一个眼长，外眼角至外耳阔之水平距离亦为一个眼长，整个面部正面宽度分为五个眼的距离，故也称为"五眼"。这些都是古代画家对于人像绘制总结出来的诀窍，香山帮工匠也深谙其理，并将其运用至堆塑实践中，非常实用。

以下堆塑口诀也非常值得参考。

笑脸堆塑：嘴角宜向上翘或露上下牙齿，两眼要细长而向下弯。

孩童面像：头大面圆、目秀眉清、鼻短、口小、下颌多方、面颊肥嫩、常带笑容。

美人像堆塑：鼻如胆、瓜子脸、樱桃口。

"福、禄、寿"三星样堆塑:"福"星,天官样、天官帽、朵花立水江涯袍,朝靴抱笏五绺髯;"禄"星,员外郎,青软巾帽,绦带绿袍,携子又把卷画抱;"寿"星,南极翁,绾冠玄氅系素裙,薄底云靴,手拄龙头拐杖。

另外,建筑堆塑人物的衣纹宜用"蚯蚓纹",由于建筑堆塑人物在建筑物上的位置较高,面部宜采用俯视,身体宜向前倾斜。

### (二)动物堆塑

堆塑动物同样要掌握动物的骨骼、结构、奔跑行走姿态,如马走路时,前后脚运动的方向相反,奔跑时四足应有一足着地等,这些都是堆塑时要掌握的要领。

此外还有"鸟兽诀"可供参考:狮子——"十斤狮子九斤头,一条尾巴拖后头,十鹿九回头";龙——"鹿角、虾眼、凤爪,牛鼻、鱼鳞、蛇身、团扇尾巴";还有"抬头羊,低头猪,怯人鼠,威风虎,鸟噪夜,马嘶蹶,牛行卧,狗吠篱,捉鼠猫,常洗脸"。

### (三)花木堆塑

有口诀云:"冬树不点叶,夏树不露梢,春树叶点点,秋树叶稀稀。""远要疏平近要密,无叶枝硬有叶柔,松皮如鳞柏如麻,花木参差如鹿角。"总之,堆塑时花瓣、叶片要有翻折,显得生动活泼,并形成层次,枝叶要适当留白,做到有疏有密,增强画面感。

### 七、香山帮建筑堆塑的题材

香山帮建筑堆塑,按建筑功能的划分,可分为宗教泥塑、园林泥塑、民间泥塑。

宗教泥塑,指的是以宣传宗教思想为目的,以宗教人物、故事为题材的泥塑作品。

### (一)佛教泥塑

佛教泥塑题材常用"西天取经""活佛济公""寒山拾得""吉祥八宝"等。如苏州寒山寺藏经楼正脊龙腰上的"西游记"人物故事,堆塑的是唐僧师徒四人自西天取得真经而归的形象,该堆塑不仅与藏经楼的含义十分贴切,而且所刻画的人物,形体结构正确、体态自然、服装合度,更重要的是能把人物的典型性格、思想感情都充分表达出来,显得十分传神,确为堆塑之精品。

"吉祥八宝",俗称"佛八宝",由佛教中的八种宝器所组成,是佛教泥塑中常用的装饰图案(图11-9-12)。

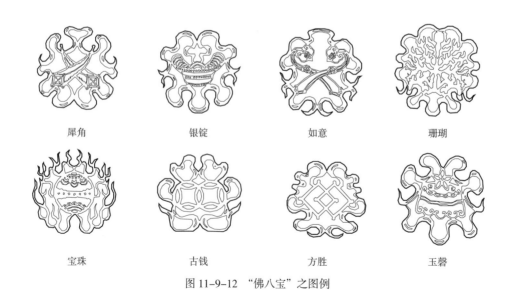

| 犀角 | 银锭 | 如意 | 珊瑚 |

| 宝珠 | 古钱 | 方胜 | 玉磬 |

图11-9-12 "佛八宝"之图例

## （二）道教泥塑

道教泥塑题材有"星宿人物""团龙喷水""暗八仙"等。如苏州玄妙观三清殿正脊龙腰的团龙体感结实有力、粗壮深厚，充分显示了香山帮匠人的聪明才能和精湛技术。

"暗八仙"指的是八仙所执的器物，分别是铁拐李的葫芦、汉钟离的宝扇、吕洞宾的宝剑、张果老的渔鼓、曹国舅的玉板、韩湘子的玉箫、蓝采和的花篮、何仙姑的荷花，以此来指代八仙，故称为"暗八仙"。道教及民间常用作装饰图案，以求吉祥（图11-9-13）。

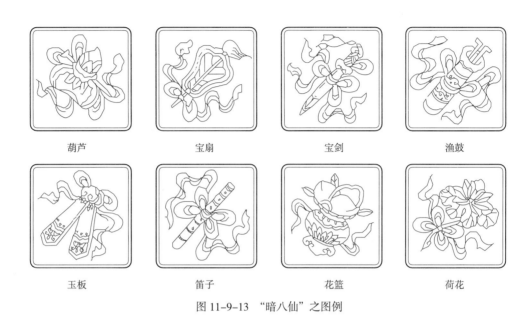

| 葫芦 | 宝扇 | 宝剑 | 渔鼓 |
| 玉板 | 笛子 | 花篮 | 荷花 |

图11-9-13　"暗八仙"之图例

## （三）园林、民间泥塑

园林、民间泥塑的题材较广，常见的有吉祥图案、神话故事、历史人物、各类动植物等，从表现手法来看，主要有象征、寓意和谐音等几种。

1. 象征

在传统的吉祥图案中，凤凰、麒麟是人们想象中的珍禽瑞兽，凤凰与牡丹组成"凤穿牡丹"图案，凤凰是鸟中之王，牡丹是花中之王，两者组合在一起，象征着吉祥与富贵。"麒麟送子"，麒麟是传说中的神兽，是祥瑞的征兆。一男子坐在麒麟上，怀抱小孩，象征人们喜得贵子。狮子为百兽之王，相貌威严，"双狮戏球"是人们喜闻乐见的庆典娱乐活动，象征着喜庆与欢乐（图11-9-14）。

凤穿牡丹　　　　　麒麟送子　　　　　双狮戏球

图11-9-14　"象征手法"之图例

2.寓意

组成寓意类的图案有很多，如：以如意、柿子、万字组成，寓意为"万事如意"；以石榴、蝙蝠组成，寓意为"多子多福"；以牡丹、海棠组成，寓意为"富贵满堂"；以松树、仙鹤组成，寓意为"松鹤延年"；以梅花、喜鹊组成，寓意为"喜上眉梢"；五只蝙蝠围住正中的一个福字，寓意为"五福捧寿"（图11-9-15）。

多子多福　　　　　　　　　　喜上眉梢　　　　　　　　　　松鹤延年

图11-9-15　"寓意手法"之图例

3.谐音

仙鹤与梅花鹿组合在一起，鹤代表长寿，鹿取其谐音，即禄，称"鹤鹿同春"。一只花瓶内插三支戟，取其谐音，即为"平升三级"。一枚银锭，配上毛笔与如意图案，称"必定如意"。一名小男孩怀抱鲢鱼，手持莲花，称"连年有余"。两名小男孩，一位手持金鱼灯，一位在击磬玩耍，称"吉庆有余"。将白鹭与莲花组成图案，取其谐音，称"一路连科"，期盼科举考试能够接连登科，仕途顺利畅达（图11-9-16）。

连年有余　　　　　　　　　　吉庆有余　　　　　　　　　　一路连科

图11-9-16　"谐音手法"之图例

以上图案均是利用象征、寓意、谐音或双关等手段来表达人们对于美好事物的期待与希望。

除此之外，堆塑中还有许多图案，采用的是人们喜闻乐见的题材，如"三星高照""刘海戏金蟾""鲤鱼跳龙门""八仙过海""五子登科""平升三级""五福拜寿""丹凤朝阳""和合二仙""牛郎织女""天女散花""嫦娥奔月""金鸡荷花""岁寒三友""游龙喜凤""狮子滚绣球"等，反映出人们期盼消灾、延寿、平安、富裕、追求美满生活的良好愿望。

将堆塑精美、图案美观、搭配合理、比例协调的建筑堆塑与建筑融合在一起，除了能起到美化的作用外，还可以使人们领略和欣赏到中国传统的民俗文化与历史文化，历代香山帮工匠创作出许多佳例，值得我们学习与传承。

　　具体工程实例照片详见图 11-9-17、图 11-9-18。

图 11-9-17　堆塑实例照片：和合二仙　　　　　　　图 11-9-18　堆塑实例照片：鲤鱼跳龙门
　　　　　　　（木渎严家花园）　　　　　　　　　　　　　　　　　（木渎榜眼府第）

# 第十二章　做细清水砖作

经刨磨加工后的砖料，称为做细清水砖，用做细清水砖加工成的各类构件，简称为砖细构件。凡水作中属于精美的装饰构件，多以清水砖为之，如砖细抛枋、砖细垛头、砖细纹头、砖细墙裙等。从事砖细的工匠，亦多由水作工匠中手艺娴熟者任之，故砖细作属于瓦作的分类。

## 第一节　砖细材料与加工

### 一、砖细材料

做清水用砖，首重选料，必须用大窑货。苏州一带有南窑、北窑之分，用于砖细材料，北窑优于南窑，其中以苏州陆墓御窑为最，因其色泽淡雅，表面平整，砖泥均匀，杂质较少，不易返黄，是制作砖细的上佳用材。常用的砖细材料：方砖、望砖、嵌砖（图 12-1-1）。

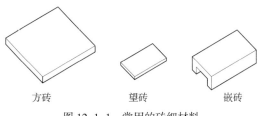

方砖　　　望砖　　　嵌砖

图 12-1-1　常用的砖细材料

砖细材料中用的最多的是方砖，除用于屋面铺设的轩望外，几乎所有的砖细构件都要用到方砖。方砖分普通方砖与沥浆方砖两种，普通方砖主要用于铺地，而加工精细的构件则多用沥浆方砖。因其砖质细腻，空隙较少，便于加工，且不易断裂。

各类方砖、望砖以及嵌砖的尺寸及具体用途详见表 12-1-1。

各类方砖、望砖、嵌砖的尺寸及具体用途表　　　　　表12-1-1

| 名称 | 规格（cm） | 砖厚（cm） | 用途 |
|---|---|---|---|
| 金砖 | 72×72 | 10 | 殿庭铺地，墙门中的较长、较厚构件及栏杆柱、纹头等 |
| 小金砖 | 66×66 | 8 | 殿庭铺地，墙门中的较长、较厚构件以及纹头等 |
| 大方砖（加厚） | 53×53 | 7 | 殿庭铺地，圆弧形的门洞 |
| 中方砖（加厚） | 42×42 | 5 | 厅堂铺地，各式门窗洞、各式贴面、各式线脚、栏杆 |
| 尺八方 | 35×35 | 4 | 铺地，各式贴面、半墙面砖 |
| 尺六方 | 30×30 | 3.5 | 铺地，贴面 |
| 望 砖 | 规格 21×9.5×1.5 | | 砖细平望 |
| 望 砖 | 规格 21×11.5×2 | | 砖细平望及各式轩望 |
| 嵌 砖 | 长 36，宽 19，高 9，壁厚 4 | | 砖细栏杆的坐槛 |

### 二、砖细材料的初加工

对于砖细材料，不论其最终加工成什么构件或作什么用途，都要进行初加工，传统的初加工都是由手工操作来完成的，现将其过程简单地介绍如下。

## （一）刨面

砖细材料均系窑货，未经加工之前，表面毛糙、颜色青黑，有的还带有窑灰。因此，先要刨面，将砖料刨光，旧时均由工匠手工操作，刨面工具为铁底推刨，推刨较木作推刨要窄，因砖料较硬、较脆，过宽则不利刨削。刨面的目的是刨去砖料毛糙、带黑的面层，露出砖料青灰的本色，使砖料表面平整，厚度达到要求。

## （二）打磨

对刨面后的砖料进行打磨，打磨工作，旧时也是手工操作，具体是用磨石或将铁砂皮裹在平整的木块上，在砖料表面反复打磨，直至砖料表面完全露出本色（俗称不带黑气）、更加平整为止。打磨后的砖面如有空隙，旧时则用砖灰七份、白灰三份与水混合的填料填补，待干透后再予打磨，不留痕迹。

## （三）切边

将打磨后的砖料，按所需要制作构件的尺寸进行切边，使之成为符合要求的半成品。切边工作旧时也是手工操作，用类似木作的锯子锯出，费时费力。

随着科技的进步与社会生产力的提高，以上工作现在都由机械化作业所代替，刨面、打磨已合为一体，被磨砖机所替代，而砖料的切边也全由切割机来完成，现在窑厂所提供的产品是尺寸与规格都符合要求的半成品。

# 第二节　砖细的应用

## 一、望砖

木椽之上所铺设的砖料称望砖，望砖根据其所在的部位与加工的程度，大致可分为以下三类：糙望、浇刷望砖与做细望砖。

糙望即未予加工的望砖，铺设在房屋的隐蔽部位。

对于一般装修要求不太高的房屋，铺设在外露部位的望砖，在铺设之前，常用灰白色的浆料浇在望砖的表面，使望砖的颜色统一，望砖的角边再用白灰水拔出2~3毫米宽的白边，使安装后的望砖之间形成一条通长的白线，用该方法铺设的望砖便称浇刷望砖。

对于装修要求较高的房屋，如厅堂，对于铺设在外露部位的望砖，需要进行刨面、打磨一类的加工，加工后的望砖称为做细望砖，也即砖细望砖。做细望砖可分为以下几种。

### （一）糙直缝

在铺设浇刷望砖时，为了使通长的白线更加顺直，便须对望砖进行简单的加工，即对望砖的两边采用刨、切等加工手段，使望砖的宽度统一，该工序称为直缝，对望砖表面不进行加工，而仅予直缝的，称为糙直缝。

### （二）做细平望

对表面进行刨面、打磨后的望砖，再予以切边，称为做细平望。做细平望一般铺设在装修要求较高的厅堂内，以代替浇刷望砖。也可铺设在各式翻轩的平直部位。

### （三）圆口望

做细平望的一边刨出圆口，称圆口望。圆口望用于茶壶档轩中，所刨圆口须与茶壶档轩椽的圆口一致。圆口望的安装部位，详见图12-2-1。

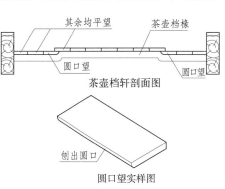

图12-2-1　茶壶档轩望砖安装示意图

**（四）各式弯望**

弯望多用于各式轩中，轩有多种，按轩椽的形状来分，有弓形轩、船篷轩、鹤胫轩、菱角轩、海棠轩等。铺设在轩内的望砖，除平直形部位可用平望外，其余采用与轩椽弯度相吻合的弯望。各式弯望的安装，详见图12-2-2。

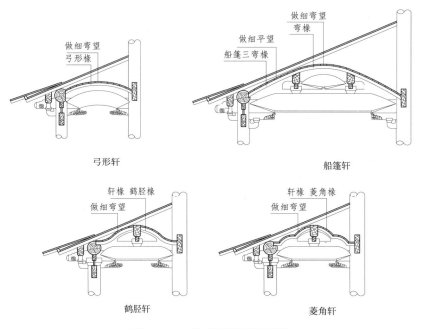

图 12-2-2　各式轩望安装示意图

弯望形式有上弯形与下弯形两种，须按照轩椽的形状来加工。上弯形之弯望，若弯势不大，可用平望代替，但下弯形之弯望，则无论弯势大小，均须按轩椽磨出弯形（图12-2-3）。

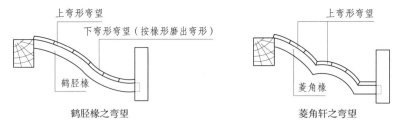

图 12-2-3　弯望的两种形式

## 二、方砖铺地

### （一）方砖铺地的用砖规格

古建筑之室内铺地多用方砖。铺地所用方砖的规格，视建筑规模的大小而定。一般来讲，厅堂铺地多用40厘米×40厘米的方砖，而廊、亭、榭、舫等园林建筑可用30厘米×30厘米或35厘米×35厘米的方砖，较大规模的庙宇建筑用50厘米×50厘米的方砖，而60厘米×60厘米与70厘米×70厘米的方砖，则用于宫殿类的建筑内。

## （二）方砖铺地的地面构造与做法

方砖铺地的地面构造分为四部分：地基层、基础垫层、结合层、方砖面层。

方砖铺地，因在室内，故传统的方砖地面构造较为简单。地基层将回填土作夯实处理即可，但回填土须随填随夯，按《营造法原》所述，传统标准：浮土1尺，夯打结实，仅为3寸。回填土也可掺部分碎砖瓦屑在内，夯实后，其高为八折。夯打结实与否，均可以此标准作参考。

基础垫层多用三七灰土，拌匀后夯实，夯实后的垫层厚约10~15厘米。

方砖铺设，结合层以河砂为佳，厚约3~5厘米。结合层也可掺部分白灰，使铺设后的方砖不易返潮。

方砖之间，拼缝镶以油灰，油灰为桐油与白灰的混合物，经反复捶打后，极具黏性，而干透后的强度又极高，是常用的传统粘结材料。

方砖铺地的地面构造详见图12-2-4。

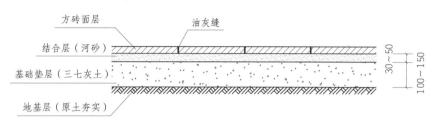

图12-2-4　方砖铺地的地面构造剖面图

## （三）方砖铺设

方砖铺设，先要放线。可先放出开间中心线，作为方砖铺设的竖向基准线。再放一条与之垂直的十字线，检查该线与阶沿内侧是否平行，若有误差，于误差处量出一方砖的距离，将十字线平移至该处，作为方砖铺设的横向基准线，若无误差，则可视阶沿内侧为横向基准线。

方砖须坐中铺设，将方砖中点对准开间中心线，沿进深方向先铺一排方砖，前面进口处须是整砖，以该排方砖为基准，向左右两侧铺设。不是整砖的方砖铺在左右两侧及后面。

若放线时发现阶沿内侧与横向基准线有误差，则首块方砖的内侧要对准横向基准线，将外侧多余部分切去。以后铺设每排方砖都是如此，使首排横向方砖，肉眼看上去，都是整砖。

一般方砖铺设均以磉石标高为基准，分段拉线铺设。若发现个别磉石误差较大，则以与该磉石相邻的两个磉石拉线作为基准线。若高于基准线，则按线铺设，今后处理磉石面。若低于基准线，则铺设时向磉石方向微度倾斜，或使方砖略高于磉石，之后处理方砖面。总之，所铺方砖要与磉石面相平。

现在方砖铺设多为浇浆铺设。具体做法是：方砖按线铺放后，用木槌轻轻拍打，要拍严拍实，略高于标高基准线，然后将方砖揭下，垫层上浇上纯水泥浆水，再将方砖放在原来的位置，放正、放平，继续拍打，使之与基准线相平。以上方法可重复进行多次，以便调整结合层高度，使所铺方砖达到要求。

按此方法将其余方砖逐块铺设，最后放上去拍打前，所铺方砖与已铺好的方砖相邻的边要披上油灰，并与相邻方砖挤严挤紧，使砖缝顺直，缝宽一致，缝宽控制在2毫米左右，铲去多余油灰，然后继续拍打，拍打至四角平稳，与基准线及相邻方砖相平为止。

方砖铺地的技术要点：

（1）方砖铺设，重在选料，所选方砖要表面平整，棱角完整，色泽均匀，大小一致，对角线相等。尤以对角线相等最为重要，否则很难铺出横平竖直、缝宽一致的效果。

（2）方砖要坐中铺设，即方砖中线与房屋中线相一致，房屋前面方砖要整块，不是整块的方砖（俗称找接）铺在房屋两侧及后面。

（3）方砖面的标高以前、后阶沿与磉石的标高为准，所铺方砖要与其相平。

（4）为使铺设后的方砖相邻间更紧密，方砖的四边要做斜面，与大面之间的角度小于90°。

（5）铺设完成后，须对表面进行清理、打磨，发现有空隙时，要补嵌后再予打磨，打磨工作须在油灰干透后进行，否则会污染灰缝，影响美观。

### 三、砖细垛头

垛头做法，分清水与混水两种。清水垛头即砖细垛头，常用于装修精细的住宅檐口。

垛头位于垛头墙之上部，其作用除了装饰外，主要是逐步挑出以支承屋面的檐口部分。

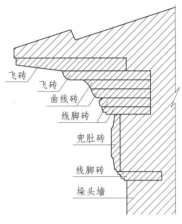

垛头的构造，自下而上，依次为挑出墙面的线脚砖，线脚砖之起线有混线、束线、文武面等多种，线脚砖高约4厘米，挑出墙面亦为4厘米，线脚砖之上为侧砖，称为兜肚。兜肚之上，根据檐口深浅的不同，其挑出的式样也不同，或作曲线，或作飞砖，或施云头、纹头等装饰。垛头构造详见图12-2-5。

垛头的式样，根据兜肚之上的挑出形式以及所作的雕刻，可分为壶细口式、书卷式、纹头式、飞砖式、朝板式、吞金式等，详见图12-2-6。

图12-2-5　垛头剖面图

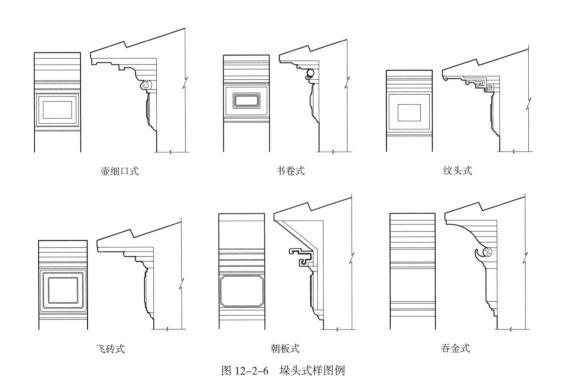

壶细口式　　　　书卷式　　　　纹头式

飞砖式　　　　朝板式　　　　吞金式

图12-2-6　垛头式样图例

兜肚的形式大体分为平面与满式两种。平面兜肚正面为素平，不施任何线脚与雕刻。若在兜肚正面四周施以线脚或起斜面，使中间部分高出约半寸，便成为满式。满式兜肚也有多种做法，有的中间高出部分也为素平；有的则施以雕刻，所刻内容，花卉、静物均可；也有的在中间再刻方宕，两方宕间饰以百结、套钱、插角、工字档等花纹。图 12-2-7 所示为几种满式兜肚的砖雕图例。

图 12-2-7　满式兜肚砖雕图例

垛头高度，以三飞砖为最低，纹头、壶细口次之，书卷、朝板、吞金则较高。三飞砖高约自 1 尺 5 寸至 1 尺 7 寸（约 41~47 厘米），纹头高自 1 尺 5 寸至 1 尺 9 寸（约 41~52 厘米），壶细口自 1 尺 9 寸至 2 尺 2 寸（约 52~60 厘米），书卷、朝板、吞金均在 2 尺左右（约 55 厘米）。各式兜肚之宽，根据墙宽及用砖而定，大多在 1 尺至 1 尺 3 寸之间（约 28~36 厘米）。

以上各式，其尺寸可用增减砖料皮数来作调整，但垛头高度须掌握在墙高（檐高）的 1.5/10 左右。

#### 四、砖细抛枋

砖细抛枋多用于包檐墙、塞口墙与围墙。

包檐墙之上的砖细抛枋，其总高与相邻的垛头上部尺寸相同。托混线脚依据垛头，抛枋多做满式，上下枋边起线，两端作纹头装饰，高同兜肚。抛枋之上出三飞砖，飞砖之上与屋面相连。檐墙抛枋做法详见图 12-2-8。

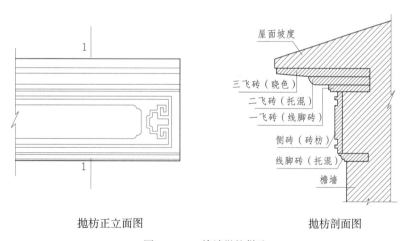

抛枋正立面图　　　　　　　　　　　抛枋剖面图

图 12-2-8　檐墙抛枋做法

塞口墙、围墙的抛枋一般比较简单，抛枋多做平面，满式较少。其构造与檐墙抛枋大致相同，由线脚砖、侧砖、三飞砖组成。

用于塞口墙、围墙的抛枋，其总高一般为 1 尺 6 寸~1 尺 8 寸（约 44~50 厘米），具体可视墙体的高度而定。

砖细抛枋的技术要点：

（1）抛枋安装时，墙体要同步砌筑，所有线脚砖、飞砖的后部都要用砖块（俗称捺脚砖）压好、压实，以防其受力后倾覆。

（2）每块侧砖（砖枋）安装时，其上下两面都要用木扎固定，并将木扎砌入墙体内，防止侧砖（砖枋）移位、掉落。

（3）抛枋安装，要横平竖直，砖缝控制在 2mm 以内，砖枋块面大小统一。用于找接的砖枋，其长度不宜小于 3/4 砖枋，否则须将找接长度分摊在相邻的数块砖枋内。


### 五、砖细门、窗洞

"凡走廊园庭之墙垣辟有门宕，而不装门户者，谓之地穴。墙垣上开有空宕，而不装窗户者，谓之月洞。地穴、月洞，以点缀园林为目的，式样不一，有方、园、海棠、菱花、八角、如意、葫芦、莲瓣、秋叶、汉瓶诸式。量墙厚薄，镶以清水磨砖，边出墙面寸许，边缘起线宜简单，旁墙粉白，雅致可观。"

——引自《营造法原》


地穴之式样有多种，详见图 12-2-9。

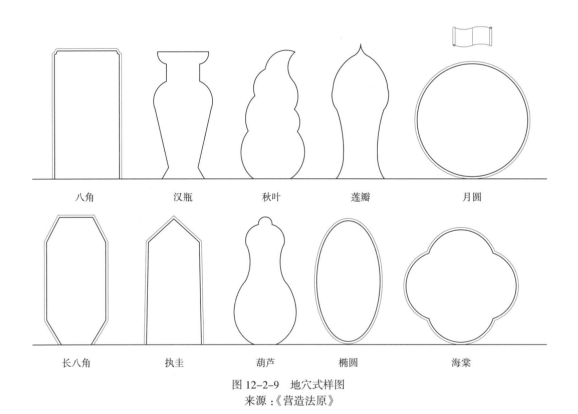

八角　　汉瓶　　秋叶　　莲瓣　　月圆

长八角　　执圭　　葫芦　　椭圆　　海棠

图 12-2-9　地穴式样图
来源：《营造法原》


### （一）砖细门、窗洞之各部名称

凡墙上辟有门宕或空宕，无论是否装有门或窗，通称门洞或窗洞。门、窗洞之周边若镶以清水磨砖，则称砖细门、窗洞，也可称为砖细门、窗套。

门洞形式多为长方形，其三边镶以砖细，上方称为顶板，两侧称侧壁，下方一般为石条，其宽同侧壁，长同顶板，与地面相平，称地栿。侧壁则架于其上。而窗洞则周边均需镶以砖细，其上方称顶板，两侧称侧壁，底部为底板。

门洞或窗洞不装门或窗，或窗装于墙之中线处，顶板与侧壁就须两面挑出墙外各约1寸，称为双出口。若门窗洞装有门窗，且于墙边安装，则门窗一边无需挑出，称为单出口。

以长方形门洞为例，试述其各部名称与单双出口的区别，详见图12-2-10。

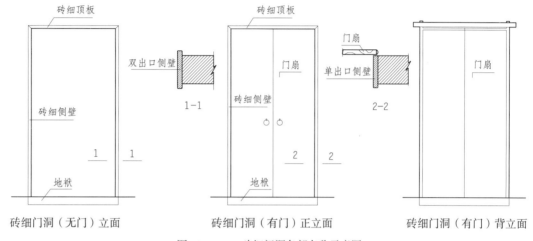

砖细门洞（无门）立面　　　　砖细门洞（有门）正立面　　　　砖细门洞（有门）背立面

图12-2-10　砖细门洞各部名称示意图

### （二）砖细门、窗洞之用料及各式线脚

砖细门窗洞之用料，一般均用厚4厘米的方砖，故其出线均宽4厘米。砖料起线，均以砖刨推出，根据砖刨刨铁的不同，可刨出各种断面的线脚。

砖细线脚有平面、混面、亚面、文武面、合桃线、木角线等多种，文武面为亚混相连，合桃线之中间有一小圆线，两旁成圆线或曲线，因其断面形如合桃而得名，木角线的断面于转角处成一小圆线，连成凹线。

线脚之应用，没有具体规定。一般用于室外，因有风雨侵袭与日光暴晒，故线脚以简单、粗壮为佳，常用的有平面、混面、亚面三种。其中平面与亚面转角处须刨成微圆，以免日久口角剥落。用于室内时，线脚不妨用得精细些，各式木角线、文武面、合桃线等均可。

各式线脚断面详见图12-2-11。

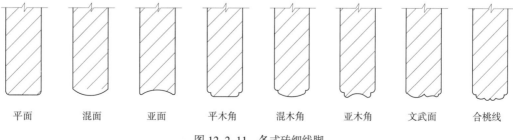

平面　　　混面　　　亚面　　　平木角　　　混木角　　　亚木角　　　文武面　　　合桃线

图12-2-11　各式砖细线脚

### (三）砖细门窗洞（方形）各部细部做法

#### 1. 砖细顶板

砖细顶板的方砖排列应方砖居中，两面对称，不可砖缝居中。块数为单，按门宽平均分配，用砖宽度不能小于半砖。

顶板之上设木板一块，板厚约8厘米，板宽同墙厚（可拼），板长按门宽每面加15厘米搁支长度，板底刨平，用以固定砖细顶板。

另用厚约1.2~1.5厘米，宽约4~5厘米，短于门宽10厘米的木料，刨出下大上小的燕尾形断面，称雀黄。木板之上弹出中线，雀黄按中线钉于木板上。

在加工好的顶板砖背面也弹上中线，注意：要将全部顶板砖排在一起弹。在砖背上按中线逐块刨出与雀黄相应的燕尾槽，槽深、槽宽要略大于雀黄断面，因为要考虑到油灰的余量。顶板砖安装可预先进行，将钉有雀黄的一面朝上，板面与雀黄两侧涂上适量油灰，将顶板砖逐块插入安装，居中一块要先安装，便于对准中线。

砖细顶板具体做法详见图12-2-12。

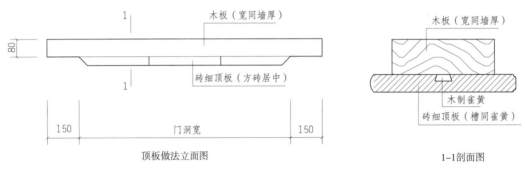

顶板做法立面图　　　　　　　　　　　1-1剖面图

图12-2-12　砖细顶板做法

#### 2. 砖细侧板

砖细侧板，按砖长作竖向排列，两侧须对称。用于找接，砖长不宜小于半块，以放置底下为佳。侧板与墙体的连接须用木扎，木扎呈燕尾状，厚约2厘米，宽约3~4厘米，伸入墙内10厘米左右，另于侧板砖的上下两端凿与木扎相应的燕尾榫眼，略大于木扎之形状，作为安装时调整以及所用油灰的余量。

侧壁与顶板之间做45°合角，须用榫卯连接。侧壁与顶板的榫卯连接有两种做法：做法一：侧壁伸入顶板的部分与顶板的上部齐平，相交处于顶板部分留一缺口，其余两者均做45°合角，双方由此镶合即成；做法二：顶板插入侧壁，相交处于侧壁上部留缺口，顶板插入侧壁的部分与侧壁背面齐平，其他相交处均做45°合角镶合。

砖细侧壁具体做法详见图12-2-13。

#### 3. 窗洞底板

窗洞底板分块不一定方砖居中，按洞宽均分或逐块排列均可，但用于找接一定要大于半块。底板与侧壁之间做45°合角，用榫卯连接。

### （四）异形门窗洞

门窗洞除有长方形、扁方形（多为窗洞）等方形之外，还有多种形式，如八角、六角、圆形、海棠等。凡不是方形的门窗洞，统称为异形门窗洞。异形门窗洞，可分为直线型与曲线型两类。

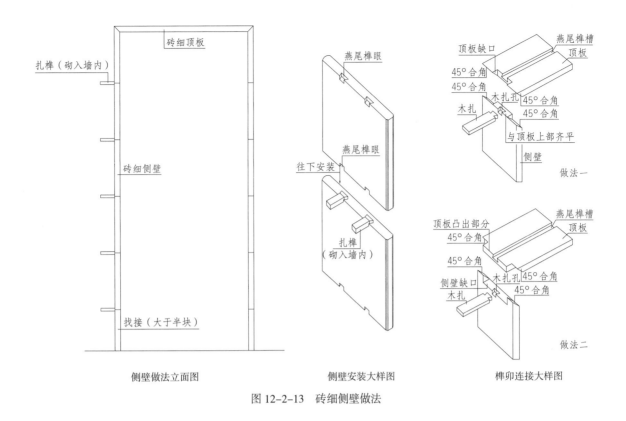

側壁做法立面图　　　　　　側壁安裝大樣图　　　　　　榫卯連接大樣图

图 12-2-13　砖细側壁做法

　　直線型指的是八角、六角等多边形，包括其变体，如长八角、扁六角等，但不管其形式如何，构造与做法均与方形相同，也是由顶板与側壁所组成，做法也基本一样，只不过扎榫的长短有区别而已。

　　曲線型之形式繁多，可依据想象而自由发挥，而且以门洞为多。现以常见的圆形门洞为例，将其形式与做法介绍如下：

　　圆形门洞有全圆与带脚头两种形式（图 12-2-14、图 12-2-15）。

　　全圆门洞底部用元宝石，元宝石水平长度一般为 80 厘米，元宝石之外形与線脚都与门洞兜通，線脚底部离地约 5 厘米。全圆门洞用料，数量为单，将全圆周长扣除元宝石后，平均分派。

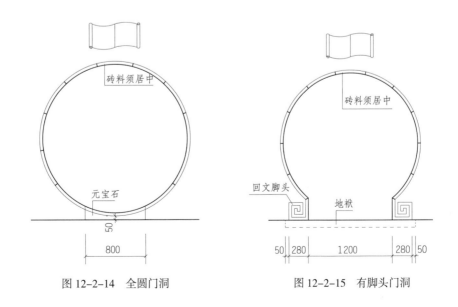

图 12-2-14　全圆门洞　　　　　图 12-2-15　有脚头门洞

带脚头门洞，两脚头之水平距离为 100~120 厘米，带脚头门洞用地栿石，地栿宽与门洞砖料相同，长按回纹脚头外侧各放出 5 厘米。砖料用料，数量也为单数。除此之外，两种门洞做法均相同。

圆形门洞所用砖料，看面一般也是 4 厘米，因带有弧形，须由厚 5 厘米以上的砖料方能做出。

圆形门洞制作的主要工序有：先放大样，分块，出单块大样，开料加工，线脚制作，切缝合角，试拼装，安装，补磨。

### （五）砖细门窗洞的技术要点

（1）为防止砖细顶板受力后变形而损坏，用于固定砖细顶板的木板上方要用叠木加固，叠木长度要大于木板长度，叠木高度根据上部荷载的大小而定。叠木与木板之间须留有 3~5 厘米的空隙，粉刷时不能填实，用砂浆稍加填塞，不影响粉刷即可。现在的仿古建筑，叠木多用钢筋混凝土过梁代替。

（2）砖细侧板安装，最好与墙体砌筑同步进行，以便木扎能砌入墙内。木扎的使用是旧时做法，因当时没有能在砖块上打孔的工具。现在都改为挂贴的方法施工，方便而快捷。

（3）圆形门洞的分块，除须按单数作均分外，尚须根据所用砖料的厚度而定，块数越少，砖料越厚。以外径 200 厘米，砖细线脚看面 4 厘米，元宝石宽 80 厘米的全圆门洞为例，均分 11 块，砖厚须 6.9 厘米；均分 13 块，砖厚须 6.1 厘米；均分 15 块，砖厚须 5.6 厘米。

（4）凡砖料的出口（即挑出部分），均须两面刨光，其毛面处刨光长度按挑出长度加 2 厘米，苏州工匠对该工序的俗称是"做减除"（苏州读音），意思是减掉除去的意思。

（5）所有门窗套之砖料加工，须表面光滑、棱角整齐，几何尺寸准确，色泽均匀一致。

（6）所有门窗套之安装，须按图施工，安装牢固，横平竖直，角度、弧度正确，两侧对称，直形线条要顺直，弧形线条须顺畅，灰缝大小统一，不大于 2 毫米。

## 六、砖细门景

"凡门户框宕满嵌做清水者，则称门景，门景上端，或方，或圆，或连回纹作纹头，或联数圆为曲弧，式样不一。同回纹者，则称宫式门景。门景边缘，起线不妨华丽，亚面混面随意组合，以比例美观为原则。"

—— 引自《营造法原》

各式门景与线脚之图例详见图 12-2-16。

## 七、砖细栏杆

砖细栏杆常用于廊柱之间，栏杆总高约 50 厘米，由槛砖、上下方塞、侧柱、芯子砖、拖泥组成。

### （一）砖细栏杆的用料与各分部尺寸

（1）砖细栏杆的用料，槛砖毛料尺寸为长 36 厘米、宽 19 厘米、高 9 厘米，经加工后，其净尺寸通常为长 35 厘米、宽 18 厘米、高 8 厘米。上下方塞、芯子砖、侧柱、拖泥均由双面刨光、规格为 40 厘米 ×40 厘米 ×4 厘米的成品方砖，经加工制作而成。

（2）砖细栏杆的各分部尺寸，由栏杆总高 50 厘米推算，拖泥高 4 厘米，宽 18 厘米（与槛砖同宽）；上、下方塞各高 4 厘米，宽分别缩进槛砖与拖泥两侧各 2.5 厘米，即 13 厘米；槛砖高 8 厘米。由此推算，芯子砖与侧柱高为 30 厘米，厚为 4 厘米，芯子砖之宽按砖长为 40 厘米，侧柱宽为 8~9 厘米。

### （二）砖细栏杆的细部做法

两侧柱间的中至中距离，按廊柱间的净尺寸扣除一块侧柱宽后作均分，均分尺寸不得大于 43 厘米。

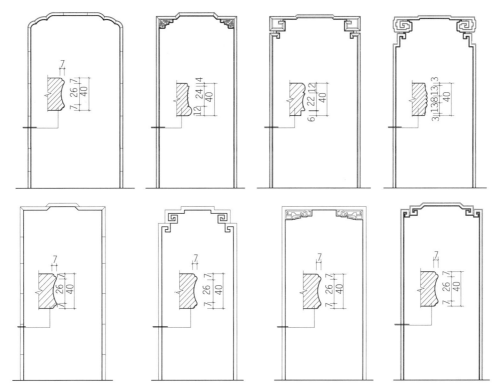

图 12-2-16　门景与线脚之图例二

为提高栏杆的整体性，在上方塞之上、槛砖之内须设通长木条一根，木条断面在 4 厘米 ×8 厘米左右，长同开间，两端做丫口与廊柱相连。

槛砖与侧柱两侧均做木角线，拖泥与上、下方塞一般不施线脚，将口角处略微磨圆即可。芯子砖中间须流空，一般为扁方形、四周带圆角的空宕，亦可刻流空花纹，空宕或花纹四周与上、下方塞以及两面侧柱之间的距离称"留白"，留白须相等，留白一般为 5~6 厘米。

槛砖、上下方塞、拖泥以及侧柱，与廊柱、鼓磴相交，须做丫口或芦壳，且结合紧密，无缺棱掉角。所有构件之间的连接均用油灰作粘结，无论横缝与竖缝，灰缝均控制在 2 毫米以内。

砖细栏杆做法详见图 12-2-17。

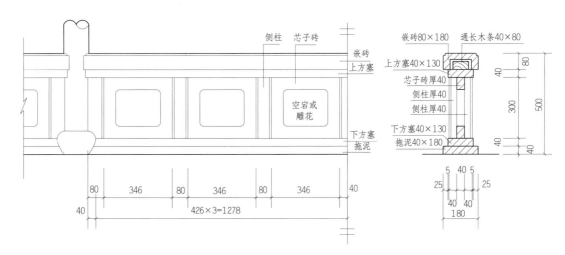

图 12-2-17　砖细栏杆做法之立面与剖面图

### (三)砖细栏杆柱

砖细栏杆柱设于砖细栏杆的通道两边，栏杆柱的用料，须用规格为 72 厘米 ×72 厘米 ×10 厘米的大金砖。

栏杆柱高约 68 厘米，断面为 18 厘米 ×9 厘米，与栏杆同宽。

栏杆柱与栏杆的连接，通常做法是将嵌砖内的通长木条靠栏杆的一端做扎榫，扎榫断面为 2 厘米 ×4 厘米，伸入柱内约 3 厘米，而于栏杆柱上凿相应的榫眼，与之连接。柱的下方做短榫，将柱与地面连接。

通道处若不做栏杆柱，则可将嵌砖、通长木条在通道处做 45° 合角直接与地面相连，但通长木条须做短榫，插入地面做连接。

通道处的两种做法详见图 12-2-18。

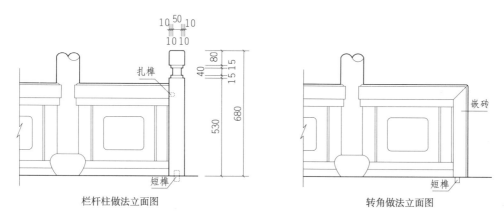

图 12-2-18  砖细栏杆通道处的两种做法

### （四）砖细栏杆的技术要点

（1）用于同一立面的砖细栏杆，其立面与剖面的做法要统一。位于同一开间的砖细栏杆，其侧柱的间距要均分。

（2）构件拼缝，上下要错开。如拖泥与下方塞，嵌砖与上方塞。

（3）用于找接的嵌砖长度不宜小于 3/4 嵌砖长，须将找接长度在相邻的数块嵌砖间均分。

（4）用于带坡度走廊的砖细栏杆，其横向构件，如嵌砖、上下方塞、拖泥，包括芯子砖的横边，均须与走廊坡度平行。而竖向构件，如侧柱以及芯子砖的竖边，则与水平面相垂直。

### 八、砖细贴面

"凡出檐墙、照墙、塞口墙以及厅堂内部墙面，有做细清水砖者，以资整洁美观。其勒脚则为扁砌，墙面则视面积之大小作宽狭之镶边。镶边较墙面凸出或凹进，素平起线均可。墙面嵌砖，分方砖及半黄砖❶两种，方砖不妨斜嵌，半黄砖则亦平铺，或裁成八角、小方、嵌砌锦样，其色泽古雅，光洁可爱。"

——引自《营造法原》

将做细方砖镶贴于墙面，称砖细贴面。砖细贴面有勒脚细、斜角景、六角景、八角景等多种形式，现分述如下。

---

❶ 半黄砖，旧时砖之一种，其尺寸约为二尺方砖的一半。

**（一）勒脚细**

用于墙体勒脚部位的砖细贴面，称勒脚细，也可用于半窗外墙的外立面。

勒脚细由拖泥、贴面砖、压口砖组成，高度在 90 厘米左右。其中拖泥高 4 厘米，平面，不起线；贴面砖常规尺寸为 40 厘米 ×20 厘米，横向错缝铺贴，相当于以前的半黄砖；压口砖高 4 厘米，起线。

勒脚细因高度不高，一般采取贴砌的方法，砖料背面与墙面留空 2 厘米作结合层用，砖料之间用油灰作粘结，灰缝控制在 2 毫米以内。

勒脚细的做法，以半窗外墙为例，详见图 12-2-19。

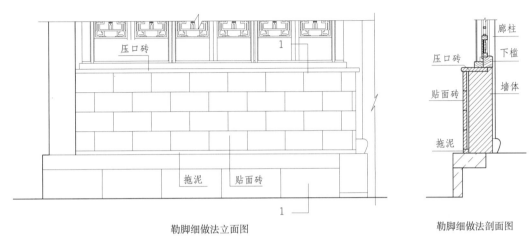

勒脚细做法立面图　　　　　　　　勒脚细做法剖面图

图 12-2-19　半窗外墙勒脚细做法

**（二）斜角景、六角景、八角景**

将做细方砖呈 45° 角斜向镶贴，称斜角景。斜角景中间为整砖，四边为半砖，也可四角为 1/4 砖，四周则围以镶边。镶边较墙面凸出或凹进，素平或起线均可。

镶边的宽，须根据所铺墙面的总高、总宽以及斜角景的用砖尺寸，经过计算方能确定。

具体算法是：将墙面的宽或高分别除以斜角景单块用砖的斜长，得数须为整数，余数不计。余数的一半，可作为镶边的宽。

以墙宽 320 厘米、墙高（扣除勒脚细高度后）为 280 厘米、用砖尺寸为 30 厘米 ×30 厘米、斜长为 30×1.414=42.42 厘米为例，分别计算如下：

（1）墙宽 320÷42.42=7.54（块）　取墙宽度方向用砖为 7 块

余数 =320−42.42×7=23.06 厘米

（2）墙高 280÷42.42=6.60（块）　取墙高度方向用砖为 6 块

余数 =280−42.42×6=25.48 厘米

经比较，两者余数相差不大，余数的一半可分别作为镶边的宽。

说明：若计算结果为两者余数相差较大，或余数太小，则须调整用砖的尺寸，使镶边的宽调整至合理的范围内。

以下便是按上述尺寸所绘制的斜角景立面图，详见图 12-2-20。

将方砖裁成八角形，满铺于墙面，八角之间嵌以小方，四周围以镶边，称八角景。八角景的分块，中间为整块，四边为半块，四角为 1/4 块。

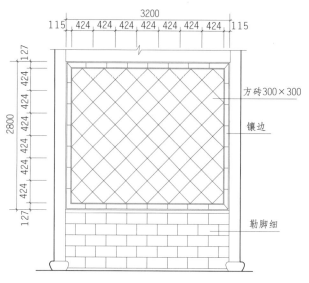

图 12-2-20　斜角细、勒脚细立面图

将方砖裁成六角形，满铺于墙面，四周围以镶边，则称为六角景。六角景的分块，中间为整块，两侧为半块，上下则按整块、半块的顺序，间隔排列。为便于分块时的调整，八角景、六角景的镶边均较宽，线脚也较多。

图 12-2-21、图 12-2-22 所示为八角景、六角景的立面图。

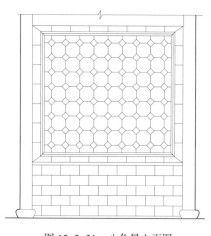

图 12-2-21　八角景立面图

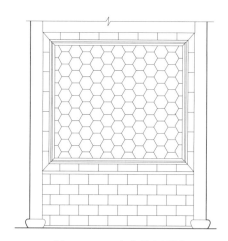

图 12-2-22　六角景立面图

斜角景、八角景、六角景等用于室内，其下方常为勒脚细，若用于照墙，其下方则多为石制的须弥座。详见图 12-2-23。

**（三）砖细贴面的技术要点**

（1）在砖细贴面进行前，对所贴墙面的底部要先测水平，若有误差，可在拖泥铺设时借平。

（2）斜角景的分块，四边须为半块，八角景、六角景的分块，四边可略大于半块，但一定要上下对称，左右对称。

（3）斜角景、八角景、六角景的镶边，其宽度允许不同，但左右一定要对称，上下可以不对称，但不对称时，下镶边要宽于上镶边。

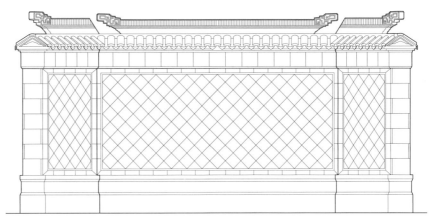
图 12-2-23 砖细照墙立面图

（4）用于半窗外墙或上部没有其他贴面的勒脚细，因高度不高，可采用贴砌的方法。除此之外，所有砖细贴面均须采用木扎榫、铁丝或铜丝等方法与墙体做连接，且一定要连接牢固。

### 九、砖细字碑

砖细字碑常用于门洞的上方，其外形多为方形，也有少数为扇形或书卷形。方形字碑的长度视碑上题字之多少而定，通常是一字一碑。方形字碑周边一般围以镶边，镶边可用单料、双料或数料组合，镶边之上施以线脚或做花纹。书卷形字碑之两端则做书轴形装饰，两端书轴须上下颠倒，呈卷开状。

字碑刻字，有阳文、阴文两种，若题有上下款以及落款与印章，因字数较多，也可采用线刻。阳文即字体凸出，平面；阴文即字体凹下，表面呈弧形。

阳文字体表面可利用贴金、描黑、撒煤❶等做装饰，使题字更为突出、醒目。阴文字体则以填绿、填蓝❷居多，但有时也用贴金。

图 12-2-24 所示为常见的几种字碑形式。

方形

书卷形

扇形

图 12-2-24 常见的砖细字碑形式

## 第三节  砖细墙门（门楼）

"凡门头上施数重砖砌之枋，或加牌科等装饰，上覆屋面者，称门楼或墙门。用于寺观之进门以及住宅每进塞口墙之间。门楼及墙门名称之分别，在两旁墙垣（塞口墙）衔接之不同，其屋顶高出墙垣，耸然兀立者称门楼。两旁墙垣高出屋顶者，则称墙门。其做法完全相同。"

——引自《营造法原》

---

❶ 撒煤，字体表面质感处理的一种方式。具体做法是在字体表面涂以黑漆，在漆未干之前，将细煤粒撒于字体表面。煤粒须选用有光泽的精煤，将其敲碎后，用筛子过滤掉粉末后方能使用，煤粒的大小视字体大小而定。

❷ 填绿、填蓝所用颜料以石绿、石蓝等矿物性颜料为佳，因其经久耐用，不易变色。

在苏州传统的住宅中，进是布局上的竖向单位，一组院落称为一进，各进厅堂之间均以高墙与天井相隔，高墙居中装有大门，作为联系前后两进的通道，大门之上设有砖枋数道，逐皮挑出，上覆屋面，称为墙门；若墙门屋面高于两侧墙体，则称为门楼。旧时大户人家的墙门均以砖细为之，并施有各式砖雕作为装饰，而门楼做法则更为考究。

苏州的砖细门楼，大多造型端庄，比例协调，且施有许多精美雕刻，这些雕刻作品可以说是苏州砖雕精品的代表，最能体现出苏州的传统文化与人文特征。

墙门的式样分为两类，一为三飞砖墙门，二为牌科墙门。三飞砖墙门较为简单，而牌科墙门则较为华丽与复杂。二者的结构大致相似，区别在于是否采用牌科。现将其构造与做法分别介绍如下。

## 一、三飞砖墙门

### （一）墙门的平面布置

根据墙门所处位置的不同，其平面布置也有所不同。若墙门用于进门，则墙门的主要立面朝外，门扇装于内侧；若墙门位于住宅的每进塞口墙之间，墙门的主要立面应朝内，但门扇也装于内侧。

### （二）墙门的地面构造与垛头做法

墙门的地面构造与垛头做法，以用于塞口墙之间的墙门为例，现具体介绍如下：

墙门出土处为台基，台基做法与房屋相同，由侧塘石、锁口石、菱角石、踏步石等组成。

墙门的门框为石料，两旁垂直的门框称枨。横架于石枨之上的称上槛，下横于地面的称下槛，槛高出地面二三寸，称铲口。

石枨的断面与高度，根据门宕的宽度而定：门宕宽在3.6~4尺之间用八六石枨；宽在4.2~4.6尺之间用九七石枨；宽在4.8~5.2尺之间用一八石枨。所谓八六石枨，即看面8寸、深6寸、高8尺；九七石枨之看面为9寸、深7寸、高9尺；而一八石枨之看面为1尺、深8寸、高1丈。

门的两旁砌砖磴，称垛头。垛头之深与门扇宽度相同，墙面内侧于石枨处向外作八字形，称扇堂，作为门开启时依靠之所。扇堂斜度以门宽4/10为度。垛头外侧宽约1尺5寸。

铺于扇堂间下槛边上的石条称为地栿，地栿与台基面相平。垛头下部做勒脚，勒脚高约3尺，凸出墙面约1寸。垛头上部所架石条称为顶盖，顶盖之上架叠木，叠木作用有二：一为协助顶盖受力，二为利于砖细构件的安装。

墙门的地面构造与垛头做法，以用九七石枨为例，详见图12-3-1。

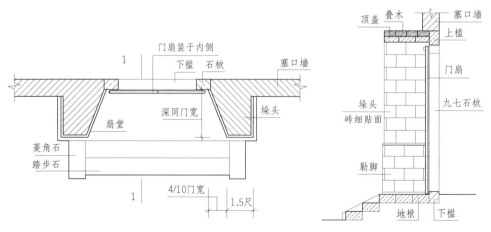

图12-3-1 墙门的地面构造与垛头做法

## （三）三飞砖墙门（垛头以上）的构造与名称

垛头之上，将砖细做成枋形，称为下枋。下枋高9寸，挑出垛头寸许，周边起线，两端作纹头雕饰，枋面的长方形部分称一块玉。若于居中施以雕刻作装饰，所施雕刻称为锦袱。

下枋之上，缩进寸许，作混面起线覆置者为仰浑。上为束编细，束编细为面平带状之砖条。其上作仰置混面起线，为托浑。

托浑以上是大镶边，大镶边四边兜通，构成一个框形。框形高度约为2尺2寸左右，大镶边宽约2寸，起线不拘，可自由组合。框内分作三部分，两端方形部分称兜肚，中间称字碑，用以题字，兜肚与字碑之间，以大镶边作分隔。字碑四周，再围以字镶边。兜肚以内，或再绕以起线，刻嵌角或花卉等，作为装饰。

大镶边之上，施仰浑、束编细、托浑等。托浑之上为上枋，上枋式样与下枋相同。上枋底部开槽，以悬挂落，枋之两端为荷花柱，柱之下端刻垂荷状，或做花篮，其上端连于上枋之上的定盘枋。

定盘枋作扁方形，于荷花柱处绕柱头凸出，凸出部分称将板枋。荷花柱上端，前置隐脊，旁插挂芽。隐脊与挂芽均为类似插角状的装饰小件，隐脊造型较为简单，而挂芽则宜精巧。

定盘枋正面，上为5寸空宕，较枋面稍进，随加混砖二路，方板砖一路，逐皮挑出，称为三飞砖，亦即墙门之所以命名。5寸宕侧面置靴头砖，靴头砖之上为山尖，山尖内侧架桁设椽，盖瓦筑脊，山尖外侧，安装砖细博风。三飞砖墙门（垛头以上）的构造与名称详见图12-3-2。

将板枋位于定盘枋两侧交接处，为加固荷花柱而设。将板枋绕柱头处凸出，须用40厘米×40厘米的整块方砖做出，于柱头处开孔，外侧孔边留一半高度做榫，榫宽约1.5厘米，以插入荷花柱所设槽内。内侧孔边须放出柱边2厘米，以纳柱头，待将板枋套入柱头后，再推紧就位。具体做法详见图12-3-3。

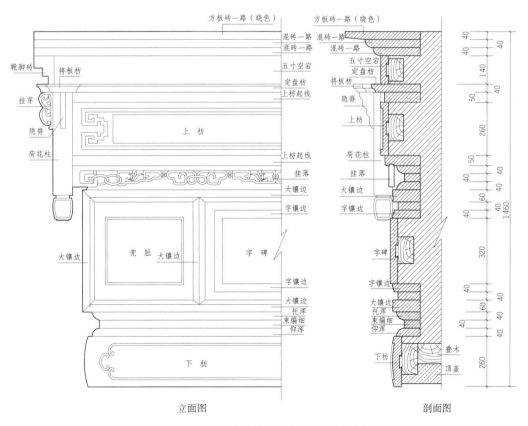

立面图　　　　　　　　　　　　　剖面图

图12-3-2　三飞砖墙门构造图（垛头以上）

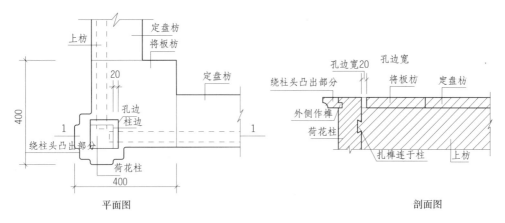

平面图                剖面图

图 12-3-3 将板砖做法平面、剖面图

图 12-3-4、图 12-3-5 为三飞砖墙门的立面图。

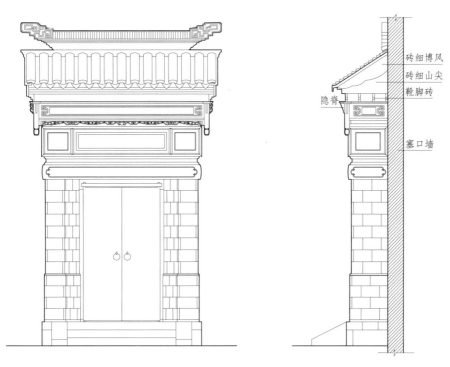

图 12-3-4 三飞砖墙门正立面图      图 12-3-5 三飞砖墙门侧立面图

　　三飞砖墙门用于塞口墙侧门或其他次要部位时，则不用定盘枋及荷花柱。上枋之上，直接砌三飞砖，详见图 12-3-6。

　　墙门若不用垛头，则称为衣架锦式墙门。衣架锦式以金砖做细柱，称流柱，柱面阔 5 寸，凸出墙面 2 寸 5 分，下做合盘式鼓磴，或做回纹脚头亦可。流柱衣架锦式墙门的两种做法详见图 12-3-7。

## 二、牌科墙门

　　牌科墙门自定盘枋以下，其构造与做法均与三飞砖墙门相同。但与三飞砖墙门相比，牌科墙门的雕刻、起线等均要复杂与华丽得多。有的牌科墙门在下枋束编细处做阳台，设栏杆与挂落等，在

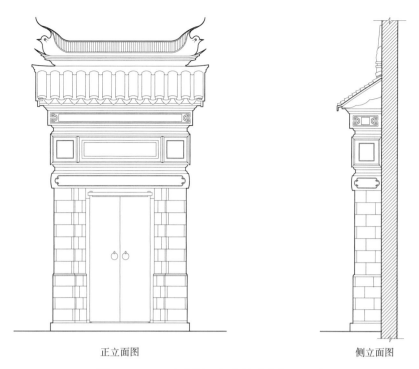

正立面图                                   侧立面图

图 12-3-6　三飞砖墙门（不用定盘枋）立面图

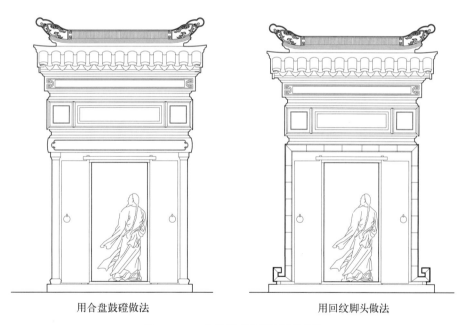

用合盘鼓磴做法                              用回纹脚头做法

图 12-3-7　衣架锦式墙门的两种做法

上、下枋以及兜肚间雕刻人物山水等图案，虽然备极华丽，但难免有纤巧之弊。

　　牌科墙门之做法，于定盘枋之上，设置牌科。所用牌科，一斗三升、一斗六升均可，一字科（即桁间牌科）、丁字科不拘。牌科式样，或五七式，或四六式，随墙门体量而定。

　　牌科背面为侧砖，其高度与出檐椽顶面相平，与出檐椽相交处，须开设口子，供出檐椽安装。侧砖表面，素平或作雕刻都有，视墙门的华丽程度而定，也可做成垫栱板式样。牌科之上设桁条，桁条之上为出檐椽，为飞椽，其构造做法与木作构造做法相同，但因均由砖料制作而成，故俱为方形。出檐椽、飞椽挑出不多，安装时不设提栈，均为水平摆放。

牌科墙门的上部屋面，其内部构造与三飞砖墙门相同，也是架木桁与木椽，上面铺瓦筑脊，但其屋面形式分硬山与歇山两种式样。现分述如下。

## （一）硬山做法

硬山做法的牌科墙门，其屋面做法与三飞砖墙门做法相同，但硬山侧面一般不设牌科，而用靴脚砖。

硬山做法的牌科墙门，其定盘枋以上的构造做法，以斗三升一字牌科为例，详见图12-3-8。

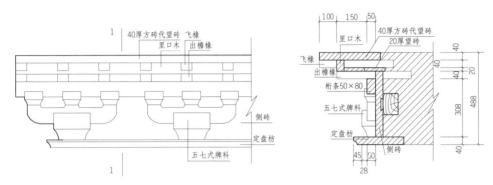

图 12-3-8　牌科墙门（硬山做法）定盘枋以上的构造

图 12-3-9 为牌科墙门（硬山做法）的立面图。

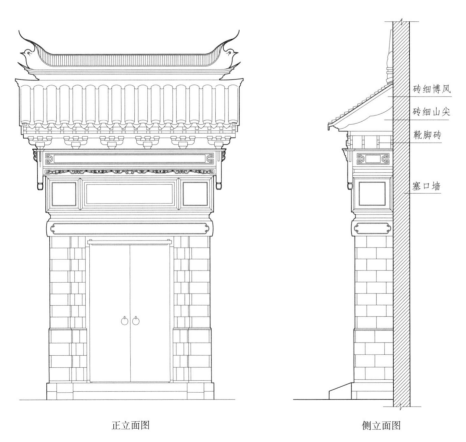

正立面图　　　　　　　　　侧立面图

图 12-3-9　牌科墙门（硬山做法）立面图

## （二）歇山做法

### 1. 牌科做法

歇山做法的牌科墙门，所用牌科无论采用何种形式，其转角处均须设转角牌科，以便发戗。转角牌科又称角科，其出参为三个方向。

角科正面，将架于斗上的第一级斗三升栱一端延长，在侧面出参为十字栱，再将侧面斗三升栱一端延长，出参为正面十字栱。栱上架升，升旁置枫栱。第二级斗六升栱，正侧两面各单独出参为凤头昂。另于45°斜角处加设角栱，角栱之上为角凤头昂。正侧两面的梓桁，即架于凤头昂上之升内，两侧梓桁成十字敲交，以搁支老戗。

歇山墙门的牌科做法，以斗六升丁字科为例，详见图12-3-10。

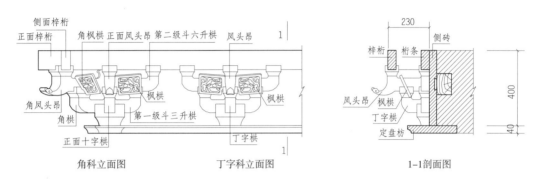

图12-3-10　歇山墙门的牌科做法

### 2. 戗角做法

墙门戗角，其发戗之制与木骨法戗角相似。屋面转角处也是由老戗、嫩戗、摔网椽、立脚飞椽等构件组成，但墙门的老戗不设提栈，按水平摆放，而将摔网椽底部逐根填高，使椽面与老戗面相平。

嫩戗架于老戗端部约二三寸处，斜向伸出，但其泼水、叉出等均比木制戗角要少，因此嫩戗与立脚飞椽均较为缩进，这是因为砖料过长，容易折断。

墙门戗角的具体做法，详见图12-3-11。

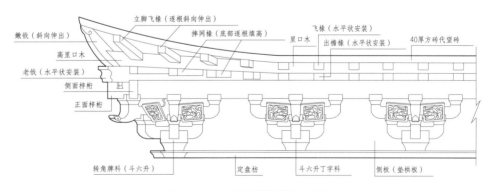

图12-3-11　墙门戗角做法立面图

### 3. 墙门的阳台做法

有的牌科墙门在下枋以上做阳台，设栏杆与挂落等，作为装饰。具体做法是：在下枋处的托浑之上设阳台底板，阳台底板向外作三面挑出。阳台外侧，底板上下均设短柱，分别安装栏杆与挂落。阳台内侧，于大镶边之下设束编细。有阳台的墙门构造详见图12-3-12。

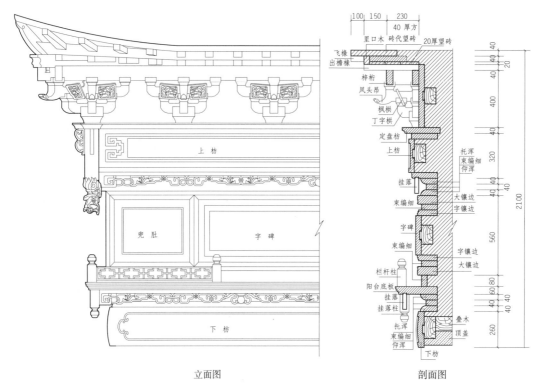

立面图　　　　　　　　　　　剖面图

图 12-3-12　有阳台的墙门构造图（垛头以上）

图 12-3-13 所示为歇山做法的牌科墙门立面图。

图 12-3-13　歇山做法的牌科墙门立面图（垛头以上）

### 三、砖细墙门（门楼）的技术要点

（1）砖细墙门的各式构件大多采用 40 厘米 ×40 厘米 ×4 厘米的成品方砖制作而成，如仰浑、托浑、束编细、字镶边、定盘枋等各式线脚以及出檐椽、飞椽、摔网椽等，故其高度均为 4 厘米。枋类构件，如上、下枋以及兜肚、侧砖（垫拱板）等，其厚度均为 4 厘米。

（2）超过4厘米厚的构件，如大镶边等，可用相应的加厚方砖。砖细墙门的贴面，可用厚度为3厘米的方砖。

（3）有些构件，如老戗、嫩戗、立脚飞椽、荷花柱、桁条以及各种牌科构件，须根据其长、宽、高的各种尺寸，分别选用合适的砖料，如各式金砖或加厚方砖。

（4）砖细墙门中的戗角类、牌科类等构件，由于受砖料规格的限制，其构造尺寸没有木构件那样严格，可根据砖料尺寸作适当调整，做到形似即可。

（5）砖细墙门中的侧砌构件，其背面均须设叠木，并与之作连接，雀黄或铁扎均可，但必须连接牢固。凡扁砌构件，其后部须用捺脚砖或砌体压住，以防倾覆。砖细构件之间，用油灰作粘结，灰缝控制在2毫米范围内。

（6）外挑或悬挂构件，如戗角类、牌科类、椽类、柱类等构件以及栏杆、挂落，可采用榫卯连接方法的，均须用插榫、扎榫等方法予以连接，确保安装牢固。

（7）所有构件的加工制作，均须表面光滑、棱角整齐、几何尺寸准确、色泽均匀一致，同一种构件，形状相同、大小统一。

（8）所有构件的安装须做到位置准确、安装牢固、横平竖直，线脚拼接流畅，进出尺寸一致，左右对称，符合图纸、规范与传统做法的要求。

## 第四节　砖雕

砖雕是指在青砖上进行雕刻的一种艺术形式，青砖性脆易折、质地较硬，雕凿不易，雕刻则更难，须用软硬劲，全凭手法技术，除了要心灵手巧，还要有一定的美术知识，故非技艺高超之工匠不能为之。

由于受砖料尺寸的限制，很多砖雕作品须由多块砖料组合而成，而且砖料性脆易折，故与木雕相比，虽不及木雕的精巧纤细、轻便灵活，但砖雕具有防水、防蛀、防腐的功能，因此比木雕更为耐久牢固，适用性也更强。由于砖料能耐雨水的淋蚀，因此砖雕作品被广泛应用于砖墙的内外，对建筑及墙面起到了很好的装饰作用。

### 一、砖雕的技法
砖雕的技法复杂多样，主要有以下几种。

**（一）平面雕**

平面雕就是在做平的砖面上，将所要刻制的图案以外的部分均匀地凿低一层，使图案清晰而整齐地凸显于砖面上。该做法与石雕中的"减地做法"相似，由于所刻制的图案以及凹下去的底部均为平面，故称为平面雕，其特点是图案规整、线条平直，故常用于砖细纹头及平面抛枋上图案的刻制。

**（二）浮雕**

浮雕是指所雕刻的图像高于底面的一种雕刻形式，是一种半立体形状的雕刻品，根据所雕图像浮凸于底面的深浅程度来区分，可分为浅浮雕及高浮雕两种。

浅浮雕俗称"薄肉雕"，是单层次雕像，图案内容比较单一，仅凸出于雕材表面，不用镂空透雕，平面感较强，其手法比较接近于绘画形式，适合用于各类花卉、蔓草、藤类图案的刻制。

高浮雕俗称"深肉雕"，是多层次造像，凸出于雕材表面较高，约有4~5厘米，可将多种层次的图案组合在一起，立体感较强，局部采取透雕手法镂空，用以增加空间的层次与距离，表现内容丰富。

### （三）透雕

透雕是在浮雕的基础上做局部镂空处理的一种雕刻方法，用来表现雕刻物的整体形象。透雕还常和不同的雕刻技法相结合，在浮雕花纹之外或之间稍加透雕，具有很强的工艺欣赏性，是介于圆雕和浮雕之间的一种雕塑形式。砖细门楼中的兜肚以及枋类构件上的山水风景、神话传说、戏文故事等题材，往往由透雕结合其他手法来完成。

### （四）镂雕

镂雕又叫"镂空雕"，即将图案以外的部分进行镂空，使图案看起来更加清晰、醒目，如屋脊两端的砖细纹头以及砖雕门楼上的挂落、栏杆等装饰件采用的便是镂雕手法。镂空的方法是使用钢丝锯拉空，也可以"半镂半雕"，就是部分用钢丝锯拉空，部分用凿子剔空，以增强雕件的立体感。

### （五）圆雕

圆雕是能够完整展示雕件整体形状的一种技法，并且与实物的长、宽、高都符合一定的比例，是一种以单体存在的立体造型艺术品，为使观赏者可以从不同角度看到物体的各个侧面，雕件外露的各个面都要求进行加工，详见图 12-4-1。

图 12-4-1　砖细圆雕（双狮戏球）

### （六）阴刻

阴刻是用 V 形的三角刀在砖面上起阴线的一种方法，故又称"线刻"，具体做法是用刻刀在砖面上刻出各类花纹，线条清晰明快，富有表现力，宛若白描，主要用于砖雕中的细部加工。

## 二、砖雕的工具

砖雕的技法与木雕相似，故两者的工具从外观上看相差不大，区别在于刃口上，砖料性硬而脆，所以砖雕工具的刃口一定要用硬度较强的钨钢，而木雕工具的刃口用普通钢材即可。

传统的砖雕工具主要有：

（1）凿子：分平凿、斜凿、三角凿、圆凿四种，每种凿子均配有大、中、小不同的规格，以视需要而选用，大尺寸的凿子后部均有套管可装木柄，作雕凿时敲击之用。

（2）砖刨：砖刨的作用与木工的推刨相同，其外观也相似，由于砖料较硬，故刨身较为狭长，可以减小操作时前推的阻力，其底部还装有铁板一块，可防止刨身的磨损。砖刨的另一种称线脚刨，外形较为小巧，可单手操作，并配有各种不同的刨铁，可随需要而更换，能够推出文武面、亚面、混面、木角线、合桃线等多种线脚。

（3）翘头凿：凿子的铁柄呈 S 形的弯曲状，便于雕件的下面作铲底之用，也有平凿、斜凿、三角凿、圆凿之分，并配有大、中、小三种规格。

（4）锯：砖细用锯，主要分以下几种：一是拉锯，与木工用锯相同，但锯路比木锯要小，便于砖料的断截；二是塞锯，锯条装在木把手的前端，一半装于把手槽内，一半装于槽外，锯条长约12~15厘米，锯齿居中分为前后两向，即一半锯齿朝前，一半锯齿朝后，可用于来回推拉，主要用于平直线条内侧的修整与拉空；三是钢丝锯，可用于各种形状的修整与拉空。

（5）钻：打孔用，传统的钻具有舞钻、牵钻两种，但须双手操作，又较费力，现均以手枪钻代替，方便又快捷。

（6）硬木槌：用来敲打凿子。

（7）磨石：作磨平之用，若用金刚砂石代替则效果更好。

（8）砂纸：作精细磨光修整之用，须配备粗细不同的各种型号。

### 三、砖雕的程序

#### （一）选砖

砖细用砖，首重选料，必须用大窑货，用于砖雕，更是如此。苏州一带有南窑、北窑之分，用于砖细材料，北窑优于南窑，其中以苏州陆墓御窑为最，因其色泽淡雅，表面平整，砖泥均匀，杂质较少，不易返黄，是制作砖细及砖雕的上佳用材，而"敲之有声，断之无隙"，则是判断砖料优劣与选材的有效方法。

#### （二）修砖

砖料未经加工之前，表面毛糙、颜色青黑，因此先要刨面，将砖料的一面及其四周刨光，旧时均由工匠手工操作，刨面工具为铁底推刨，推刨较木作推刨要窄，因砖料较硬、较脆，过宽则不利于刨削。刨面的目的是刨去砖料毛糙、带黑的面层，露出砖料青灰的本色，使砖料表面平整，四边规方，与大面垂直，尺寸达到要求。

#### （三）绘稿、上样

将要雕刻的图样按1∶1的比例绘制样稿，样稿要一式两份，一份贴在砖面上，一份留作雕刻时参考之用。

#### （四）上样

在刨平的砖面上刷一层白浆，将砖刻的样稿平贴在砖面上。若是雕件由数块砖料组合而成，应将砖料预先拼装妥帖后再予上样。

#### （五）描刻

依照画稿用小凿仔细地在砖上描刻，描刻完毕后将画稿揭去。不过，这是旧时做法，现在多在画稿下垫上复写纸，再用硬笔描绘，以此留下图样印痕，方便又清晰。

#### （六）打坯

根据图样，逐皮凿出图样轮廓，雕凿时要先外后内，逐皮进行，根据预留的备样，随雕随画，准确地分出图案层次，由于雕刻属于减法，雕凿时要注意留有余地，避免一次性雕凿过多，而引起不可挽回的缺陷，甚至废品。

#### （七）出细

对雕件做进一步的精细加工，使之基本成形。注意：多块组合的砖雕作品，在单块雕刻时，拼接处打好坯后不雕琢，须经试组装后统一雕刻。

#### （八）打磨

用磨石或砂纸将雕凿不光洁的地方逐步磨光磨细。

#### （九）修补

如砖料经打磨后发现有砂眼或残缺之处，用油灰填补磨平，为使两者之间色泽一致，油灰拌制时要加入适量的砖灰或颜料。

### 四、砖雕门楼与墙门

苏州的砖细门楼与墙门大多造型端庄，比例协调，且施有许多精美的雕刻，这些雕刻作品可以说是苏州砖雕精品的代表，最能体现出苏州的传统文化与人文特征，现以网师园内的"藻耀高翔"门楼及"竹松承茂"墙门为例，将其中的砖雕运用分别介绍如下。

**（一）"藻耀高翔"门楼**

该门楼位于网师园主厅万卷堂的南侧，始建于清朝乾隆年间，至今已有二百余年历史，门楼高约 6.5 米，宽约 3.2 米，进深 0.96 米。坐落在花岗石做成的台基上，显得威严气派，门楼高耸，歇山形式，制作精细，施以精美雕刻，有"江南第一门楼"之称。门楼额题"藻耀高翔"四字，寓文采飞扬之意，与主厅"万卷堂"之堂名相得益彰，甚为贴切。

门楼平面采用外八字垛头的形式。所谓外八字垛头，就是在门的两旁所砌的砖磴，其高度须略比门高，为 2.62 米，其进深与门之单扇宽度相同，为 0.70 米，垛头的内宽为 0.71 米，外宽为 0.40 米，从正面视之，外侧齐平，而内侧则对称地呈八字状对外展开，故称外八字垛头。垛头的作用有二：一是其内侧作为门开启时的依靠之所，二是垛头上部架有石条顶盖，顶盖之上是叠木，既可协助石条承受门楼上部荷重，又方便上部砖细构件的安装。垛头均以砖细贴面作装饰，下部凸出 2 厘作勒脚，显得稳重大方。

垛头之上是门楼构造的难点与重点，构造复杂，构件众多，名称拗口难记，虽然在上一节中已作介绍，但为使读者能对此更为了解，故仍有再次详细介绍之必要。

架在垛头之上，直立呈枋形的构件，称为下枋，枋高约 30 厘米，挑出垛头少许，下枋之上，缩进寸许，施混面线脚一路，因混面朝上，称为仰浑，上置平面线脚一路，称为束编细，其上再施混面线脚一路，将混面朝下，称为托浑。

托浑以上是砖细制作的小平台，平台外口上置栏杆、下悬挂落，栏杆与挂落均由清水砖料镂空雕刻而成，精致小巧，十分逼真。

平台之上是大镶边，大镶边四边兜通，构成一个框形。框形高度约为 60 厘米，大镶边由数道线脚组合而成。框内分作三部分，两端方形部分称兜肚，中间称字碑，用以题字，兜肚与字碑之间以大镶边作分隔。字碑四周再围以字镶边。兜肚以内则刻出方宕，内施雕刻，作为装饰。

大镶边之上，施仰浑、束编细、托浑等三路线脚。托浑之上为上枋，上枋式样与下枋相同。上枋底部开槽，以悬挂落，枋之两端为花篮柱，柱之上端连于上枋之上的定盘枋。所谓定盘枋，就是将砖料平置，其外口挑出上枋 3~5 厘米，后端伸入墙内，以防倾覆。定盘枋至花篮柱处，绕柱凸出，以固定柱头，凸出部分称为将板枋。

下枋至定盘枋之间的具体做法及构件名称详见图 12-4-2。

定盘枋之上设置牌科，所用牌科为一斗六升，采用丁字科形式，重栱重昂，逐级向外单向挑出三层，层次丰富；昂为凤头昂，制作精细，纤巧秀丽。栱有枫栱与桁向栱之分，桁向栱中又有一斗三升与一斗六升的区别，根据需要分别使用，变化颇多。

整座门楼，牌科共设六座。由于屋面采用歇山形式，两端有戗角，故两端牌科须采用角科做法，除须向正、侧两面出挑外，还须加设与正、侧两面成 45° 的角栱与角昂，因此做法更为复杂。

牌科背面为侧砖，将其镂空，做成垫栱板形式，其高度与出檐椽顶面相平。牌科以上为桁条，桁条以上之构造做法与木作构造做法相同，但因构件均由砖料制作而成，故俱为方形。另外，为防止砖料过长而折断，构件的挑出也不多，安装时，除戗角构件稍做提栈（坡度）外，其余均按水平摆放。

定盘枋之上的牌科做法与构件名称详见图 12-4-3。

门楼上部的屋面部分，其内部构造与普通房屋相同，也是架木桁与木椽，上面铺瓦筑脊；其外部屋面，采用半边歇山形式，两座戗角均为嫩戗发戗，挺拔俊秀，飘逸轻盈，屋脊采用滚筒哺鸡花筒脊，对称工整，端庄大气，与万卷堂的主厅地位十分协调。

由于门楼位于主厅万卷堂之前，除制作精细、等级较高外，其雕刻与选题也尤为讲究，处处都体现了吉祥的寓意与美好的祝福。门楼额题"藻耀高翔"四字，藻是一种水草，"藻耀"指文采

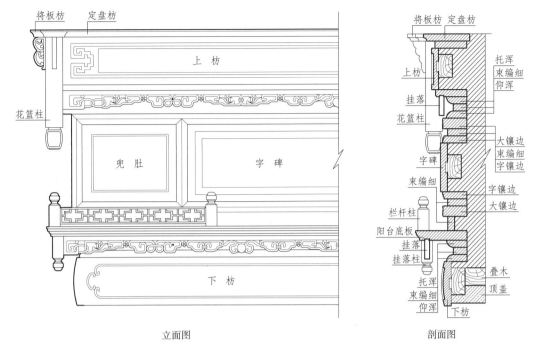

立面图 　　　　　　　　　　　　　剖面图

图 12-4-2　下枋至定盘枋之间的具体做法与构件名称图

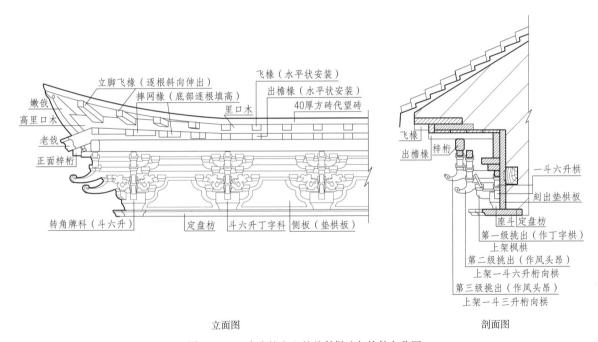

立面图 　　　　　　　　　　　　　剖面图

图 12-4-3　定盘枋之上的牌科做法与构件名称图

华丽，"藻耀高翔"即指因华丽的文采而展翅高翔，寓意主人及子女前程无量的良好愿望。字碑两侧的兜肚，刻的是传统的戏文故事。左侧是"郭子仪上寿图"，郭乃唐代名将，因战功显赫而身居高位，膝下八子七婿亦为朝中命官，可谓大贤大德，郭子仪活了 84 岁，这幅砖刻表现的是郭子仪生日时热闹的祝寿场景，寓"福寿双全"之意。右侧刻有"周文王访贤图"，此典故也称"姜子牙八十遇文王"，讲的是周文王亲临渭河边，向姜子牙求贤的故事，砖刻中姜子牙长须披胸，端坐在渭河边，而周文王单膝下跪求贤，文武大臣前呼后拥，浩浩荡荡，表现的是周文王访姜子牙的场景，文王以大德著称，姜子牙以大贤著名，文王访贤即寓"德贤兼备"之意。

下枋表面刻的是蝙蝠祥云图案，两边以方形连环结做点缀，并与枋之四周镶边作沟通，居中嵌有三个圆形的篆体文字图案，分别为"福""禄""寿"三字，象征福禄寿三星高照，所有图案均施以浮雕技法，凹凸有致，生动灵活。

上枋表面刻的是蔓草图案，蔓草是一种生命力极强的植物，蔓延滋生，连绵不断，被人们赋予茂盛长久的吉祥寓意，该图案疏密有致，舒展开朗，以平雕技法刻制而成，底板平整，图案清晰，枝叶部分再施以浅浮雕，使之更具立体感，增加观赏性。

上枋两侧的花篮柱以"双狮滚绣球"为题材，运用透雕技法刻制而成，狮子形象逼真，玲珑剔透，活泼可爱，身上所披飘带上下飞舞，动感十足，实乃雕刻之精品，令人百看不厌，回味无穷。

另外，定盘枋的外口，以浮雕技法雕出连绵不断的云纹图案作装饰，牌科上的枫栱以镂雕手法刻成枫叶图案，显得空灵剔透，凤头昂处亦以线雕刻出凤头，使其更加逼真，可谓"能雕处是无处不雕，施雕处则无处不精"。

尤须一提的是兜肚内所雕的两则戏文故事，因人物众多，场面宏大，须采用多种雕刻技法方能表现之，如圆雕、浮雕、镂雕、平雕等。现将其逐项分析如下：

圆雕又称立体雕，是艺术在雕件上的整体表现，与实物的长、宽、高都符合一定的比例，因此比较写实，适用于人物造像，具体步骤是：先以镂空技法将其初步造型，再以雕、刻、磨、削等多种技法做细，使人物造像更加生动、逼真、传神。浮雕，是在砖料表面展示出凹凸起伏图像的一种雕刻技法，介于雕塑与绘画之间，可将多种图案组合在一起，内容丰富，所采用的题材较广，适合用于房屋亭阁、山水树木等作为背景的雕刻。浮雕有浅浮雕与高浮雕之分：浅浮雕是单层次雕像，图案内容比较单一；高浮雕是多层次造像，可将多种图案组合在一起，内容丰富，立体感强。可根据需要分别选用之。而镂雕与平雕则用于作为前景的树叶与云彩的雕刻与加工，使作品更具层次感。

门楼的大门称库门，其构造为实拼门，由厚约5~6厘米的木料相拼而成，门的正面钉有方砖，既作装饰又具防火防盗的功能，方砖排列整齐，横平竖直，与木门以门钉做固定，显得威严气派。门的背面钉有铁袱，上下两道，用于加固大门，再斜向对角状钉吊铁两根，以防止因门重而引起的下坠。门以石材做门框，故门楼的背面，其做法与石库门别无二致，库门上方有一座砖细家堂，旧时用来供奉祖先牌位，制作精细，雕刻精美，至今已有数百年历史，能够保留至今，实属不易。

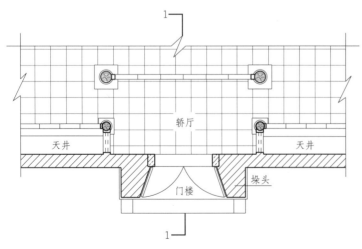

图 12-4-4 "藻耀高翔"门楼平面图

以上便是对"藻耀高翔"门楼的大致介绍与分析，具体做法详见以下平、立、剖面图（图 12-4-4~图 12-4-8），由于门楼雕刻精细，且花饰繁多，若全部用工程制图的形式来表示，费时费力，也很难办到，为绘图方便以及图示清楚，绘制时作了局部简化与代用，具体做法可参见图 12-4-9、图 12-4-10 所示之实例照片，与实例照片不符之处，请以实例照片为准，特此说明。

图 12-4-5 "藻耀高翔"门楼正立面图

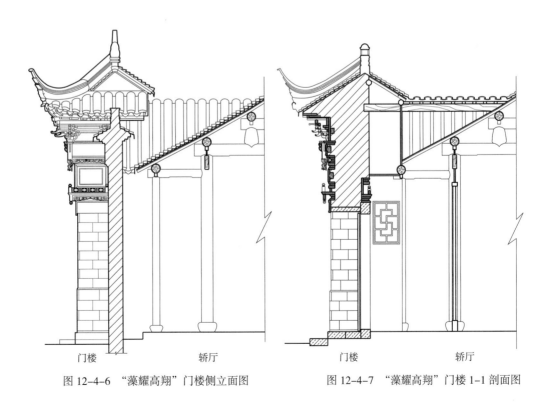

图 12-4-6 "藻耀高翔"门楼侧立面图    图 12-4-7 "藻耀高翔"门楼 1-1 剖面图

图 12-4-8  "藻耀高翔"门楼局部正立面图（下枋以上）

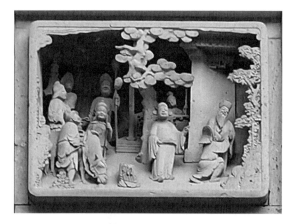

图 12-4-9  "藻耀高翔"门楼兜肚砖雕实例照片
（周文王访贤）

图 12-4-10  "藻耀高翔"门楼兜肚实例照片
（郭子仪上寿）

**（二）"竹松承茂"墙门**

万卷堂的后一进是内厅，为一座 2 层楼房，面宽六间，旧时是女眷燕集之所，称"撷秀楼"，与万卷堂以高墙及天井相隔，楼前天井呈扁长方形，两侧以短墙分隔，使楼之外观居中仍为三间，以保持轴线对称之统一格局。

"竹松承茂"墙门是沟通前后两进的通道，筑于楼之南侧天井南墙居中，该墙门体量不大，做法较简，两侧不设垛头，而以流柱鼓磴代之，该形式在《营造法原》中称为衣架锦式墙门。所谓流柱，就是将两根断面约 10 厘米 × 10 厘米的通长石柱紧贴于墙门两侧的塞口墙面外侧，用作墙门上方顶盖石的支撑，其作用与垛头相似，为利于其受力，流柱的上下两端做成类似斗栱中斗的形状，既美观，又增加受力面积。两根流柱之间的净宽为 3.34 米，其高度为 2.73 米。

墙门的居中是石枕与石槛组成的石制门框，门框的净宽为 1.30 米，净高为 2.62 米，石枕与流柱之间，依照石枕与砖墙的厚度差，砌出呈外八字状的墙面，作为门扇开启时的依靠之所。

流柱之上是下枋，枋高约 30 厘米，两端做出弧状，挑出流柱少许，枋面略施雕刻，仅于两端刻出软景连环图案，显得简洁素雅。枋之上方是仰浑、束编细、托浑等组成的五路线脚，线脚上下对称，凹凸有致，平直挺拔，有极强的装饰作用。

线脚之上是由镶边构成的一个长方形的框，框长约 3.45 米，高约 0.61 米。框内以镶边分作三部，两端方形部分称兜肚，中间称字碑，用以题字，上题"竹松承茂"四字，寓子孙发达、人丁兴旺之意。字碑四周围以镶边，称字镶边，以回纹图案刻出，寓意子孙繁衍，连绵不绝，与额上题字有异曲同工之妙。兜肚以内，则刻出方宕，内施雕刻，中间刻有人字形磬，下悬双鱼，磬为古代石制打击乐器，磬下悬鱼，含"击磬有鱼"之意，乃取"吉庆有余"的谐音，表达了园主美好的愿望，其周围另刻"佛门八宝"图案做点缀，颇具禅意。

大镶边之上再施五路线脚，做法与下面线脚相同，线脚以上是上枋，将上枋底板挑出，使上枋之位置适当外移，以增加上部安装空间，枋之底部刻槽，用于安装挂落。枋之正面所施雕刻不多，基本以素平为主，两端以连环软景做装饰，居中刻有花篮，两侧是吉祥图案，周边再框以软景镶边，将三者连成一体，简洁而淡雅，与下枋的雕刻风格相协调。

上枋的两端是花篮柱，柱的上端连在定盘枋上，柱的下端雕有莲花状的花篮，柱的正面以透雕技法刻出镂空的含有莲叶、莲蓬的莲藕图案，形象生动、造型逼真，与花篮中的莲花相呼应，寓"连生贵子"之意。

上枋之上是定盘枋，其具体做法是：将一皮砖料平置，外口挑出上枋约 3~5 厘米，后端伸入墙内，以防倾覆。定盘枋至花篮柱处，绕柱凸出，凸出部分便是所谓的将板枋，其作用是固定花篮柱的上端。

定盘枋之上设有牌科，做法较为简单，为一斗三升桁间牌科。牌科共设六座，紧贴其后面直立的侧板安装，为防止侧板倾倒，侧板与塞口墙之间须以砌体或砂浆作填充。两端牌科位于花篮柱的上方，其余各座按照其间距作均分，牌科之间的空档，在侧板上刻出花纹，作为垫栱板。牌科之上架有连几及桁条，桁条之上架出檐椽，椽为平置，其前端伸出桁外，后端伸入侧板后面的砌体内，以防倾覆，椽上铺砖细望砖，砖上设飞椽，飞椽亦为平置，其前端作适当挑出，后端也须伸入侧板后的砌体内。飞椽之上也须铺设砖细望砖，然后便可铺盖屋面。

墙门屋面为半边硬山，屋脊采用滚筒哺鸡筑脊，显得庄重而大方。具体做法是：先于屋面檐口向上至塞口墙边砌出屋面坡度，再铺设屋面，屋面的铺设与普通房屋基本相同，所不同的是，墙门由于采用衣架锦式做法，不设垛头，故上部挑出较少，为尽量少占用上部空间，将原来由砖瓦叠砌的哺鸡屋脊，改由粉塑来完成，做法虽变，但外观效果不变，颇具创意，实属精彩之举。

墙门的大门，与门楼一样，也按库门做法，由厚约 3~5 厘米的木料相拼而成，门上不钉方砖，仅施油漆，因此较为轻便。门上所施油漆为黑色推光漆，高档大气，门之两旁八字墙面上不贴砖细，施以粉刷，白墙黑门，古朴雅致，

屋面的两侧是砖细制作的半边山尖墙，外侧贴有砖细博风作砖饰，山尖以下，所有构件及位置均与正面相应构件做通，但处理较为简单，不施任何雕饰。

纵观整座墙门，造型庄重大方、比例大小得当、风格朴素淡雅，与万卷堂前的"藻耀高翔"相比，虽不及其气势宏伟、富丽堂皇、精美华丽，但仍不失为墙门中之精品，在苏州园林建筑中享有盛名（图 12-4-11~ 图 12-4-15）。

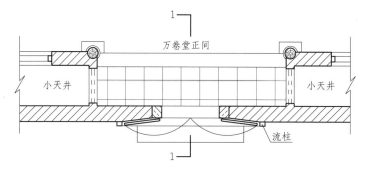

图 12-4-11 "竹松承茂"墙门平面图

图 12-4-12 "竹松承茂"墙门正立面图（局部）

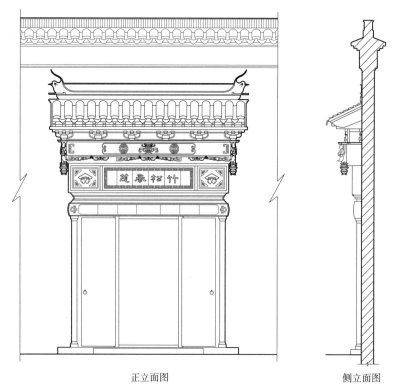

正立面图　　　　　　　侧立面图

图 12-4-13 "竹松承茂"墙门正、侧立面图

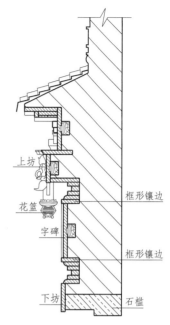

上坊

框形镶边

花篮

字碑

框形镶边

下坊 石槛

图 12-4-14 "竹松承茂"墙门 1-1 剖面图　　　　　图 12-4-15 剖面图局部

### 五、砖雕的运用

在香山帮传统做法中，凡水作中的装饰，其精美部分多以做细清水砖为之，以做细清水砖制作的构件统称为砖细构件，砖雕亦属于砖细，故砖雕的运用与砖细构件密切相关，现分别介绍如下：

#### （一）垛头

硬山建筑两侧山墙的两端，位于廊柱以外的部分，称为垛头，其上部挑出，以承檐口。垛头上部做法：自墙身起，先挑二路线脚，其上为方板，称兜肚，兜肚以上，根据檐口深浅的不同，或做曲线，或做飞砖，逐皮挑出与檐口相接。垛头若由清水砖制作，则称砖细垛头，其外观比较精细，常用于装修精细的住宅檐口。

垛头的构造，自下而上，依次为挑出墙面的线脚砖，线脚砖之起线有混线、束线、文武面等多种，线脚砖高约 4 厘米，挑出墙面亦为 4 厘米，线脚砖之上为侧砖，称为兜肚。兜肚之上，根据檐口深浅的不同，其挑出的式样也不同，或做曲线，或做飞砖，或施云头、纹头等装饰。

垛头的式样，根据兜肚之上的挑出形式以及所做的雕刻，可分为壸细口式、书卷式、纹头式、飞砖式、朝板式、吞金式等。

兜肚的形式分为素平与满式两种。所谓素平，就是兜肚正面不施任何线脚与雕刻，若在兜肚正面四周施以线脚或起斜面，使中间部分高出约半寸，便成为满式。满式兜肚多施以砖雕，但也有多种做法，有的中间高出部分也为素平；有的则施以雕刻，所刻内容，花卉、静物均可；也有的在中间再刻方宕，两方宕间饰以百结、套钱、插角、工字纹等花纹。

砖细垛头及满式兜肚的砖雕图例，详见本章第三节所示之相关图例，此处便不再重复。

#### （二）抛枋

砖细抛枋位于外墙上部，因凸出于墙面类似木枋而名，由线脚砖、侧砖、三飞砖组成，飞砖之上与屋面相连。砖细抛枋，多做平面，若施雕刻，也较简单，仅于上下枋边起线，两端做纹头装饰，以求对称，采用平雕手法，使线条与图案凸出于砖面，显得简洁而素雅（图 12-4-16）。

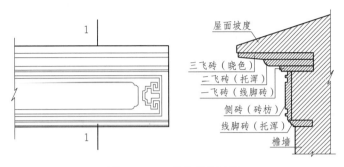

图 12-4-16　抛枋砖雕图例

**（三）砖细字碑**

砖细字碑也称砖额，是砖雕形式的一种，由数砖合成，通常是一字一砖，横向排列，根据题字的多少，可分为二字、三字、四字及五字等多种类型。砖细字碑常用于门洞的上方，作为入口标志并起到点景的作用，但也有四字砖碑镶嵌于景墙之上，作为景点的名称。

字碑的外形多为方形，但也有少数属异形字碑，如书卷形、扇形或扁长的八角形等。方形字碑周边一般围以镶边，镶边可用单料、双料或数料组合，镶边之上施以线脚或做花纹。书卷形字碑之两端则做书轴形装饰，两端书轴须上下颠倒，呈卷开状。

字碑刻字有阳文、阴文两种，若题有上下款以及落款与印章，因字数较多，也可采用线刻。阳文即字体凸出，平面；阴文即字体凹下，表面呈弧形。

阳文字体表面可利用贴金、描黑、撒煤等作装饰，使题字更为突出、醒目。阴文字体则以填绿、填蓝居多，但有时也用贴金。

图 12-4-17 所示为苏州园林中的几种字碑形式。

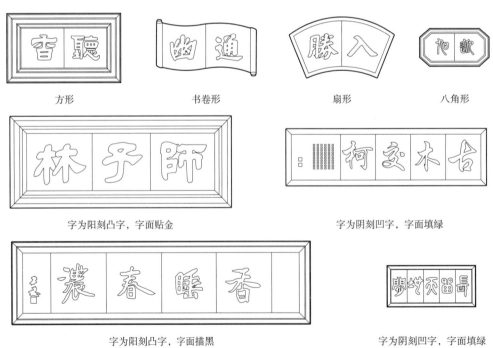

图 12-4-17　砖细字碑图例

#### （四）砖细门景

在砖细门宕的上端所设置的砖细装饰物称为砖细门景，门景做法主要分两种：一是由与门宕相同的线脚条砖拼连而成，其式样没有具体规定，仅需安装牢固、比例协调、端庄美观即可，可由设计者之匠心随意组合；二是由青砖雕镂成角花，其外观形似雀替，安装在门宕上方的两侧，显得精致小巧、古朴雅致（图12-4-18~图12-4-20）。

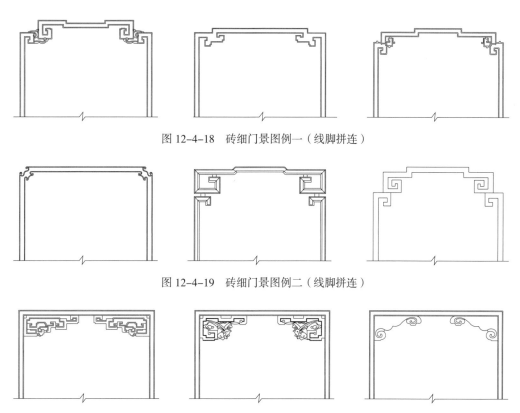

图12-4-18 砖细门景图例一（线脚拼连）

图12-4-19 砖细门景图例二（线脚拼连）

图12-4-20 砖细门景图例三（砖雕角花）

#### （五）砖细贴面

砖细贴面之上也多以砖雕做装饰，分室内与室外两种。室内多用于门厅两侧边间的前部隔墙，室外则用于门厅对面的照墙，与门厅隔街相对。常见的砖细贴面主要有斜角景、八角景、六角景等多种，用于室内，其下方常为勒脚细，若用于照墙，其下方则多为石制的须弥座。详见图12-4-21、图12-4-22。

图12-4-21 门厅前部隔墙立面图

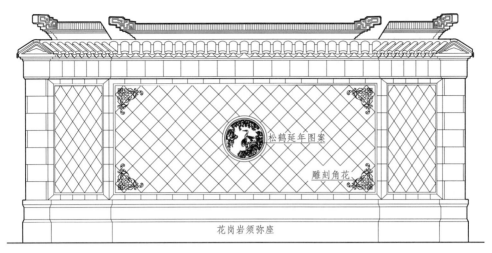

图 12-4-22　砖细照墙立面图

### 六、砖雕的安装与要点

由于受砖料尺寸的限制，砖雕的类型分为组合型和单件型两种，砖雕的类型不同，其安装的方式也随之不同。

组合型雕件，顾名思义，指的是由多块砖料拼合而成的砖雕，其要点是此类砖雕在安装前，要进行试组装，因为有经验的工匠在单块雕刻时，拼接处打好坯后不雕琢，在试组装时统一雕刻，再将拼接处接通、理顺，以提高雕刻质量。

组合型雕件的安装，有两种做法：

一是安装与建筑物的砌筑同步进行，将分散的砖雕构件与建筑物形成统一的整体，增强其结构强度，安装时，在每块砖雕的上背凿一凹孔，用铁扎或木制燕尾榫作固定，压砌于墙体中，将雕件精心校正后，四周用油灰嵌缝，待油灰缝干后，去除凸出的灰料，并将其表面打磨平滑。

二是采用挂贴的做法来进行安装，该做法须在建筑物墙面完成后进行，具体做法是用铁丝将雕件与墙体连接起来，操作时要自下而上逐皮进行，当每一皮雕件都排列整齐后，在每块雕件的相邻处抹上油灰，并在雕件与墙面之间灌上水泥砂浆作粘结。注意：砂浆的稠度以能自行向下流淌为宜，以免引起雕件松动，就这样逐皮操作，直至完成。雕件的表面处理与第一种做法相同。单件型的砖雕不多，多见于砖细门楼的装饰件，如定盘枋下悬挂的花篮柱及花篮以及上枋等枋类构件下的各式挂落，有的则用于门景上方的角花、插角等，此类构件的安装通常采用榫卯连接，有插接、镶接、嵌接，以及将构件先插入后再作就位固定的移位接等多种形式，必要时也可借助于铁扒钩或木制燕尾榫作加固。图 12-4-23 所示为门景角花的插接做法示意图。

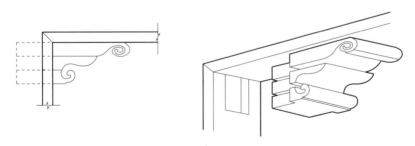

图 12-4-23　门景角花 插接做法示意图

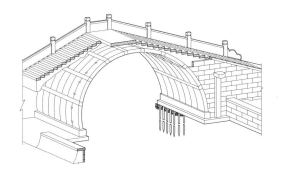

# 石作篇

　　古建筑的营造技艺，主要由木作、水作、石作及油漆等四大工种所组成，而其中石作占据着一定地位。故《营造法原》第九章对此作了专门介绍，在其他章节中也多有涉及。为方便大家阅读，现将该部分的内容融合在一起，用图解的方式介绍给大家。

# 第十三章　石作

在香山帮营造技艺中，石作占据着一定地位，因为古建筑中的台基、露台及栏杆等构件大多由石材制成。台基是建筑物基础的露明部分，中国古建筑主要由三部分所组成，分别是石台基、木屋架、瓦屋顶，故石作是古建筑营造中不可或缺的专业分类之一。

凡从事石作行业的工匠统称为石匠，其中有"粗石匠"与"细石匠"之分。专门从事石料开采的为粗石匠，又称开山匠；专门从事石料加工与安装的称为细石匠，而其中技艺较高，又能在石料上施以雕刻的，则称为石雕匠。

## 第一节　石料的开采

### 一、建筑用石的种类

常用的建筑用石有花岗石、青石、绿石等数种。

#### （一）花岗石

苏州常用的花岗石分金山石与焦山石两种，分别产自苏州附近的金山及焦山二地。

金山石的石性较硬，石纹较细，稍脆，色略白，带青或淡红，内黑点（云母）较少。其中色略白且带青的，就是我们常说的结晶石。这是一种优质的建筑用石，南京中山陵、北京人民大会堂等重要建筑用的花岗石都是金山石。另外，苏州园林在出口海外的众多古典园林中，如美国的"明轩"、加拿大的"逸园"以及美国波特兰的"兰苏园"等工程，用的也都是金山石，而且是结晶石。因此，金山石不仅名闻全国，而且享誉海外。

焦山石的石性较金山石柔，石纹较粗（含长石多），石中有细小空隙，黑点较多，色带淡黄，就是我们常说的板沙石，较金山石为次。焦山石因易出大料，故用于牌坊及桥梁处较多。

花岗石可用于墙、柱、鼓磴、阶沿、地坪以及桥梁等处。

#### （二）青石

苏州地区的青石产自太湖的西山岛上。青石，即石灰石，其色青带灰白，承重能力不如花岗石，但石质细腻，可作浅雕，一般用于石栏杆及金刚座，亦可用作台基与阶沿。

#### （三）绿石

绿石是沙石的一种，色带草绿，内夹绿豆大小的沙粒，石质松脆，不能作为承重构件，但容易雕刻，故常用于牌坊的花枋、字碑等处。

### 二、石料的开采

苏州西部的木渎、枫桥、藏书一带，群山连绵，有天平山、天池山、金山、焦山、开山、象山等诸山，山虽不高，但蕴藏着丰富的花岗石资源。据史料记载，苏州地区石料的开采与运用，始于三国，盛于明清，20世纪30年代为兴盛时期，进入80年代为全盛时期。其中开采最早的有焦山与金山两大石矿，而产自金山的花岗石最为著名，故苏州地区的花岗石通称为金山石，从事该行业的石匠也大多出自金山，被称为金山石匠。

传统的石料开采，采用的都是人工开采。人工开采主要分为手工打楔劈裂法与小型排炮劈裂法两种。

### （一）打楔劈裂法

根据岩石的节理走向，以人工用钢钎凿眼，然后在凿眼中放入钢钎，通过多个钢钎作用于一线，逐步将石坯从岩体中分离出来。这种方法只能开采具有较好节理面的小型荒料，而不能进行规模化生产，开采效率低下，结构面不规整。

### （二）小型排炮劈裂法

先由人工在岩石上打眼，然后放炮，使岩石与岩体剥离，将剥离下的岩石通过解体与整形，加工成各种荒料，通过人扛肩抬，将荒料从山上开采下来。这样既不安全，成材率也很低，石材资源浪费严重。

工匠们在长期的开采实践中摸索与总结出了一套行之有效的方法，不仅省时省工，并且提高了出材率。

开采石料，首重选矿，以开采花岗石为例，金山与焦山两矿虽说均属花岗石矿，但各有特色。金山石色泽淡雅美观，石质坚硬细密，不易风化，但石性较脆，开采大料较为困难，故适宜用于中小型料石和雕刻。焦山石易产大料，故用于桥梁与牌坊者为多，但因石纹较粗，石色偏黄，不宜用于雕刻精细的制品。因此，根据制品的不同，选择合适的石矿至关重要，可起到事半功倍的效果。

其次是观看石脉石纹。所谓石脉，即山石的脉络纹理，也就是岩体的走向。而石纹就是俗称的"丝缕"，特别要善于发现隐藏的纹脉，有隐纹和水纹的便出不了大料，这在开采大料时尤须注意。

有经验的石匠在采石时不仅省时省工，而且出石率高。旧时工匠们在长期的采石实践中总结出了"三个面"取石法，即在山宕或石壁凿取料石时，必须先选择三个平面，然后打楔劈石或放小炮，使料石与岩体分离，从而极大地提高了所开石料的利用率，此法一直沿用至今。

### 三、荒料加工

为便于运输，要将开采下的石料通过劈石、打荒等手段，分解、整理成各种荒料以供使用。

石料与木材一样，也有纹理，沿石料长度方向分布的称为顺纹，斜向分布的称为斜纹，而垂直于长度方向的则称为横纹。在三种纹理中，顺纹石料受力最好，斜纹受力后比较容易扭折，横纹最易折断，因此，斜纹与横纹的石料不能用于底部悬空的横向构件，更不能用于悬挑构件。

当大料石取出后，在进行劈石的时候，就必须注意石料的纹理，主要构件一定要做成顺纹，次要构件可为斜纹，但都要避免横纹。劈石是石匠必须掌握的一门技艺，劈石技艺的好坏直接关系到出材率与开采成本。

技艺高的石匠在劈石时都要先观察石纹，然后选择其中的一个面，将该面朝上，便于操作，先在面上凿几个孔（俗称"库子"），孔内放上专用的钢凿（石匠称之为"胀钐"），孔的间距与深度全靠石匠根据石料的大小与纹理凭经验而定。当逐个敲击钢凿后，石匠会突然对准其中的一根猛击下去，顿时，石料便齐刷刷地一分为二。其技艺之高，令人赞叹。

据石匠介绍，其中的诀窍在于孔的深浅与形状以及胀鐥的选择，原则上是打孔时要深一些，做到底空（便于胀鐥被击打后能够向下），二是孔要凿成扁圆形，使放入的胀鐥前后松、两侧紧，胀鐥是一种上大下小的钢凿，被往下击打后，会向周围产生一定的扩张力，由于胀鐥前后松、两侧紧，扩张力首先传向两侧，从而把石材胀开。

打下的石坯要进行打荒，打荒便是将石坯表面凹凸不平的多余部分凿去，使其基本成形，便于运输，也可借以减少运输量。

打荒用的工具称为蛮凿,长7寸至尺余,粗约8分,钢铁制成,断面呈方形,四角微圆,便于手握。蛮凿的一端为平面,供铁锤敲击之用,另一端分为二式:其一,头为尖形,其二,头为方形,棱角整齐,打荒时用其尖头或棱角,为提高工作效率,尖头或棱角处均须进行淬火处理,以增强其硬度。

两种形式的蛮凿各有所长,方形棱角与石坯的接触面大,适宜打剥掉较大的凸出部分,尖头蛮凿因头尖精准,适宜用于石坯表面的修整,可根据需要的不同而分别选用。

传统的石料开采方法都是由人工在岩石上打眼,然后放炮,通过人扛肩抬,将石料从山上开采下来。这样既不安全,成材率又低,而且影响生态环境。石料的加工也是由人工通过一锤一凿、一斧一斩的操作,经过成百上千次的捶打铁击、錾凿斧斩等加工手段,逐步加工成为所需要的产品。因此,劳动强度大,成材工效低,其产品的数量已远远跟不上现在市场的需求。

另外,由于苏州是全国著名的风景旅游地区,地处江南水乡,除古典园林外,青山绿水是其一大旅游特色。而石矿的开采确实破坏了旅游资源,影响了生态环境。为了使为数不多的旅游资源不再受到破坏,也为了使日益恶化的生态环境能得到保护,近年来,政府加大了整治力度,苏州附近的石矿已经停止开采。因此,现在苏州地区所需要的花岗岩石材,大都由山东、安徽、福建等外地运来。

随着时代的发展,生产力也在逐步提高,上述靠纯手工制作与加工的手段已经被淘汰,取而代之的是机械化加工。为了减少运输成本,现在石矿提供的都是经机械化切割的半成品,即表面平整,长、宽、高都符合要求的规格料。

# 第二节　石料的加工

将开采下的石坯进行加工,使之成为所需要的各种石制产品,凡经加工的石料均称为料石,料石的加工过程称为造石。

## 一、造石的次序

在《营造法原》中,将造石的次序分为:双细、出潭双细、市双细、錾细、督细等数种。大致可以这样理解:

（1）双细是经过打荒的毛坯石,使之大致成形。

（2）出潭双细是将荒料加厚,运至石作后,再予以打荒的毛坯石,一般用于较长、较窄的荒料,以免在运输途中,荒料被折断。

（3）市双细就是在经过打荒的石料面上再加錾凿,令其表面深浅均匀、整齐美观,市双细分为两种,加凿一次的称为乙双,在乙双的基础上再加凿一次的便称为甲双。

（4）錾细就是乙斩,即在甲双的基础上,再施一道斧斩过程,故又称一遍剁斧。

（5）督细就是甲斩,也称二遍剁斧或三遍剁斧,是花岗石加工的最高等级。甲斩,旧时俗称出白,石料边沿要凿一路光口,宽约1寸左右,称为勒口。

## 二、石料加工的等级要求

乙双,其要求是:铁凿布点要均匀,做到凿痕深浅基本匀称,凹凸程度不得超过 ±0.6厘米。

甲双,其要求是:铁凿布点要均匀,做到凿痕深浅匀称,凹凸程度不得超过 ±0.5厘米。

一遍剁斧,俗称乙斩,在甲双的基础上再进行斧斩,其要求是:斧印要均匀,不得显露錾印、花锤印,平面用平尺板靠测,凹凸程度不得超过 ±0.4厘米。

二遍剁斧，俗称甲斩，在乙斩的基础上再进行斧斩，其要求是：斧印更进一步要求均衡，深浅要一致，斧印要顺直，凹凸程度不得超过 ±0.3 厘米。刮边和勒边宽度要一致。

三遍剁斧，也称甲斩，但对于平直度的要求更高，应在施工前做好样板，经有关人员鉴定合格后，即作为验收对照的标准，凹凸程度不得超过 ±0.2 厘米。

手工操作的目的是将形状不规则、表面凹凸不平的石料，通过加工使之逐步成为所需要的产品。因此，加工次数越多，表面越平整，等级也越高，产品也就越精细。

### 三、石料加工的部位与名称

石料经加工后，其露明的部分统称为"看面"，其中石料端部若是露明，则称为"出头石"。

#### （一）筑方快口

筑方快口，发生在有看面的部位，将石料相邻的两个看面进行加工后，使之形成直角，该工序称为筑方，两个加工面所形成的角线称为快口。

#### （二）扳岩口

扳岩口，发生在石料的内侧不露面的部位，石料相邻的两个面经加工后所形成的角度可略小于90°，该工序称为扳岩。扳岩的目的，一是使加工后的产品尺寸达到要求，二是便于安装。其形成的角线称为扳岩口。为方便读者理解，现以阶沿石为例，具体说明其加工部位、名称及作用。

加工时，筑方，加工两个看面，形成快口。

安装时，通过加工扳岩口1，使高度达到要求。通过加工扳岩口2，使宽度达到要求。通过加工扳岩口3、4，使长度达到要求。详见图13-2-1。

#### （三）线脚

在加工石料的边线部位做出各种形状的角，称为线脚。其中圆形或带弧的称为圆线脚，方形的便称为方线脚。线脚的作用有二：一是起到装饰作用，使构件更加美观；二是提高构件外形的柔和度，使构件的棱角不易损坏。常见的石料线脚为木角线，用于栏杆扶手上口及栏杆柱的四角，详见图13-2-2。

#### （四）披势

将石料相邻两个面所相交的直角剥去，使之成为相交的斜坡，称为披势。披势的作用与线脚相似，主要用于方形石柱上部需要作收分的部位，详见图13-2-3。

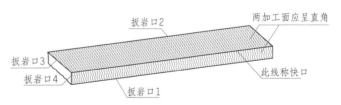

图13-2-1　阶沿石应该加工之部位、名称及作用

#### （五）榫卯连接

石构件之间，有的也采用榫卯连接。一般做法是：当横、竖构件连接时，往往是在横件处出头做榫，而在竖件处则凿眼为卯，由此镶合连接；当竖件安装在横件上时，则在竖件底部出头做榫，横件上凿眼为卯，以此来固定穿合。现以石栏凳为例来说明其具体做法，详见图13-2-4。

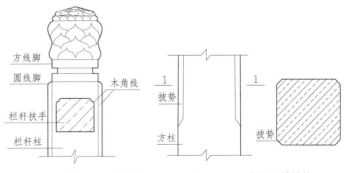

图13-2-2　栏杆柱及其线脚　　　图13-2-3　方柱及其披势

图 13-2-5 所示是石栏凳安装结束之后的立面图。

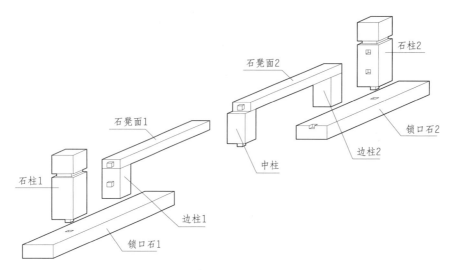

图 13-2 4　石栏凳榫卯连接的构件分解图

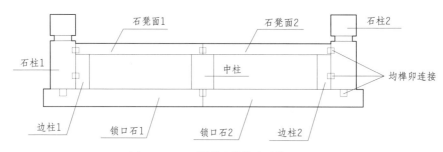

图 13-2-5　石栏凳安装结束后的立面图

# 第三节　台基

中国古建筑的特征之一是其底部均设有台基。台基在《营造法原》中称为阶台，是建筑物基础的露明部分，其构造通常为石结构，由各类石构件所组成。

## 一、台基的基础

台基以下不露明的部分便是基础，房屋建造首先重视的是基础的坚固，江南地区由于潮湿，房屋的基础材料多用石料。

构筑基础应先掘土，谓之开脚，开脚的深浅根据其所承荷重的多少而定。香山帮工匠在实践中总结出：实墙高 1 丈，基础须深 1 尺。故 1 层房屋的基础一般深 60 厘米左右，而 2 层楼房的基础则须深 80 厘米或以上。

古建筑房屋，以木结构负重，故柱下较墙壁负重为多，因此开脚也须加深。不同位置的柱，须根据承受荷重的大小，开挖至相应基础深度。柱基础由于承受荷重较大，一般都用石丁加固，石丁的作用相当于现代的桩基础。石丁不宜过长，过长则在搬运和施工时容易折断，短石丁长约 40~60 厘米，长石丁长约 70~100 厘米，石丁上端约 20~25 厘米见方，下端呈尖锥形。在墙基础下，石丁一般为两行或三行交错布置，在柱础下之石丁为梅花形布置。

将石丁以木夯夯之，称领夯石。其上覆石一皮或多皮，再予夯击，夯打至木夯在夯石面上发跳，始为结实。然而，根据覆石之多少，分别称一领一叠石、一领二叠石、一领三叠石等。

叠石之上四周驳砌石条，谓之绞脚石。绞脚石以所用石料之不同，分塘石绞脚及乱纹绞脚两种。若是砖砌，则称糙砖绞脚。

绞脚石砌至与室外地面相平，室外地面以上部分便称为台基。

房屋之基础用石，其具体做法与构件名称详见图13-3-1。

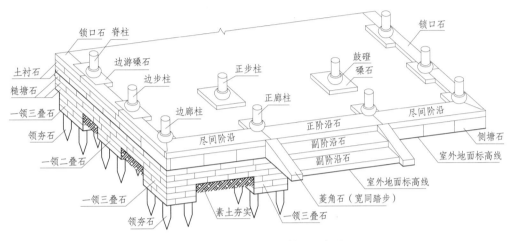

图13-3-1　台基之基础做法示意图

## 二、台基

台基的构造是在基础以上露出地面部位作土衬石，其外侧砌筑侧塘石，侧塘石之下方须埋入地下3~4寸，以免日后遭雨水冲刷而露脚。若台基较高，侧塘石可分为数皮砌筑，但每皮高度须相等，皮数多少，根据台基高度而定，上皮与下皮之间的侧塘石须错缝砌筑。

侧塘石上方铺设锁口石，称为台口，台口与室内地坪相平。开间方向的锁口石，称阶沿石，若其长度与开间尺寸相等，则称尽间阶沿石，进深方向的就称锁口石。锁口石的宽，须按两侧山墙的墙厚而定，台口的四边尺寸须略大于建筑物之外围尺寸，一般每边须放出2~3寸。

厅堂的台基，高出室外地坪1尺（30厘米）以上。为方便上下，正间就需设置石级，称为阶沿。

正间的阶沿称正阶沿石，以下石级便称副阶沿石，或称踏步。踏步两旁，各置一块三角石，该石称菱角石，菱角石宽同踏步。踏步每级高5寸或4.5寸（15~12厘米），其宽为高的2倍（一般为30厘米）。

正阶沿（尽间阶沿）的宽，自台口至廊柱中心，以1尺至1尺6寸为标准（一般为30厘米、35厘米、40厘米），视建筑的出檐长短以及天井的深浅而定。

自房屋台口至廊柱中心的距离，北方称之为下出，下出须小于上出（即建筑的出檐长度），两者的差距，便称为回水。为避免雨水溅入室内，第一级副阶沿石应缩进屋面出檐滴水线2寸。厅堂台基中的石构件名称见图13-3-2。

若长窗安装于廊柱处，因有门槛，为方便上下，则该阶沿石的宽度不要小于35厘米，有条件时，最好能做成40厘米。

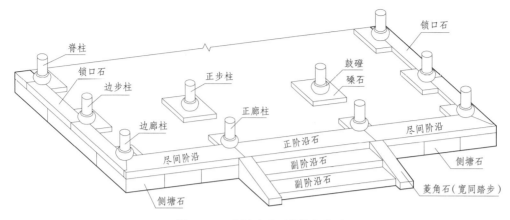

图 13-3-2 厅堂台基石构件名称图

在台基转角处，石构件之间的连接不宜采用类似木结构的 45° 割角做法。因为石材性质较脆，割角部位经不起碰撞，所以在转角处应采用包头做法。

具体做法详见图 13-3-3、图 13-3-4。

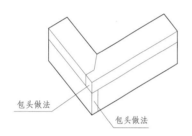

图 13-3-3 转角处宜采用包头做法

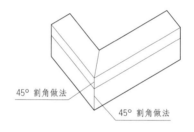

图 13-3-4 不宜采用 45° 割角做法

台基之中，还有一类重要构件，便是鼓磴与磉石。

古建筑以木结构承重，木柱之下设有鼓磴（北方称柱础），鼓磴多为石制，其作用有二：一是提高木柱的防潮能力，二是具有一定的装饰功能，因为木柱底部设有鼓磴的建筑物，显得稳重而大气。

鼓磴外形，依据其所承木柱的断面而定，有方、有圆，但以圆形为多，因其形似鼓状，而被称为鼓磴。有些厅堂的鼓磴，表面施以浅雕，所雕花纹简繁不一，视装饰的精美程度而定，而普通鼓磴仅需做平凿光即可。

圆形鼓磴，高度为柱径的七折，其顶面按柱径四周放出走水，走水尺寸为柱径的 1/10，另于鼓磴高的 7/10 处放出胖势，胖势尺寸为柱径的 2/10，鼓磴底面可同柱径或略大于柱径，但须小于鼓磴顶面方形鼓磴，其外形也是上大下小，中间加胖势。其高度、走水、胖势之尺寸比例均与圆形鼓磴相同，分别为柱宽的 7/10、1/10、2/10。不过，方形鼓磴的棱角处常以木角线为装饰。两种鼓磴的外形详见图 13-3-5。

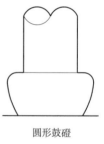

圆形鼓磴

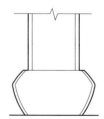

方形鼓磴

鼓磴承于方石之上，承鼓磴的方石，称为磉石。磉石宽为鼓磴面或径的 3 倍。

磉石之面与阶沿石面相平。磉石厚度一般与阶沿石厚度相同，也可略小，

图 13-3-5 鼓磴外形

但不能小于 12 厘米。磉石的宽，除按鼓磴面宽的 3 倍计算外，一般取整数，如 40 厘米 ×40 厘米、50 厘米 ×50 厘米、60 厘米 ×60 厘米等。

磉石按其所在位置的不同，其形状有所不同，故名称也不相同，有全磉、半磉及角磉之分。半磉尺寸为全磉的一半，角磉尺寸为半磉的一半，见图 13-3-6。

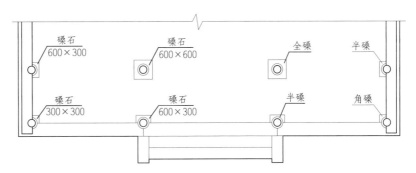

图 13-3-6　磉石名称及尺寸平面示意图

但特殊平面的建筑也有例外，如六角亭、八角亭及曲廊等，详见以下磉石平面布置示意图（图 13-3-7）。

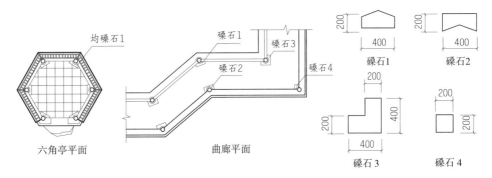

图 13-3-7　特殊平面建筑之磉石布置示意图

若两侧山墙之下的锁口石宽度未达到柱中位置，该处的磉石便不能用半磉，而须将磉石尺寸放大至锁口石的内侧或外侧。放大至内侧者，称边游磉石；放大至外侧者，称出头磉石（图 13-3-8）。

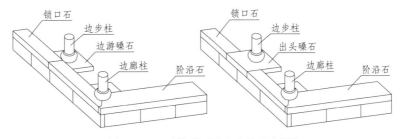

图 13-3-8　边游磉石及出头磉石示意图

若将鼓磴与磉石连成一体，该构件称为覆盆。覆盆常用于装修华丽的厅堂，如四面厅、鸳鸯厅等，也用于体量较大的殿庭建筑。覆盆之凸出地面部分，须雕刻花纹，花纹形式常用莲花瓣，为便于雕刻，覆盆一般采用青石制作，见图 13-3-9。

| 平面 | 立面 | 剖面 |

图 13-3-9　覆盆之平、立、剖面图

### 三、殿庭台基与露台

#### （一）殿庭台基

殿庭台基高至少 3~4 尺，因为殿庭高大雄伟，其下若不设置较高的阶台，则不能显示其庄严、稳重、大气的视觉效果，故北方有"台基高为三分之一殿高"的规定。

台基宽按廊界进深，如界深 5 尺，则台宽自台边至廊柱中心为 5 尺，或者缩进四五寸，但不得超过飞椽头滴水。殿庭台基大多都四周绕通，为祭祀、膜拜者行香之用。台口石条，称台口石。台口石以下铺砌侧塘石，若是较为简陋的，也可用城砖代替，但其转角处须植以角石。

#### （二）露台

殿庭台基之前的平台，称为露台，露台比台基低四五寸（约 15 厘米），即一踏步的高度。露台上所铺石板称为地坪石。

露台为四方形，四周绕以石栏杆，有的与阶台上的石栏杆相连。在台的前方、左方、右方三面均设有阶沿（踏步），以便人员上下。

台前阶沿较宽，一般与正间面阔相等，在踏步中央，一般不做踏步，而代之以龙凤雕刻的石板，称为御路。如该部位的石板做成锯齿形，则该石板称礓磜，以供车马通行之用。阶沿两旁菱角石之上，铺斜石条，称垂带石，石上安放斜栏杆及砷石。

露台的宽，按《营造法原》的规定：如殿为七间两落翼，台宽为五间；殿为五间两落翼，台宽为四间；殿为三间两落翼，台宽为三间，其宽度由正间中心线向两边分派。露台的深，《营造法原》也有叙述，即"一倍露台三天井，亦照殿屋配进深"，由此，露台之深应为大殿之深。

现以某寺庙为例，来说明殿庭台基与露台的具体做法（图 13-3-10~图 13-3-13）。

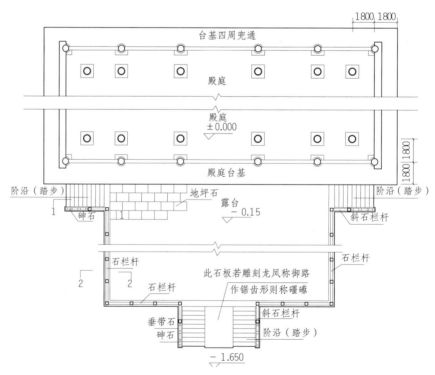

图 13-3-10　殿庭台基及露台平面图

### （三）金刚座

装饰比较华丽的露台，其四周大多做金刚座。金刚座又称须弥座，其构造自上而下依次为台口石，台口石下面是圆形的线脚，如线脚面上雕莲瓣，则线脚称为荷花瓣，荷花瓣可设置一重，亦可两重，视露台的高度而定。荷花瓣下方有一方形线脚，称束细，其断面为1寸见方的方形，缩进荷花瓣少许。束细以下为宿腰，由平面石板所组成，缩进线脚约1寸。宿腰的转角处为莲花柱，柱的中部雕流云、如意等饰物。宿腰以下为荷花瓣一重，称下荷花瓣，做法与宿腰上方荷花瓣相同，但宿腰上下须按对称设置。金刚座的底部是拖泥，拖泥为平面的方形石条，铺设于基础之上。

金刚座以上设石栏杆。栏杆，又称栏板，以整石凿空，中部做花瓶撑，上部为扶手，下部栏板凿方宕，栏杆两旁是石柱，与栏杆以榫卯连接，石柱上部雕有莲花头，所以名为莲柱。莲柱及石栏杆之下为锁口石，锁口石与地坪石面相平，外口挑出台外约2寸，故又称台口石。莲柱柱底做石榫，穿于锁口石中，使其牢固结合。

栏杆遇阶沿时，随阶沿斜度做斜栏杆，斜栏杆前面放置砷石。

露台石栏杆及金刚座详见图13-3-14。

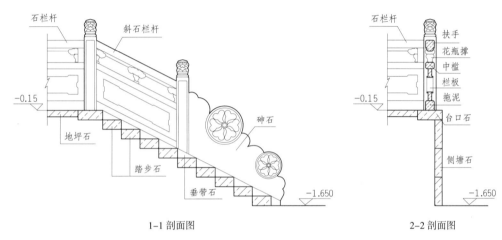

图 13-3-11　殿庭露台剖面图

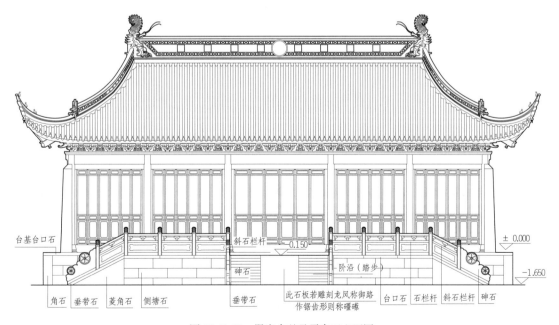

图 13-3-12　殿庭台基及露台正立面图

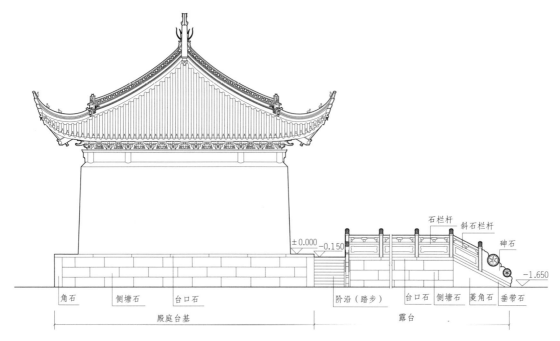

图 13-3-13　殿庭台基及露台侧立面图

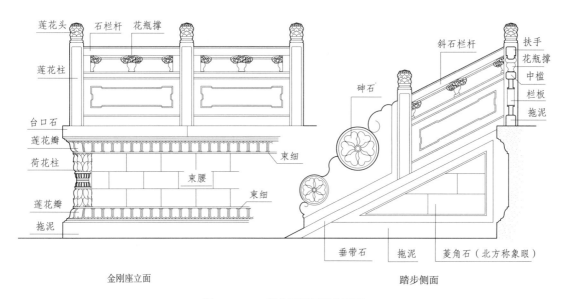

金刚座立面　　　　　踏步侧面

图 13-3-14　露台石栏杆及金刚座

**四、台基安装的技术要点**

（1）台基的安装全部采用清水拼缝，缝宽符合古建筑验收规范要求。

（2）清水拼缝的做法是：所有外露的石料均不用砂浆砌筑，而采取干摆冷叠的形式来安装成形。为安装准确，每皮石料均须拉线操作，将所安装的石料按线找平、找正、垫稳，若有不符合要求者，须作修整后方能进入下道工序。

（3）为使石料安装稳固，其下部空隙处要用石片作塞垫，垫片不用满塞，找准几个关键点能够垫平、垫稳即可。为便于塞垫，垫片要选用独块的楔形石片，塞垫完毕后，要将垫片用砂浆满糊固定，以免松动，俗称"保垫头"。

（4）待所糊砂浆达到一定强度后，须在石料底部或背部灌填砂浆，起到填实与粘结的作用。砂浆灌填要分两次进行，一次是灌在垫头附近，但不可碰到垫头，以免垫头松动，待灌浆达到强度后，方可再一次灌浆，将空隙处全部灌满。

（5）灌填的砂浆要干湿适度，不能太稀，以免浆液从石缝中渗出而污染石面；但也不能太干，以免填塞不实。填塞时尤其要注意力度的掌握，不能用力过度而引起石料的松动。

## 第四节　石牌坊

牌坊，是一种带有纪念性或标志性的门洞式建筑物，其作用主要有二：一是旧时用于旌表所谓忠孝节义、宣扬封建礼教、对统治者进行歌功颂德的宣传作用；二是作为传统建筑群或道路的入口标志，既醒目又端庄，起到点题、点景、突出重点的作用。

### 一、牌坊的种类

牌坊就其构造材料来划分，有木牌坊、琉璃牌坊、石牌坊等数种，江南多雨、气候湿润，因此苏州无琉璃牌坊及纯木牌坊，以木石牌坊与石牌坊居多。

木石牌坊的结构材料，除柱及以下部分采用石料外，其余采用木构造，上覆瓦作屋顶。在苏州一般将木石牌坊称为牌楼，将石料构筑的牌坊，称为石牌坊。

石牌坊依外观形式的不同，可以分为两类：其一为柱出头无楼，其二为柱不出头有楼。见图 13-4-1、图 13-4-2。

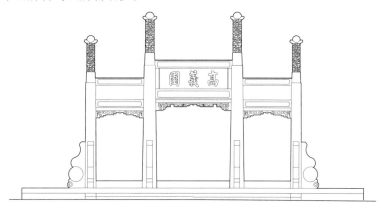

图 13-4-1　柱出头无楼（苏州天平山高义坊）

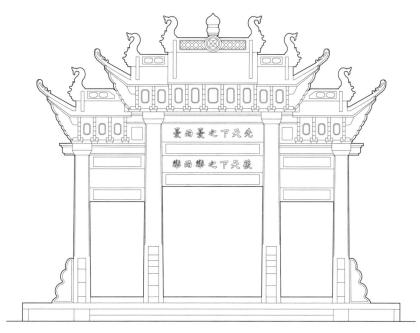

图 13-4-2　柱不出头有楼（苏州天平山忧乐坊）

根据牌坊间数的不同，有三间四柱牌坊与一间两柱牌坊的分别。根据牌坊所架楼的多少，可分为二柱三牌楼、四柱三牌楼、四柱五牌楼等数种（图 13-4-3、图 13-4-4）。

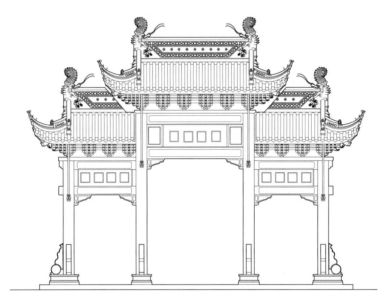

图 13-4-3　三间四柱三牌楼

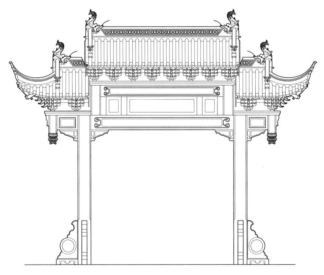

图 13-4-4　一间二柱三牌楼

## 二、牌坊的各分部尺寸

现以三间四柱有楼牌坊为例，对其各制分部尺寸，分述如下：

牌坊若总宽三间，居中一间称为正间，两旁的称为次间。正间开间，将总开间分作 50 份，正间占 21 份，余数均分，作为两次间的开间。经换算，次间开间约占正间开间的 7/10。

石柱的露明部分（地面起至下枋底）按面宽 12/10●，占柱高的 2/3，自下枋底至柱顶，占柱高的 1/3。石柱之宽为 1/10 柱高，其断面为正方形，折角，或起木角线。地面以下为柱脚，柱脚须深埋于土中，旧时做法是以绞脚乱石及铁件将柱脚固定填实，现代做法是将柱脚深埋于杯形基础之内，其做法更为稳固、简便。出土处四周铺地坪石，柱间安石槛，起到加固、稳定的作用，柱前后及旁以砟石支撑之，柱端架枋，枋面与柱顶相平。

无论是木石牌坊还是石牌坊，其石作部分的尺寸比例大致相同，图 13-4-5 所示为木石牌坊之尺寸比例。

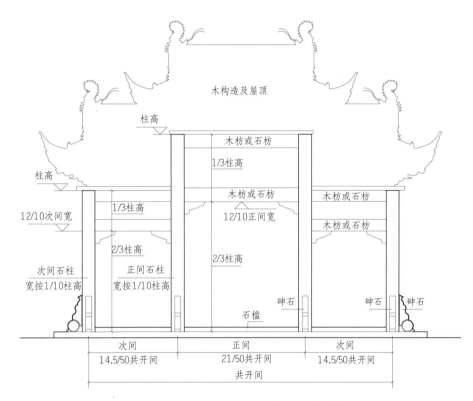

图 13-4-5　三间四柱木石牌坊之尺寸比例

### 三、无楼牌坊

无楼牌坊，外观朴素简单，分三间四柱与一间二柱两种，现分别介绍如下：

#### （一）三间四柱牌坊

三间四柱无楼牌坊，正间施上枋、中枋、下枋三道，两枋之间用以分隔的石板，称为花枋。花枋高度可根据题字与否调正之。次间两柱之间架上、下两道枋子，以字碑分隔之，字碑为题字之用。柱顶出头作圆柱形，雕流云装饰，称云冠。上枋两端，云冠之底置日月牌。旧时上枋之中央，上设火焰及圣旨牌，牌下悬锁壳石，现已大多不用，详见图 13-4-6。

---

● 《营造法原》中原文为"柱子露明部分（即自下枋底至地面），按面阔十分之十二，占柱高三分之二"（见原文 p51）。以此换算，柱高应为面阔的 18/10。而在《营造法原》图版三十六中，石牌楼的图例标注的却是"柱高等于 12/10 明间宽"（见原文 p208）。于是，关于柱高之规定便有了两种说法，而两者之间孰对孰错也很难判定，因为许多工程实例关于柱高也有多种做法，即便《营造法原》原文中所举实例也不尽然如此。比如"三间四柱牌坊（无楼），正间开间宽一丈二尺六寸，两次间各宽八尺六寸。中柱高一丈六尺，两次间柱高一丈四尺。"（见原文 p51）以此换算，正间柱高为其间的 1.27 倍，而次间柱高为其开间的 1.63 倍，均与以上所述不符。因此，本文认为，下枋底至地面的高度应占柱高的 2/3，但不一定是面宽的 12/10。该高度的确定，仍需根据实际情况，以美观、大方、实用为原则，斟酌而定。

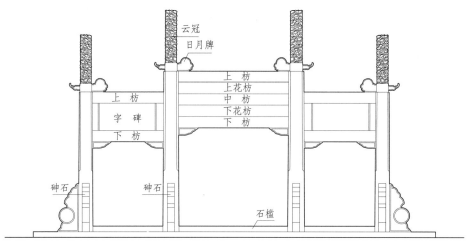

正立面图

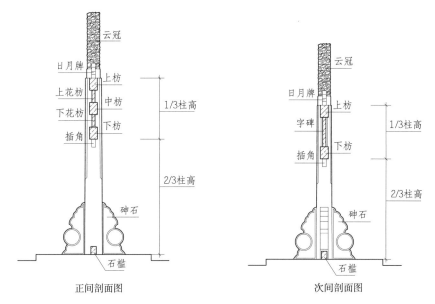

正间剖面图 　　　　　　　　次间剖面图

图 13-4-6　三间四柱无楼牌坊

　　其实，在许多牌坊实例中，不按上述做法的牌坊也很多，如苏州天平山的高义园（图 13-4-1）与苏州沧浪亭的石牌坊（图 13-4-7），因为题字需要，正间中枋未用，而在上、下枋之间仅设字碑。

　　（二）一间二柱牌坊

　　一间二柱牌坊，两柱之间施上枋、下枋各一道，枋间隔以字碑，字碑以短柱分隔，柱顶做云冠，枋上置日月牌、火焰及圣旨牌、锁壳石等，大致做法与上式相同，详见图 13-4-8。

　　**四、有楼牌坊**

　　有楼牌坊的构造，基本上模仿木牌坊，外观与木牌坊相似，故构造比无楼牌坊复杂。其中常见的形式主要有二柱三牌楼与四柱五牌楼，现将其构造与做法分别介绍如下。

　　（一）二柱三牌楼

　　两柱之间架设下枋，下枋底至地面，按面宽 12/10，为柱高的 2/3。下枋以上为花枋、中枋、上花枋，枋面起线脚，也可雕流云花卉，下枋底至上花枋面占柱高的 1/3。

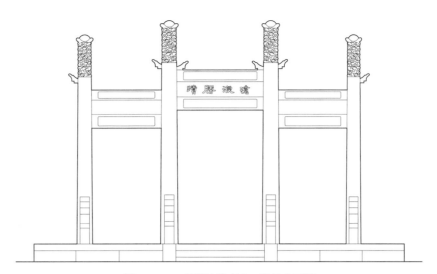

图 13-4-7　苏州沧浪亭入口牌坊立面图

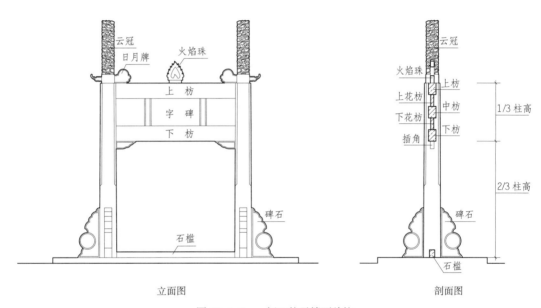

立面图　　　　　　　　　　剖面图

图 13-4-8　一间二柱无楼石牌坊

　　石柱面宽按柱高的 1/10。下枋高按石柱面宽的八折，厚照高的六至七折，中枋高按柱面宽的七五折，厚同下枋。将余下的高度均分，即为上、下花枋的高度，花枋之厚为 2~3 寸。

　　上花枋之上为定盘枋，定盘枋长同柱高，宽照柱面各出 1 寸，高照宽八折。枋架于柱顶，为模仿木作做法，须于柱顶处刻出坐斗，坐斗形式按定盘枋之高度而定，本图例选用的是双四六式，坐斗底宽按照柱面之宽。枋之两端挑出柱外。石柱上端前后，悬加官牌。石柱下端前后各设砟石一座，予以支撑。二柱三牌楼自定盘枋至地面的做法，详见图 13-4-9。

　　定盘枋之上，架设牌楼三座，居中牌楼称为中楼。中楼两旁，各设下牌楼一座。中楼较下牌楼为宽且高，中楼宽占总开间的 5/8。

　　中牌楼的具体做法：在定盘枋之上，设石柱两根，称为上柱。二柱的外侧间距为总开间的 5/8。

　　上柱之高，按下柱高的 1/4，另加四六式坐斗中的下斗腰及斗底高度。上柱面宽，按下柱面宽的 5/8。

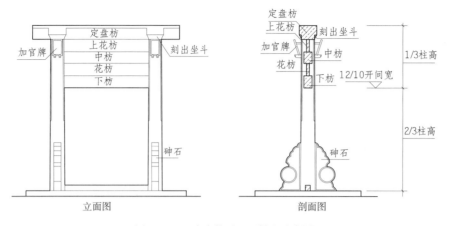

图 13-4-9　定盘枋及以下做法示意图

上柱之间，架字碑及上枋，上枋之上为上定盘枋。上定盘枋的两端须伸出上柱，伸出长度按照上柱面宽。上定盘枋之宽，按上柱面宽两边各放出 1 寸，枋高按枋宽的八折。上定盘枋架于上柱顶，柱顶处的枋面须刻出坐斗，所刻坐斗的底宽按照上柱面宽，本图例采用的坐斗高度按五七式。

上定盘枋之上安置牌科，牌科须逢双数设置，牌科数量视其长度而定。牌科间距约在 1 尺 2 寸至 1 尺 3 寸之间。

牌科多用四六式，阔 6 寸，高 4 寸，其深须加倍，为 12 寸。也可将斗料加大，并于斗底连做荷花墩，以增加牌楼的稳固性。

牌科的斗口处，架设正昂板，正昂板的高度根据出参的多少而定，正昂板前后通长连成一体，其厚度按四六式牌科之栱宽，板之外缘雕栱昂，并在板上刻出升子形状，其制均同木形牌科。两座正昂之间设置花板，花板安装须向外倾斜，与正昂板外侧平行，花板的设置是为了防止正昂板晃动，花板可雕刻流空花纹，既可作为装饰，又可由此减少风力。

位于居中的花板，间距应稍宽，以备安置圣旨牌之用。圣旨牌四周绕以龙凤雕刻，其下悬锁壳石。

正昂板、花板、圣旨牌的具体做法详见图 13-4-10、图 13-4-11。

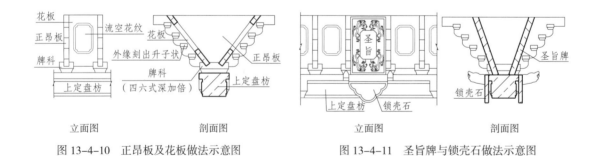

图 13-4-10　正昂板及花板做法示意图　　　　图 13-4-11　圣旨牌与锁壳石做法示意图

正昂板之上，平铺脊筒檐板。在转角处的前后及居中，共设角昂板三块，上铺脊筒檐板，将所铺檐板叉出发戗，戗角作卷叶状。屋顶前后，由两石板架成斜坡，所架斜坡称栈板。栈板下端对下皮升子，提栈约八算或以上，屋面做歇山式。栈板顶部安置脊板，脊板雕流空花纹以减少风力。脊板两端支以竖带，并饰鱼龙纹，龙纹做羊桦式桦头，与脊板相连，纹尾高耸，颇觉生动，其外形均仿照屋面瓦作的做法。

中楼的具体做法详见图 13-4-12。

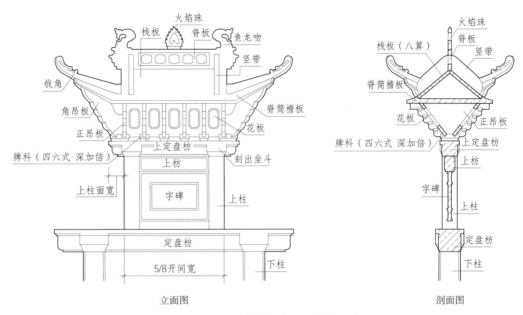

图 13-4-12　中楼做法之立面与剖面图

中楼两旁各设下牌楼一座，下牌楼的具体做法是：在定盘枋上的上柱外侧，左右各设置牌科，牌科亦用四六式，阔 6 寸，高 4 寸，深亦须加倍。牌科间距约 1 尺 2 寸至 1 尺 3 寸。牌科数量，单、双不拘，视其所在位置的长度而定。

在牌科的斗口处架设正昂板，两正昂板之间设置花板。正昂板之上平铺脊筒檐板，转角处设角昂，将角昂上所铺檐板叉出发戗。脊筒檐板之上为栈板，栈板合角处为脊板，所有屋面构造均与中楼相同。但因下牌楼的高度低于中楼，故栈板的提栈仅需六至七算。

下牌楼的具体做法详见图 13-4-13。

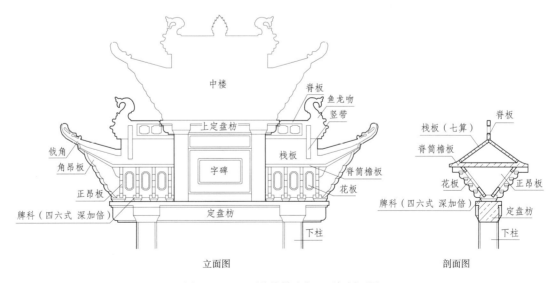

图 13-4-13　下牌楼做法之立面与剖面图

以下便是根据以上所述各制所绘制的二柱三牌楼的平、立、剖面图，详见图 13-4-14。

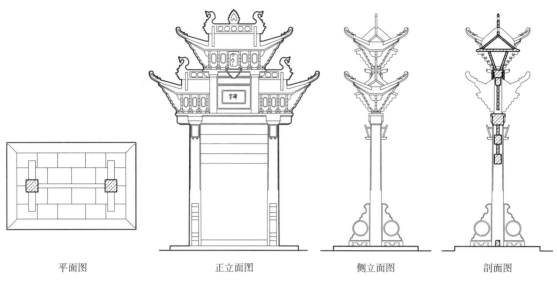

平面图　　　　　　　　正立面图　　　　　　　侧立面图　　　　　　剖面图

图 13-4-14　二柱三牌楼的平、立、剖面图

## （二）四柱五牌楼

四柱五牌楼之开间为三开间，居中为正间，两侧为次间，其中次间开间为正间开间的 7/10。

四柱五牌楼之正间做法：两柱之上为定盘枋，枋上设牌楼三座，具体做法与二柱三牌楼基本相同。

两侧次间，次柱高为中柱高的八折，于柱间施下枋、花枋、上枋，上枋之上为定盘枋，定盘枋之上为次间牌楼，次间牌楼的具体做法与二柱三牌楼中的下牌楼做法基本相同。

以下便是四柱五牌楼的正、侧立面图，详见图 13-4-15。

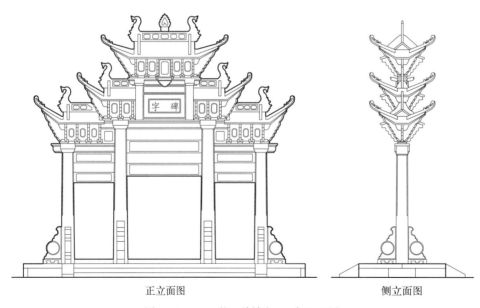

正立面图　　　　　　　　　　侧立面图

图 13-4-15　四柱五牌楼之正、侧立面图

### 五、石牌坊安装的技术要点

（1）牌坊构件的制作，各种构件按照图纸及传统做法加工成型后，须在石柱上按照插角、石枋等构件的安装部位，开槽作为榫眼，而在插角及石枋端部做榫头，榫头的宽度、长度应略小于榫槽，以便安装。

（2）石牌坊的安装，现在采用的都是杯形基础与机械化吊装，先安装石柱并经校正固定后，再将插角、石枋等构件自下而上逐件吊装就位。

（3）由于石枋加上两端榫长总长度大于两柱间的净距离，因此吊装就位时，必须根据"三角形斜边大于直角边"的原理，采取倾斜入位法，待两端榫头均入槽后，再徐徐放平，经调整就位后固定。

（4）为避免石柱榫槽外露而破相，榫槽高度不能高于上枋顶部，因此，上枋的榫头高度只能是上枋高度的一半，一端做下半部高度，另一端则做上半部高度，其根据也是"倾斜入位"这个道理。

## 第五节　石库门及其他

### 一、石库门

石库门是旧上海民居中最流行的一种大门形式，它起源于太平天国时期，当时战乱迫使江浙一带的富商、地主、官绅纷纷举家拥入租界寻求庇护，于是外国的房产商乘机大量修建住宅。这种建筑吸收了江南民居的式样，其中大门的做法是以石头做门框，以乌漆实心厚木做门扇，这种大门的形式就称为"石库门"。其实，石库门就是吸收了江南传统建筑中的墙门形式，将其简化、提炼而来。但两种做法的大门形式，其石制门框的做法大同小异，现简述如下。

墙门门框为石料，两旁垂直的石框称枕，横架在上方的石条称上槛，也有称套环的。下面横放于地面上的石条称为下槛，下槛高起地面二三寸的部分，称为铲口。门两旁砌砖磴，称为垛头，垛头深同门宽。墙面内侧八字形的部分称扇堂，作为门开启时的依靠之所。扇堂斜度以门宽4/10为度。铺于垛头扇堂间下槛下的石条叫地枕。请比较以下两张平面图（图13-5-1、图13-5-2）。

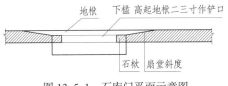

图 13-5-1　石库门平面示意图

经比较，两者之区别在于垛头，石库门的墙面外侧无垛头，墙面内侧也做八字形的扇堂，作为门开启时的依靠之所，扇堂斜度为墙厚与石枕厚之差／单扇门宽。铺于扇堂间的石条称地枕，地枕与室内地坪相平。

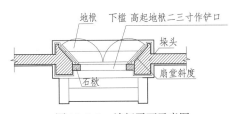

图 13-5-2　墙门平面示意图

根据门宽的不同，石枕有以下三种规格：八六石枕，九七石枕，一八石枕。具体尺寸，详见表13-5-1。

以下为采用九七石枕之石库门及墙门之立面、剖面图，详见图13-5-3、图13-5-4。

各种规格的石枕尺寸表　　　　　　　　　　　　　　　　表13-5-1

| 石枕规格 | 看面 | 长 | 门宽 |
|---|---|---|---|
| 八六石枕 | 8寸 | 8尺 | 3尺6寸~4尺 |
| 九七石枕 | 9寸 | 9尺 | 4尺2寸~4尺6寸 |
| 一八石枕 | 1尺 | 1丈 | 4尺8寸~5尺2寸 |

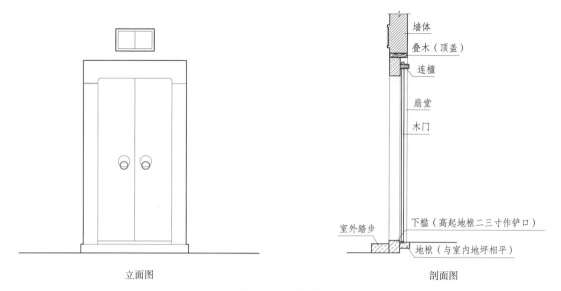

立面图             剖面图

图 13-5-3 石库门

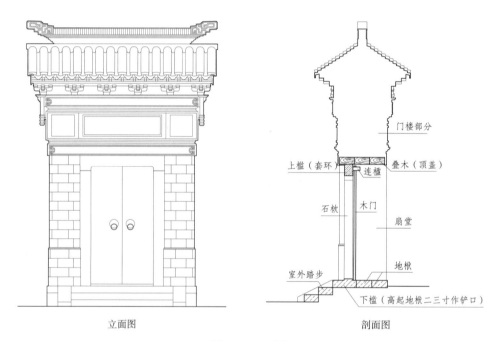

立面图             剖面图

图 13-5-4 墙门

## 二、石栏杆

石栏杆的传统做法是：将整石凿空，中部做花瓶撑，上部为扶手，下部栏板凿方宕，方宕内雕刻花饰，两旁辅以石柱，石柱上部做莲花头或雕石狮。传统做法的特点是：基本采用手工制作，且需用大料制作，因此费工费料，但整体性好，安装简单。

现在，石栏杆多采用分体制作、现场安装的施工方法，这样既省料，又能局部采用机械化加工，提高生产效率。分体制作的特点是：除花瓶采用手工制作外，其余均可采用机械加工，省工省料，可随意组合，灵活性强，但安装要求高。分体制作又分为局部分体与全部分体两种做法，请比较以下图例：

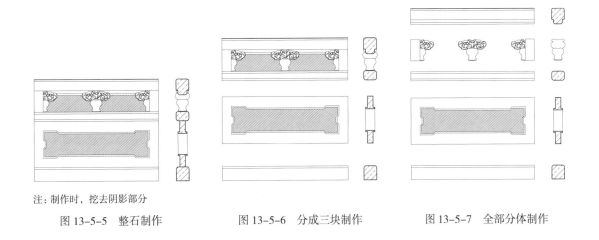

注：制作时，挖去阴影部分

图 13-5-5　整石制作　　　　图 13-5-6　分成三块制作　　　　图 13-5-7　全部分体制作

根据以上图例，可以很清楚地看出：

图 13-5-5 做法：基本采用手工制作，且需用大料制作，因此费工费料，但整体性好，安装简单。

图 13-5-6 做法：局部采用手工制作，部分可采用机械加工，用料可减小，省工省料，安装较方便，建议采用。

图 13-5-7 做法：除花瓶采用手工制作外，其余均可采用机械加工，省工省料，可随意组合，灵活性强，但安装要求高，建议尽量采用。

### 三、砷石

"砷（读 kun）石除用于牌坊、栏杆外，室内则用于门第将军门之两旁，砷石上部大都作圆鼓形，下部为长方形之石座，称砷座。因上部式样之不同，而称砷石为挨狮砷、纹头砷、书包砷、葵花砷等。而门第用者多为葵花砷，上部圆鼓形，俗称盘陀石。其高低式样以圆鼓径为标准，圆径自二尺至二尺四寸，厚约六七寸，全高约四尺余，其座约占全高四分之一。但其全部高低，亦得视门之高低而定。"

——引自《营造法原》

砷石是一种常见的石制饰品，可用于室内，也可用于室外。

砷石之用于室内，其上部大多做圆鼓形，下部为长方形之石座，称砷座。根据上部式样的不同，砷石有挨狮砷、纹头砷、书包砷、葵花砷等多种。

用于室内门第两旁之砷石，又称门枕石，抱鼓石。其形式多为葵花砷，上如鼓形，俗称盘陀石，圆鼓直径自 2 尺至 2 尺 4 寸，厚约六七寸，圆鼓以下为基座，全高约 4 尺余，基座约占全高的 1/4。但其具体高度须根据门之高度而定。砷石用于门第时，置于将军门两旁，其后座即为安装门槛之处，也是安装大门的石制门臼。后砷座与砷座可分开制作，以减小用料，但后砷座应伸入砷座之内，以防倾覆，详见图 13-5-8~ 图 13-5-10。

置于牌坊石柱下端起支撑与装饰作用的砷石，有纹头砷、挨狮砷两种。将砷石做成纹头状，称为纹头砷。砷石之上雕刻狮形，其背连于砷石，该砷石称为挨狮砷。有的砷石外形与挨狮砷相似，但未雕刻狮形，不过也称挨狮砷，挨狮砷俗称挨次，见图 13-5-11。

砷石也可用于桥畔，作为桥栏杆的延伸部分，其形式没有具体规定，可随设计者之匠心，任意发挥，仅须与桥之外形协调即可。

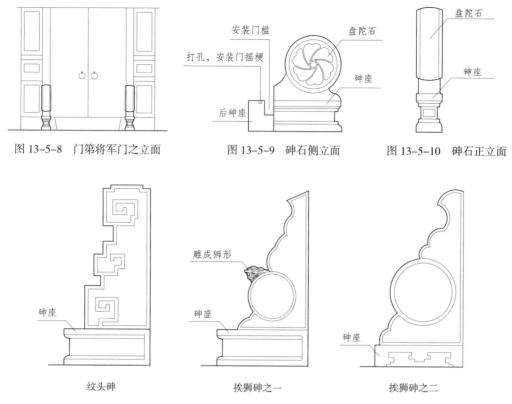

图 13-5-8　门第将军门之立面　　　图 13-5-9　碑石侧立面　　　图 13-5-10　碑石正立面

纹头碑　　　　　　　挨狮碑之一　　　　　　挨狮碑之二

图 13-5-11　用于石牌坊之各式碑石

# 第六节　驳岸与河埠

苏州附近，石料资源丰富，加之水运发达，取材与运输都很方便。故石料的运用非常普遍，也很经济，诸多的市政设施多以石料为之，如沿河驳岸、桥梁、石板街以及弹石路面等。

## 一、驳岸

苏州地处江南水乡，河道纵横、水网发达，多数民居沿河而建，形成了许多前街后河的民居布局。古城内河的两岸都用石条逐皮砌筑成驳岸。许多民居为了争取更多的建宅基地，往往将房屋的后檐墙建在驳岸之上，因此墙下的驳岸便成了民居基础的一部分；也有河道两岸的民居，均压驳岸而建，形成了以船只来往的水上小巷。

驳岸的基础，旧时都是采用打桩来进行加固。驳岸打桩，水深时就需筑坝，要将坝内的河水排干后方能施工，坝的长度随驳岸长度而定，若驳岸一间，筑坝二间，驳岸二间，筑坝三间，驳岸三间，筑坝须四至五间。坝为土坝，因此，坝的两面须打坝桩，以免被河水冲毁，坝桩间距为 1.5 尺左右，坝阔须 3 尺以上。木桩内侧用芦席、竹帘等作围挡，中间填土并压实。

驳岸打桩，常用杉木为桩，对于杉木，民间有"干千年，湿千年，干干湿湿十余年"之说，故杉木桩长年埋于水下，不易腐烂。桩的下端须削成尖形，便于将桩打入土内。桩的长度按驳岸高度计算，古代工匠在实践中总结出：若岸高 1 丈，桩长需 1 丈 5 尺，桩的围径按桩长的 1/10，即桩的周长为 1 尺 5 寸。若驳岸之上建的是楼房，桩长则须增加，若仅是沿河驳岸，桩长可以酌减。当然，这仅是一般规定，驳岸若是建在旧的河道之上或因河宽浪大等特殊情况，工匠们则会经过试桩后，再来确定桩长。桩的间距，一般每尺为三个，依驳岸的长度方向分两行或三行交叉布置。

将木桩夯打结实至岸底后，桩顶之间须夯打嵌桩石，以增强土的密实程度，并起着共同承担上部荷载的作用。桩顶之上，盖有一皮厚的平整的石块，称盖桩石，其作用相当于现代的基础垫层。盖桩石之上即以石条逐皮砌筑成驳岸，驳岸之顶所盖石条称为锁口石。砌筑驳岸所用的石条，称侧塘石，其露明部分需做细，乙双或甲双均可。第一皮侧塘石，在砌筑时要扁放、垫实，并间以三四尺长的丁头石，以增加驳岸底部的稳固。为美观起见，做工考究的驳岸，每皮侧塘石的高度须统一，上下两皮之间须错缝砌筑，与砌墙一样，侧砌的称为斗，扁砌的称为卧，垂直于长度方向的称为丁。侧塘石的砌筑分两种：一是斗卧相间，有一斗一卧、两斗一卧、三斗一卧之分；二是全斗到顶。后者较为简便，虽不及前者砌法坚固，但因料简工省，比较经济，故用之较多。两种砌法可根据具体情况分别选用。但无论采取何种砌法，每皮石料之间均须设置一定数量的丁头石作加固，丁头石长2~3尺，向内伸入，可起到整体拉接的作用。侧塘石的内侧须用毛石填砌，称糙塘石，砌筑时应与侧塘石及丁头石安装同步进行，空隙处要用灰砂填实，糙塘石底部要宽，向上可逐渐收小。驳岸的顶部，以锁口石作收头，显得整齐美观，若是沿街临河驳岸，则常在锁口石之上再设石栏，以作围护。驳岸的具体构造以三斗一卧做法为例，详见图13-6-1。

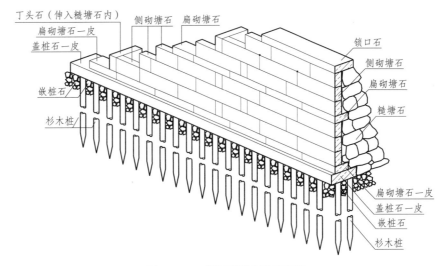

图13-6-1 沿河驳岸构造示意图

### 二、河埠

河埠即下河的踏步，是连接水面与陆地的主要通道，多以石材制成，形式多样，处理灵活，古代工匠将其与驳岸完美地结合起来，形成了一道独特的水上风景。

河埠大致有以下几种形式，现分别介绍：

根据河道宽窄的不同，可分成外凸式与内凹式两种。河面宽阔的地段一般采用外凸式，狭窄的河道大多筑成内凹式。河埠的踏步与河道的关系也分为两种：一是踏步与河道平行，二是踏步垂直于河道。

踏步与河道平行的河埠，大多做成内凹式，河埠两侧为驳岸，踏步低于路面，便于路面排水，故又称淌水河埠。该形式的河埠一般较宽，大多用作公用河埠或水码头（图13-6-2）。

踏步垂直于河道的河埠，内凹式与外凸式都有，但有单落水与双落水之分，而双落水的河埠又有内八字与外八字之别（图13-6-3~ 图13-6-5）。

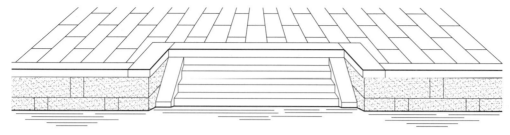

图 13-6-2　淌水式河埠 ❶

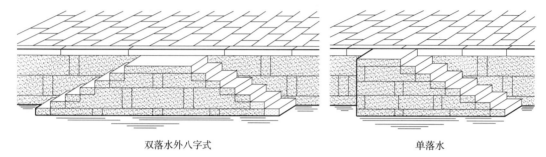

双落水外八字式　　　　　　　　　　单落水

图 13-6-3　两种形式的外凸式河埠

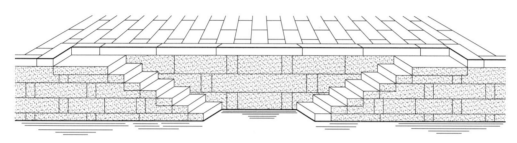

图 13-6-4　内凹式河埠 1（双落水内八字式）

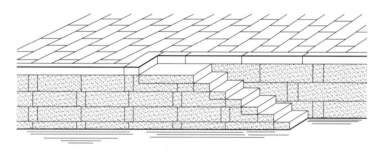

图 13-6-5　内凹式河埠 2（单落水）

悬挑式河埠，多为私家之用，设在私宅临水的后门处，出门就达河边，取水洗刷非常方便。其建造也最为简便，具体做法是：在驳岸之上先悬挑数块石条，做成平台，再逐级而下直至水面。所挑出的石级称为挑筋石，为防止石级倾覆，挑筋石须伸入屋内脊柱处，且用料必须厚大，以防止折断。悬挑河埠因供私家之用，很少有两人同时使用，故挑出不大，七八十厘米便已足够，一般不超过 1 米（图 13-6-6）。

构造较为复杂的河埠是组合式河埠，当河埠所处的驳岸较高，所取石级便会增多，当石级过多时，人员的上下也存在一定的安全隐患，因此河埠的石级，一个踏步段大多不会超过 10 级。

---

❶ 为图示清楚，图 13-6-2~ 图 13-6-9，其立面部分均打上阴影，特此说明。

为此，在驳岸较高的地方，可采用组合式河埠，常见的有淌水式接外八字双落水河埠；当临河街道不宽时，可先筑几步内凹式的双落水踏步，到达淌水式平台，平台之前，再接外凸式的外八字双落水河埠；单落水的河埠，当石级过多时，也可在石级中间设置一段休息平台，用以减少人员上下时的安全隐患。各式组合式河埠，见图13-6-7~图13-6-9。

河埠建造的技术要点如下：

（1）河埠临水的踏步以及周边的驳岸均须打木桩及嵌顶石，以免沉降。

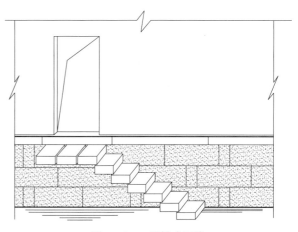

图 13-6-6　悬挑式河埠

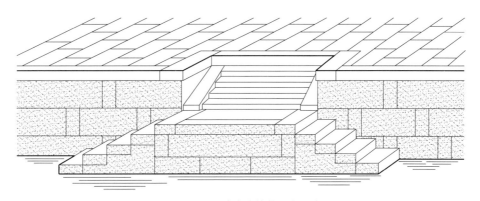

图 13-6-7　淌水式接外八字河埠

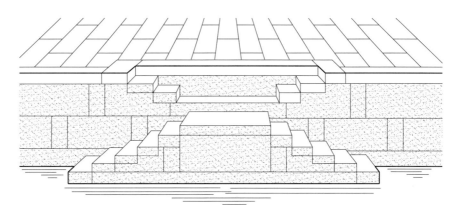

图 13-6-8　内八字再接外八字河埠

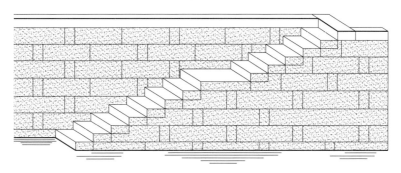

图 13-6-9　带有平台的单落水河埠

（2）为方便上下，河埠的踏步设置宜平缓，踏步宽度不宜小于35厘米，踏步高度不宜大于15厘米。

（3）河埠踏步应采用花岗石制作，不能采用青石，因青石遇水易打滑，踏步表面要平整，但加工无需精细，乙双或甲双即可。

# 第七节　桥梁

苏州地区河道纵横，桥梁众多是一大特色。苏州现存的古桥多为石桥，石桥的构造，按其形式分，有梁式桥与拱式桥两种，按其用材分，有花岗石桥与青石桥两种。花岗石性硬，承重能力强，无论梁式桥或拱式桥，均可运用；青石的承重能力不如花岗石，但石质细腻，可做浅雕，一般用于制作精细的构件，如桥面栏杆以及跨度较小的拱桥，但不宜用于梁式桥。

## 一、梁桥

梁式桥简称梁桥，其结构简单、建造方便，故用之较多。

苏州古城之内及附近古镇，因河道不宽，所筑梁桥大多为单跨，其跨度一般不超过6米，跨的两端搁支于桥台之上。若河道宽度大于6米，所筑桥台则向河中延伸，与跨的两端相接。

梁桥的桥台，其做法大致与河道驳岸做法相同，其基础也是采用打木桩的方法，桩顶之间夯打嵌桩石，以增强土的密实度，桩顶之上盖有一皮或二皮厚的平整的盖桩石。盖桩石之上以侧塘石逐皮砌筑成平台驳岸，砌筑时也可向内略作收分，显得稳重美观。

平台上方与桥面相接的一侧，须设置通长横梁，用以搁置桥面板，横梁两端挑出桥面以外，端部作弧形，也可略施雕刻作装饰。桥面板由数块通长的石板并列相拼而成。桥面板的两侧为栏板，以作围护，平台两侧的驳岸之顶所盖石条称为锁口石，锁口石之上为栏板，与桥面栏板相接。

伸入河道的桥台，为抵御河水的冲刷，一般都造得比较厚重壮实，但往往由此影响了河道的过水量，湍急的水流反而加剧了对桥台的冲刷。于是，聪明的古代工匠便在桥台中开设了泄水孔，既增加了桥孔的过水量，使水流不至于过分湍急，又减轻了桥台的自重，可谓一举两得。

苏州附近的黎里古镇，其中有两座古桥，便是采用此类做法的较好实例，现将其分别介绍如下。

梯云桥又名唐桥，位于黎里古镇市河的中段，跨中心街和建新街，花岗石砌筑，南北走向，该桥两端各有桥墩伸入河中，桥孔上宽下窄，呈倒梯形，上宽3.9米，下宽3.7米，因此两端桥墩略带收分，显得厚重壮实。桥墩两侧各设一泄水孔，有效地增加了河水的过水量，缓解了水流对桥墩的冲刷，又减轻了自重，可谓一举两得，颇具匠心。

该桥之桥面宽度为2.15米，由四块通长石板架设而成，桥板架在桥墩外侧上方的横梁上，横梁两端挑出桥墩以外，端部呈弧形，以作装饰；桥面上方以石板及栏杆柱作围护；桥面外侧刻有"重修梯云桥"五个大字，每个字之外围各用圆环做装饰，字与圆环均为阳刻，非常醒目。

桥之北塅设有东西向的双落水平台，与桥面以5级台阶相接，平台东西两侧各设11级台阶与路面相接；桥之南塅不设平台，可自桥面直接下桥并设有13级台阶以供上下。

桥墩及平台外侧之侧塘石上方均依斜坡架设锁口石，锁口石之上于临水一面亦以石板侧砌，用作围护。梯云桥的具体做法详见图13-7-1。

进登桥又名夏家桥，位于黎里古镇市河的中段，在梯云桥的西侧，两桥相距不远，约190米左右。与梯云桥一样，进登桥也是一座单跨带泄水孔的石板桥，所不同的是进登桥的南北两侧都带有东西向的双落水平台，而梯云桥仅桥北有平台，桥南则没有。

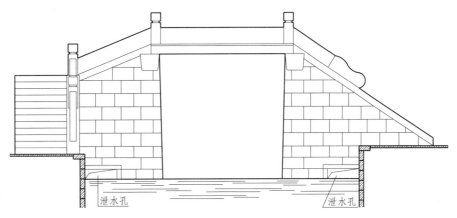

图 13-7-1　黎里梯云桥立面图

该桥桥孔跨径 4.3 米，高 3.6 米，桥面宽 2.75 米，由四块通长石板相拼而成，桥板外侧两面均刻有"重修进登桥"五个大字，字之外围均刻有装饰图案，显得古色古香。桥板的两端搁在桥墩外侧上方的横梁上，横梁伸出桥墩的部分，端部做成弧形，颇觉柔和美观。桥面以上栏杆柱与栏板用于围护。

桥之南北两侧均设有东西向的双落水平台，桥南平台两侧各有 5 级台阶，与桥面相距 11 级台阶的高度与距离，而桥北平台两侧各有 9 级台阶，与桥面相距 7 级台阶的高度与距离。桥墩及平台外侧之侧塘石上方均依斜坡架设锁口石，锁口石之上于临水一面，均以栏板及栏杆柱作围护，既作装饰，又资安全。进登桥的具体做法详见图 13-7-2。

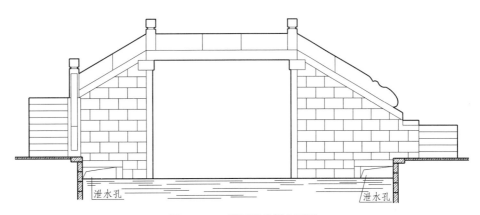

图 13-7-2　黎里进登桥立面图

盛泽古镇的中和桥，位于古镇王家庄街，跨市河，东西走向，是一座单跨梁式桥，跨径约 5.5 米，两侧为桥台，高 3.7 米，该桥全长 18.5 米，桥面宽度为 2.65 米，桥堍宽度为 3.05 米，花岗石砌筑而成。

该桥造型别致，两侧桥台仿照拱桥做法，其侧面以 5 块石板并列作柱，上架横梁，横梁之上为桥板。桥台正面，各有一个拱形泄水孔，孔上题有楣额，南侧为"波月"与"媚川"，北侧是"挹秀"与"梯云"，桥身两侧柱上刻有楹联，分别为："北胜跨虹融水德，中和位育贯文风"；"金波遥映红梨渡，玉带长垂绿晓庄"。文字优美，且含有多个历史典故，颇具历史与文化欣赏价值。

纵观此桥，造型独特，兼具梁桥与拱桥两种特色，显得既稳重又轻巧，确是苏州古桥中难得的佳例之一，2019 年被列入江苏省第八批文物保护单位（图 13-7-3）。

图 13-7-3　盛泽中和桥立面图

当河道较宽时，有的梁桥便在两座桥台之间，将桥做成三跨或者多跨，跨数多为奇数。通常做法是：以三跨梁桥为例，居中一跨为平跨，最长也最高，其余两跨为斜跨，稍短，使桥的立面呈八字形。跨下以数块石板并列作桥墩，使桥下河道简洁、通畅，利于船只通行与河水流通。桥墩之上横架石梁，上搁桥梁与桥板，斜跨桥板之上设踏步以利通行。桥面两侧均立石柱，架栏杆，以作围护，详见图 13-7-4。

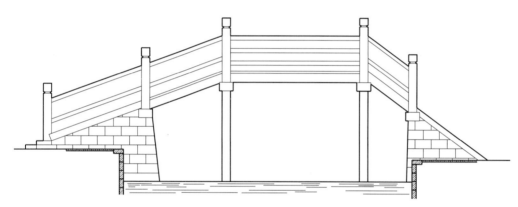

图 13-7-4　三跨梁桥实例（黎里迎祥桥）

## 二、拱桥

苏州的拱桥形式多样，有单孔与多孔之分，多孔的拱桥多取奇数，常见的有 3 孔、5 孔，也有少数为 9 孔，苏州孔数最多的拱桥是位于城南澹台湖上的宝带桥，多达 53 孔。

苏州地处长江三角洲的冲积平原，属软弱地基，拱桥的基础底部都打有密集的木桩，所打木桩可把土体挤得更加密实，从而提高桥基的承载力，防止桥梁下沉。桩顶之间须夯打嵌桩石，空隙处掺以级配碎石，防止被水冲刷时掏空桥的底部，使桥身更加安全稳固。

桩顶之上盖有一皮或二皮厚的平整的盖桩石，盖桩石之上以条石逐皮砌筑成桥台，桥台是整座大桥的基础，必须能承受由大桥主拱圈的轴向力所分解而成的水平推力和垂直压力，因此单孔的石拱桥，其桥台都建造得比较粗壮坚实。现以苏州著名的古桥——枫桥为例，将其构造介绍如下。

枫桥，单孔石拱桥，位于枫桥古镇的寒山寺旁，跨于古运河之上，桥长 39.6 米，中宽 4.4 米，桥孔净跨 10.5 米，矢高 5.7 米。桥为东西向，两坡砌踏步，东坡 30 级，西坡 28 级。

因桥孔的矢高大于内径的一半，故桥拱的外形呈大半圆形式，拱圈的拱脚坐落于桥台的水盘石上，水盘石以下便是盖桩石与木桩。

将桥孔的拱圈做成大于半圆，既使桥的立面显得高敞、通透，又使拱圈受压后所产生的垂直压力远大于水平推力，从而使拱下的水盘石更加稳固，不会产生水平偏移。另外，水盘石上应刻槽，以纳拱圈的下端，使之形成单孔受力，一孔受损，不会影响其他拱圈，这是古代工匠在实践中所总结出来的宝贵经验。

根据枫桥的外观来判断，该桥拱圈的施工采用的是"联锁法"工艺。所谓联锁法，便是先将数块较大的拱圈石竖向排列在水盘石上，在排至桥宽后，再用一块断面与方形相似的通长拱圈石将底下的竖向拱圈石连接起来，使之连成整体，然后将拱圈石按一皮竖向、一皮横向的步骤，逐皮砌筑，直至拱顶，最后以拱顶锁石楔紧成拱。联锁法工艺的优点是施工较为简便，拱圈的整体性强，是传统石桥常用的施工方法。

为使所砌筑的拱圈连接更为牢固，拱圈之间须用铁扎或铁件作连接。铁件通常做成定胜形状，可防止铁件受力后变形。铁件四周，有的还浇以经加温熔化后的明矾液体，用以固定铁石之间的连接（图 13-7-5）。

图 13-7-5 拱圈加固示意图

桥的立面，于桥拱的两侧以侧塘石砌筑成桥台石墙，因石墙较高，每皮侧塘石均间隔砌有丁石，将丁石伸入桥内，使侧塘石更为牢固。为加强桥台两面的联系，在石墙之间设置通长的长系石（也称天盘石），天盘石伸出石墙之外，其端部略施雕刻做装饰，天盘石以下为石柱，石柱坐落于石墙下部，因石柱外侧多刻有楹联，故又称楹联石。

拱圈与侧塘之上以锁口石结顶，其立面呈折线状，锁口石之上以青砖砌成栏板，间以石柱，上覆石条作扶手。单孔石拱桥的具体做法详见图 13-7-6。

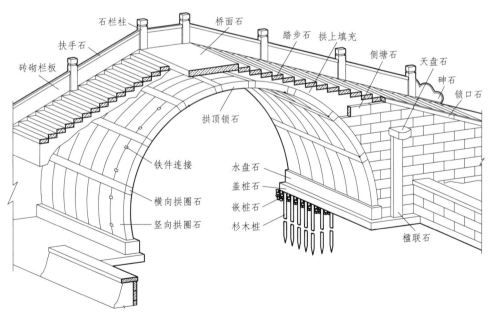

图 13-7-6 单孔石拱桥的具体做法

多孔石拱桥的构造与做法，大致与单孔桥相似，但其桥墩有厚墩与薄墩之分，根据现代桥梁工程的划分，凡墩厚小于 1/6 的拱桥净跨，就可当作薄墩（现代称为柔性墩），反之，则可作为厚墩（现代称为刚性墩）。

采用厚墩做法的多孔石拱桥，每孔拱圈均单独受力，一拱受力或受损，不及其他，墩台粗大厚重，承重能力很强，特别适合于北方以车马为主要交通工具的地区。

而薄墩多孔拱桥则不同，其桥墩采用木桩为基础的柔性墩台，一孔受力，引起桥墩变形，将力传递到相邻拱圈，使其他拱圈协助受力，从而分解了作用在墩台上的水平推力，这种结构减小了墩台的重量和体积，不仅降低了水下工程量，也利于船只航行。

苏州地处江南水网地区，水运发达，故所筑多孔桥大多采用薄墩，既有利于船只通行，又使桥的造型轻盈优美，与水乡环境相协调。

# 第八节　石雕

凡在石料上施以雕刻，使其形成各种图案或造型的，均称为石雕，石雕在石作行业中被归类为细作，对石材及技艺的要求较高。在苏州以及附近地区，以金山石雕最为著名，因为用于石雕的材料，以金山石为主，而从事该行业的工匠，也大多出自金山、藏书、枫桥一带，故被称为金山石雕。金山石雕，是香山帮传统建筑技艺之一，历史悠久，世代相传，具有鲜明的地方特色，以疏朗灵活、润厚清逸、运刀含蓄而闻名于世，2007 年，苏州金山石雕技艺被列入江苏省非物质文化遗产代表作名录。

## 一、石雕技法

石雕技法主要分为雕与刻两种，立体的称为雕，有圆雕与浮雕之分，平面的称为刻，有阴刻与阳刻之别。

### （一）圆雕

圆雕又称立体雕，是艺术在雕件上的整体表现，与实物的长、宽、高都符合一定的比例，观赏者可以从不同角度看到物体的各个侧面。因此，石料的每个面都要求进行加工，先以镂空技法完成雕件造型，再以雕、凿、斩、刻等多种技法做细。石料表面，若是花岗石雕件，均以精细剁斧作处理，若是青石或汉白玉雕件，则须再加一道磨光工序。

圆雕作品，是以单体存在的立体造型艺术品，一般比较写实、生动、逼真、传神，传统的圆雕作品，常见的主要有各类石狮、人物造像、石幢、古代陵墓前的石翁仲与石兽以及石牌坊、石亭、石桥上的各类装饰。

### （二）浮雕

石料上所雕刻的图像凸出于石料表面，使之具有一定的立体感，因图像浮凸于石料表面而称之为浮雕。

浮雕是一种半立体形状的雕刻品，根据所雕图像浮凸于石面的深浅程度来区分，可分为浅浮雕及高浮雕两种。

浅浮雕是单层次雕像，图案内容比较单一，仅凸出于石料表面，不用镂空透雕，平面感较强，其手法比较接近于绘画形式。

高浮雕是多层次造像，图案内容较为繁复，立体感较强，局部采取透雕手法镂空，使所塑造的形象更逼真、更具欣赏性。

浮雕，是在石料表面展示出凹凸起伏形象的一种雕刻，介于雕塑与绘画之间，可将多种图案组合在一起，内容丰富，所采用的题材较广。主要用于建筑物的墙壁装饰，石牌坊的云冠、花枋，露台或照壁下部的须弥座以及桥梁、栏杆、砷石等各类构件的表面装饰。

## （三）阴刻

阴刻的一种，称为线刻，即在石面上以刻画线条来表现景物形象的一种技法。具体做法是：将石料表面做平后，描摹图案或文字，将图案或文字的线条部分刻去，在石面上留下单线条的纹样，这是一种雕刻与绘画或书法直接结合的表现技法。浮雕上的一些表现细节的线条也可采用线雕来实现，使之更为细腻、生动；对于多层次的浮雕，按远近透视的关系，近景刻浮雕，远景施线刻，使作品的层次感更为强烈。

阴刻的另一种做法是：沿图案或文字线条的外侧刻上细线，再将细线以内的部分凿低、凿平，经填色后，使所要表现的形象更为醒目、传神，该做法常用于各类碑帖或摩崖石刻，可最大程度地保持原有作品的风格与韵味。

## （四）阳刻

与阴刻的做法相反，阳刻所要表现的线条为凸起形状。具体做法是：在做平的石面上将所描摹的图案或文字以外的部分均匀地凿低一层，留下的部分便成为凸出的立体线条，所凿低的部分称为"地"，该做法称为"减地做法"。用减地做法的阳刻作品多为字数不多且字体端庄的石碑题字，或图案规整的装饰线条。

阳刻的另一种做法，称为"压地隐起"，多用于花纹图案，沿花纹的外围斜着凿去一圈，使花纹凸显出来，但不高出石料表面，细节部分采用线刻来表现。此类作品的表面平整，多用于桥面石的装饰图案，便于行人行走。


## 二、石雕工艺

石雕的传统工艺主要有选料、出坯、粗做、定型、做细、表面加工等多道工序，现以金山石雕为例，将其分述如下：

### （一）选料

选料是根据所雕物件的大小、形状，选择合适的且无任何裂痕的优质金山石，大型石雕一般都到采石现场（俗称"宕口"）直接选料。

选料时，首先要"看"，一看色泽和颗粒结构，如颜色一致、均匀，质地坚密、细致，则属于好料，二看纹理走向和能否出大料。其次是"听"，用铁锤轻轻敲击石块，如发出"铛铛"的清脆之声，说明石质好，可用；如发出的声音暗哑，说明石料内部藏有隐残，石质便差，不可用。总之，选料很重要，往往由经验丰富、技艺较高的工匠来承担。

### （二）出坯

出坯是根据所雕物件的造型，用榔头、钎子凿去石料的多余部分，使之形成初坯。

### （三）粗做

粗做是在初坯上用墨线勾勒出物件的形象轮廓，采用雕凿技法使之逐步成形，粗做可分多步进行，到能够显示出物件的大致形状为止，如：人物类的头、手、脚、衣物轮廓；动物类的头、身、形态、姿势等。

### （四）定型

定型是在粗做的基础上，作进一步雕刻，重点是刻画形象和找准形体的起伏结构等变化，这道工序对石雕进行艺术处理十分重要，如定型不准，作品将成为次品甚至废品，因此需要耐心地精雕细刻。

### （五）做细

做细即细雕，用小錾、细錾等各种錾子对细微处进行雕刻或修整，使之形神兼备。

## （六）表面加工

表面加工是石雕的最后一道工序，用以清除上道工序留下的加工痕迹，使之更为完美。若是花岗石雕件，可用剁斧直接剁砍石面，砍出工整平行的细线，以加强雕件表面的方向感与韵律感。若是青石或汉白玉等石质细腻的雕件，则须用工具进行修正、磨光，使作品更加精细光滑。

### 三、石雕技艺的传承与发展

石雕的制作是一个漫长的过程，其中包含着众多的工序，需要掌握高超的手艺，也需要付出艰辛的劳动。石雕工匠不单要有力气，还要有聪慧的头脑、超凡的空间概念、艺术想象能力和灵巧的双手。

传统的石雕制作，由于没有现代化的工具与设备，全靠手工操作，设计放样凭的是工匠的经验和艺术灵性，他们常用墨水在石料上点画出简单的图案就可以开始工作，光凭这一点，没有一定的水平与技艺是不能胜任的。

金山石雕的技艺，历来是师徒相承、子承父业，代代相传，沿袭至今，工匠之间，各有所长，其中不乏许多身怀绝技的工匠高手，久而久之，便形成了各种工艺特色与绝技。

石狮是金山石雕工艺的代表，形成了具有苏州特色的艺术风格，世称"苏狮"，与北京的"京狮"、广东的"粤狮"并称为中国石狮的三大流派。其特征为：雌雄成对，雄狮左脚蹬彩球，雌狮右足抚幼狮，左右顾盼，笑脸相迎，造型古朴，温和祥瑞，具有典型的江南水乡风格。

苏式石狮的另一个特色是将狮子的舌头雕成球形，似口中含珠，珠在口中可随意滚动，但如有好奇者想要取出，却往往是忙了半天而不能如愿，甚为巧妙、有趣。其中的诀窍在于：这珠子看似球形，实际上有一处直径最小，而狮子开口处有一处间距最大，把珠子的最小处对准开口的最大处，必须恰到好处，然后用锤一敲，一旦进入，石珠便再也拿不出来。

传统的石狮雕刻，最难的是制作形貌相同的石狮，并且要雌雄成对，现在看来，这并不困难，雕刻时用点线仪来定位便可解决。但放在三四十年前却是个难题，因为当时还没有采用石膏制模与点线仪等先进工艺与工具。有位工匠高手，身怀"左右开弓"的绝技，即双手均能熟练地进行石狮雕刻，他右手握锤时雕刻左狮，左手握锤时则雕刻右狮，两手交替使用，时左时右，同步进行，所雕凿的两座石狮，雌雄成对，大小、形貌基本相同，成为留传至今的一段佳话。

摩崖石刻和碑刻是金山石雕技艺的又一个亮点。

摩崖石刻是中国古代的一种石刻艺术，指在山崖石壁上所刻的书法或造像，具有丰富的历史文化内涵与史料价值。

苏州城西，群山起伏，风景优美，名胜古迹众多，历代文人多有题咏留念，至今留下了大量的摩崖石刻，具有很高的艺术价值和文物价值。这些摩崖石刻从虎丘山延伸到太湖洞庭西山，其中知名度最高的当推虎丘，而数量最多的却是穹隆山东麓的小王山。

小王山，又名琴台山，山虽不高，但背靠穹隆，西对灵岩，北望阳山，南邻胥口太湖之滨，山水风光极为优美，有"小隆中"之称。1928 年，民国元老李根源葬母于小王山，并筑庐守孝十年。期间，诸多政治与文化名人纷纷造访于此，并挥毫留下了大量墨宝，其中不乏许多书法精品，李根源便请石匠将这些墨迹全部镌刻于山麓石壁，约有 500 幅之多，堪称露天书法艺术博物馆，可惜"文化大革命"中大多遭毁，现仅存 100 余幅。

从事摩崖石刻的多为具有一定文化的工匠高手，有着较深的书法功底，对各类书体有一定的研究。字样一般采取网格放大法，将书法原作按比例放大，临摹于石壁上，不能走样。凿刻时以钢凿代笔，接刀处不留斧凿刻痕，刻凿深浅恰到好处，犹如书法之运笔轻重，以反映出原作的形态与风韵。

碑刻指的是刻在石碑上的文字或图画，一般是将图文的墨迹复写于平整的石板上，然后镌刻而成。

苏州碑刻数量之多，内容之广，书画之美，镌刻之精，均负盛名，其中不少是研究历史的重要文献。

苏州文庙内的"平江图""天文图""地理图""帝王绍运图"四大宋碑，有着极其重要的历史与科学价值，被列为全国重点保护文物。

苏州各大古典园林，也大多在墙上镶嵌碑刻或书条石作装饰，内容分文字与图像两类。

碑刻的用料均为石质细腻的青石，须将石料磨光后方能进行雕刻，因此所雕刻的文字或图像比摩崖石刻要精细得多，对雕刻艺人的要求也更高，有的艺人本身便是金石行家。

雕刻文字时，艺人落刀要准，运刀要稳，接刀处不露痕迹，婉转流畅，下刀轻重如行笔一般，游丝枯笔也须细细刻出，以保持原作的笔意与风格。

雕刻图像时，要追求笔墨效果，下刀有轻有重，线条有粗有细，做到既有中国画的韵味，又有金石篆刻的刀趣，可使作品增色不少。

除此之外，传统的金山石雕还广泛用于桥梁、牌坊、栏杆以及建筑的表面装饰，内容涉及人物、动物、花草、祥云以及各类吉祥图案。

可是传统的石雕靠的均是手工操作，费时费力，劳动强度大，工效低。雕刻时全凭工匠个人的经验与对作品的理解，随意性较强，容易走样，而且多数石雕工匠文化程度不高，雕刻虽然精细，但内容单一，陈旧的多，创新的少。以上所存在的问题都不利于石雕技艺的推广与发展。

为此，许多石雕企业与艺人在继承传统石雕技艺的基础上，对雕刻工艺作了大胆的革新，以适应当今市场的需求与推广，并提高了石雕艺术。

在工序上，增加了泥胎制模及石膏制模（泥胎模型用于产品设计，石膏模型用于产品复制），采用点线仪来定位等先进工艺提高了产品的设计能力与加工水平。通过使用切割机、打磨机、电锤、电钻等小型机械化工具，减轻劳动强度，提高工效。对传统的雕凿工具进行了改良，现在采用的都是带有合金钢刀头的凿子，既锋利又耐用。

在设计与题材方面，有的石雕企业与国内雕塑专家及高校雕塑专业的师生合作，丰富和发展了雕刻产品，并创作出一批符合现代设计理念的石雕作品，为城市建设作出了贡献，并进一步开拓了市场。

现在金山石雕的各类产品已远销美国、加拿大、日本、新加坡、德国、意大利、澳大利亚、中国香港等几十个国家和地区，受到国内外艺术家和建筑师的普遍好评，发展前景广阔。

## 第九节　园林石作与铺地

园林中有亭、台、楼、阁、廊、榭等各类建筑，台基大都为石结构，其形制、名称、做法，一如厅堂，故不再阐述。

### 一、临水驳岸与平台

园林中的临水建筑，其驳岸与平台多为石结构。在做法上，应不尚华丽，以简雅为主。

平台周边不必采用莲花石柱、雕花栏杆等装饰过度的构件，以采用普通的石栏凳为佳，既可起到遮拦的作用，还可供游人凭坐休息。

临水驳岸也不能采用宿腰、起线等繁琐做法，而是应该采用普通的侧塘石或虎皮石，这样更觉得自然、协调，如图13-9-1。

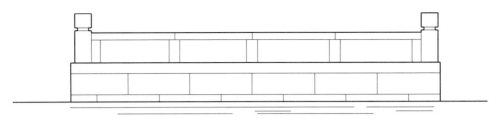

图 13-9-1　简雅的临水平台

### 二、园林石桥

园林设计，以天然山水为缩影，叠山、理水是常用的处理手法，园林中的水池一般不讲究对称、方整，而主张曲折、自然，因此常常架设各种形式的小桥以供游人往来。

园林小桥的用材，以石材为多，很少使用木材，因为木桥容易腐烂，修理成本又大，而且游人走在上面，容易发出声响，打扰清静幽雅的环境。

石桥的构造分梁式、拱式两种。苏州园林中的拱式桥大多为一孔，因为孔多则体量太大，与小巧玲珑的园林风格不协调。梁式桥因其平坦、简洁，古朴、典雅，故常见于苏州园林。有的梁式桥仅设一块石板，跨于溪面，板形平直，或稍往上弯，虽然简朴，却也有几分山野情趣。石桥若跨于池面，因池面较宽，一般分作数段，平面曲折，呈之字形，故称曲桥。桥宽自二尺至四五尺不等，而每段的长度也须根据池面的宽度及曲折的段数来决定。桥两边一般是石栏凳，游人可凭坐休息。有的石桥上面建有廊屋，该桥就称廊桥。

总之，桥的设计宜轻巧玲珑，桥在园林中一般作为配景，应该尽量做得简洁，不要太过华丽而喧宾夺主。

#### （一）梁式桥

梁桥用于园林，有平桥与曲桥之分。

1. 平桥

平桥以单跨为多，桥形平直，桥的两边或一边设栏杆，视桥的宽度而定，有的平桥仅设一块石板，跨于溪面，板形平直，或稍往上弯，虽然简朴，却有几分山野情趣，详见以下平桥实例（图 13-9-2、图 13-9-3）。

2. 曲桥

石桥若跨于池面，因池面较宽，一般分作数段，平面曲折，呈之字形，故称曲桥。桥宽自 1.0~1.8 米不等，由数块石板平列拼置而成，而每段的长度也须根据池面的宽度及曲折的段数来决定。

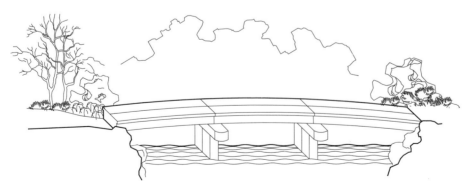

图 13-9-2　艺圃乳鱼桥

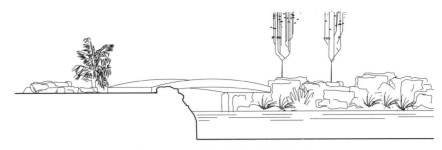

图 13-9-3　某新建园林内的石板小桥

曲桥实际上是将数段梁式桥连接在一起，因此，两个桥段的交界线一定要是其交角的角平分线，否则桥面板的宽度将不统一，且不交在同一点上，这在设计与施工时尤需注意。曲桥做法，详见图 13-9-4~ 图 13-9-6。

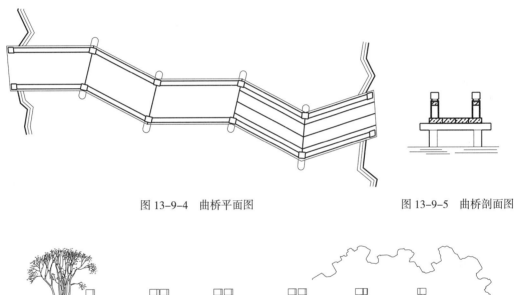

图 13-9-4　曲桥平面图　　　　　　　　　　　　图 13-9-5　曲桥剖面图

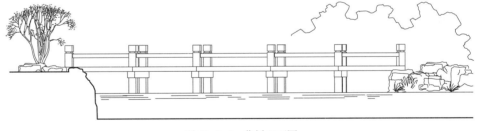

图 13-9-6　曲桥立面图

桥的两边一般是石栏凳，游人可凭坐休息。但也有其他做法，如耦园的曲桥便是在桥板边上立石柱，再将圆木横向穿在石柱内，显得古朴大方；有的则以铁制栏杆代之，是取其轻盈、简洁，如狮子林、怡园的曲桥。

曲桥的桥墩做法也有几种：一是在桥的两边立石柱，上搁石梁，石梁稍长，挑出石柱以外，桥面石板搁置在石梁上，但其宽度不能超出石柱的外侧边线；二是将通长石板竖向平立，以代石柱，上架横梁，曲桥位于池岸的一侧，则将桥的横梁或桥板直接搁于池岸之上。

3. 廊桥

在具有苏州风格的园林中，廊桥是较常见的一种梁式桥，一般为三跨，中高两低，立面呈八字形，桥上建以廊屋，故称廊桥。尤以拙政园内的"小飞虹"最为著名，因此很受设计人员的喜爱，经常运用。但是在实施时，一定要注意，带坡度的一跨两边的边长应相等，否则该跨的石板平面会不平，呈翘裂状，同样，该跨的屋面也会呈翘裂状。同样的道理，也适用于走廊。详见图 13-9-7、图 13-9-8。

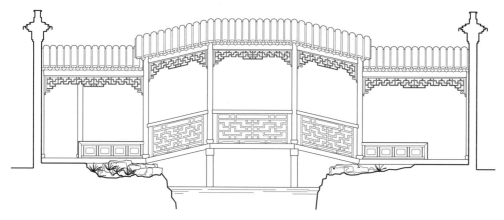

图 13-9-7　廊桥立面图

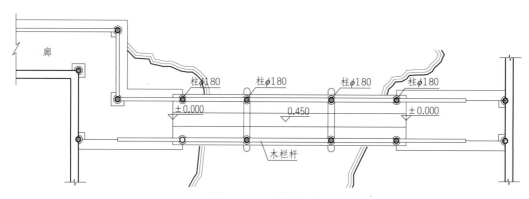

图 13-9-8　廊桥平面图

### （二）拱式桥

苏州园林中的拱式桥大多为一孔，因为孔多则体量太大，与小巧玲珑的园林风格不协调，其中最为著名的是狮子林的青石拱桥与网师园的引静桥。

#### 1.狮子林青石拱桥

狮子林内有座苏州园林中惟一的青石拱桥，位于狮子林水池的南面，形制古朴，造型优美，相传乾隆皇帝数次巡游狮子林，都喜欢到此游玩，故俗称接驾桥。该桥是狮子林中最古老也是最著名的一座青石拱桥。桥长 10.61 米，桥顶宽 2.63 米，往下逐渐放宽，最宽处为 2.87 米，平面呈放射状，形似喇叭口，较为别致。桥拱之间，底部宽约 3 米，拱高约 1 米，其弧形小于半圆，使桥贴近水面，显得轻巧灵动。

桥的拱圈石，按桥拱弧长均分为五块，居中一块是拱顶锁石，其作用是锁紧拱圈。拱圈石安装在水盘石上，水盘石底下便是桥梁基础。因桥为青石所制，为减小拱圈石的长度，将桥拱在桥的进深方向分成三节，按竖向排列，每节拱圈石之间以榫卯或铁件连接，使之组成整体，以增加桥的稳定性。桥拱以上为锁口石，其立面呈折线状，中高两低，用以降低桥顶高度，使桥显得更为平缓、稳重。

桥的立面，除桥拱外，均砌筑青石侧塘石，桥拱两侧各立石柱一根，凸出侧塘少许，上架横梁，以代传统桥梁上的楹联石与天盘石，丰富了桥的立面层次，使之更为古朴。桥面锁口石以上，每边立有石柱四根，石柱之间为栏板，栏板中间镂空，刻有线条作装饰；石柱之外侧，于桥的两端以斜向砷石作为收头。整座石桥，造型简练，古朴典雅。

桥面之上铺设踏步石，每边 12 级，坡度较为平缓，便于人员上下，桥顶之上平铺石板，居中的桥面石上刻有花瓣图案，甚为雅致。

狮子林青石拱桥的做法详见图 13-9-9~ 图 13-9-11。

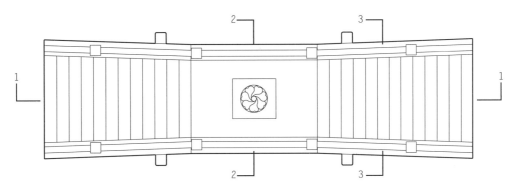

图 13-9-9　狮子林青石拱桥平面图

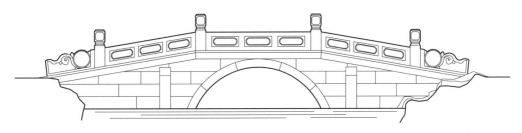

图 13-9-10　狮子林青石拱桥立面图

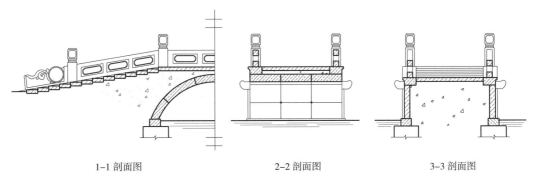

1-1 剖面图　　　　　　2-2 剖面图　　　　　　3-3 剖面图

图 13-9-11　狮子林青石拱桥剖面图

#### 2. 网师园引静桥

网师园引静桥是苏州园林中最小的石拱桥，长约 2.4 米，宽不足 1 米，三步便能跨过，故俗称"三步桥"。该桥由花岗石所筑，体量虽小，但石栏、锁口、踏步、拱圈等构件齐全，真可谓"麻雀虽小，五脏俱全"，且造型优美、比例协调、制作精细，是苏州园林中不得不提的拱桥范例。

引静桥位于网师园水池的东南水弯处，水弯两侧叠石成涧，涧岸陡峭，黄石堆筑，与西侧的黄石叠山——云冈相呼应，仿佛山岗余脉，极具山林野趣。引静桥架于水湾的北端，南面是狭长的水涧，若从对岸望来，似水之源头，使池水有绵绵不尽之意，甚为巧妙，堪称苏州园林中理水之经典。

桥的立面，其外观呈弓形，弧度较为平缓。因桥所在的位置涧面不宽，涧岸陡峭，故涧水较深，于是将桥下拱圈做成大半圆形式，以适应狭而陡的地形特点。拱圈以上为侧塘石，将其分作三段，做成弓形，架在拱圈之上。侧塘以上是栏板，栏板高约26厘米，厚约10厘米，也按长度分作三段，居中一段呈弧形，其弧度与侧塘石相同，两边为收头栏板，外形与桥头砷石相仿。

桥的平面，桥顶居中铺设桥面石，表面略作弧形，刻有花卉图案，既作装饰，又可防滑。桥面石两边各设踏步石四块，坡度平缓，便于通行。

引静桥的具体做法详见图13-9-12~图13-9-14。

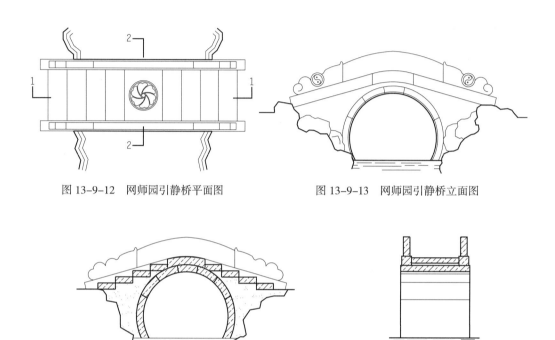

图 13-9-12　网师园引静桥平面图　　　　图 13-9-13　网师园引静桥立面图

1-1 剖面图　　　　　　　　　　2-2 剖面图

图 13-9-14　网师园引静桥剖面图

### 三、园林铺地

园林铺地，根据其所用材料，可分为三种：青砖铺地、石材铺地与花街铺地。

#### （一）青砖铺地

青砖铺地大多用于室内，且以方砖铺地居多，也有将皇道砖砌成人字、席纹、间方等式样，用于走廊。皇道砖的铺砌式样，详见图13~9-15。

人字　　　　　　　　　席纹　　　　　　　　　间方

图 13-9-15　皇道砖铺砌的几种式样

青砖铺地若用于室外，因受潮后易长青苔，会因打滑而致人摔跤，故室外铺地，除封闭的、人流量较小的小天井外，不宜采用。

室外天井的青砖铺地则多用破损、断裂的青砖侧砌而成，称乱砖铺地，虽属于废物利用，但也显得整齐雅洁，若与弹石片组合，铺砌成间方形式，则效果更佳，使之既有变化，又能防滑，颇具匠心。

**（二）石材铺地**

园林中的石材铺地，主要用于室外。铺地的石材大致有形状规则的地坪石与形状不规则的虎皮石两种。

1.地坪石铺地

地坪石，形状多为长方形，由花岗石加工而成。表面加工，自甲双至甲斩不等，一般随建筑用石的加工等级而定。

地坪石规格，旧时常用 40 厘米 × 60 厘米与 50 厘米 × 70 厘米两种，厚度在 8~10 厘米之间 ❶，由此铺就的地坪则分别称四六式或五七式地坪。

地坪石用于连接前后厅堂，作为通道（北方称甬路）时，地坪石的长边应与厅堂开间方向平行，通道宽度与厅堂正间踏步外侧宽度相同。通道中间应略高，向两侧作坡度，以利排水，俗称做"鲫鱼背"。地坪石须错缝铺设，通道两侧用石料筑边，筑边宽度可根据排缝的实际情况确定，但不能小于地坪石短边尺寸的一半，见图 13-9-16。

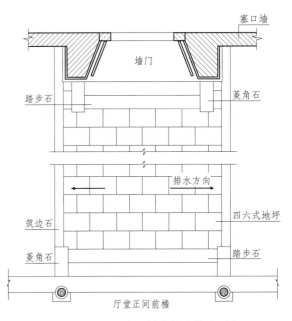

图 13-9-16　地坪石铺装的通道平面图

地坪石铺设于平台，其长边须与建筑开间平行，若无建筑，则与平台的长边平行。平台铺地，也须作坡，向前、左、右三个方向排水。平台地坪石一般也是错缝铺设。

地坪石铺装的地面构造，自下而上分成以下四个部分：

（1）地基层：一般作原土夯实处理，若遇特殊情况，须根据具体情况，另作处理，以免引起地基下沉与变形。

（2）基础垫层：用与室外铺装的基础垫层，须用混凝土，混凝土厚度由设计确定，一般在 10~15 厘米之间。排水坡度须在垫层施工时放出，并按规范留设各种变形缝。

（3）结合层：地坪石铺装的结合层为 3 厘米厚的 1∶3 干拌水泥黄砂层。

（4）铺装面层：地坪石，如石料较厚，石料的四边下口须打掉，使石料铺装时，拼缝更紧密。

地坪石铺装的地面构造详见图 13-9-17。

2.虎皮石铺地

虎皮石的材质与花岗石不同，属页岩类，很容易便能将其劈开，劈开后的虎皮石表面坚硬、光整、自然，颜色青灰或青灰略带黄，故称之为虎皮石。用于园林，虎皮石铺装的式样有两种：一是自然碎拼，二是乱纹冰片（图 13-9-18）。

---

❶ 旧时石作均为手工操作，石料若达不到一定厚度，加工时易碎，成品率低。现在的石料都由机械切割，加工成各种厚度的板材，可根据不同用途，分别选用。

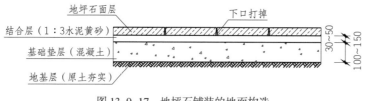

图 13-9-17　地坪石铺装的地面构造

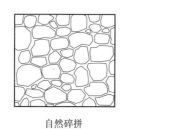

自然碎拼　　　　　　　乱纹冰片

图 13-9-18　虎皮石的铺装式样

虎皮石铺装朴素、自然，是园林中常用的处理手法。常铺设于池旁桥端，或点缀于林边隙地，铺小道可达山亭，筑曲径以连洞壑，各种运用，不胜枚举。总之，平地铺装须收边自然，与环境相协调；小径设计，宜蜿蜒曲折，引人入胜。

虎皮石铺装的地面构造与地坪石铺装相同，也是在地基之上做垫层，垫层之上铺设石板，水泥黄砂做结合层。但石板之间须用水泥砂浆做勾缝，所做勾缝须为凹缝，低于板面约 0.8~1 厘米。

有时，虎皮石的铺装也可直接在基层之上用砂铺设石板。这种做法用的石板较厚、较大，使之不易移动。采用自然碎拼，拼缝可稍大，并在石缝中填以细土，植以草皮，用于林间小道或岸边曲径，效果极佳。

**（三）花街铺地**

以砖瓦石片、各色卵石等材料铺砌于地面，并构成各式图案，称为花街铺地。

花街铺地所用材料有砖、瓦、黄石片、青石片、黄卵石、白卵石、黑卵石以及碎缸片、碎瓷片等，其中以卵石、石片为主。将以上材料通过有机组合，便能构筑出各种精美图案，其中色泽搭配尤为重要。在苏州古典园林中，花街铺地是常用的艺术处理手法之一，具有鲜明的特色。其式样之多，构图之佳，色泽配合之美，堪称一绝。

1. 花街铺地的式样

（1）以望砖与石片、卵石搭配的图案称为硬景，常见的有六角、套六方、六角冰纹、八角套方、八角灯景、"卐"字、八角橄榄景等。详见图 13-9-19。

（2）用瓦片与卵石、石片等材料搭配的图案称软景，软景的特点是图案全部由弧线与曲线组成，其图案常见的有芝花海棠、卐字海棠、软景卐字等，见图 13-9-20。

（3）将砖、瓦与卵石、石片等材料搭配在一起，所构成的图案更多。只要掌握所用材料的规格与特点以及色泽的搭配，可随设计者之匠心，充分发挥想象，从而构成更多、更精美的图案。

正因为如此，苏州园林中的花街铺地，其式样之多，构图之佳，色泽配合之美，堪称一绝。

仅以海棠题材为例，除以上图例中的"芝花海棠""卐字海棠"外，另可组合成菱花海棠、十字海棠、十字芝花海棠等多种，详见图 13-9-21。

（4）花街铺地中的另一种形式，便是寓意类。寓意类的铺地往往是利用各种碎瓷片、碎缸片、断砖、残瓦，辅以多种颜色的卵石、石片等，利用材料本身具有的质感与色彩，构筑出各种吉祥图案，并根据其形、音或特征，赋予某些带有祝福或美好愿望的成语、俗语。

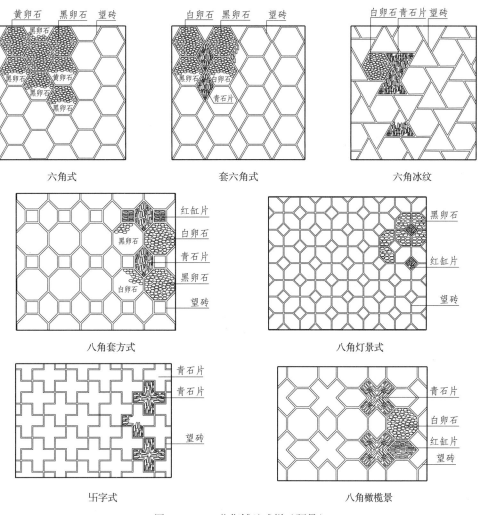

图 13-9-19 花街铺地式样（硬景）

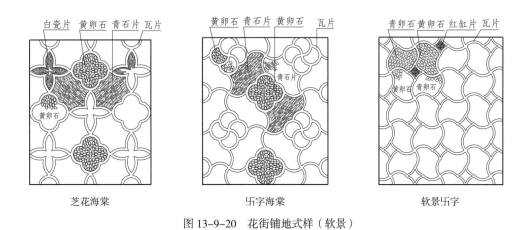

图 13-9-20 花街铺地式样（软景）

如五只蝙蝠围住正中的一个福字，寓意"五福捧寿"，仙鹤与梅花鹿组合在一起，鹤代表长寿，鹿取其谐音，即禄，称"鹤鹿同春"，一只花瓶内插三支戟，意即"平升三级"等，均是利用双关、谐音等手段，来表达人们对于美好事物的某种期待与希望。

寓意类的图案，手法虽属写意，但若构图合理、紧凑，砌筑精美、细致，谐音合理、寓意吉祥，当属花街铺地中之精品。图 13-9-22 所示为常见的几种吉祥图案。

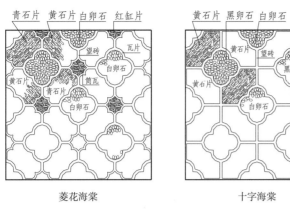

菱花海棠　　　　　　　　　　十字海棠　　　　　　　　　　十字芝花海棠

图 13-9-21　花街铺地式样之四

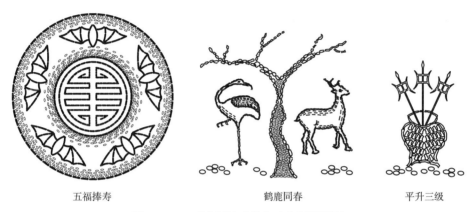

五福捧寿　　　　　　　　鹤鹿同春　　　　　　　　平升三级

图 13-9-22　花街铺地式样之五（吉祥图案）

2. 花街铺地的铺设

花街铺地又称砌街，顾名思义，其操作方法在于一个"砌"字。砌街的工具称"鹤嘴"，该工具为铁制，装短柄，单手操作。一端似榔头，用于敲；一端呈尖嘴，用于刨，故称鹤嘴，最宜用于砌街。

旧时砌街，是将地面作夯实处理后找平并做出排水坡度。用鹤嘴将砖或瓦固定在地上，并组成图案边框，该工序称为"筑宕子"。待宕子砌筑完成后，在宕子中间填入拌以白灰的细土，土须低于宕子面少许。将卵石与石片或者其他砌街材料按要求分别敲砌在宕子内，敲砌时，卵石或石片要排紧、敲实，与宕子面相平。数块宕子砌满后，用木板将其拍平、拍实，板约一尺见方，装一木柄，便于工匠站立时操作。最后用干的细灰土作填缝，卵石填缝时不可太满，太满则卵石遮挡过多，影响美观。将表面浮土用软扫帚扫除干净后，再用洒水壶洒少许水，水不可多，能使填土受潮凝结即可。

以上介绍的是 20 世纪七八十年代以前的砌街方法，现在已被淘汰，所以对此了解与熟悉的人已经不多。

老方法遭淘汰的原因有二：一是由于地基没做垫层，路面经不起踩踏，特别是雨天，踩踏后极易下沉，不似以前的园林，因游人较少，尚可维持，而今游人剧增，踩踏过多，经常是前修后坏。故老式做法被淘汰，是势所必然。二是老式砌街，石缝中易长杂草，需要拔除，而拔草会导致路面中的卵石或石片松动，影响使用寿命。

针对以上问题，经过园林工人与设计人员多年的改进与实践，现在的花街铺地，其地面构造由地基层、基础垫层、结合层、面层共四个部分组成。地基层与基础垫层属花街铺地的基础，一定要按规范施工，以免引起路面下沉；结合层用1：1或1：2的水泥黄砂层，以提高结合层本身的强度，加强与面层的粘结能力，而且可防止杂草的生长；面层即砖、瓦、卵石、石片等铺装材料。

由于现在的花街铺地增设了基础垫层，而基础垫层由混凝土浇筑而成，属刚性材料，因此，原来"筑宕子"的工序即用于面层图案边框的砖瓦，不能再用挖、敲的方式来作固定，而是改用粘贴的方法来作固定。

为了便于粘贴，事先将砖瓦加工成条状，望砖一开二，瓦片一开三，如此一来，不但节省了砖瓦，而且还减小了结合层的厚度，达到省工省料的目的。

图案内部所用卵石、石片的砌筑，其操作步骤与方法与老式做法相同，只是改用水泥黄砂做结合层，使面层更加牢固。

3. 花街铺地的技术要点

（1）花街铺地的边线，以曲线居多，因此放线尤为重要。放线看似简单，其实不然，以园路为例，一要考虑路的走向，二要能使路的宽度大致统一，但两侧边线又不能重复雷同。园路宜曲不宜直，但须曲之有度，不能过分。曲要曲得自然，曲得流畅，曲中要给人以平远、深远之感觉，这也是园林中"小中见大"的常用的处理手法之一。

总之，放线时要根据具体情况多点观察、反复推敲，做到自然、流畅，与周边环境相协调。

（2）花街铺地的边缘须用砖瓦筑边，以防止花街松动。假山下、花台边、驳岸旁，宜用瓦片筑边，是取其自然，若再留些种植穴，植以书带草作点缀，则效果更佳。园路两侧筑边常用望砖，为取其整齐。筑边须用双重材料，以增加筑边宽度。筑边外侧低于上口约2~3厘米处，须用水泥砂浆作护坡。护坡不能外露，须用泥土遮盖，并植以草皮或花卉作点缀。

（3）园路与场地铺装相交，当用直交，园路相交，常为斜交。相交处须做喇叭口，喇叭口切忌僵直呈折线形，须做到连接自然、线形顺畅。

（4）在花街铺地中，颜色不可多，三四种便已足够，过多则为杂。构图不可繁，且要有一定规律，过繁或无规律则显乱。色彩不可艳，以中性色为主，过艳则易喧宾夺主，且与朴素淡雅的园林风格不符。

（5）铺装前，铺装材料要用水冲洗干净并晾干，以便其凝结牢固。铺装时要对材料边砌边选，所用材料须大小合适，搭配自然。砌筑时须排列紧密，同一图案的砌筑，排列要有一定规律，切不可杂乱无章，各砌各样。

（6）为节省材料，望砖可一开二，瓦可一开三，并可利用瓦的大小头进行组合，搭配出更多不同弧状的线形。

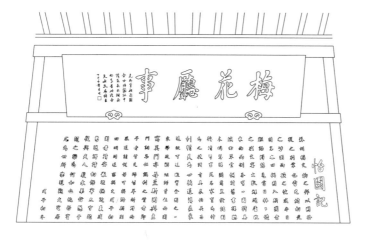

# 油漆篇

　　油漆是香山帮营造技艺的主要工种之一，对房屋建筑及其构件起到装饰和防腐的作用，其施工质量的优劣直接影响到装饰效果，也在一定程度上影响到建筑或构件的使用寿命。古建筑油漆的传统工艺，采用的主要是广漆，其次是推光漆与揩漆。另外，匾额楹联、苏式彩画等制作技艺亦归类为油漆。

# 第十四章　油漆

油漆是香山帮营造技艺中的主要工种之一，主要对建筑及其构件起到装饰和防腐的作用，其施工质量的优劣直接影响到装饰效果，也在一定程度上影响到建筑或构件的使用寿命。古建筑油漆的传统工艺，采用的主要是广漆，其次是推光漆与揩漆。

## 第一节　广漆

广漆是一种天然材料，由生漆（或熟漆）与坯油按一定比例调配而成，色呈棕褐，透明有光泽，稠度适中，可调制出多种颜色的彩色漆，故运用较广，是苏州古典园林建筑中普遍采用的传统油漆材料。经广漆涂刷的物件，其表面经空气干燥后所形成的漆膜光亮坚硬、丰满透明、色泽鲜艳，而且耐磨、耐温、耐光、耐水，具有良好的防腐与装饰作用。

### 一、广漆的调制

#### （一）生漆

生漆，又称国漆、大漆，是从漆树上收集来的乳白色黏性液体，具有良好的耐磨性与附着力。将生漆经日晒或加热脱水，并滤去漆中杂质，便成为熟漆。由于减少了漆中所含水分，熟漆的附着力与光亮度均优于生漆，故调制广漆时应优先采用熟漆。

由于生漆的产地与树种的不同，加上采集时季节、温度等诸多因素的影响，其质量也会有所区别。判别生漆质量的优劣，传统的方法是一闻、二看、三摇、四挑，即闻之清香无异味，看之漆色光亮如镜，摇之漆液色泽深浅分明，挑之漆液下坠若钩状，符合以上四点，即可判别为好漆。油漆工匠将其形象地总结为："好漆似清油，明亮照人头，摇动虎斑现，挑起若金钩。"

应该注意的是，生漆不能用铁制器具来盛放，否则漆液会发黑，影响漆的质量，用木桶存放则最好。生漆的有效期约为一年，过期后会变质而难以干燥。

#### （二）坯油

坯油是用纯桐油不加任何催干剂经高温熬炼而成。传统的熬炼方法是将生桐油加入铁锅内加温（注意：不能加太满，加至锅的七成左右即可，以免油温升高后溢锅），当油温升高至油面沸腾冒出白气后（一般为220~240℃，可用温度表测试），用油勺不停地搅拌锅内桐油，让水分及时排出，并适当减小火候，当白气排尽，油面冒出青烟时（一般为260℃左右）应立即熄火，并将热油倒入事先准备的冷锅内。随后不停地用大勺子边搅拌边把热油扬高1米以上，再倾入锅内，助其降温透气，如此反复扬烟透气，透气越彻底则坯油的质量越好，所调配的广漆质量也就越好。

#### （三）配制广漆

生漆加入坯油后，经充分搅拌，待颜色转为茶褐色时，即可调合成广漆。

坯油的加入量应根据生漆的质量和气候条件而定。广漆的最佳干燥条件是在温度26℃、相对湿度80%时，此时生漆与坯油的配制比例为1∶1。否则要根据油漆工匠刷漆时的手感再作调整。假如工匠的手感紧，说明广漆干燥过快，会导致漆膜面粗糙，刷痕明显，影响漆面的亮度和美观，应再加适量坯油作调整。若是手感很松，则说明广漆干燥过慢，导致漆膜因自重而流坠，造成缺陷，此时，应加适量的生漆作调整。

调好的广漆，它的最佳干燥时间是：上漆后 10~20 分钟还可以刷理，5~6 小时手触不黏，12~24 小时漆膜基本干燥，一星期内完全干燥。

### 二、广漆的施工工艺

广漆是一种传统的油漆材料，其施工工艺不同于普通油漆。操作工序多而复杂，施工周期长，技术要求高，在涂刷过程中又受到气候（温度、湿度）的限制，因此操作过程特别严格。广漆的具体做法，分为抄油广漆与抄漆广漆两种。

现以苏州地区的古建筑油漆为例，将两种做法的施工工序介绍如下。

#### （一）抄油广漆

抄油广漆主要用于古建筑的构架部分，如柱、梁、枋、椽等处，具体的施工工序主要分为以下几个部分：

1. 清理表面

清理表面俗称清灰，就是将木材表面的砂浆、涂料、墨线等清理干净，然后用粗砂纸打磨，再用干净的刷子或干揩布去除浮灰，不可用湿布揩抹，更不可用水清洗，一定要保持木材的干燥。

2. 撕缝嵌补

当木材表面有裂缝时，须将裂缝用铲刀铲成 V 形槽，使腻子能够将裂缝填平嵌实，以免日后木缝显现出来，影响油漆质量。

3. 刷底漆

配制的广漆，其中的生漆成分要多一点，加松香水稀释后，加入适量颜料用漆刷通刷一遍，主要作用是吊木材毛刺，易于打磨，木材面不露白。

4. 捉嵌腻子

用配制好的腻子将木材表面的木缝、节疤或有缺损的部分填平嵌实，称为捉嵌，待腻子干透后，将其磨平并清理干净。

抄油广漆做法所用的腻子是将生猪血经捣碎后用柴帚捞去血筋，拌入瓦灰或石膏老粉等填充料配制而成，称猪血灰或猪血腻子。与其他腻子相比，其具有成本低、涂刮易、干燥快、便于施工等优点。

5. 满批腻子

为使构件表面均匀一致，要再满批一道腻子，要批得平服、密实、光滑，不得有遗漏。待干透后再细细打磨，并清理干净。

6. 刷底色

抄油广漆的底色用的是血料，将生猪血捣碎后，用柴帚捞去血筋，再加入适量的轻质颜料，如铁红和铁黑，用 120 目筛滤去杂质与颗粒后即成。底色要刷匀，不得有深浅不一或遗漏。底色干透后，要用细砂纸轻轻打磨，要求打磨光滑平整，并掸净灰尘。打磨时尤须注意力度的掌握，不可用力磨透，以免露底。

7. 刷广漆

刷广漆是最后一道工序，涂刷之前，要将周边环境打扫干净并洒上水，避免灰尘上扬而污染漆面。涂刷的表面要绝对干净，确认无误后，方可进行涂刷。

涂刷广漆的操作手法分为开漆与理漆两个步骤，用漆刷蘸漆后，将其施涂于需要涂刷的表面，称为开漆，将所开的漆推刷均匀，称为理漆。因为广漆比较稠，不易刷开、刷匀，涂刷的工具要用专门的漆扇。漆扇的毛较短、较硬，分猪棕扇和牛尾扇两种。猪棕扇较硬，开漆、理漆比较省力，一般用于大面积的开漆、理漆；牛尾扇则适宜用于其他受漆面的开漆和理漆，如边角、转弯里角等。

广漆的施涂顺序是先边角，后平面，先小面，后大面。开漆一般是顺着木纹开，然后横向先理一遍，再按45°角斜向各理一遍，如漆面较大，可反复多次进行，最后按木纹方向理匀、理通，使整个漆面均匀、饱满、光亮。

### （二）抄漆广漆

与抄油广漆相比，抄漆广漆是一种更为考究的做法，其耐温、耐光、耐水性也更好，常用于古建筑外围的柱、枋、桁等构架以及门窗与内外装修。

抄漆广漆的施工工序与抄油广漆基本相同，所不同的是，两种做法的腻子及底色的材料有所区别。

抄漆广漆的腻子不用猪血调制，而将广漆稀释后加色料及填充物调制而成，因此其附着力更好。抄漆广漆的底色也不用猪血调色，而以广漆调色，可使漆与木料的结合更为密切，所涂刷的漆面更为耐久。

### 三、广漆施工的质量要求

（1）漆膜色泽均匀，深浅一致，鲜明柔和，无杂色、掺色。

（2）漆膜光亮丰满，平整光滑无刷痕、无接槎。

（3）所有漆面无漏刷、脱皮、起泡、露底、流坠、起皱等缺陷。

（4）方形构件要棱角整齐，笔直挺括，圆形构件要弧面圆润，无挡手感，构件交接的阴角处要收漆干净，不留余漆。

### 四、广漆施工的技术要点

### （一）施工季节

广漆的施工对温度、湿度都有较为严格的要求，广漆的最佳干燥条件是温度26℃左右、相对湿度80%左右。广漆自然干燥的适宜条件是温度10~40℃之间，相对湿度70%~95%之间，因此广漆的施工受到季节的限制。除冬季不能施工外，深秋季节，因温度持续下降，当温度接近15℃时，已不宜施工；初春时分，气温刚开始回暖，但仍有转冷的可能，因此温度在10℃左右时，仍不能施工。就苏州地区而言，适宜广漆施工的时间段在3月至10月之间。

### （二）试小样

广漆施工之前要先试小样，用以观察施工所用广漆的干燥时间，广漆的最佳干燥时间是：上漆后10~20分钟还可以刷理，5~6小时手触不黏，12~24小时漆膜基本干燥，一星期内完全干燥。若不符合以上要求，便需对广漆的配制比例作调整。调整的方法是：干燥过快，需再加坯油；干燥过慢，则需再加生漆。

### （三）材料的选用

配制广漆的材料中，生漆与桐油都有相应的有效期，生漆的有效期为一年，桐油的有效期为三年，超过有效期，其质量得不到保证，便会严重影响广漆的质量。施工所用的广漆可自行配制，也可选用信誉好的专业厂家所配制的成品漆，但所购材料要尽量做到随用随购，避免使用陈货，更不得使用超过有效期的材料，以保证施工质量。

采用抄油做法时，所用的血料一定要用新鲜的猪血配制，不得使用腐败变质的猪血。配制时除可加入少量的石灰粉（约为0.5%）及少量的清水外，不可在猪血中加入盐或其他材料。

抄漆广漆的底色一定要用广漆调制的底漆，不可为了节省费用，采用普通油漆代替，以免与广漆产生不当的化学反应而影响质量。

### 五、广漆施工中常见的质量问题

#### （一）漆面起泡

漆面起泡，往往是因为填补的腻子未干透就进入下一道工序，或是木材的含水率较高，致使漆膜干燥后，由内部的水分排出时所引起。

#### （二）漆膜不干

广漆涂刷24小时后，仍未固化成膜，称为漆膜不干，此时应将涂层铲除，并用有机溶剂或汽油清除干净，另用新漆重新涂刷。

产生漆膜不干的原因有：

（1）所用广漆中的生漆质量较差，或是库存太久。

（2）广漆中添加了不当的化学颜料。

（3）施工现场的温度与湿度过高或过低，超出了所调配的广漆干燥的许可范围。

（4）广漆固化成膜前遭到了烈日暴晒。

防止措施：

（1）选择信誉好的供应商供货，减少库存时间，少进货，及时用。

（2）配色须由经验丰富的油漆工匠掌控或确认。

（3）施工前先做小样，观察广漆的干燥速度，根据气候条件，调整配合比。

（4）夏季避免在烈日暴晒下作业。

#### （三）漆膜起皱

漆膜起皱主要是因广漆表面干燥快而内层干燥慢而引起，产生的主要原因有：

（1）做抄漆广漆时，前一道底漆未干透就施涂下一道面层。

（2）涂层太厚，涂层表面干燥后隔绝了内层与空气的接触，致使内层干燥过慢。

（3）涂层厚薄不均匀，致使干燥速度不统一。

（4）空气温度、湿度突然下降。

防治措施：

（1）广漆面层要待前一道底漆层干燥后方可施工。

（2）分析原因，若是因漆液稠厚所引起，可加入极少量的稀释剂进行稀释，便于涂薄、涂均匀。

（3）收听天气预报，随时掌握气候的变化，避开不利的天气操作，必要时采取防风、保温、加湿等措施。

一旦发现漆膜皱皮，要及时刮除，用有机溶剂或汽油洗擦干净，否则皱皮结成硬皮后，砂纸很难磨平。

#### （四）广漆产生流挂

容易产生流挂的部位，主要在涂层的垂直面以及边角、线脚、花板等处。

产生的原因：

（1）涂层太厚或涂刷不均匀，部分漆液向下流淌。

（2）广漆干燥过慢，导致漆膜因自重而流挂。

（3）垂直的边角、线脚、花板的余漆未收尽而导致流挂。

防止措施：

（1）理漆要彻底，涂刷要均匀。

（2）广漆中再添加适量的生漆作调整。

（3）对容易产生流挂的部位，尽量收尽余漆。

**（五）广漆出现龟裂纹**

广漆面层出现的不规则的细小裂纹，称龟裂纹。

产生原因：

（1）生漆的含水率较高。

（2）空气湿度太大，涂刷时有水气进入漆中所致。

（3）漆膜涂层太厚，刷理不到位。

防止措施：

（1）选用质量好的生漆来配制广漆。

（2）不在连续阴雨的情况下刷漆。

（3）调整广漆配合比或加入少量稀释剂进行稀释。

**（六）广漆产生刷痕**

产生原因：

（1）广漆的黏稠度太高。

（2）广漆干燥过快。

防止措施：

（1）加入少量稀释剂进行稀释。

（2）广漆中加入适量坯油。

**（七）广漆色暗**

刚涂刷的广漆与空气接触，过后颜色会变深、变黑，但数天后，颜色会逐渐变淡，转为应有的鲜艳色彩（如荸荠色等）。若广漆完工后，仍呈深褐色，并不转色，则称为色暗。

产生原因：

底色中含有随意添加的错误颜料，与广漆发生化学反应，使漆膜变黑后所致。

防止措施：

（1）调色所用的颜料，一定要由经验丰富的油漆工匠掌控或确认，不得随便添加。

（2）不能用普通油漆来代替底色，以免与广漆产生不当的化学反应。

# 第二节　推光漆

推光漆是以纯生漆为原料，不混入其他干性油进行涂刷的一种油漆工艺。推光漆因其漆膜坚硬耐磨，可通过打磨推光使漆面增亮而得名。

推光漆是以上等的生漆为原料，通过高温暴晒或加温脱水后精制而成，有透明与半透明两种，可调制出多种颜色，具有漆膜光亮、耐久性好、装饰性强、干燥快等优点，适合用于装饰要求高的物件。用于古建筑的推光漆，常用的为黑色，主要用于入口大门、柱子、匾额与对联等处。

## 一、推光漆的调制

推光漆的调制，常用的方法是：以上等的生漆为原料，将其倒入晒漆盘内，在30℃以上温度环境中，置于阳光下暴晒，并不时用竹片搅拌翻动，数日后，其色如酱色，便可加入少量的冰片或猪苦胆汁，经调匀后，便可增加漆液的流动性，利于涂刷。若再加入 3%~5% 的氢氧化铁，搅拌均匀并滤去杂质后，即成黑色推光漆。

上述推光漆的调制方法参照的是古方，清《与古斋琴谱》中对此有详细记载，现摘录如下，供读者了解与参考："晒光漆法：先滤净好生漆，置盘中，日晒。少顷，以竹片搅翻至盘底，色白，有水汽。时时晒搅，至数日，则漆中水汽晒尽，其色如酱而发光亮。入冰片或猪胆汁少许，调匀，则漆化清利而不滞，其光如鉴。欲其色黑，以铁锈水酊调入漆中，色转灰白，拌匀，刷器上，待干，其黑尤胜。有用黑烟入漆者，不若锈水无渣滓也。如不用冰片、胆汁调和，其漆浓滞而不化开，每有刷痕。调好光漆，再以夏布铺绵，绞滤数次，则无蓓蕾，洁净为佳。"

其实，推光漆不经日晒，依靠加温脱水也可取得，但加温脱水要进行多次，且所加温度不能太高，要控制在 30~40℃之间，以免漆液受高温而影响质量。

对此，清《与古斋琴谱》中也有记载："光漆不置日晒，以火炖之。用瓷盘，盛净生漆，放文火上，时时搅之。一经漆热，即离火，随搅随扇。风冷，又复炖热，搅扇，如是数次，则其漆色如金，其光亮尤胜于晒者。晒难而炖易成也。惟炖必须时刻留意，搅不停手，以防底焦。一热即须离火，搅扇风冷。过热，则漆熟不干，至于无用矣。"

### 二、推光漆的施工工艺

推光漆的操作工序多，施工技术要求严格，但成品质量高，经久耐用，漆面细腻平整、光亮如镜，现将具体的操作工序与技术要求介绍如下：

#### （一）清理物面

先将木材表面的砂浆、油渍、残胶等污染物清理干净，再用砂纸打磨一遍，除去浮尘。

#### （二）撕缝嵌补

撕缝就是将木材表面的裂缝用刀切出 V 字形的小槽，便于腻子的嵌补。若木材表面有节疤、边皮等瑕疵部分，均须用刀挖剔或刮除（以见到新木为止）。

用生漆腻子将 V 形小槽及缺损部分嵌平填实，嵌补不能一次填满，要分多次进行，逐皮填紧压实，以防腻子干燥后发生收缩。对于大缝、大洞等缺损严重的部分，可用麻丝蘸上桐油作填料塞紧嵌实后，再用腻子补平。

所补腻子一定要抹平嵌实，并刮尽多余部分，以减少打磨工作量。待腻子干透后，即可进行打磨，务使表面平整。打磨后要清除余灰，揩抹干净。

#### （三）涂刷底漆

在生漆中加入少量稀释剂（如煤油或二甲苯）涂布于嵌补过的物面，可用漆扇或牛角刀刮涂。要求涂匀、涂薄，不可遗漏，使漆液渗透至木质中。待干燥后用砂纸磨平，并清理干净，不留余灰。

#### （四）褙糊麻布

褙糊麻布就是在物件表面粘贴一层夏布（亚麻布），其作用是防止物件表面出现裂纹，粘贴夏布的材料可用经过处理的猪血，也可用生漆，或者是以生漆调成的漆灰。

现将其具体的操作工序介绍如下：

1.铺刮通灰

通灰是褙布的基础，须刮平、刮实，不得留有空鼓，待其完全阴干后，将其磨平，并清理干净，揩尽余灰。

2.褙布

在物件表面由上到下均匀地涂满生漆（也可用猪血或漆灰），将洁净的夏布随涂随贴。然后用半圆形的压漆竹片反复碾压，使夏布表面完全泛浆为止，再用刮板将表面刮至平服，并收尽余浆，使其厚度均匀一致。

粘贴时，须将夏布裁剪成宽约10~15厘米左右的条状，斜向粘贴，不能满铺；布下出现的气泡要及时排除干净，以免干后起层而引起脱壳；裱糊夏布以两人配合操作为好，便于将布拉紧贴实，防止空鼓。

### 3. 批刮漆灰

批刮漆灰，须在裱布完全干透后进行。先要磨布，用磨石磨至布纹微绒泛起，但不能将布磨破。然后清扫浮灰，用湿布擦尽表面后方能上灰。

上灰所用的漆灰由生漆与瓦灰按1∶1的比例，再加少量清水拌制而成。上灰的做法，常见的是"一麻三灰"与"一麻五灰"两种，即在布面上批刮3~5道灰头，按粗灰、中灰、细灰、浆灰的操作次序进行。

粗灰，又称压布灰，要薄而密实，使之填进夏布织孔并吃透布面，要求铺得均匀平整。

中灰，中灰可稍厚，要求能够填平布纹，刮严、刮实，表面平整，无漏刮现象。

细灰，细灰厚度在1.5~2毫米左右，满批满刮，要求厚薄均匀一致，表面平整光滑。

浆灰，也称上浆灰，是刮灰工序中的最后一道，用的漆灰更细，由生漆与香灰按1∶1的比例，加水调成较稠的糊状，满批满刮，要求刮严刮全，不要求保留漆灰层，其作用主要是填补细灰的空隙，使表面更为光滑、细腻、平整。

注意：每道灰头都要彻底干透后，再进行打磨，并将表面彻底清理干净之后，方可进行下道工序。

### （五）涂刷生漆

生漆一般要涂两遍，用漆扇涂刷。第一道生漆中加入适量黑色颜料，使漆膜黑而盖底；第二道用的是纯生漆。每道生漆涂刷后，都要反复用漆扇将漆液理匀、理顺，尽量使漆面薄而均匀，并将边角处的余漆收尽，避免流挂。

每道生漆干后都要进行打磨，然后再涂下道生漆。最后一道生漆干透后，用细磨石或细砂纸细细打磨，使漆膜平整光滑，不留刷痕。最后用水将表面清洗干净、晾干，便可进入下一道工序。

### （六）涂刷推光漆

以上工序完工后，即可用推光漆涂刷罩面，推光漆的涂刷工具以及开漆、理漆的顺序均与广漆做法一样，用漆扇顺着木纹从上至下开漆，理漆时，横向先理一遍，再按45°角斜向各理一遍，理漆可反复多次进行，至漆面薄而均匀后，再按木纹方向理匀、理通，并仔细收刷边角部位，使漆面平整统一。

推光漆以刷两遍为佳，可使整个漆面更加均匀饱满、光滑明亮、坚硬耐磨。第二道漆须待头道漆干透后，经仔细打磨，并清洗晾干之后方可进行。

### （七）退光与推光

当推光漆的罩面干透后，漆膜已非常光亮，但表面仍有部分细小的刷痕存在，要达到理想的程度还须作进一步的处理，即退光与推光。推光后的漆膜，光色柔和晶莹，犹如黑色美玉，表面光滑如镜，可以鉴人。

退光与推光，做法不同，其作用也不同。退光是使漆膜失光，达到整平表面的目的；推光是使漆膜复光，达到抛光擦亮表面的目的。因此推光之前要先做退光。

### 1. 退光

退光的第一步是用水砂纸或细磨石进行水磨，磨去漆面外面的浮光，称作"破子"。水磨时要顺着漆面轻打慢磨，不允许横磨或斜磨，以免出现杂乱的磨痕，特别是边线部分的打磨尤其要小心，不能把漆膜磨破。打磨时要边磨边用手摸，直至手感平滑为止，并用清水洗净抹干。

水磨完毕后，将经水漂细的瓦灰粉末，用妇女的长发带少量水顺着木纹在漆面上反复用力摩擦，这便是传统的"打头发把子"做法，实际上也可用柔软的毡子来代替头发，以方便操作。在打磨过程中，当打磨至漆面发热，瓦灰浆的颜色已经转深时，就要随时用手全面横向触摸检查，仔细观察漆膜表面是否平整、光滑，暗光是否均匀一致，如能达到，则表示漆膜表面的亮光已经去掉，这个过程称作"脱衣"，用水冲洗干净、晾干后，便可进行下一道的推光工序。

2. 推光

漆膜经过退光（脱衣）后，已达到了所要求的平整度，但表面却无光或呈平光状态，需要经过推光才能得到光亮、柔和、美观的表面。

旧时，推光是工匠直接用手掌对漆膜摩擦而使之发光，操作过程十分艰辛。现将其具体做法介绍如下：

推光时，用手掌蘸细灰（将杉木皮烧成灰，捣碎后经 100 目细筛而成）及少许菜油或花生油，在经过退光的漆面上反复摩擦，待表面出现光泽且均匀一致时，将木灰粉末清除干净，最后用手掌再蘸少量菜油或以布或老羊皮蘸油、蘸细灰（沉淀过的极细瓦灰，即飞过的灰）在漆面上来回反复摩擦，至漆膜表面极度细腻，发出均匀饱满的黑色光亮，能照见人影时为止，才算结束推光工序。

这种传统的推光方法十分繁重与艰辛，不仅费时费力，而且工匠手掌的皮肤也经不起如此摩擦，故近年来已很少有人采用。

现在常用的做法是将抛光蜡（石蜡）与煤油配成溶液，用细绒布蘸上溶液，在漆面上用力摩擦，同样可以使漆膜达到光亮如镜的效果；再用上光蜡进行上光，用干净绒布擦净后，使漆膜更加细腻、丰满、光亮，其效果与传统的推光做法无异。

推光漆施工的技术要点：

（1）推光漆工艺的用料以生漆为主，漆质的好坏直接影响到涂刷成膜的效果，必须选择气味清香、转色好、漆酚含量在 70% 以上的上等生漆。

（2）推光漆自然干燥的条件：温度控制在 20~30℃ 之间，相对湿度控制在 70%~85% 之间。若涂刷时空气湿度较低，可在周边及地面洒水，以增加空气湿度，促其快干。若气温较低，可在推光漆中加入适量的经过精滤的上等生漆，加入量的多少可通过做小样来确定，加得越多，干得越快。

（3）每道漆灰均须干透后进行打磨，清理干净后，再刮下一道漆灰，最后一道漆灰干透后，要采用水磨，磨至平滑，洗净晾干。

（4）推光漆的用量，每平方米应控制在 70~80 克之间。漆若过多则漆膜厚，容易产生流挂、起皱；若是过少则漆膜薄，不利于退光与推光的操作。

# 第三节　揩漆

将生漆用棉布包成的丝团在物件表面揩擦，使之形成漆膜，从而起到对物件的保护与装饰的作用，这种操作方法称为揩漆，也是传统油漆工艺的一种。

揩漆的特点是操作工序多，上漆与打磨要反复多次方能完成，因此用工多、耗时长、操作复杂，但产品成活后，漆膜薄而均匀、木纹清晰、光泽柔和、表面光滑。由于以上特点，揩漆工艺一般仅用于用料讲究、做工精细的物件，如飞罩、落地罩、隔扇等，或是红木、紫檀、鸡翅木、楠木等名贵木材制作的家具及装饰品。

### 一、飞罩、落地罩、隔扇等构件的揩漆工艺

银杏木是一种色泽淡黄、纹理细致、结构均匀、质地轻柔的优质高档木材，易于雕刻，不易变形，可做成断面较小的部件、细巧的线脚花纹和精密的榫卯，故大多做工精细的装饰品，如飞罩、落地罩、隔扇等都以银杏木为之，为充分展示出银杏木天然的纹理与色泽，此类构件多以揩漆工艺作装饰，也就是所谓的"清水做法"。现将其具体的操作工序介绍如下。

#### （一）白坯处理

用细砂纸顺木纹将构件表面磨光磨滑，磨钝四边棱角，并磨去榫卯外露的毛刺。应注意的是，线脚与花纹处的打磨尤需小心，要轻打细磨，不致打磨过多而影响外观。

#### （二）捉嵌腻子

捉嵌腻子主要是填平榫卯交接处的缝隙与榫头的断面，其中榫头断面的鬃眼一定要以腻子封没刮平，否则该部分上漆后，因吸漆过多而颜色会加深。

捉嵌所用的腻子用生漆加石膏调和而成。石膏遇水会发涨变硬，要边调边加生漆，将腻子调成稳定的软膏状时方可使用。为与木材的颜色一致，腻子中要加入少量的酸性金黄。

嵌补腻子要用牛角刮刀，不宜用铁制品，以免损伤木材本身，所补腻子可稍高于平面，但须将周边的腻子收刮干净，以免打磨不尽而影响木纹的清晰。

#### （三）打磨腻子

待腻子干透后，用细砂纸顺木纹方向将高出的腻子与木材的平面打磨平整。

#### （四）上色浆

虽然构件的制作采用的均是精选的银杏木材，但在所用的木料之间还是会存在一定的色差，另外，腻子磨光后所留下的痕迹也需要遮盖，这些都要通过上色浆的方法进行处理。

上色浆的材料用嫩豆腐和少量血料加颜料拌制而成，俗称"上豆腐色"。加色的颜料根据木材的色泽而定。将颜料用水溶解后加入嫩豆腐和适量生血料一起搅拌，用铜筛过滤后，使豆腐、色料、血料混合成均匀的色浆。上色浆的目的是消除或减小木材表面的色差与腻子痕迹，确保上漆后色泽能够一致。刷涂底色要分多次进行，随时观察刷涂效果，尽量使表面色泽统一。待底色稍干并固定于木面后，可用干布将表面多余的底色擦去，以保证木纹的清晰。

上色浆的另一种做法是润粉。润粉做法有水粉与油粉两种，色泽浅的工艺宜用水粉。先以虫胶漆（由虫胶漆片溶解于浓度为95%的酒精配制而成，也称泡力水）加少量颜料，配成与木色相同的色料，用毛笔涂抹于腻子及有色差之处，使木色大致统一。再以老粉：水：骨胶＝14：18：1的比例调成水粉，加色后使其与木色相同，用纱头将调好的水粉在木材表面来回擦拭，以填补木材表面的空隙与鬃眼，待水粉稍干后，用干布或回丝将表面多余的水粉擦除干净，可保证木纹的清晰。润粉做法的效果与上色浆相同，但其操作更为简便。

#### （五）打磨

待色浆干透后，用旧的细砂纸顺木纹轻轻打磨，磨去面层颗粒，要求打磨光滑，并掸净灰尘，棱角、边线处不可磨白。经检查，确认表面无色差、无瑕疵后，便可进入下一道揩漆程序，否则要再进行一道修补与打磨，直至满足要求为止。

#### （六）上头胶漆

揩第一道漆又称上头胶漆，其作用是固定底色，不使其在揩漆过程中被扰动。揩漆所用的生漆，

要用色浅、透明、经过精滤的上等好漆，如湖北产的毛坝生漆。为不致扰动底色，头胶漆上漆时要用牛角刮刀，将漆小心地平涂于物面上，要涂薄、涂均匀，再用丝头反复揩擦理通，并收尽花纹、转角、边角等处的余漆。揩擦时要将多余的漆擦去，仅需留下薄薄的一层，若有丝头残余，应及时清理，务将漆面揩得薄而均匀、洁而光亮。

### （七）水磨

待头胶漆干透后，即可对漆面进行打磨，打磨应用水磨，旧时做法称为"推砂叶"，砂叶是一种砂树的叶子，反面毛糙，经水浸湿后，用作打磨材料，能将漆面磨得极为光滑。

另一种打磨用的传统材料是挫草，据古籍《纲目》中记载："此草有节，而糙涩，治木骨者，用之磋擦则光净，犹云木之贼也。"故又称节节草、木贼草。该草中空有节，单节长约30~40厘米，径约0.3~0.7厘米，草身带有毛刺，秋天收割，晾干存好备用。使用时用温水浸泡，即可恢复挺直，毛刺张开，取单根或数根打磨线脚、花纹等细微之处，尤为适合，也可将其编成草鞭，用于打磨大面。

砂叶与挫草均为天然的植物材料，经水浸湿后，其性较软，不易将漆膜磨穿，旧时揩漆多取其为打磨材料，但因其量少难觅，如今多以细度极细的水磨砂纸代之。

将全部漆面（包括花纹、线脚）打磨至光滑、细腻后，将其清洗干净并晾干。

### （八）揩漆

飞罩、隔扇类构件的揩漆都是双面揩漆，须由两人配合，每人负责一面，同步进行方能完成。因此，操作前，须将构件横向竖起并临时固定在作凳上，为方便操作，作凳一般高约80~100厘米，并使固定后的构件高度不超过操作者的视线之平视高度为准。

揩漆的操作，须由手法娴熟的熟练工匠来承担。具体操作时，先将蚕丝捏成的丝团，蘸漆涂于物面之上，按纵横方向来回揩擦滚动，使物面受漆均匀，然后自上而下或顺木纹方向，用丝团将漆面揩擦至均匀平整，并揩去线脚及花纹内的余漆，使其漆膜的厚度与平面相同。揩漆时，手法要平稳，用力要统一，并及时挤出丝团内多余漆液，将漆面揩得薄而均匀。

当两人面对面配合操作时，每人负责一面，但同一芯子及相邻部位必须同步进行，以免间隔时间过长，不能揩平而影响揩漆质量。

揩漆需揩多遍方能成型，每遍都要揩得很薄，干后再揩，直至达到要求。一般最少要揩四遍，最多可达十余遍。

待所揩的漆膜干透后，要顺木纹将其表面的细小颗粒磨去，并通过手摸检查，感觉完全光滑、平整为止，再将表面清洗干净、晾干。由于生漆干燥成膜后，经与空气接触，颜色会加深甚至发黑，但数天后便逐渐变淡，恢复成原有色彩，此现象称为"转色"，所以每遍揩漆之间应间隔数天（约5天左右），待漆膜完全转色后，方可进行下一道揩漆。否则漆膜内会带有黑气，很难褪尽，从而影响漆膜的色泽与透明度。

以上工序，每遍之间都要如此进行，以保证揩漆的质量。

最后一遍揩漆称为"上光"，考究的做法是：将漆面揩至光洁平滑后，工匠再用手掌肌肉（用于大面）或手指（用于小面）顺木纹抹擦，擦至漆面发热并理顺出光。经上光后的银杏木构件，色泽淡黄、木纹清晰、古朴雅致，漆膜晶莹透亮，手感舒适滑爽，具有很高的欣赏价值与实用价值。

### 二、红木家具的揩漆工艺

凡以红木、紫檀、花梨、楠木等高档硬木制成的传统家具，一般都统称为红木家具。

传统的红木家具，以用材讲究、制作精良、造型优美、经久耐用而著称于世，具有实用与欣赏的双重价值。随着红木、紫檀等高档木料资源的日益减少，其价值的上升空间也日益增大，因此，红木家具受到人们的广泛青睐。

红木家具的表面涂饰大多采用传统的揩漆工艺，其特点是漆膜透亮、木纹清晰、手感舒适、平滑流畅。俗话说"生漆净如油，入木三分厚"，因此，以生漆为主要材料的揩漆工艺对红木家具起到了很好的保护与装饰作用，不仅延长了使用寿命，增强了艺术欣赏性，同时也提高了其价值的上升空间。

采用揩漆工艺的红木家具应该达到如下标准：制作精良，拼缝严密、平整，木纹清晰美观，相邻部件及拼板之间，色泽与木纹应大致统一或相似。一般来说，用料混杂、制作粗劣的红木家具不宜采用揩漆工艺作装饰。

现将红木家具揩漆的具体操作工序介绍如下：

**（一）白坯处理**

清除白坯表面的胶迹等污垢，用从粗至细的砂纸依次对家具进行打磨，直至表面光滑平整为止。为保证打磨的平整，打磨大面时要用砂纸包裹在长方形木块外面进行，木块的大小，以便于单手操作为宜。线脚花纹等处，可用舔棒（一种小竹片，外形与竹筷相似，稍扁）外包砂纸细细打磨，务使打磨光滑，如用挫草打磨，则效果更好。

**（二）批生漆腻子**

生漆腻子的调制是在石膏中加入生漆，要边调边加，直至腻子呈稳定的软膏状时方可使用。用牛角刮刀将生漆腻子在家具表面满批一道（花纹与线脚处可不批），重点是榫卯接口与拼缝等处要嵌平填实。批刮腻子完成后，要将表面的腻子全部收刮干净，否则除了难以打磨外，还会导致木纹不清。

**（三）打磨腻子**

待腻子干透后，用细砂纸顺木纹将腻子砂磨至与木面相平，要求砂磨平整，木纹清晰。

清除表面余灰后，用湿布揩净抹干。

**（四）刷底色**

红木家具的颜色都较深，可用猪血作底色，在猪血料内加少量颜料拌制而成。所加颜料视木料的颜色而定，如做红木色时，可加碱性品红；如做紫檀等深褐色时，可在红木色内加入少许墨汁；如做楠木等金黄色时，可加碱性橙与碱性嫩黄，如此等等。具体做法是：先用少量水溶解颜料后，再加入猪血料内，经搅拌均匀以后便可使用。所加颜料的多少，以能够清晰地显现出木纹为准，不能过多，否则会遮盖木纹或使木纹不清，可先涂小样测试。用漆刷蘸猪血底色在家具表面满刷一边，对花纹与线脚处可用旧牙刷满涂，再用旧毛巾揩擦干净。总之，底色要刷匀、刷全面，使家具表面颜色一致。

**（五）打磨底色**

待底色干燥后，用细砂纸将底色表面的颗粒磨去，并将表面打磨平整光滑，但不能磨穿底色，以免露白。要求顺木纹打磨，不可横磨或斜磨，以免留下明显的磨痕，边角处要小心打磨，防止棱角磨白。

打磨完毕后，要将浮灰清理干净，并揩净抹干。

**（六）揩头胶漆**

头胶漆的作用是固定底色。揩漆时，先用牛角刮刀以生漆批涂家具表面，再用漆刷将其刷理均匀，然后用丝棉团顺木纹将漆揩擦均匀至平整，并收尽边角及花纹内余漆。

揩漆后若有色泽不匀，可用酒精溶解颜料来调整生漆颜色，用以加深颜色较浅的部位，并揩擦均匀。注意：调色要浅，防止加色过头。

### （七）水磨

待头胶漆干透后，即可对漆面进行水磨，最好的做法是"推砂叶"，砂叶性软，不易将

漆膜磨穿，能将漆面磨得极为光滑。要求棱角不得磨白，且不能磨伤漆膜与所拼的颜色。水磨后要用水清洗表面，用干布抹净后晾干。

### （八）揩漆

红木家具的揩漆，单块的揩擦面一般都较为宽大，适宜两人同时操作：一人负责上漆、摊匀，另一人在后面揩擦均匀并理平。对于其具体的操作与要求，均与其他构件的揩漆做法相同，读者可参阅本节"飞罩、落地罩、隔扇等构件的揩漆工艺"中的相关内容，此处便不再重复。

总之，经揩漆后的红木家具应该做到：木纹清晰美观、色泽深沉自然、漆膜晶莹透亮、手感舒适滑爽，达到以上要求方是上品。

### 三、揩漆施工的技术要点

（1）揩漆施工应在清洁无尘的室内进行，避免灰尘扬起而污染漆面。漆膜干燥的最佳条件是温度在25℃、相对湿度在80%左右，干燥时间约为12~25小时。因此，构件的干燥最好放在专用的窨房内进行，便于控制温度与湿度。也可将其放在室内自然干燥，但室温应控制在15~25℃之间，并定时在墙面与地面洒水，以提高空气湿度，促其快干。

（2）因为揩漆的涂层较薄，生漆容易干燥变稠，不利于操作，此时可在生漆中添加少量的坯油或豆油（含量不超过10%），以减慢干燥速度，便于操作与提高漆膜的光亮度。

（3）揩漆所用的是色浅、透明的上等生漆，揩的次数越多，颜色越深，漆膜也越厚、越光亮，反之则漆薄、色浅，但透明度好。因此，根据装饰要求的不同，选择合适的揩漆次数，至关重要。

（4）揩漆干燥成膜后有个转色的过程，因此，每道揩漆之间，须间隔4~5天时间，待漆膜完全转色后，方可进行下一道揩漆，避免漆膜中带黑而影响质量，这一点在浅色构件的揩漆中尤为重要。

## 第四节　匾额楹联

匾额与楹联，是一种具有中国优秀文化的传统艺术形式，源自中国传统的对联与横批，其语言精练、含义深刻、文字典雅、对仗工整，且书法精美、书体各异，加之制作精细，做法多样，可谓集文学、书法、雕刻、印章、工艺于一体，是传统建筑中不可或缺的完美装饰品，与建筑本身或周边环境结合在一起，往往能够起到画龙点睛的作用。

匾额之外形多呈长方形，横者称匾，竖者称额，因其作用相似，现在大多将其统称为匾额，悬挂于建筑室外的檐下或室内桁枋之上。其文字亦多与建筑的形式或名称有关，如拙政园的"远香堂""见山楼"等；另有一类则是起到点题、点景的作用，如怡园的"梅花厅事""碧涧之曲，古松之阴"等。将匾额挂于商店大门作招牌，许多是百年老店，如苏州的"稻香村""黄天源"等。

竖挂于匾额两侧的木制对联称为楹联，联语字数不限，但要求对仗、工稳、押韵，其内容则与相应建筑的历史、周边环境的景色等有关。楹联若挂于墙面，则多呈平面，称之为板对；若挂于木柱，则断面多为弧形，称其为抱对。

匾额与楹联（以下简称为匾对）分为混水与清水两种做法，现分别介绍如下。

### 一、混水做法

#### （一）制作木坯

制作匾对的木坯要用存放多年的红松、白松、杉木或者其他不易变形的木材制作而成。混水匾额的用材，长度按设计，其高度可拼，厚度须5厘米或以上，为防止变形，沿高度方向须设置二道以上的穿带（俗称"雀黄"）。混水抱对的木坯，其长度按设计，宽度可用断面为梯形的木条拼出弧形，其弧长约为该圆周长的1/3左右，圆的直径视柱的大小加适当余地而定，为防止变形，抱对的两端可加设弧形木条，若抱对较长，中间也用数道弧形铁片作加固，但铁片须低于木坯面少许。

#### （二）做地仗

混水匾对的地仗，传统的做法是做一麻五灰，所谓一麻，在苏州地区常用的是粘贴一层夏布，而五灰就是在夏布面上批刮3~5道灰头，现将其做法简述如下：

（1）将木坯清理干净，掸去余尘后，用猪血与瓦灰拌制的灰料将板缝填平、填实，铁片处须分层填灰，不可一次填平。置于室内阴干，待其完全干透后，方可将其磨平。

（2）铺刮通灰，通灰是使麻的基础，须刮平、刮实，不得留有空鼓，待其完全阴干后，将其磨平。

（3）使麻就是在构件表面粘贴一层夏布（一种亚麻布），其作用是防止匾对表面出现裂纹，粘贴夏布的材料可用经过处理的猪血，也可用生漆。具体做法是：在构件表面均匀地涂满猪血或生漆，将洁净的夏布随涂随贴。然后用半圆形的压漆竹片反复碾压，使夏布表面完全泛浆为止，再用刮板将表面刮至平服，并收尽余浆，使其厚度均匀一致。粘贴时，须将夏布裁剪成条状，斜向粘贴，不能满铺，布下如有气泡，应及时排除干净，防止日后空鼓。

（4）待夏布完全干透后，再用磨石在布上打磨，磨至布之麻绒泛起，但不能磨断，此道工序称为磨绒。磨绒过后，布上要批刮3~5道灰头，具体操作次序如下：

粗灰一道，粗灰要薄而密实，使之填进夏布织孔并吃透布面。

中灰一道，中灰不宜太厚，能填平布纹及粗灰的空隙即可。

细灰一道，厚度根据字体的深浅而定，要满批满刮，厚薄均匀一致。

每道灰头都要彻底干透后再进行打磨，并将其清理干净之后，方可进行下道工序。

（5）待细灰干透后，便可进行磨细钻生。所谓钻生，就是在磨细的面上涂刷一层生桐油，油必须钻透（即浸透细灰层），其作用是加固细灰层，防止出现鸡爪纹，最后将浮油擦净。干后呈黑褐色，经再一次打磨并清理晾干后，即可进入下一步的文字放样工作。

#### （三）文字放样

将字样按要求描复到匾对上的工作叫放样，分为字样采集、排版、描复等几个步骤。

许多既有文化内涵，又能令人赏心悦目的匾对作品，其字样大多由名家书就，其中不乏书法精品。但好的书法作品并非都适宜用来制作匾对，还须考虑到功能、风格、位置、环境等诸多因素，做到因地制宜，因匾而异。例如商店匾额用作招牌，就不宜采用篆体，因为普通人很少有人能看懂，从而失去了招牌的意义。又如挂在室内的匾额，字不宜太过沉重，会给人以压抑的感觉，而挂在大门外的字则要稳重大方，让人觉得踏实饱满。一般情况下，匾额文字以楷书、行书、隶书为多，但不宜采用电脑打印的文字，因该类文字大都显得呆板而无灵气，缺乏传统匾对所应有的品位和风格。

字样确定后，将其放大至合适的尺寸，正确地摆放在匾对上，称为排版。其原则是在尊重原作的基础上，可对局部作适当调整，以匾额为例，额文字体的大小要得当，字与字之间的间隔要相等，两端留空要大于字距，字的中心线上下要居中，若有落款与印章，要按原作的布局排版，但其位置与大小可根据具体情况作适当的调整。

字样摆放完成后，要进行目测检查，观察字样排列是否端正，有无差错，确认合适后便可以进行描复。旧时字样的描复比较复杂，做法也很多，现在采用的字样多为原作的复印件，因此，描复的操作较为简便。通常做法是在样纸的下面垫好复写纸，用铅笔或圆珠笔沿字体的轮廓线仔细地描绘一遍，要求描复出来的字体清晰可见，细微之处不可遗漏。

现在很多雕刻师傅的操作更为简便，将样纸在匾对上粘贴牢固后，直接用刻刀在样纸上进行雕刻，省却了描复这道工序，提高了工效。

### （四）文字制作

混水匾对的文字制作分刻字与堆字两种做法，其堆与刻的好坏全在于堆刻工匠手艺的高低。手艺高的工匠往往对书法有一定的研究与掌握，因此在堆刻过程中，除了能够做到形似之外，还能够理解书法者本身的笔意与精髓，把字形笔画的抑扬顿挫、笔锋转势、枯笔过渡等要素，用刀刻、堆灰的手法表现出来，或凸或凹，就像是一幅立体书法。

1. 刻字

匾对上的刻字分为阴刻、阳刻以及介于阴刻与阳刻之间的阴阳刻三种。

阴刻是将字体以内的部分凿低，使之低于板面成为凹字，刻字深度视笔画宽度而定，宽者宜深，窄者稍浅。雕刻时工匠以刀代笔，落刀要准，运刀要稳，接刀处不露痕迹，婉转流畅，下刀轻重如行笔一般，游丝枯笔也须细细刻出，以保持原作的笔意与风格。

阳刻文字是将字体笔画以外的部分凿低铲平，使字体凸出于板面，故称为凸字。混水做法的匾对很少采用阳刻做法，因为要将字体以外的细灰层全部凿低铲平，既麻烦又失去了细灰层的作用。因此，混水匾对上的凸字都由堆字的形式来表现。

阴阳刻字体，也称走边字，多采用 V 形刀法，即沿着字样的外边线，垂直下刀，在边线的内侧再斜向一刀，刻出一道 V 形凹槽。将凹槽沿着字样的笔画兜一圈，中间部分留出，与板面相平，就这样逐笔逐画地将字刻完。字样的笔锋以及枯笔，因其太过细小，可直接用 V 形刀法刻出，而不必留出中间部分。因其刻制简便，且具有凸字的特征，因此，当匾对上字数较多或字形较小时，多采用阴阳刻技法刻之，以代凸字。

混水做法的匾对，因其刻字均在细灰层上进行，刻字过后，为防止灰层松动，应在字面上钻生油一道，生油干后，以细灰填补修正，待干透后仔细打磨，使表面达到光滑细腻的要求，再施二到三道油作加固。

2. 堆字

将字体在匾额上直接用灰堆制而成，称为堆字。堆字的方法有两种，如字体较大或笔画较粗，灰堆得较厚，为防止堆字开裂脱落，则须在字样上钉竹钉进行加固，钉上缠以麻线，按一麻五灰工艺堆出。如果字体较小，灰堆得较薄，不以钉、麻加固亦可，将字直接用粗灰、细灰、浆灰等逐皮堆出，但堆字底部的地仗必须划毛，使堆字与地仗粘结牢固。

堆字的高度，随字体的大小及笔画的粗细而定，一般为笔画宽度的 1/3 左右。笔画的断面呈弧形，中间高，两边低，堆字的步骤：先用粗灰堆出字的轮廓与高度，再用中灰作出修正，最后用细灰作细化，使字体表面光滑、无砂痕。

堆灰不易做到位的细微之处，如断锋和枯笔处的衔接等，待干后用刻刀进行仔细刻画、修正，使字体的笔画线条匀称、流畅、饱满，与原稿相同。字体堆成之后，要用漆油钻生，用以加强灰头的强度。

### （五）匾对的油漆

混水匾对的油漆，采用刻字做法时，一般是先做底，后做字，即按设计要求先将底板的油漆做好，具体做法与相应的油漆做法相同。字体表面，或填绿、或扫蓝、或贴金，做法多样，亦可按设计要求，直接用其他颜色的油漆描出，描字时，字体周围须用纸蒙住，以防止污染到周围底板。

采用堆字做法时，应该是先做字，后做底，即先将字体表面按设计要求做好，再做底板的油漆，同样，做底板时，须将字用纸蒙住。

混水匾额的油漆，用于厅堂时，以白底黑字为多，显得大气而稳重（图14-4-1），用于商店门面时，则多为黑底金字，显得高档而醒目，所谓金字招牌即由此而来。

### 二、清水做法

清水做法的匾额对材料的选用要求比较高，须采用木材颜色较浅、木质细腻、木纹清晰的材种，如银杏、黄柏、楠木、香樟等。制作木坯时，采用无裂纹、无节疤，已存放多年经自然干燥的银杏、黄柏、楠木，最好是独幅的。如匾额尺寸较大，其高度可拼，为防止板材变形，板材背面沿高度方向，须做两道雀黄用以连接。清水平面抱对的用材与做法和匾额相同，但清水弧形断面的抱对均为用毛竹制成的竹对，为防止竹对开裂，竹对两端5厘米范围内须保留竹节。

清水匾额的刻字分阳刻与阴刻两种。阳刻采用V形刀法，具体做法与混水匾额的走边字技法相同。阴刻做法是沿字体笔画的周边，先用直刀刻出轮廓，再将底部铲低3~5毫米，使字体低于板面，故称阴刻。阴刻字体的底部可做成平面，也可做成弧面，但弧面须下凹，绝对不能上凸。

清水匾额的油漆均是先做底，后做字，底板油漆须采用清水做法，一般采用揩漆工艺。字体的表面处理，有填绿、填蓝、撒煤与贴金等几种做法，其中填绿与填蓝仅用于阴刻字体，撒煤仅用于阳刻字体，而贴金则两者均可用。

#### （一）填绿或填蓝

采用填绿或填蓝工艺的字体，先要进行刮底、嵌补腻子、打磨等细化处理，使之表面光滑平整，然后在字面上描一遍较稠的加色光油。所用光油的颜色与字面所填颜色相同，停放一天以后，再刷一道同样的加色光油（可稍加稀释），当油未干之时，可马上将颜料撒至所描的字上，基本上要做到随描随撒，不可有遗漏。待其完全干燥后，用排笔轻轻掸扫一遍，扫去浮料，使字体表面颜色一致，无松动多余的颜料。填绿、填蓝所用颜料，以石绿、石蓝等矿物性颜料为佳，因其经久耐用，不易变色（图14-4-2）。

#### （二）撒煤

撒煤，是字体表面质感处理的一种方式，通常用于阳刻字体。具体做法是在字体表面涂以两道黑漆，第二道油漆须在上道油漆干燥后进行。为使字体的立体感更强，第二遍上漆时要缩进字体边缘半颗煤粒的距离。在漆未干之前，将细煤粒撒于字体表面，待充分干燥后，可掸去多余的煤粒，并剔除字体边缘粘结不牢固的煤粒。撒煤所用的煤粒，须选用有光泽的精煤，将其敲碎后，用筛子过滤掉粉末，经清洗晾干后方能使用，并按其大小分别存放待用，煤粒的大小视字体大小而定（图14-4-3）。

图14-4-1 混水匾额（白底黑字）

图14-4-2 清水匾额（阴刻填绿）

### （三）贴金

贴金是匾额楹联的表面装饰中用途较广的一种传统工艺，无论底板或文字、凸字或凹字均可运用，适宜与黑色、红色、木本色等色彩搭配，更显得金碧辉煌、雍容华贵、富丽堂皇。

图 14-4-3　清水匾额（黑字撒煤）

贴金的操作工艺主要分为打金胶、贴金、扣油、罩油等多道工序。

打金胶就是涂刷金胶油，以筷子笔（用筷子削成）蘸金胶油涂布于贴金处，起到粘结金箔的作用。金胶油的涂布宽狭要整齐，厚薄要均匀，不流挂，不皱皮。

金胶油是用光油加适量的糊粉配制而成，专作贴金的底油之用，将铅粉经研细、烘炒除潮后即名糊粉。

当金胶油将干未干时（用手背测试时要稍有黏性，用纸测试时则纸粘不住，约在其干燥度的90％左右为宜），即可进行贴金。以竹制的金夹子将金箔夹起，轻轻粘贴于金胶上，用棉花揉好贴实，金箔对缝要严，但又不能搭口过多。熟练的操作工匠为提高贴金速度，则不用金夹子，而是将垫金箔的纸折起一半，露出一半金箔，用手托住，将露出的金箔对准需要贴金的部位粘贴，同时将另一半垫纸拉起，手指要随着金箔走，使金箔全部贴于金胶上。贴好的金箔不能出现皱纹和缝口，金箔的搭接应自上搭下，自右搭左，扫去搭接处的浮金时，也应自上而下，从右向左扫。花饰或字迹处，可用金肘子（用柔软羊毛制成的小刷子）肘金，但该处需打两道金胶，以保证质量。

当金箔贴好后，要沿贴金部位的边缘扣色油一道，以防止金箔起翘，因金上不着油，故称之为"扣油"。如金钱不直时，可用色油找直（镶直），称为"齐金"。

待扣油干后，可于金箔面上通刷一遍清油，因金上着油，故谓之罩油。罩油与否，视具体情况而定，通常做法是，位于户内的金箔，一般不罩油，因罩油反而会有损金箔的色泽；但在户外，罩油可对金箔起到保护作用。

## 第五节　苏式彩画

苏式彩画，是中国古代建筑彩画的一种，源于苏州以及江南一带的民间做法。明清时期，苏州擅长建筑彩画的艺人很多，形成了独具风格的苏式彩画。苏式彩画在构图上，以织锦纹为主，构图灵活，色彩柔和，秀丽雅致，犹如一方方绚丽多彩的锦袱包在梁枋与桁条上，极具装饰性，故又有"包袱锦"之称。

苏式彩画起先仅流行于江南一带，明永乐年间营修北京宫殿，大量征用江南工匠，苏式彩画因之传入北方。历经几百年变化，苏式彩画在图案、布局、题材以及设色等诸多方面均与原江南的苏式彩画有所不同，已被日趋官化，尤其到了乾隆时期，苏式彩画更是色彩艳丽、装饰华贵，故称之为"官式苏画"，成为清式彩画中与"和玺彩画""旋子彩画"并列的三大彩画种类之一。官式苏画比江南苏式彩画的做法要复杂，并且限制较多，但是在江南，苏式彩画却仍然保持着一贯的自由清新的民间特色。

流行于江南的苏式彩画（为叙述方便，以下简称江南彩画），在工艺程序、图案、构图、设色上均与北方的京式彩画有所不同，特别是苏州一带文人较多，审美情趣多强调一个"雅"字，崇尚自然，追求朴素，从明代中晚期"铺纹列绣"的包袱锦彩画，到清代以"写生画"为代表的"堂子画"，都体现了大众艺术与文人审美的完美结合。

### 一、江南彩画的构图、纹样与色彩

在构图上，清代中期以前以"包袱锦"彩画为主，呈"端头—包袱—端头"三段式，着重突出枋心部分，在端头与枋心间多做素地，构图简洁。清代晚期的"堂子画"构图更为灵活，主要为"包头—堂子—包头"三段式，并且根据构件的长短加入聚锦，以增强彩画的表现力。这两种彩画根据构件位置的重要程度，在构图上有简繁之分，其中以正间（北方称明间）的脊桁与五界梁架为整座建筑的装饰重点，构图最为复杂。

在纹样上，以织锦纹、团花纹为主，写生画为辅，织锦纹的大量使用与江南地区盛产丝绸直接有关，而写生画则深受江南地区文人画与民俗画的影响，题材多样，画技精良。

在色彩上，江南彩画一般以红、黄等暖色为主色调，青绿作点缀色，在设色技法上，晕色简单，同一色的退晕最多不超过四道色阶，以简洁淡雅为主调。绘画的技法有工笔、线法、渲染、墨法等多种，并在此基础上进行简化或夸张，注重意境的表达。

### 二、江南彩画的特点

#### （一）分清主次，突出重点

主次关系首先体现在彩画的布局上，要使彩画的空间布局与不同构件的构图体现出一种相互对应的关系，使得彩画所置建筑的空间秩序严谨、主次分明。

以五开间的厅堂为例，根据彩画的重点程度按降序排列来表示，一般的布局规律是：①正间彩画＞次间彩画＞边间山墙彩画；②内堂梁架＞轩梁；③梁＞桁；④脊桁＞金桁＞檐桁。此设计规律与建筑的空间等级有关，因为正间、次间、边间的面宽依次减小，受关注的程度也逐渐降低，因此，通常是将彩画的精华部分放在正间的梁架上，用以突出重点。单个构件的构图也是如此，以枋心为主，找头与箍头为次。

在色彩方面，根据冷、暖基调，选好主色。如清代邹一桂《小山画谱》中所云："五彩彰施，必有主色，以一色为主，而它色附之。"一幅彩画无论色彩多么丰富，必须有一色为主，才使得色彩多而不杂，主次分明。此外，在五色中，红、黄、蓝、绿可为主色，白色与黑色则为辅色，故黑白两色多作勾边，起烘托主色的作用。

在纹样方面，在重要空间内，重要构件纹样最为复杂，多选用复合纹样，而次要构件多为单一纹样，且两侧仅留素地而不绘彩画，也都体现出了其中的主次关系。

#### （二）装饰适度

江南彩画所体现的是一种空灵之美，注重的是装饰适度，木构表面很少有遍绘彩画的做法，一般都是在主要的梁与桁上作彩画，其他部位作油饰，同时构件彩画在藻头与枋心间留素地或作松木纹，以留白作为背景来反衬视觉焦点。苏州画师所说的"图案分聚散"即为此意，这其中蕴含着以虚济实、突出中心的构图手法，这一点是江南彩画与官式彩画最重要的区别之一。

#### （三）守中与对称

守中与对称是中国古建筑的一大特点，体现在江南彩画设计中有以下三点：其一，彩画布局以正间为中心，呈轴对称分布，以各间脊桁为中心，呈前后对称。一方面使得整座建筑彩画协调统一，另一方面，画谱也可反复使用，用以提高画师的作画效率。对于单个构件而言，除枋心采用写实绘画外，其余图案都是沿构件中心对称分布。其二，对于包袱锦来说，锦袱的格子要为单数，且格子的图案要坐中。其三，突出构件的中心，江南彩画的枋心多贴八宝金饰，成为一大地域特色。

#### （四）江南彩画的等级分类

江南彩画根据线条做法的不同，分为上、中、下三等：彩画线条既做沥粉，又做贴金的，称上五彩；彩画线条以拉白着粉，做法与沥粉相似，但粉条较沥粉稍低，称中五彩；彩画线条既不沥粉，也不拉白线，仅以黑线拉边，称下五彩。

### 三、江南彩画的制作工序

#### （一）打底

在木材表面进行基层处理，称作打底，具体做法与普通木材面的油漆做法一样，也是由清理物面、撕缝嵌补、满批腻子、打磨等多道工序组成，用以木材表面的找平。

#### （二）衬地

苏式彩画与北方做法不同，不采取披麻一类的地仗做法，而在木构表面做衬地后直接绘制彩画。衬地就是在需要画彩的部位通刷一层胶粉所形成的隔离层，以防止颜料直接被木材吸收后所引起的深浅不匀。胶粉由胶水（鱼鳔胶或骨胶）加铅白粉拌制而成，有的胶粉中还要加入雄黄等物，雄黄又名石黄，有毒，可防虫蛀。

#### （三）打样

打样是江南一带的称呼，即北方彩画中的"打谱子"。打谱子分以下四个步骤：

起谱：先将彩画构件的部位、长度、宽度一一量好，名为"丈量"，定好中线，然后按彩画图案的轮廓粗画墨线，再以牛皮纸配纸，并在纸上用墨描好彩画纹样，名为"起谱"。

扎谱：以大针循牛皮纸上的墨线扎孔，孔距一至数毫米不等，名为"扎谱"。

拍谱：随后以谱子中线对准构件中线及轮廓摊实，用粉袋（一般粉是深色的）进行拍打，使构件上透印出花纹粉迹，称为"拍铺"，拍好后以黑线按粉印描下图案。还有一种做法较简单，名为"印稿"，即在谱纸背后，涂一层庙宇刷墙用的红矾土，作复印稿，而后用骨针或竹针、木针拓印，再按拓印的画稿勾好黑线，称为"落墨"。

写红墨与号色：谱子打好后，凡是贴金处必须用小刷蘸红土子，将花纹写出来，名为"写红墨"，画彩处则用粉笔标出号色。因用色较多，工匠们为施工方便，以号代色，称为"颜色歌"（表14-5-1）。

颜色代号 表14-5-1

| 代号 | 一 | 二 | 三 | 四 | 五 | 六 | 七 | 八 | 九 | 十 | 十一 |
|---|---|---|---|---|---|---|---|---|---|---|---|
| 颜色 | 米色 | 淡青 | 香色 | 硝红 | 粉紫 | 绿 | 青 | 黄 | 紫 | 黑 | 红 |

也有的以"五"来代"藕褐"；以"六"来代"洋绿"；以"七"来代"佛青"；以"八"来代"石黄"；以"九"来代"紫"；以"十"来代"烟子"；以"丹"来代"樟丹"；以"白"来代"粉"；以"工"来代"银朱"。

绿色根据其深浅，有头绿、二绿、三绿之分，则分别以六、二六、三六代之，同样，二青、三青也用二七、三七来代替。

#### （四）沥粉

沥粉，又称立粉或爬粉，浙江一带称挤粉，即通过手的压力，将粉浆由沥粉器的"粉尖子"挤出，沥于花纹部位上。江南明式彩画中仅"上五彩"用之。

若有做"堆华"的，先刷一道鱼鳔胶，然后用沥粉堆塑。实际上等于用漆灰做浮雕，阴阳高低完全按照物象的形状，以加强图案的立体感。

## （五）包胶及打金胶

对于上五彩，沥粉的线条上多要贴金，贴金前，要包一道黄胶，将粉条全部包裹起来，称为包胶。对于中五彩，一般不沥粉，而于桁条局部或大梁底部采用平贴金，对于平贴金的，在打谱子完成后，要打金胶。

包胶或是打金胶，其作用有二：一是衬托以后所贴的金，使之不会露底；二是与底色有所区别，以免在贴金时遗漏。所用的金胶有两种：一是胶金胶，以石黄、胶水和适当的水调成；二是油金胶，以石黄、铅粉和光油调成。注意：金胶不宜打得太厚。

## （六）贴金

当金胶将干未干时，便可进行贴金。不能太干，否则会滑金（即粘不住金）；也不能太湿，因金易沉淀，容易产生金发乌现象（即金箔无光、有皱纹），而影响质量。

贴金所用的金箔，"其薄如纸"，施工技术要求很高，贴金方法可分为贴油金和贴活金两种。

贴油金：用棉球微蘸油，在金箔包装纸上沾一下，金箔就会粘在纸上，然后粘贴到打了金胶的构件上。金箔有纸隔着，可用手指略加拂按，使它粘贴着实而不致粘手破碎。待金箔粘着后，再将纸片撤去。

贴活金：对准需贴金位置，适当吹一口气，使金箔贴上，然后盖纸，用丝棉或"茧球"拂扫一次，术语称为"帚金"，为的是将金箔完全按压着实。

此外还有两种假金做法：一是"选金箔"，即颜色如金而实际上是用银熏成的。二是用银箔或锡箔作代用品，外用黄色透明的光漆罩之，名曰"罩金"，也能有用金箔的效果。前者日久银质氧化，易发黑；后者若加工成功，耐久性较长。

苏州产的金箔，每帖 10 张，有 3 寸 2 分、3 寸 8 分两种。从色度深浅上分为"库金"（颜色发红，金的成色最好）、"苏大赤"（颜色正黄，成色较差）、"田赤金"（颜色浅而发白，实际上是"选金箔"）三种。从实例来看，江南明式彩画用后两种较普遍。

## （七）着色

江南明式彩画一般先贴金后着色，这样可以拉齐金之毛边。着色方法和北方的不同，所用技法主要是我国传统的工笔重彩法，因为江南明式彩画用的最多的包袱锦纹多由线条组成，大块画面少，少用叠晕，只有包袱边有时运用分层罩染或分层叠染的技法。

在着色时，常用的颜料有石青、石绿、赭石、朱砂、靛青、藤黄、铅粉等，前四种颜色属于矿物性颜料，遮盖力强，色泽经久不衰。靛青、藤黄属于植物性颜料，透明性好，覆盖力差。铅粉是一种人工合成的白色颜料，覆盖力较强，但日久会变黑，称为"返铅"。常用的调料是胶和矾。着色一般遵循由浅到深、自上而下、从里到外的顺序。

## （八）拉白、压黑、描金

一切颜色绘毕，核对一下图案，则开始拉白线、压黑线或描金线，但通常一幅画中不同时使用，这也和北方彩画不同。画时力求直线刚挺、曲线圆润，从而使图案生动突出。

对于"中五彩"，是循花边拉白粉，也称着粉，要求线条微凸。

对于"下五彩"，用最深的颜色如黑烟子、砂绿、佛青等进行勾勒。此在江南明式彩画中最常见。

还有一种形式，即用胶或热桐油调金粉，用笔描绘，但线条不如泥金法突出。

## （九）找补

颜色全部描画完毕，须检查各部分，有不均匀、遗漏、不净之处，即以原色补正。

## （十）罩胶矾水

待彩画完成并干透后，其表面要以稀薄的胶矾水遍刷一次，以防受潮后腐蚀。胶矾水干后所形成的薄膜，微有光亮，透明度高，既能保护彩画，又能起到提亮的作用，增强彩画的艺术效果。

### 四、苏式彩画实例介绍

江南多雨，气候湿润，颜料受潮后容易变色，不利于彩画的保存。为免雨水的影响，苏州的建筑彩画主要施于室内，而且留存的作品也不多。历史上流传下来的苏式彩画，若按年代来划分，有明代与清代两种。

苏州现存的明代苏式彩画，主要保留在一些明清时期的官商住宅内，其工艺水平最高的当推常熟的"彩衣堂"与东山的"凝德堂"，而清代苏式彩画则以太平天国的忠王府最为丰富，据统计，尚存 340 余方。

另有一些明清住宅，仅在大厅等主要建筑的脊桁上绘有彩画以示身份，成为当时的一种风尚。其图案以仿宋式的织锦纹居多，如六出龟纹锦、四合如意锦等，精雅秀丽，而在枋心处则有少量贴金，起到画龙点睛的作用。

#### （一）实例 1：东山凝德堂

凝德堂，位于苏州洞庭东山的翁巷村，建于明代晚期，原来规模较大，几百年来，由于屡易其主，历尽沧桑，现仅存大厅、仪门、门屋三座建筑，保留着明代彩画 88 幅，其中大厅 61 幅，仪门 18 幅，门屋 9 幅。

凝德堂大厅为硬山双坡屋面，面宽三间，进深六界，内四界前后设廊各一，扁作梁架，梁面刻有花纹，线条流畅，制作精细。厅内梁、桁之上均绘有彩画，是凝德堂中彩画保存最多也最为精彩之处。

凝德堂彩画，继承宋式做法，采用的是无地仗工艺，即在构件表面作衬地后，直接绘制彩画，免去了日久因地仗剥落或变形后对彩画所产生的损坏，这也是凝德堂彩画能保留至今的重要原因之一。

凝德堂彩画的基本形制为"包袱锦"。"包袱锦"是苏式彩画普遍使用的一种构图方式，其外框分三角形与方形两种，因框内绘有各式织锦纹样而得名。三角向上的称为正包袱式，北方称"系袱子"；三角向下的为反包袱式，北方称"搭袱子"；外框为方形的称为"直袱"，直袱上再做系袱子或搭袱子的称为"叠袱"。

凝德堂桁条上的彩画采用的是三段式构图，将桁条全长分作三部分，居中包袱为方形直袱，内绘各式织锦纹样，两侧以璎珞式图案作边饰，绘制精细，犹如五彩锦缎，十分逼真，桁条两端绘大朵的宝相莲花作箍头，余下仅以油漆饰面，不施任何花纹，简洁大方，称为素地。

正间脊桁的包袱彩画，以六出龟纹锦为底，嵌有各式宝相花图案，居中绘有三个菱形方块形成三胜图案，与毛笔、金锭等图案结合在一起，称"必定三胜"，寓"仕途通达，连中三元"之意。为使彩画做法更为精细、考究，三胜图案均以金线描出，毛笔、金锭等图案都有贴金，宝相花亦以金地相衬，显得十分醒目。重点突出正间脊桁的彩画，是明式住宅彩画的常用手法。

凝德堂梁架上的彩画，采用的是叠袱形式，并根据彩画所处位置的不同，分别作了不同的处理。四界大梁在下，叠袱采用系袱子形式，就像锦袱自梁底向上包裹；而山界梁在上，则采用搭袱子形式，便如锦袱从上往下自然垂挂。将两种不同形式的包袱叠合在一起，内填不同的锦纹图案，其效果与两幅锦缎交叉包裹在梁枋上无异，显得层次丰满，十分巧妙。梁架两端不设端头，仅在梁面所雕花纹以外略施各式宝相花图案作点缀，在山雾云、棹木等木雕构件的映衬下，达到了彩画与雕刻的完美结合，堪称明式室内装饰的经典。

凝德堂彩画的特点是根据构件长短灵活构图，居中枋心以包袱锦为主，两端作箍头辅之，余下留作素地，简繁相间，突出重点。

包袱锦多以几何形体的规则式构图为主体，嵌以各式的宝相花图案，配上清丽的色彩以及一些描金勾边的点缀，宛如一幅幅锦袱裹于梁桁之上，尤其是锦袱两边的璎珞式边饰，更是对丝织品的充分模拟，与苏州丝绸"精、细、雅、洁"的特点，有异曲同工之妙。

苏州丝绸及其工艺自古以来便闻名于世，包袱锦彩画便是古代艺人吸收了丝绸纹饰的精华在工艺方面所作的借鉴与创新，并绘制出了许多流传至今的优秀作品。

现存的凝德堂彩画，便是其中堪称珍品的一例，有"江南彩画第一"之称。虽然历经几百年的沧桑，除出现部分褪色外，基本保持完好，仍然具有相当高的历史文化价值与欣赏价值，是研究明代苏式彩画的珍贵实物资料。

### （二）实例 2：常熟彩衣堂

现存江南苏式彩画，其等级最高者当推常熟"翁氏故居"内的彩衣堂。翁氏故居，位于常熟古城区书院街翁家巷内，是一组明清风格的古建筑群，始建于明弘治年间，因曾为清末朝廷重臣翁同龢家族的第宅，故以此称之，现辟为"翁同龢纪念馆"。

彩衣堂为翁氏故居正厅，面宽三间，总宽约 19 米；进深九界，总深约 14 米，由前廊、内轩、内四界、后双步共四部分组成，均为扁作，构筑精细；檐高 6.84 米，高大宽敞。构架之上用草架，屋面为双坡硬山形式。

厅内梁架上保存有完整的明式彩画，共计 116 幅，面积达 150 平方米。这些彩画，初绘于明代，数百年来历经多次补绘与重绘，虽非明代原物，但仍保留较多的明代风格，题材丰富，绘制精美，为不可多得的彩画精品，是江南苏式彩画的代表作。1996 年彩衣堂被国务院定为全国重点文物保护单位。

彩衣堂的正贴梁架是厅内彩画的精华所在，现择其要点，分别介绍如下。

内四界大梁上的彩画，所施包袱为直袱形式，包袱内以青灰色的织锦图案作底，上施"双狮滚绣球"沥粉堆塑，形态生动逼真；包袱两侧各施三道不同颜色与图案的色带作装饰，各道色带之间以沥粉金线分隔，中间色带为黑色，上有两种形态各异的立体花卉，亦由沥粉堆塑而成。所有堆塑均以五彩装金，显得雍容华贵。大梁底部图案，部分采用平贴金，大梁两端，在木刻花纹之外，绘有如意及花卉图案作端头，如意之内亦有部分贴金。

大梁之上的山界梁，其包袱呈倒三角形，为搭袱子形式，内绘八角间方锦纹，居中嵌以火焰珠图案，包袱斜边外侧以游龙浮云图案作边饰。山界梁两端，在木刻花纹外侧绘制端头。

内四界上的其他木构件，如梁垫、蒲鞋头、斗、拱等木构件都施有彩绘，以青灰为主色，间以黑黄等色，局部贴金。山尖处的山雾云、抱梁云、蒲鞋头两边的棹木等雕刻件也都有彩绘，其色调以棕黄等暖色为主，其中山雾云上刻的是仙鹤流云，其雕刻尤为精细，流云线条流畅，仙鹤栩栩如生，并以贴金作装饰。

内四界之前设三界为前轩，其轩梁正面的包袱为直袱，中间以织锦图案为底，居中有金线绘成的麒麟，两侧各有两条装饰带，一条绘有连续的如意图案，另一条则绘飞禽与浮云。轩梁底部向上与两边立面兜通，底部居中是绘有金色团龙的圆形图案。

轩梁之上为荷包梁，彩画随荷包梁外形做成扇形，以黑白两色线条勾边，内绘各式花草与吉祥图案。

前廊与后双步上所施彩画则较为简单，仅于梁之居中以搭袱子形式做包袱，内绘锦纹图案。除此之外，未施任何彩饰，显得极为简洁，为典型的明式风格。

内四界的边贴，除前、后步柱落地外，脊柱与前、后金柱也均落地，称"五柱落地"。因此，屋架不设大梁与山界梁，而以四根金川代之，金川以下为夹底。

金川上的包袱，采用搭袱子形式，包袱内绘制锦纹图案，包袱外是黑色镶边，上绘金色游龙，包袱底部则绘红色流苏作点缀。夹底中间作枋心，内绘锦纹图案，枋心两边作箍头，木柱在夹底以上的部位也都绘有彩画。

前轩的边贴也是在轩梁以下作夹底，上面遍施彩画。

厅内所有桁条都是居中为包袱，两端作箍头。正间桁条的包袱采用叠袱式，两侧边间则为上系式，包袱内绘有各式图案，绘制精细、题材丰富、形式多样。两端箍头的长度与花机相同，约占开间的 2/10，由各式花卉图案组成，显得活泼明快。

步桁（含轩步桁）以下，分别设有连机、夹堂板、步枋等构件，上面均绘有不同形式的彩画。连机上绘的是通长的连续花草图案；夹堂板被蜀柱分为三截，板面画有不同的花卉图案；步枋居中为包袱，正间为直袱，边间再加搭袱子做成叠袱，内绘各种锦纹图案，步枋两端以大朵的宝相花作箍头，箍头与包袱之间则绘有各式图案，富有变化。

由于翁氏家族的显赫身份，彩衣堂内的彩画制作等级很高，以上五彩做法为主，同时兼具中五彩和下五彩做法中的优长，融合了这三种不同等级的制作工艺与装饰效果。使用沥粉、贴金和晕色工艺，而且贴金较多，采用点金、描金、堆金等多种手法进行装饰，使彩画显得金碧辉煌、富丽堂皇。在图案的选用上，除了织锦纹样之外，还有游龙、凤凰、麒麟、仙鹤、喜鹊等珍禽异兽以及牡丹、石榴、荷花、莲藕、西番莲等奇花异草，结合木雕、堆塑等装饰手法，组成了双狮滚绣球、莲池鸳鸯、松鹤延寿、喜上眉梢等各种吉庆图案，内容十分丰富，这在现存的江南苏式彩画中十分罕见，具有极高的研究价值与欣赏价值，被誉为江南苏式彩画的代表作，这也是彩衣堂被定为全国重点文物保护单位的重要原因。

### （三）实例 3：苏州忠王府

太平天国忠王府，位于苏州市东北街 204 号，与拙政园毗邻相接，是忠王李秀成在占领苏州期间（1860—1863 年），利用拙政园花园部分以及东、西部的宅第等合并改建而成，是全国保存最完整的一组集公署、住宅、园林于一体的太平天国历史建筑群。1961 年被国务院公布为第一批全国重点文物保护单位，现辟为苏州博物馆。

苏州忠王府的建筑彩画是江南清代苏式彩画的典型代表。根据苏州博物馆编著的《太平天国忠王府彩画》一书介绍，现存彩画共计 341 幅，具体分布在忠王府中路的门厅、轿厅、前殿、后堂等建筑内，若加上后殿的 9 幅壁画，总计为 350 幅。其数量之多，艺术水平之高，在江南均属首屈一指，是江南清式彩画保存最为完好的一处，具有很高的历史文化价值与研究欣赏价值。

苏州忠王府的建筑彩画，其主要特点是构图灵活、题材丰富，色彩清新淡雅，图案、纹饰多样化。

在做法上，采用江南苏式彩画中的下五彩做法，特点是无沥粉，无贴金，仅以黑色线条勾边，线条内以青、绿、丹三色平涂，线条外顺黑线勾一道白粉，有的线条也作简单的退晕，但通常只退二色，以追求自然朴素的效果。

在色彩上，整体以暖色调为主，红黄多作底色平涂，青绿大都用于勾画纹样，许多色调基本上都降低纯度用之，如淡红、淡黄、淡绿等，追求色彩的自然与柔和，使彩画显得简洁淡雅、清新明快，与粉墙黛瓦的建筑风格相协调。所选用的颜料，以矿物性颜料为多，植物性颜料辅之，使彩画不易脱落与变色，能够长久保存。

忠王府内不仅有内檐彩画，还有外檐彩画，在构图比例上，两者的处理则有所不同。对于内檐彩画中的桁、枋等横向构件，保持了包袱锦"三段式"做法的传统比例，将构件总长均分为三段，居中为锦袱（又称堂子），锦袱的两端称为地，地的外端称为箍头。但在外檐构件的彩画上，为了突出锦袱，使之更为醒目，则将居中的锦袱加大，达到了总长的1/2，余下的则是箍头与地均分。

对于长度较短的构件，如轩梁、楣川、川枋等，为使画面不致过分拥挤，便取消了箍头而只画锦袱，并将锦袱拉长至构件的1/2，余下的均为地，显得简洁大方。

对于外形不对称的构件，如扁作的双步与川，则采取满构图的形式，先满铺锦纹作地，再以秋叶、葫芦、折扇等图案作框，内绘山水、花鸟、静物等题材的各式图画。

对于"包袱锦"的外框，根据其所在部位的不同，也分别作了不同的处理：①用于桁条、圆梁等圆形构件的是方形的直袱子或三角向上的系袱子，②用于扁作山界梁的是三角向下的搭袱子，③用于枋类构件的均为直袱子，但直袱子的两边，有的为直线，有的为折线，有的为半圆，有的为如意形，变化颇多。

忠工府彩画的锦纹式样保持了江南彩画的一贯风格，主要采用丝绸织锦的几何图形，有四方锦、六方锦、六角锦、万字景以及各式龟纹、回纹等多种，有的图纹之间还饰有团花、折枝花、彩蝶、蝙蝠、祥云、八宝等仿织锦效果的花样，加上各种卷草花纹以及福、禄、寿、喜等字样组成的吉庆图案，内容丰富、寓意吉祥、构图严谨、生动流畅、富有变化，充分体现了江南丝绸文化在建筑装饰上的运用。

忠王府彩画的题材非常丰富，主要分为龙凤题材、吉祥题材、写生题材（山水、花鸟）等几类。

绘制于太平天国期间的龙凤图案，是忠王府彩画的显著特点。由于特定的历史原因，这些图案后来曾遭大肆涂盖，但随着时间的推移，油漆日益剥落，加之历年来的清理与修复，其生动的轮廓造型已日益显露，从现存的彩画来看，图案内容主要有双龙抢珠、祥云团龙、丹凤朝阳、凤穿牡丹等多种，这在当时是朝廷所禁止的叛逆行为，但也表现出了太平天国将士敢于藐视清廷的反抗精神。

吉祥题材则是通过龙、凤、麒麟、狮子、蝙蝠、仙鹤、鹿等吉祥动物以及牡丹、海棠、芙蓉、石榴、佛手、灵芝等吉祥的植物花卉，经搭配组合成飞龙云蝠、凤穿牡丹、彩凤衔花、花石麒麟、石榴花篮等吉祥图案，这些题材或通过动植物本身，或通过谐音，给人以吉祥富贵的含义。

写生题材以山水风景、花鸟虫鱼等为主，这些彩画大多用写意的手法加以描绘，以简洁淡雅为主调，绘画的技法有工笔、线法、渲染、墨法等多种，并在此基础上进行简化或夸张，尤其注重意境的表达，以达到轻松活泼、自然明快的艺术效果。

总之，忠王府的彩画，以绘制精细、风格秀丽著称于世并留存至今，这些色彩绚丽、内容丰富的彩画是清代江南苏式彩画的代表作，也是我国优秀传统文化宝库中极其珍贵的遗产，具有很高的艺术欣赏价值与历史研究价值。

**（四）实例 4：苏州园林中惟一的彩画实例——艺圃乳鱼亭**

乳鱼亭位于艺圃东南部，始建于明代，虽历经修缮，但仍保留了明代的基本架构与风格，是苏州园林中惟一明代遗构的亭子，具有很高的历史价值与艺术价值。

乳鱼亭的另一个特点是亭内绘有彩绘，这在苏州园林中极为罕见，当为孤例。该亭的内外，凡是桁、枋以及各种牌科构件的表面，包括顶部天花板上，均绘有各种大小不一、造型独特的草龙图案，为历史上所施彩绘的陈迹，虽然年代不详，但仍显得十分珍贵。为了保护这笔珍贵的历史遗产，自1984年艺圃修复开放至今，对整座乳鱼亭，除了檐柱、立柱与吴王靠外，均未施油漆，而是仅作清洁性的保护处理，使彩画能够充分展示，便于游客观赏，同时也使乳鱼亭显得更加古朴与高雅。

但是，由于彩画长期暴露在外，经过30余年的自然老化，局部彩画已出现粉化及颜料层脱落等现象，虽然还保留了彩画的大部分，但是损坏日趋严重，形势不容乐观，急需保护修复。可喜的是，有关部门已采取了相应的措施。据报道，2020年7月，苏州园林局相关部门邀请了国内著名的彩画保护单位与专家，将乳鱼亭的彩画列入研究性保护项目，相信在不远的将来，一定能够使乳鱼亭彩画成为江南地区彩画保护的典范。

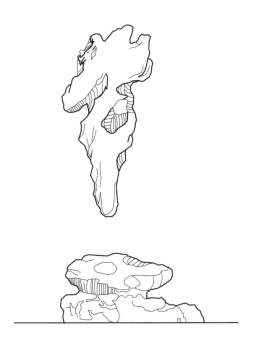

# 假山篇

　　古典园林布局，除厅堂亭阁等建筑以外，当以挖池叠山为主。假山与房屋、树木、花卉相配合，犹如天然画面，坐憩其间，仿佛置身于山泉林壑之中，更得天然真趣。假山在古典园林中被广泛采用，其堆叠工艺是古典园林营造中一项重要的施工内容。根据叠山用石的不同，假山有湖石假山与黄石假山之分，而假山的堆叠形式又有叠山与置石之别。

# 第十五章 假山

古典园林布局，除厅堂亭阁等建筑以外，当以挖池叠山为主。假山与房屋、树木、花卉相配合，犹如天然画面，坐憩其间，仿佛置身山泉林壑之中，更得天然真趣。假山在古典园林中被广泛采用，假山的堆叠工艺是古典园林营造中一项重要的施工内容。

## 第一节 假山材料与运用

假山是以自然山水为蓝本，经艺术的提炼与加工，用人工堆叠起来的山，其堆叠过程称为叠山。假山根据其所用材料的不同，可分为土山、石山与土石相间的山；如若按山体的大小来分，又有大山与小山之别。

### 一、土石的运用

假山的主要材料有土与石两种。在土石的运用上，园林内的土山常用挖池所得之土，做到一物两用，可省工料，而石山须用山石人工叠置，较费财力，土石相间则利于绿化，所以土与石的结合是否得当不但影响造山的风格，而且和材料、人工也有极密切的关系。

古人在长期的造园实践中总结出"大山用土，小山用石"的用料原则。

大山用土，土因取材方便，以土代石，可减工料，况且堆土成山，便于植树造景，混假山于真山之中，可得天然山林之趣。

小山用石，可以充分发挥堆叠的技巧，使之变化多端，便于造景，而且在面积较小的范围内，也不宜聚土为山，在庭院中点缀小景，则更宜用石。

虽说是小山用石，但也不可无土，故当以用石为主，附之以土，因为山若无土，则难长草木，如人之无肉，缺少毛发，毫无生机可言。而大山用土，也不可无石，土山无石，若人之无骨，不耐持久，极易崩塌，占地既广，又碍观瞻，故当以石围之，用以挡土，因此"外石内土"是历代工匠堆筑土山的常用做法。

从苏州园林里的假山来看，也很少有真正的石山与土山，更多的是土石混合堆成的假山，但是有石多土少与土多石少的区别，因此给假山的堆叠带来了更多的变化空间。

石多土少的山，俗称"石包土"，此类假山先以山石叠出山的范围与骨架，然后再覆土，土上则植树种草。具体做法是：在主要观赏面堆叠石壁洞壑，山顶和山后覆土，从外观上看，山体的表面主要由自然山石所构成。这种露石不露土的假山占地面积较小，用于营造悬崖峭壁，深涧洞壑等自然景观尤为适合，艺圃的临池假山便是。

土多石少的假山，俗称"土包石"，以堆土为主，只在山脚和山的局部用石，用以固定土壤，并形成山体的轮廓，因其土多石少，便于植树造林，以形成古木参天、绿树成荫的自然山林景象。在土山较陡的坡地上，常散置山石用以护坡，以防止水流的冲刷而引起泥土流失，有的则在此加置梯级蹬道，以便上下。另外，若在土山上点置散石，宜采用浅埋或半埋的方式，就如地下岩石或山脉露出土外，方显自然，以减少人工痕迹。

## 二、假山用石

由于在有限的空间内，堆土为山很难塑造出高耸、雄奇、变化多端的假山造型，自从叠石为山的技巧发展以后，造园者便逐渐偏重于石山，于是到处采访佳石，作叠山之用，而石的品类也就随着叠石的需要而逐渐增多。起初并不限于某一品类，也不限于某一产地，其目的只是用于叠山。后来又慢慢发展成带峰石，品类和产地因而为人所重视。

在选石的问题上，明代的造园家计成有其独到的见解。他认为选石首先应该注意产地的远近，因为石质笨重，运输不方便，主张就近取材，节省人工盘驳的费用，其次要注意石质，取其坚实耐久，不易损裂。在他所著的《园冶》里特立"选石"一章，列举了他曾使用过的十余种山石，其中适宜叠山的有太湖石、龙潭石、岘山石、宣石、散兵石、黄石等六种，并详细介绍了他们的产地、形态、色泽、性质。

在计成所列的六种山石中，按照材质来划分，可分为湖石与黄石两类，其中太湖石、龙潭石、岘山石、宣石、散兵石等五种均属湖石类。

湖石，其材质为石灰石，多数产于水边，历经湖水千百年的侵袭冲刷，表面形成若干涡洞与皱纹，极富变化，边缘圆润，是叠山的极佳材料，如太湖石、龙潭石、岘山石。也有少数产自山上，因长期遭雨水的侵袭或地下水的浸泡溶解，也能形成一些涡洞与皱纹，具有孔窍脉络，如宣石与散兵石。

黄石，是一种带橙黄颜色的细砂石，受气候影响风化后，逐步分裂而形成。其石形顽劣，见棱见角，节理面近乎垂直，雄浑沉实。与湖石相比，黄石平整大方，立体感强，块钝而棱锐，无孔洞，但有强烈的光影效果。产地很多，苏州、常州、镇江等地均有产。

## 三、苏州园林的假山

苏州园林中的假山，以湖石假山居多，而且用的多是太湖石，该石因产自太湖西山岛而名。石色青灰带白，质坚而润，扣之有微声，纹理纵横，脉络显隐，石面上遍多坳坎，称为"弹子窝"，形成自然的沟、缝、穴、洞，外观玲珑剔透，是湖石中之上品。

湖石叠山的特点是因石导势，相接自然、流畅，纹理通顺，石色统一，镶石勾缝，细腻隐蔽，凹、凸、悬、突，质感明显，远近层次富于变化，山体轮廓线清晰，如行云流水般流畅。

湖石叠山，变化颇多，既能叠出高山耸立之雄伟，又能表现危崖峭壁之险峻，架飞梁以渡峡谷，叠溶洞可见幽深，以及垒花台、筑池岸等，各种运用，不胜枚举。苏州历来叠山名家辈出，假山成功之作比比皆是，其中以环秀山庄的湖石假山最为著名。

黄石用来叠山，显得棱角分明，纹理古拙，显现出山石的自然质感。山体大多横平竖直，层次交叉引退，山形凹凸自然，刚劲有力，尤宜用来表现临水深渊、沿池峭壁。苏州耦园的黄石假山以及网师园的云冈与环池驳岸，都是此类作品的代表。

# 第二节　叠山意境与理念

假山的堆叠过程，称为叠山。叠山之术，法无定制，本为综合天然与人工之艺术，立意贵乎气魄，取材须效天然，布局首重意境，与中国传统的山水画有异曲同工之妙，采用的也是以少胜多、以小见大的手法。山乃园之骨架，水即园之灵魂，所谓"山因水活，水随山转"，便是历代造园家的心得体会。于是，或堆山挖池，或叠石引泉，或栽花植树，或建楼筑亭，由此构成了多样而幽美的画面，因此虽由人作，却宛自天开。

## 一、叠山意境

假山在古典园林中占有很重要的地位，自古以来就有"无石不成园"之说，石无定形，山有定法。所谓定法，就是叠山所须遵循的规则。由于受中国山水画的影响，按照山水画的意境来叠山，已成为表现假山风格的重要手法之一。古代叠山工匠在长期的施工实践中，根据自然界山崖洞谷的具体形象，结合各种岩石组合的特性，并融入相应的各种画理，通过不断地总结与提炼，创造出了各种富有变化，又具有雄奇、峭拔、幽深、平远等不同意境的假山作品。

假山艺术最根本的原则是"有真为假，做假成真"，大自然的山水是假山创作的艺术源泉和依据。真山虽好，但在造园时没有完全模仿之可能与必要，因为假山作为艺术作品，追求的是意境，要善于概括与提炼，采用的是绘画中的"裁山分水"手法，使之比真山更为概括、更为精炼，从而达到"一峰则太华千寻，一勺则江湖万里"的深远意境。

《园冶》中有云："有真为假，做假成真；稍动天机，全叨人力。"其中"真"为自然山石之真，"假"为人工山石之假，意思是说，按照真山的意境来叠山，便能叠出真山的效果；所谓"稍动天机"，指的是假山的构成、设计要靠巧思，"全叨人力"说的是假山的完成则全靠人力。

假山的设计与中国传统的山水画一样，关键是要抓住各种不同类型的山的特点与意境，所谓"春见山容，夏见山气，秋见山情，冬见山骨""夜山低，晴山近，晓山高"等，这些都是古代画家通过长期观察所得出的结论，对于叠山也有一定的借鉴之处。

园林叠山的处理手法很多，但用得最多的是对比手法，主要体现在体量上大与小、轻与重的对比，布置上主与次、分与合、疏与密、聚与散的对比，距离间远与近的对比，垂落间高与低的对比，线面上曲与直的对比，形态上扬与抑的对比，层次间前与后、凹与凸、进与退的对比，纹理间横与直、皱与平的对比，细部处理上虚与实、隐与显、藏与露、明与暗的对比以及山与水之间静与动的对比等，这些都与山水画同出一理，由此可形成众多的优美画面。

但凡成功的叠山名家，无不以天然山水为蓝本，参以画理，外师造化，中发心源，才能创造出源于自然而高于自然的假山作品。苏州古典园林的建造，大多由文人、画家参与构思与设计，因此既有诗意，又通画理；而叠山工匠，历代名家辈出，至今留下了诸多的假山名作，供现代人借鉴与欣赏。

## 二、叠山理念

苏州已故著名园艺家汪星伯先生对苏州园林的假山颇有研究。在20世纪五六十年代，曾主持与指导苏州园林假山的修复工作，具有丰富的实践经验，并对此进行了理论上的总结，著有《假山》一文，文中所提出的"三远""十要""二宜""四不可""六忌"等叠山理念颇具见地，至今仍为叠山界工匠所遵循，现摘录如下，以供参考。

### （一）三远

学习山水画的，首先注意三远，即高远、深远和平远，因为在一幅小小的纸上，要表现壮丽山河，所谓有咫尺千里之致，就非要懂得三远的画法不可。在园林中堆置假山，由于受到占地面积的限制，所以和绘画一样，在手法上也必须注意三远。

（1）高远：前低后高，山头作之字形（图15-2-1）。

（2）深远：两山并峙，犬牙交错（图15-2-2）。

（3）平远：平岗小阜，错落逶迤（图15-2-3）。

这里所谓三远，是从一定的位置去观察，不是面面俱到，所以在施工时，创作者还须根据实际需要，灵活运用。

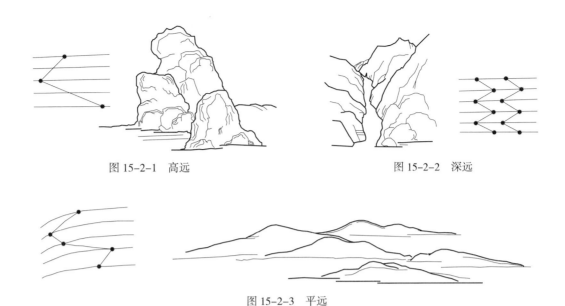

图 15-2-1　高远　　　　　　　　　　　　　　　　图 15-2-2　深远

图 15-2-3　平远

### （二）"十要"

1. 要有宾主

在一个园林中，只能有一个主山作为骨干，其余部分的体积和高度绝不能超过主山。在一座山的本身只能有一个主峰，其他的峰也不能超过主峰，高低、大小都不能一律，也不能对称。

2. 要有层次

层次有二：一是前后层次，用来表现深远；一是上下层次，用来表现高峻。群山要有层次，一山的本身也要有层次，体积和范围越大，层次越多，树立一块以上的峰石也是一样。

3. 要有起伏

一座山从山麓到山顶，绝不是直线上升，而是波浪式的由低而高，由高而低，这是本身的小起伏。山与山之间，有宾有主，有支有脉，这是全局的大起伏。

4. 要有曲折

起脚必须弯环曲折，有山回路转之势，以便处处设景，又须与层次起伏相结合，才能具有不同的丘壑。

5. 要有凹凸

凹凸主要适用于石山。凡叠山，不论岗峦、岩洞、溪涧、池岸，都必须有凹有凸，才能显出突兀之势，但要避免规则化，以致失去自然之趣。

6. 要有呼应

堂前堂后，池北池南，或左或右，或大或小，此呼彼应，布置随宜。

7. 要有疏密

疏密，就是集中与分散，在一个园林中，不论是群山还是小景，都应该有疏有密，过于集中或过于分散都不适当。

8. 要有轻重

叠山用石，须有适当的数量，过多则臃肿不灵，显得笨重；过少则单薄寡味，又嫌太轻。此外，轻与重之间还须相互调协，不宜过于悬殊。

9. 要有虚实

四面环山，中有余地，则四山为实，中地为虚。重山之间必有层次，层次之间必有距离，则山体为实，距离为虚。一山之中有岗峦洞壑，则岗峦为实，洞壑为虚。靠壁为山，以壁为纸，以石为绘，则有石处为实，无石处为虚。局境不论大小，必须虚实互用，方为得体。

10. 要有顾盼

顾盼有二义：一是宾主之间、峰峦的向背俯仰，必须互相照应，气脉相通；一是层次之间，必须彼此让避，前不掩后，高不掩低。

### （三）"二宜"

1. 造型宜有朴素自然之趣，不宜矫揉造作，故意弄巧，如叠成"十二生肖""虎豹狮象""骆驼峰""牛吃蟹"等，未免流于恶俗，失去创造风景的本意。

2. 手法宜简洁明了，不宜过于繁琐或拖泥带水，交代不清。要做到这一点全在事先的充分考虑和熟练的技术经验。

### （四）"四不可"

1. 石不可杂

石的品种众多，色泽、纹理各具特征，如湖石与黄石就截然不同，因而堆叠手法上也不可能一样。湖石玲珑宛转，以瘦皱漏透为美，所以在堆叠方法上，必须用色泽相近、形态相类、脉络孔眼可以相通的石块拼缀成一个整体，要求能够天衣无缝，生动自然。黄石纹理古拙，以苍老端重为美，所以在堆叠方法上，必须注意两种纹和两个面，即横纹和直纹、平面和立面。凡平面以横纹为主，凡立面以直纹为主，交错使用、棱角分明。湖石体近乎圆，黄石则体近乎方。一圆一方绝不相同，因此两种石质绝不可混杂使用。这里虽然仅指湖石与黄石两种，亦适用于其他石类。凡性质不同的，都不可混杂使用，以免降低艺术趣味，影响风格。

2. 纹不可乱

同一品种的石纹，有粗细横纹、疏密隐显的不同，必须取相同或近似之纹放在一处，使其互相协调，当顺则顺，当逆则逆，要与石性相一致，不可颠倒杂乱。

3. 块不可匀

叠石时选择石块必须有大有小、有高有低、交错使用，方显生动自然，不可匀称，以免呆板。

4. 缝不可多

石以大块为主，小块为辅，大块多则缝少，小块多则缝多。手法务求简练，简练则刹垫石片少，石片少则缝亦少。

### （五）六忌

1. 忌如香炉蜡烛

三峰并列在一条线上，中间低，两边高，形同案前的香炉蜡烛。

2. 忌如笔架花瓶

一峰居中直立，左右排列两峰，形同笔架，上小下大，颈细腹粗，形同花瓶。

3. 忌如刀山剑树

排列成行，形如锯齿，顶尖缝直，谓之刀山剑树。

4. 忌如铜墙铁壁

缝多口平，满拓灰浆，呆板无味，寸草不生，真是铜墙铁壁。

5. 忌如城廓堡垒

顽石一堆，整齐划一。即既无曲折，又少层次，形似城廓堡垒。

6. 忌如鼠穴蚁蛭

叠床架屋，奇形怪状，大洞小眼，百孔千疮，谓之鼠穴蚁蛭。

# 第三节　叠山

假山的堆叠过程，称为叠山，叠山是一项脑力与体力相结合的特殊工作，对艺术与技术的要求很高，非专业工匠不能为之，因此，要想掌握该项技能，就必须对其中的施工流程、分层结构、施工技法等内容有充分的了解和掌握。

## 一、施工流程

### （一）选石

选石是叠山施工的第一步，也是最关键的环节。石材的准确选用直接影响到假山成型后的艺术效果。所谓选石，便是对所用山石的采购，其要点是：首先必须符合所叠假山所用山石的材质，如湖石或黄石；其次要符合所叠假山在造型、功能、结构等方面的要求，如山石的形态、色泽、纹理、耐压承重等指标；另外，在满足上述要求的前提下，就近采购也很重要，因为可以大量地节省叠山成本。

### （二）相石

相石是指叠山前对运至现场的山石进行观察与分析，根据每块山石的大小、形态、色泽、纹理的不同，预计其用途或摆放的位置，做到心中有数，并按序摆放。对于有特殊用途的山石，更要另行摆放，这样在叠石时可以根据需要，随时取用，以节省人力物力，加快施工进度。

### （三）立基

叠山也和造屋一样，需要先做基础。基础的大小与形式，根据山形的大小和轻重来决定，在江南的传统做法中，通常是采用打木桩与块石基础两种形式。

### （四）分层堆叠

假山是由多重层次组成的，层次是表现整体造型艺术效果的主要环节，同时还起着叠压、咬合、穿拉、配重、平稳等结构功能。

### （五）收顶

假山或拼峰，把叠置在最上层部位的造型山石称为收顶，江南的叠山工匠常把收顶称为"结顶"。

### （六）镶石拼补

镶石拼补是叠山细部艺术加工的重要环节，起到保护垫石、连接、沟通山石之间纹脉的作用。镶石的一般要求是选石宜大则大，用一不二，色泽一致，纹理吻合，脉络相通，连接自然，宛如一石。

### （七）胶结、着色、勾缝

胶结、着色、勾缝，是叠山过程中的最后一道工序，判断质量的标准是密实、平伏、饱满、收头完整、适当留出自然缝，切忌满勾。以湖石为例，勾缝材料与山石衔接自然，顺沿拼石的轮廓曲线走向，接缝细腻，缝边缘与山石自然过渡衔接。黄石勾缝则要求平伏，不高于浮石面，显出石缝，转角忌圆，横缝满勾，勾抹材料隐藏于缝内，多留竖缝，根据石色适当掺色。

## 二、假山的分层结构

假山的分层结构，主要由以下几个部分组成：

### （一）基础

假山的基础，根据所用材料的不同，有桩基础、灰土基础、毛石基础、混凝土或钢筋混凝土基础等数种。基础的选用，须根据假山所处的位置、山体的结构、荷载的大小等诸多因素而决定。

对于临水或近水的假山，须采用桩基础；位于陆地的假山，可采用灰土基础或块石基础，但江南多雨，地下水位较高，不适宜做灰土基础，故更多地采用块石基础；而混凝土或钢筋混凝土则可用于任何类型的假山基础。

1. 桩基

苏州古典园林的假山，桩基通常采用杉木作桩，因为杉木深埋于水中或土内，可历经数百年而不腐，而且桩顶置石，涩而不滑，不易滑动，可保证假山的坚牢稳固。木桩的直径宜在 10~14 厘米之间，桩长由地下坚土的深度决定，多为 1~2 米，上部荷载大时可适当放长，桩的间距一般在30~60 厘米之间，依基础的长度方向，分两行或三行交叉布置。

临水的假山，基底必须位于最低水位线以下，将木桩夯打结实至基底后，桩顶之间须再夯打嵌桩石，以增强土的密实程度，并起到共同承担上部荷载的作用。桩顶之上，盖有一皮厚的平整的石块，称盖桩石。

2. 块石基础

块石基础，也称毛石基础，是旧时采用较多的一种假山基础形式。做法较为简单，将基底清理整平后，基底上满铺块石，将其逐块夯打结实后，缝隙间用碎石、破砖、瓦屑等灌满填平即可，《园冶》中所说的"堑里扫以渣灰，着潮尽钻山骨"，便是此种做法。现在通常采用细石混凝土灌缝，将其连成一体，则效果更好。若局部地基较为松软，为减少挖土，可先以石丁作桩，夯打结实后，再做基础，用以提高地基承载力。

3. 混凝土与钢筋混凝土基础

混凝土与钢筋混凝土基础，其特点是承载能力强，适用范围广，施工简便、快捷，是现代假山普遍采用的基础形式。

（二）拉底

所谓拉底，便是在基础之上铺置最底层的一层假山石，所用石料要与叠山材料相一致，不得混搭，以免影响效果。拉底要用大而平整的山石，坚实、耐压，不允许用有裂缝、损伤或风化过度的山石。拉底的高度以一层大石块为准，该层山石大部分在地面以下，小部分露出地表，由于假山的空间变化都立足于这一层，所以叠山匠师们把拉底看作叠山之本。其要点是：石块摆放时大而平的面要朝上，有形态的观赏面要朝外，石块之间不一定要搭接紧密，但平面布置必须参差错落，有凹有凸，避免排列整齐，呆板乏味。每安装一块山石，应立即用刹片垫稳，并用砂浆将刹片固定，防止因刹片移动而影响山石的稳固，以便于上部假山的继续施工。若是临水的山石，其底部应位于水位线以下，以免基础外露而影响美观。

（三）中层

假山的中层，指的是拉底层以上至结顶层以下的部位，是山体的主要构成部分，其堆筑质量的好坏直接影响到整座假山的造型与观赏效果，十分重要。

中层堆筑的要点是：接石压茬纹理要顺；叠石布置须错落有致，交叉凹凸，避免出现如等腰三角形、四方形、长方形、品字形等对称性及规则性的形状。讲究运用折、搭、转、换的技巧手法，所谓的折，是指山形在局部块体上的变化，由一个方位折向另一个方位；搭是指假山块体的搭接，在按层状结构的叠置中，必须有搭接处才会有过渡关系；转即假山块体在空间方位上的变化，由一个方向转到另一个方向上去；换则是假山块体由一种节理层状换为另一种形式，如水平的层状节理换为竖向的层状节理。唯有如此，方能够表现出山石沟壑的自然变化。

崖壁与溶洞是假山中层的主要形式。在叠置崖壁时，如作悬挑，其挑石应逐步分层挑出，过渡要自然，并能满足正、侧、仰、俯等多视角观赏的要求，所用挑石不得有暗残、裂缝等缺陷，以免受压后断裂，上面压石的重量不得少于悬挑重量的 2 倍，以确保稳定。这是因为做悬崖时层层向外挑出，重心前移，为保证石体重心稳而不偏，必须要用数倍于前沉的重力来稳压内侧，把前移的重心再拉回到假山的重心线上来。正如《园冶》所云："如理悬岩，起脚宜小，渐理渐大，及高，使其后坚能悬。"这里的"后坚能悬"便是这个意思。

### （四）收顶

山顶是决定整座假山重心和造型的主要部分，其堆叠过程称为收顶（也称结顶），是叠山中极为重要的一道工序。其要点是：收顶要与山势、走向相呼应，与山的体量、纹理等相协调，把握总的观赏效果；收顶用石一般要求用体量较大且与山形相吻合的造型石，以便于山顶的收头；也可用同色、同纹理的山石组合堆叠，细部处理要富有变化，适当断连，留空、留白，收头要完整，从而符合多方位观赏的要求。

### 三、叠山技法

叠山技法指的是山石之间相互结合的形式与操作要领，这是历代工匠在长期的叠山实践中得出的宝贵经验，并以单字诀的形式流传至今。

安，即安置山石的意思，有单安、双安、三安之分。双安即在两块不相连的山石上安置一块山石，以在竖向立面上形成洞岫；三安即在三块山石上安置一块山石，使之连成一体。所以，安石主要通过山石的架空来突出"巧"和"形"，以达到观赏面的空灵虚隙，见图 15-3-1。

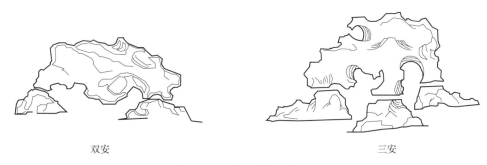

双安　　　　　　　　　　　　　三安

图 15-3-1　叠山技法（图例一）

连，即山石与山石之间水平方向的相互搭接。连石要根据山石的自然轮廓、纹理、凹凸、棱角等自然相连，并注意连石之间的大小不同、高低错落、横竖结合，连缝或紧密，或疏隙，以形成岩石自然风化后的节理，同时应注意石与石之间的折搭转连（图 15-3-2a）。

接，即山石与山石之间的竖向搭接。"接"要善于利用山石之间的断面或茬口，在对接中形成自然状的层状节理，这就是设计中所说的横向（水平）层状结构及竖向层状结构的石块叠置。层状节理既要有统一，又要有变化，看上去好像自然风化的岩石一样，具有天然之趣。若在上下拼接时，山石的茬口不在一个平面上，这就需要用镶石的方法进行拼补，使上下山石的茬口相互咬合，宛如一石（图 15-3-2b）。

斗，叠石成拱状，腾空而立为"斗"，它是模仿自然岩石经流水的冲蚀而形成洞穴的一种造型式样。叠置时，在两侧造型不同的竖石上，用一块上凸下凹的山石压顶，并使两头衔接咬合而无隙，作为假山上部的收顶，以形成对顶架空状的造型（图 15-3-2c）。

拷，是指位于主要观赏面的山石，其侧面平淡或形态不佳时，便在其侧面茬口用另一山石进行拼接悬挂，作为补救，以增强叠石的立体感，称之为"拷"。拷石可利用山石的茬口咬合，再在上

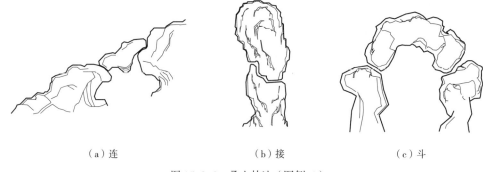

|（a）连|（b）接|（c）斗|

图 15-3-2　叠山技法（图例二）

面用叠压等方法来固定，如果山石的茬口比较平滑，则可利用水泥等来进行粘合（图 15-3-3a）。

悬与垂，均为垂直向下凌空悬挂的挂石，正挂为"悬"，侧挂为"垂"。"悬"是仿照自然溶洞中垂挂的钟乳石的结顶形式，悬石常位于洞顶的中部，其两侧靠结顶的发券石夹持。也有用于靠近内壁的洞顶的，而南京瞻园南山则在临水处采用倒挂悬石，别具情趣。"垂"则常用于诸如峰石收头的补救，或壁山作悬等，以造成奇险的观赏效果。垂石一般体量不宜过大，以确保安全（图 15-3-3b、图 15-3-3c）。

挂，石倒悬则为"挂"，挂与悬相同，只是南北称谓不同。

|（a）挎|（b）悬|（c）垂|

图 15-3-3　叠山技法（图例三）

卡，即在两块空隙的山石之间卡住一块小型悬石。这种做法必须是左右两边的山石形成上大下小的契口，再在契口中放入卡石，其只是一种辅助陪衬的点景手法，常用于小型假山中，而大型假山因年久风化后易坠落而造成危险，所以较少使用（图 15-3-4a）。

剑，将竖向取胜的山石直立如剑的一种做法。山石剑立，竖而为峰，可构成剑拔弩张之势，但必须因地制宜，布局自然，避免过单或过密。拔地而起的剑锋，如配以古松修竹，常能成为耐人寻味的园林小景（图 15-3-4b）。

飘，挑头置石为飘。飘石的使用主要是丰富飘头的变化。飘头的选用，其纹理、石质、石色等应与挑石相一致或协调。通过飘的处理，能使假山的山体外形轮廓显得轻巧、空透、飘逸。它多用于湖石假山类型中的小品堆叠（图 15-3-4c）。

"飘"多用于湖石类风格假山中的小品堆叠、石与石之间的镶石或搭接。做"飘"所用石块体量一般较小，以细、薄、弯、长特征为首选。"飘"的最主要优点是能够按创作造型的构思对拼叠组合假山的外形轮廓、洞形、石纹、石脉、石筋等进行补缺和艺术完善，具有留空、留白随意和山体轻、透、飘逸的特点。

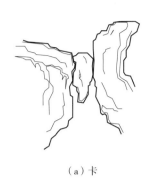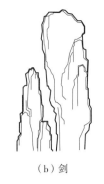

（a）卡　　　　　　　　　（b）剑　　　　　　　　　（c）飘

图 15-3-4　叠山技法（图例四）

挑与压，一般用于横向纹理的山石作横向出挑，以造成飞舞之势，所以又称"出挑"。"单挑"为一石挑出，"重挑"为挑石下有一石承托。如要逐层挑出，出挑长度以挑石的 1/3 为宜。挑石一定要选用质地坚固而无暗断裂痕的山石，一般以轻敲听声来鉴别，如是两头均出挑，对挑石的选用更要细心。"挑"的关键是"巧安后坚""前悬浑厚，后坚藏隐"，所以它和"压"有不可分割的关系。"偏重则压"，即横挑而出的造型山石会造成重心外移，偏于一侧，此时须用山石进行配压，使其重心稳定，所以压石尤以能达到坚固而浑然一体最为重要。一般一组假山或一组峰峦，最后的整体稳定靠收顶山石的配压来完成，此时则需要选用一些体量相对较大、造型较好的结顶石来配压收顶，这样会显得既稳固又美观（图 15-3-5a、图 15-3-5b）。

叠，"岩横为叠"，即用横石进行拼叠与压叠，以形成横向岩层结构的一种叠石技法，这是传统假山堆叠中最常用的方法。如网师园的"云冈"黄石假山的造型，就是以"岩横为叠"为主要手法而构成的。但在具体堆叠中，必须留意石与石之间的纹理一致（图 15-3-5c）。

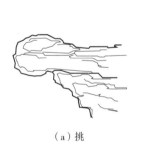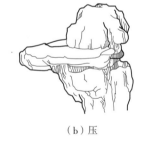

（a）挑　　　　　　　　　（b）压　　　　　　　　　（c）叠

图 15-3-5　叠山技法（图例五）

竖，是指石洞、石壁、石峰等直立之石的一种叠石技法。用竖石进行竖叠，因所承受的重量较大，而受压面又较小，所以必须要做好刹垫，让它的底部平稳，不失重心，并拼接牢固。黄石假山的风格有横叠与竖叠之分，如耦园黄石假山中的悬崖和�矗峰就是用竖叠这种竖向的岩层结构进行施工造型的。在竖叠时，应注意拼接的咬合无隙，有时需多留些自然缝隙，不作满镶密缝，以减少人工痕迹（图 15-3-6a）。

撑，也称"戗"，即用斜撑的支力来稳固山石的一种做法。山石偏斜、悬挑、发拱、收顶均要用撑。撑石必须选择合理的支撑力点，外观还应与山体的脉络相连贯，以混为一体（图 15-3-6b）。撑因与黄石假山的横平竖直的岩层节理不甚符合，所以不适用，它常用于太湖石假山中，但也仅用于一些特殊置石的辅助加工和修饰，而且其用石一般较小。

钩，即在山石横平挑出过多的情况下，在挑出山石的端部放置一块具有转折形态和质感的小型山石，或向下做悬钩，以改变横向造型的呆滞（图15-3-6c）。

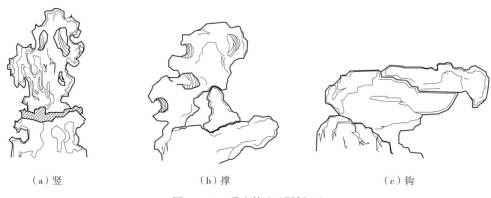

（a）竖　　　　　　　　（b）撑　　　　　　　　（c）钩

图15-3-6　叠山技法（图例六）

垫，是处理横向层状结构所用的刹石。在向外挑出的大石下面，为了结构稳妥和外观自然，形成实中带虚的效果，特垫以石块。此外，在假山施工过程中，都必须注意用刹片进行垫实，只有这样，才能使山石稳定牢固。古代假山的堆叠向来以干砌法为主，即在不抹胶结材料（如灰浆等）的前提下，使构成假山的山石重心稳定，结构牢固。所以说，叠山垫石最为关键。而胶结材料除了增加假山的整体强度外，还具有修饰山石间的拼接，使其天衣无缝、浑然一体，并有自然岩体的风化趣味的作用。垫足垫稳，不但可省胶结材料，而且坚固胜之。

拼，即把若干块较小的山石按照假山的造型要求，拼合成较大的体形。不过小石过多，容易显得琐碎，而且不易坚固，所以拼石必须间以大石，并注意山石的纹理、色泽等，使之脉络相通，轮廓吻合，过渡自然。

以上所列的叠石字诀是古代叠石匠师在假山造型施工中的一些典型手法，这些造型手法在施工中应灵活运用，切不可拘泥于形式，刻意去追求。

### 四、假山造型的分类做法

#### （一）绝壁

绝壁又称石壁，多半临水或近水。湖石叠砌的绝壁，以临水的天然山体为蓝本，仿照的是山体长期受波浪冲刷和侵蚀后所形成的表象，如环秀山庄的石壁，主要模仿太湖石涡洞相套的形状，涡中错杂着各种大小不一的洞穴，洞的边缘多数做圆角，石面比较光滑，显得自然贴切，堪称佳品。

耦园的黄石假山向来被叠山界所推崇，尤其是山之东侧的临池绝壁，山势直削而下，叠石大小相间，有横有直，凸凹错综，在天光水色的光影作用下，其效果与真山无异，气势雄伟峭拔，被誉为黄石绝壁之最。

#### （二）石洞

石洞是常见的假山构造形式之一，大多设在山的中层，或如洞室，或穿通山腹，或数洞相连，或蜿蜒上下，形式众多，不胜枚举。

洞的构造，如《园冶》所说："理洞法，起脚如造屋，立几柱著实，掇玲珑如窗门透亮，及理上，见前理石法，合凑收顶，加条石替之，斯千古不朽也。"所谓立柱，就是用石块叠成上大下小的石柱，几个石柱立在一起，上面即可收顶，再在顶部加上条石作为洞顶，柱与柱之间用石块封闭，如同隔墙，留出一方或二方作为洞口，也可适当留一些透光的窗洞。柱脚之下必须打桩，以保证柱脚坚固。

如果几个洞互相通连，就需要多留几个洞口，以便出入。在平面布置上，柱就是点，墙就是线，洞就是面（图 15-3-7、图 15-3-8）。

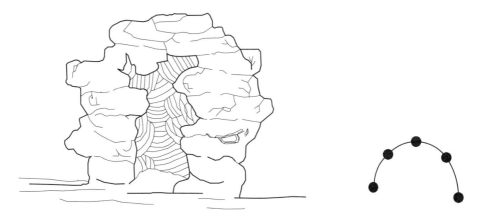

图 15-3-7　假山洞之平面与立面（图例一：单洞）

图 15-3-8　假山洞之平面与立面（图例二：数洞相连）

梁与柱的结合，分梁柱式、挑梁式、券拱式三种。

梁柱式是其中最简单的一种，具体做法是将花岗石制成的条石搁在山洞两侧的柱与墙上作为洞顶，通常用于洞壁跨度不大或较为深长的山洞。该做法的缺点是：虽然满足了结构上的要求，但洞顶与洞壁的结合不能融为一体，显得极不自然（图 15-3-9a）。

挑梁式又称叠涩式，具体做法是：在叠砌山洞两侧的柱、墙时，向洞的中线方向逐皮挑出，至洞顶用整块巨石压合，使下部山石受压后挤紧，不致松动，此法一般用于跨度较大的山洞（图 15-3-9b）。

券拱式就是用块状山石环绕洞壁，顺序起拱，以此叠成洞顶，最后将一块状如钟乳的条石垂直插下，将洞顶搂紧成拱，与传统的石拱桥做法相同。券拱式做法在运用上不受洞径大小的限制，尤其适于湖石溶洞的堆叠。此法为清代叠山名匠戈裕良所创，又称钩带法，苏州环秀山庄的假山溶洞就是戈氏用钩带法叠成，其效果与真山洞壑无异，因此，该做法被广泛采用而延续至今（图 15-3-9c）。

洞顶之上多为山顶平台，故须用石块铺设找平，铺石的厚度应使洞顶不致过分接近山巅，以免感到山体太过单薄而影响美观。平台之上，或堆土绿化，或铺路砌街，或置亭建屋，可根据具体情况作适当处理。

洞内顶部的高度不能太低，以免使人感到压抑并影响人体的正常活动，但也不能太高，致使洞内的比例不相协调。另外，洞内除洞门外，尚需设置一些大小不一的孔洞，作采光与通气之用，以方便人们的游览活动。

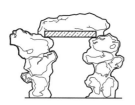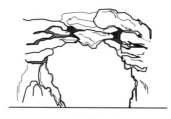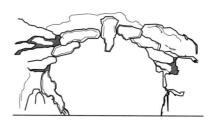

| （a）梁柱式 | （b）挑梁式 | （c）券拱式 |

图 15-3-9　梁与柱的三种结合方式

总之，假山洞的堆叠是一个复杂的施工过程，需要熟练掌握各种叠山技术，必须由经验丰富、技术高超的叠山工匠方能胜任，不可等闲视之，以免产生不可挽回的事故与损失。

### （三）蹬道

用山石叠砌的蹬道，是园林假山的主要形式之一，它可以随地形的高低起伏、转折变化而自由组合，成为上下假山的通道。无论假山高低与否，其蹬道的起点两侧一般均用竖石，而且常常是一侧高大，另一侧低小，有时也采用石块组合的方式，以产生对比的效果。竖石的体形轮廓以浑厚为佳，而忌单薄尖瘦；有时为了强调变化，也采用斜石，给人以动感。若盘山蹬道的内侧依傍于高大山体，其外侧所叠山石必须高于蹬道本身，作为上下攀登时的围护依靠。

蹬道的踏步一般选用长条状的自然山石，并以与山体相同材质者为佳，但也有湖石假山采用青石踏步、黄石假山采用花岗石踏步的情况。与假山蹬道相连的假山路面，有多种做法，如乱砖铺地、石板铺地、花街铺地等，可根据周边环境分别选用。

### （四）云梯

云梯即以山石叠成的室外楼梯，人们可由此上楼，是蹬道布置的另一种形式，具有造景与实用的双重作用，使建筑与环境融为一体。此类实例苏州园林中有很多，如留园的明瑟楼、冠云楼等处的上楼蹬道，最著名的是网师园梯云室前面的梯山，该山紧靠五峰书屋东山墙，由湖石叠成，拾级而上，可达五峰书屋二层，山内中空，洞壑相连，入洞盘旋而上，出洞后经平台亦可登楼，此为上楼的又一途径，可添几分登山情趣。整座梯山，以荷叶皴手法叠成，其外观酷似一朵腾然升起的云彩，故名为"云梯"。

### （五）谷

两山间峭壁夹峙而曲折幽深，两端有出口者称谷。在现存的假山作品中，以苏州环秀山庄的假山中的谷最为典型，两侧峭壁如悬崖，状如一线天，峡谷气氛极浓。而黄石山谷则有苏州耦园的"邃谷"，该谷将假山分成了东、西两部分，中间的谷道宽仅 1 米左右，环境僻静，曲折幽深。

### （六）涧、溪

谷中有水则称为涧或溪。其中深者为涧，浅则称溪。

### （七）水口

涧或溪的出口称水口，水口分两种，一是源头，二是出路，源头大都在山下，须与山势相呼应，如水之上游，出路离山稍远，如水之下游。

## 第四节　置石

除叠山外，假山的另一种形式是置石。置石是以山石为材料，或通过局部的组合作独立性的展示，来表现山石的个体美，其作用以观赏为主，所以不一定具备完整的山形，其特点是以少胜多，以简胜繁，置石的用量虽少，但对质的要求更高。

## 一、置石的布置形式

### （一）特置（独置）

特置也称独置。所谓独置，就是孤峰兀立，别无倚傍，故又称为立峰，是园林布局中山石处理的常用手法，既可作为某一景区中的主景，又可为填补空间作一定的点缀处理，起到穿插、连接、导向等作用。

人们常将造型奇特、体积高大的山石称为峰石，其中太湖石峰因其形态玲珑、色泽青润，为他处所不及，故被称为峰之上品。对于峰石的评价，历来用瘦、皱、透、漏四字来衡量。"瘦"是指石体纤瘦，形状怪异，挺拔露骨，无臃肿之态；"皱"是指石体筋脉显著，有纹理，多凹凸，不平板；"透"是指石体多空窍，四面玲珑；"漏"是石体有大孔，连环透空，能贯通上下左右。四字具备且高大者，当为峰之佳品，天造地设，可遇而不可求，尤为珍贵，如苏州园林中最大的观赏独峰——冠云峰，该峰高6.5米，清秀奇特，玲珑剔透，姿态秀丽，亭亭玉立，以瘦皱见长，漏透兼备，被誉为江南四大名峰之首。

峰石分独峰与拼峰两种。独峰多为湖石峰，树立在色泽、纹理、大小与之相匹配的基座上。其安装的技术要点主要有二：一是峰石的小头宜朝下，以充分展示出峰石轻灵飘逸的姿态；二是峰石的重心线要保持垂直，以确保峰石的稳固，这是独峰安装的关键环节，因为歪斜的峰石不仅影响稳定性，存在安全隐患，即使安装牢固，也会给人以不稳的感觉而影响观赏效果（图15-4-1）。

拼峰由数块色泽相近、纹理相似的自然山石拼叠而成，是一种较为复杂的布石形式，因为堆筑时不仅要保证结构安全，造型还须满足全方位的观赏要求。而每块自然山石都有多个面，各面之间的纹理存在很大差异，如只注重正立面的效果，那么侧面纹理很可能杂乱无章，只有发挥空间想象力"因石制宜"，巧妙穿插引退，才能创作出浑然一体的拼峰（图15-4-2）。

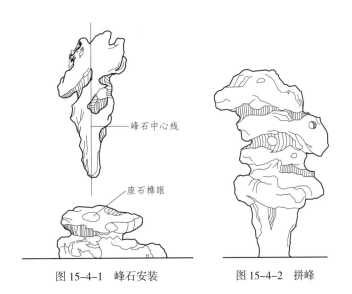

　　　　　　　　峰石中心线

　　　　　　　　座石榫眼

图15-4-1　峰石安装　　　　　图15-4-2　拼峰

### （二）群置

群置是将数块山石组成自然而富有变化的排列，作为一个群体来表现。群置要求石块大小不一，疏密相间，高低有变化，相互有呼应，具有自然活泼的特点，切忌排列成行及左右对称，以免平淡无奇、呆板乏趣。群置可以有主题，作为一组景观来处理，也可以没有主题，仅起到挡土护坡、延续山势等一些具有实际功能的作用。

### （三）散置

散置又称为"散点"，就是将山石作分散处理，点缀于池畔桥头、园路两侧、土山湿地、古木林下等处，用来衬托环境。按照地形或配景的不同，或单列，或成组，手法多样，颇具变化，点石看似随意，置景却具画理，由此营造出各种优美的画面，增加了园景的变化。

### （四）山石器设

山石器设是用自然山石作室外环境的家具器设，最常见的有石台、石凳，既有实用功能，又有一定的造景效果，能给人以回归自然的意境。

## 二、置石的应用

### （一）水池驳岸

水池驳岸是园林中具有实用功能的一种置石形式，位于池边用于挡土，防止岸边堆土崩塌。驳岸堆叠须要有进出凹凸、高低错落的变化，曲折起伏，避免整齐划一，水面以上用石应以横平为主，以便形成各种洞穴窝凹，使水面更觉曲折幽深。驳岸造型应掌握形面简洁、疏密有致、收顶平缓、层次分明等基本要领。

### （二）花台、多层花台

花台多用于庭院中，形式自然，平面与立面采用不规则构图，内植花草、树木，辅以峰石、石笋，由此组成各种不同的天然画景。花台的设置既可避免因地下水位较高而影响植物的生长，为植物的生长创造合适的生态条件，同时又可将花卉提高到合适的观赏高度，便于观赏。用山石堆砌的花台，小可占角，大可成山，适用范围广，变化多，组景方便灵活，是园林中运用最为广泛的布石方式。

具有多个不同层次的花台称为多层花坛，其特点是景观层次更加丰富，由于种植土高度的不同，其透水程度也不同，因此使花木的配置有了更大的挑选余地，也给花台的景色带来了更大的变化空间。

### （三）叠石小品

以置石形式来造景，配以花草树木作陪衬，创造出富有变化的艺术小品，是古典园林中常用的经典做法。路边桥头、堂前屋后、天井小院，各式小品随处可见，起到点缀建筑、装点角隅、活跃空间、丰富景色的作用，而且园林中的各式园景，如窗景、框景以及厅堂的前景、走廊的移步换景等诸多引人入胜的美景，亦多与小品有关，因此叠石小品是园林内不可或缺的造景手段之一（图 15-4-3）。

### （四）嵌壁隐石

嵌壁隐石是以粉墙为背景，沿墙叠山置石的一种布石形式，俗称壁山，也即《园冶》中所说的"峭壁山"，或嵌于墙中，犹如浮雕，占地很小，或沿墙而立，虽与墙面脱离，但占用地面空间也不多，而且都是以墙为纸，以石为绘，再配以花木翠竹，则如同立体图画，故小院叠山多用之，是延展小庭院视觉空间的常用手法，苏州园林中有很多这样的实例，其中以网师园琴室前的沿墙壁山最为著名。

### （五）踏跺、蹲配

踏跺是用自然山石叠砌成的踏步，用来替代普通的条石台阶，俗称假山踏步。踏跺用于园林，可起到点缀与陪衬建筑的作用，使建筑的立面更加丰富，减少人力加工的痕迹，与周边的自然环境相协调。踏跺的用料，宜选用扁平形状的石材，每步层级由大小不等的石块拼砌而成，相差高度在 5~20 厘米之间，叠砌时要以上石压盖下石。最高的一步石级应稍低于建筑的台口标高，以免雨水倒流进入室内，但相差不应过大，宜在 5 厘米以内。石级的排列，形式多样，有平列向上的，有经

图 15-4-3  叠石小品（位于网师园瓷器馆前院）

斜径而入的，也有相互交叉分道而上的，总之，变化颇多，可根据具体情况，凭堆叠者之匠心，自由发挥。但必须做到两点：一是与周边环境相协调，二是上下踏跺必须安全、简洁、方便。

蹲配是常和踏跺配合使用的一种置石形式，它可以用来遮挡踏跺因层层叠砌而两端不易处理的侧面。蹲配在运用上须有大小、高低的不同，以便形成不对称的均衡构图，其中高而大者称为蹲，低而小者则为配。

**（六）抱角、镶隅**

抱角和镶隅，主要用于园林细部构造的处理，使原来僵直的线条以及单调的块面得以美化与改善，使园内的景色更加丰富多彩。

由于园林建筑物的墙面多呈直角转折，墙角的线条比较平直和单调，所以常用山石来包贴和美化。对于外墙角，用山石来紧包基角墙面，以形成环抱之势，称之为抱角。对于内墙角，则以山石镶填其中，称之为镶隅，但也有用自然山石叠砌成角隅式花台，辅之以翠竹石笋，且效果更好。

抱角和镶隅，主要用于园林细部构造的处理，使原来僵直的线条得以美化，例如建筑物的台基、墙角以及曲桥的两侧等，用石虽然不多，但装饰效果佳，适用范围广，是园林中用之较广的置石方式之一。

**（七）石矶、汀步**

在水池的驳岸之前叠置石矶与汀步，可以使水池周边的景色更加富有层次，因此是假山置石的常用处理手法。

石矶位于水边，凸出于池岸，由数块宽大平整的山石拼连而成，是临池假山或驳岸的延续部分，宽大平坦，距水面较近，亲水宜人，与池岸之间有石级相连，方便游人戏水观景。石矶的设置，使池岸线显得更加曲折幽深，而且石矶的高度位于池岸与水面之间，作为一种过渡，缩小了两者之间的视觉高差，尤觉自然。

汀步亦是水中布石的一种类型，通常设在水面的较浅、较窄处。汀步多选块大面平、形态不一的自然山石，散置于水浅处，石与石之间须疏密相间，高低参差，石块微露水面，人行其上，仿佛贴水而过，颇具山林野趣。为方便各个年龄段的游人均能顺利跨步而过，块石之间的距离应控制在 50 厘米以内。

石矶与汀步，虽然形式不同，但都位于水边，均存在安全隐患，为此现有规范规定，在此附近的 1 米范围内，其水深不得大于 50 厘米，以保证游客的安全。

### （八）山脚、余脉

山脚和余脉均位于山体的底部，是延续和完善山形的重要组成部分，其堆叠的好坏对山体的影响很大，因此显得十分重要。

用叠石的方式对山脚的造型作完善处理，称为"做脚"，做脚一般在假山的山体大致完成后进行，它虽然无须承担山体的重压，但必须与主山的造型相协调，既要表现出山体余脉的延伸之势，又要对主山的山势和形态的变化作出陪衬，而且叠石时要采取浅埋或半埋的方式，使之产生如同山石自然露头的效果。做脚的形式有凹进脚、凸出脚、断连脚、承上脚、悬底脚和平板脚等，做脚时可根据具体情况分别选用。

余脉位于山体的底部，是从山体延伸下来的高度较低的山脉，其做法有两种：一是连山叠置，即顺着山势依山而下，按实体叠出余脉，增加景观的层次；二是所叠余脉有断有连，断续相间，作出适当的留白，给人以充分的想象，这与中国山水画"意到笔不到，笔断而意相连"的手法有异曲同工之妙。

# 第五节　假山施工的技术要点

假山的堆叠，很多表现手法源自绘画理论，与山水画的创作非常相似，但在实际上，两者之间还是有着很大的不同。

（1）创作山水画，是用线条和色彩在纸上表现出来，画家可随胸中所藏丘壑在纸上尽心挥洒，而堆置假山则是用土石等实物在一定的空间范围内创造丘壑，受到场地、材料、人力等诸多因素的影响，须考虑到其实施的可能性。

（2）绘画是平面，叠山是立体。

（3）前者是脑力劳动，后者属体力劳动。因此，两者在意境上虽然相似，但在技术上却有着截然的不同。特别是山石的重量每块有千百斤，而且形态不一，不可能随意或轻易改变，必须由经验丰富、技术熟练的假山工匠主持操作，才能得心应手。虽然自古以来，假山的堆叠也多有画家的参与，对于叠山艺术水平的提高与发展起到了积极的作用，但是即使没有画家的参与，假山工照样可以堆得很好，而画家离了假山工，却毫无办法，可见假山工的经验和技术还是占主要地位的。因此，工匠技术的高低与发挥就显得尤为重要，对于其中的施工要点，现简述如下。

### 一、因地制宜，从大处入手

假山的布局源自中国的绘画理论，讲究的是因地制宜，园林的假山与房屋、树木、花卉相配合，犹如天然画面。

堆筑假山的山石，形态各异，具有不可随意雕琢的特性，很难用精确的尺寸来表示。同样，假山的设计也不可能用精确的图纸来表示，通常只是画出山体的大致占地范围与外形轮廓以及关键控制点的坐标与标高，因此并不能满足按图施工的要求，仅能作定位放线之用。

其实，叠山的好坏主要取决于叠山工匠的技术高低、艺术修养与即兴发挥，因此与施工人员作充分的沟通是假山设计中必不可少的环节，除了对设计意图进行交底外，双方还可对叠山过程中的一些做法进行商讨，并允许作局部修改，便于叠山工匠的正常发挥。

在堆筑假山之前，必须对施工现场进行踏勘，了解假山与相邻构筑物之间的关系以及周边有关水池、地貌、植物配置等具体情况，做到心中有数，这样叠山时便能因地制宜，从大局入手，控制假山的体量大小及其造型，使之与周边环境相协调，以此形成精美画面。

对于体量较大或构造较为复杂的假山，在确定方案时，可先按比例制作假山模型，以此来观察假山的布局、体量与外观，如有不妥，即可予以调整，避免返工，调整时应从大局入手，而不必考虑细节，使山体的大小、造型与周边环境相协调。其中，对于山体大小的掌控最为重要，因为假山一旦堆叠成型，要想再作调整，将是一项十分危险与困难的工作。由于叠山工艺的特殊性，假山的结构具有压叠、咬合、撑栱等多种特征，拆除其中的一块便会引起松动，留下安全隐患，甚至倒塌，所以工匠中留传的"宁叠十座山，不改一座山"的说法，也是很有道理的。

### 二、因材施艺，须小处着眼

当假山方案确定后，便可有针对性地挑选山石，选石是叠山施工的第一步，山石的准确选用将直接影响到假山成形后的艺术效果。山石的品类、大小、形态、石纹、石质等以及山石产地的远近都是选石时要充分考虑的因素。

山石的品类，或湖石，或黄石，视设计方案而定。山石的大小，对于大型假山、游览假山、假山山洞等处，宜选用块面大的山石（1吨至数吨均可），以求假山的气势与山形的统一，避免琐碎杂乱；水池驳岸、小品、花坛等用石可稍小些，约在300~500斤之间，一般以不超过六人抬为宜。另外，所选山石的大小配比要合理，既不浪费，又便于施工，做到恰到好处。

叠石造山，方法多样，其基本的造型技法可用单字口诀来归纳，共有"安、连、接、斗、挎、悬、剑、卡、垂、撑、叠、竖"等30余种，这些都是历代工匠在长期的叠山实践中所得的经验积累，通俗形象，便于记忆，在工匠间流传很广。这些造型技法用途各异、相辅相成、各有所长，也各有所限。假山的各种形式就是由这些技法通过不同的组合堆叠而成，因此，在施工中切不可拘泥于形式，刻意去追求，而是根据具体情况，灵活运用，合理组合。

因地制宜，因材施艺，是园林叠山技艺的精髓。假山根据其所用山石的不同，有黄石假山与湖石假山之分，两者之间的区别在于：黄石山起脚易，收顶难；湖石山起脚难，收顶易。黄石山要浑厚中见空灵，湖石山要空灵中寓浑厚。这两种山石材料的石形、石质、石纹、石理均有不同，故所用的叠山技法也有所不同。

湖石假山空灵浑厚，多有洞窍，宛转多姿，山体轮廓线清晰、流畅，远近层次富于变化，叠石时须因石导势，相接自然、流畅，纹理通顺，石色统一，镶石勾缝，细腻隐蔽，给人以真山般的感觉。湖石叠山，变化颇多，组合形式丰富，对于各式叠山技法，只要熟练掌握，合理组合，均可予以运用。

黄石假山，山体大多横平竖直，层次交叉引退，山形凹凸自然，刚劲有力，尤宜用"叠"字诀来表现，所谓"岩横为叠"，指的就是用横石进行拼叠和压叠，以形成横向岩层的结构的一种叠石技法，这是黄石假山堆叠中最常用的方法。

"竖"字诀也常用于黄石叠山，因黄石假山的风格有横叠和竖叠之分，如耦园黄石假山中的悬崖和矗峰就是用竖叠这种竖向的岩层结构进行施工造型的。在竖叠时，应注意拼接的咬合无隙，有时则需多留些自然缝隙，不作满镶密缝，以减少人工痕迹。

技法中的"撑"，因与黄石假山横平竖直的岩层节理不甚相符，所以并不适用，不过它常用于湖石假山中，但也仅作为一些特殊置石的辅助手段，而且用石也较小。

综上所述，要对叠山技法熟练掌握并运用，通过合理组合，并结合画理，既要从大处入手，讲究山的气势与神韵，也须从小处着眼，注意山的脉络与纹理，这样，无论湖石还是黄石，都能叠出令人赏心悦目的假山作品。

### 三、把作师傅，是叠山关键

叠山置石是一项特殊的传统工艺技术，涉及建筑、力学、美学、机械吊装等多种专业知识，对叠山工匠的要求很高。叠山采用的是"一人主持、多人配合"的集体创作模式，对主持的工匠（俗称把作师傅）的要求更高，因为叠山的好坏，甚至成功与否完全取决于把作师傅的创作灵感以及经验、水平、能力、临场发挥等诸多因素，所以对于把作师傅的选择更要慎重，必须具备以下能力与条件方能够胜任：

（1）具有丰富的施工实践经验，同时具备独立主持叠山施工的经历，熟悉整个施工流程及其各个环节。

（2）熟悉与掌握假山的各类构造，熟练运用各种叠石技法，有较强的空间想象与把控能力，善于利用"因石导势"等施工技巧，通过合理组合，从而达到设计意图及目的。

（3）要有一定的文化艺术修养，熟悉传统山水画的各种画理，并能够熟练运用。

（4）要有一定的力学知识，能够理解构造中的各种力学原理并予以正确运用。

（5）具备一定的组织管理能力，善于协调沟通，合理使用人力与物力，做到人尽其力，物尽其用。

（6）准确指挥并使用各类吊装设备，做到安全施工。

## 第六节　苏州假山著名实例介绍

### 一、湖石假山——苏州环秀山庄

苏州园林的假山，以湖石假山居多，成功之作比比皆是，其中以环秀山庄的湖石假山最为著名。已故园林专家陈从周教授对此推崇备至，曾赞誉道："环秀山庄假山允称上选，叠山之法具备。造园者不见此山，正如学诗者未见李杜，诚占我国园林史上重要一页。"

环秀山庄位于苏州城内景德路272号，现有面积2180平方米，虽是一座很小的古典园林，却因假山而闻名于世，1988年被列为全国重点文物保护单位，1997年底被联合国教科文组织列入世界文化遗产名录。

此园始建于清乾隆年间，为一私人宅园，前后屡有兴废，道光末成为汪姓宗祠的一部分，更名为环秀山庄，又称"颐园"。园内假山于嘉庆年间由叠山名家戈裕良所堆叠，占地不过半亩，然咫尺之间仿佛有千岩万壑，气象万千，环山而视，有亭舫点缀其间，步移景易，堪称一绝，当时曾轰动一时，颇受好评。达官贵人、文人墨客，纷纷造访。后经咸丰、同治年间战事，园多毁损，光绪中期曾予重修。后又几经驻军，摧毁严重，及至中华人民共和国成立前夕，厅堂颓毁，面目全非，仅存一山、一池、一座"补秋舫"，所幸的是山、池保存尚为完好。

中华人民共和国成立后，政府及有关部门对环秀山庄有过几次小规模的零星整修，如：1953年11月，苏州市园林修整委员会对假山进行了抢修；1979年苏州市文管会又一次维修了假山，为恢复旧观，重建了"半潭秋水一房山"方亭。

1984年10月，由苏州园林局与该园当时的使用单位——苏州刺绣研究所共同出资，对环秀山庄进行了大规模的整修，工程由苏州园林设计院设计，苏州古典园林建筑公司施工。

整修之前的环秀山庄，除了假山仍基本保持原状外，其余的建筑多年来都已经毁坏，有的甚至只剩下基础，给整修工作带来了很大的困难，所幸的是南京工学院的童寯和刘敦桢两位教授分别于 20 世纪 30、50 年代对此进行过详细的测绘，拍摄了大量的照片，因此这些珍贵的资料与照片便成为设计与施工的主要依据。

此次整修恢复了四面厅、有谷堂、问泉亭、涵云阁、边楼等建筑，计建筑面积 754 平方米，新砌、整修围墙 200 余米，铺砌地面 246 平方米，并加固假山，疏通飞雪泉，清理水池，重砌驳岸，补栽树木，对廊、亭、桥、台等其他建、构筑物也采取了维修见新或加固等措施，使园貌焕然一新。

整修后的环秀山庄平面图，详见图 15-6-1，现将其具体布局分别介绍如下：

整修后的环秀山庄共有厅堂三进，按历史原状恢复了"前堂后园"的布局。园前有堂称"有谷堂"，面宽三间，硬山屋面，穿堂而过，是一小院，由院进入石库门，便来到后园。入门首先见到的是园内主厅，面宽三间，四面厅形式，厅内悬有一匾，上书园名"环秀山庄"。透过厅内长窗，后园景色恰成框景，有引人入胜之意。

厅之南侧，距园墙不足 3 米，空间狭窄，较为沉闷；而厅之北侧，则是一宽敞的花岗石平台，视野宽广，以此形成对比，这种"欲露先藏""以小衬大"的手法，是苏州园林中大小空间转换的常用做法。

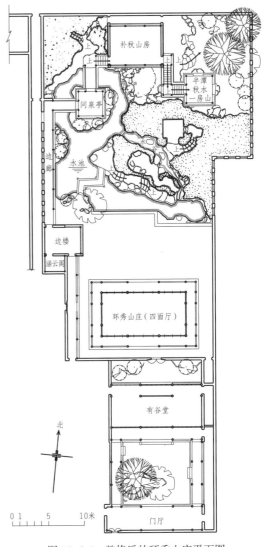

图 15-6-1　整修后的环秀山庄平面图

厅北平台延伸至池边，正对山林，于平台之上眺望，园内景色历历在目。此园面积不大，约一亩有余，平面规整，呈曲尺方形，四周均为高墙，显得封闭而幽静。园内景色，以山为主，以池为辅，水面将假山分成两部分，主山位于池东，次山位于池北，池水缭绕于两山之间，水随山转，山因水活，使咫尺园景富有生机，对假山起到了很好的衬托作用。

园之西部，筑有廊、楼数间，沿墙而筑，立面开敞，廊上有楼，称边楼，登楼可俯瞰全园。楼之尽头叠山一座，紧贴西北墙根，即园之次山。山上石径盘旋，山内中空，随径越洞，可达池边，饶有情趣。临池一面作石壁，壁上留有"飞雪"两字，因原于此处掘地得泉，汇而成池，泉称"飞雪泉"。壁前筑一方亭位于池中，体量不大，周边围水，如浮水面，与石壁隔池相对，互为对景，故亭名"问泉"，颇具深意。问泉亭之西、北两侧各设廊桥一座，西与边楼底层相连，北行可通补秋舫（又称补秋山房）（图 15-6-2、图 15-6-3）。

补秋舫位于池之北岸，临池而筑，面宽三间，如小舟横卧于池边，故以舫名之。舫之东侧有廊曲折向上，与主山上的方亭相接，亭名"半潭秋水一房山"，其意与园内景色相符，为点景之笔。

图 15-6-2　边楼与问泉亭（环秀山庄）

图 15-6-3　从问泉亭西侧廊桥望飞雪泉岩壁与补秋舫（环秀山庄）

主山分前后两部分，后山于园的东北一角以土坡作起势，"半潭秋水一房山"方亭即建于土坡之上，亭北假山以土为主，有湖石散置其间，或设蹬道，或叠花台，点缀以花草树木、芭蕉秀竹，僻静幽雅，颇具山野情趣。

后山于亭南以湖石叠山，形同峭壁，与前山之间有两条幽谷，一是从西北流向东南的山涧，另一是东西方向的山谷，涧谷汇合于山之中央，呈丁字形，将山分为三区。前山全部用石叠成，外观为峰峦峭壁，内部则虚空为洞。后山临池用湖石作石壁，与前山之间形成宽 1.5 米、高 4~6 米的涧谷（图 15-6-4）。

前后山虽分却气势连绵，浑然一体，由东向西犹如山脉奔注，忽然断为悬岩峭壁，止于池边，与清初叠山名家张南垣的"似乎处大山之麓，截溪断谷"的造景手法相符。主峰处于山的西南角，以三个较低的次峰环卫衬托，峰下有洞壑，左右辅以峡谷，谷上架石为梁，因山是实体，而谷为空虚，以此形成虚实对比，使山势雄奇峭拔（图 15-6-5）。

图 15-6-4　前后两山之间的涧谷（环秀山庄）

图 15-6-5　山之东南的洞谷与飞梁（环秀山庄）

因园之东侧为高墙，假山至此被墙所截，为完善山形，于是沿墙叠成壁山，作为山的延续，向南延伸至厅北平台，增加了园景的变化。

由厅北平台往西，临池有片山石矶，辅之以花草树木，堪成小景。折北过三曲石桥有临池小道，旁依 4 米高的峭壁，下临池水，尽头处有藤萝蔓挂，颇具野趣。疑似无路可行，但转折处却是一条东西向的起伏蹬道，由此构成"山重水复疑无路，柳暗花明又一村"的意境。沿蹬道前行，山体内有石洞、石室各一处，小径即转入石洞。洞直径约 3 米，高约 2.7 米，中设石桌石凳，可供坐息，四壁有孔四五处，供采光通风。石桌旁更有直径约 0.5 米的石洞下通水面，天光水色映入洞中，颇具匠心。出此洞便是山涧峡谷，四周石壁耸立，并有西北部次山作为对景，是此山最深幽处。出谷拾级由后山盘旋而登，脚下高出地面 4 米余，山径据险而设，俯瞰曲桥水池，如在悬崖之上。

假山处理上，参照天然石灰石被雨水冲刷后的状况，以大块竖石为骨，以小石缀补，运用挑、吊、压、叠、拼、挂、嵌、镶等多种技法，将湖石叠成各种形体，组合恰当，没有琐碎凌乱的缺点。石块拼连也是因石导势，相接自然、流畅，纹理通顺，石色统一，镶石勾缝，细腻隐蔽，酷似天然石缝。

山洞则采用叠石大师戈裕良独创的"钩带法"叠成。所谓钩带法，就是将石拱桥构筑拱圈的原理巧妙地运用于洞壑之上，石块之间相互钩搭、环环紧扣、逐皮挑出、后端压实，最后用顶石搜紧成拱，使洞顶与洞壁浑然一体，犹如天然溶洞，逼真而又坚固。至今虽已历时二百余年，但仍无开裂走动之迹象，确如戈裕良本人所说的那样："只将大小石钩带联络如造环桥法，可以千年不坏，要如真山洞壑一般，然后方能称事。"由此可见，钩带叠法确实可历数百年而不朽，石壁之上所挑

图 15-6-6　浑然天成的崖壁与蹬道（环秀山庄）

出的悬崖也用湖石钩带而出，既耐久又自然，不会因年久而石块崩落，造成补缀之迹毕露等缺点。由于运用了这些巧妙的手法，使全山各部分凝为整体，无需借助于藤萝绿物的掩饰，望之却如浑然天成（图 15-6-6）。

在山石的运用上也是别具匠心，采取因地施材、因材施艺的做法，凡是峰、壁、洞、谷、溪岸等引人注目处，都用造型好、块体大的石材，尤其是造峰筑壁的石块，更是精心挑选，以达到最佳的观赏效果。对于山后靠近围墙处以及不显要的地方，石块的要求则较低；而在水池周边，通常位于水下的部位，则用普通黄石；而在洞顶之上，则填之以土，或栽树，或铺地，可随需要而定，这种办法既节省湖石，又收到了较好的效果（图 15-6-7）。

环秀山庄假山的特点，首先是富有变化，它占地虽只半亩，但山上蹊径长 70 米，洞谷长 12 米左右，山峰高 7.2 米，山景和空间变化颇多，有危径、山洞、水谷、石室、飞梁、绝壁等境界。从山外观赏，厅、舫、楼、亭等观赏点，有远有近，有高有低，能产生“山形步步移”“山形面面看”的效果。其次是接近自然，从局部到整体，完全仿照石灰岩喀斯特地貌的构造与纹理，形象和真山接近。尺度虽小，但能把自然山水中的峰峦、洞壑的形象，经过概括提炼，集中表现在有限的空间内，达到“在有限空间，创无限意境”的艺术效果。第三，处理手法细致，全山结构严谨，简练遒劲，细部与整体融为一体，一石一缝，交待妥帖，悉符画本，既能远看，也可细赏。

综上所述，环秀山庄假山确为难得的叠山珍品，至今已历时二百余年，期间虽有多次修葺，但基本保持原貌，因此是叠山界研究我国古代叠山艺术的重要实例，而且当初戈氏所创的“钩带法”也一直沿用至今。

以下为园内景色与一些细部做法，供读者欣赏与参考，详见图 15-6-8~ 图 15-6-13。

图 15-6-7 山顶之上的铺地与绿化（环秀山庄）

图 15-6-8 从厅前平台北望主山（环秀山庄）

图 15-6-9 三曲石桥与主峰（环秀山庄）

图 15-6-10 从池西东望园内景色（环秀山庄）

图 15-6-11　从次山顶部望主山峰顶（环秀山庄）

图 15-6-12　山涧与洞壁（环秀山庄）

图 15-6-13　山洞之洞壁细部（环秀山庄）

### 二、黄石假山

黄石假山也是苏州园林中见之较多的叠山类型。与湖石相比，其石形顽劣，块钝而棱锐，节理面近乎垂直，雄浑沉实，产地很多，苏州、常州、镇江等地均有产。

黄石用来叠山，显得棱角分明，纹理古拙，虽无孔洞，但有强烈的光影效果，可显现出山石的自然质感。山体大多横平竖直，层次交叉引退，山形凹凸自然，刚劲有力，尤宜用来表现临水深渊、沿池峭壁。苏州耦园的黄石假山以及网师园的云冈与环池驳岸都是此类作品的代表。

黄石假山若按其叠法来分，有横叠与竖叠两种，其中耦园以竖叠为主，网师园则多为横叠，由此表现出两种不同风格的假山，现分别介绍如下。

#### （一）耦园黄石假山

耦园位于苏州城东的小新桥巷内，占地面积 11 亩，住宅居中，两侧是花园，故称耦园。东园景色较为丰富，其中以黄石假山最为著名，被誉为苏州园林中黄石叠山之冠。耦园东花园的平面布置详见图 15-6-14，现将其具体布置分别介绍如下。

东园面积约 4 亩，布局以山池为中心，周边围以楼廊亭榭，疏密得体，错落有致，主体建筑"城曲草堂"，位于山池之北，由一组重檐的楼厅组成，高大宏敞，总宽将近 40 米，在苏州各园中较为少见。

东园面积不大，故将假山布置在主楼之南，作为楼的对景，这是小型园林常用的布局手法。为不致因楼高而逼压假山，将主楼退居园之北端，背河而立，楼前设有宽大的花岗石平台，与假山之间隔以大片的花街铺地，整洁而平坦，最大程度地扩展了楼、山之间的空间，收到了较好的效果。

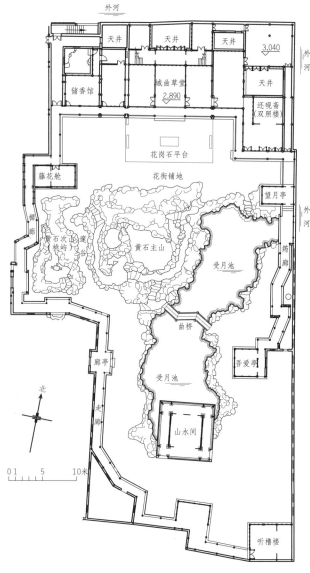

图15-6-14 耦园东花园平面布置图

楼厅之前，用黄石叠成假山，气势雄浑，高低起伏，山形自然，凹凸有致，浑然天成。为便于从各个角度来观赏假山，假山位置略偏向建筑中轴线之西侧。假山中间有一条南北向的谷道，将山分为东西两部，谷道两侧峭壁形如悬崖，宽仅1米左右，环境僻静，曲折幽深，形似峡谷，故称"邃谷"，见图15-6-15。

谷之东部较大，为主山，采用竖叠做法，陡峭险峻，称"留云岫"，其北部叠有花台，植以花木，增加了山的层次，使立面更加丰富。

山上石径，纵横交错，入口通道共设三处，从不同的通道进入，沿途景色、观赏角度等均有所不同，因此可获得不同的登山乐趣与感受。

自东北入口登山，山势较为平缓，自东向西逐渐升高，顺蹬道拾级而上，两旁树木茂盛，浓荫蔽日，有自然山林之感，经石径可通往山顶平台，平台面积约有3米见方，是登高望远的极好之处，经平台上蹬道，往西则可至石室；若从西北入口进去，则是另一番景象，山道崎岖，前方峰石林立，如岩似壁，顺着两峰之间的小道弯曲前行，前有一巨石挡路，疑似无路可走之际，待到石前，只见小道右折拐弯，原来已到主峰岩下，石室洞口豁然在目，

由洞前小道往东，亦可到达平台，此处上山虽然艰辛，但一波三折，饶有情趣；东南入口位于山之南侧池边，往东可上池边小桥，朝北便是蹬道，可由此登上山顶平台，此处蹬道虽然不长，但狭窄陡峻，仅容一人通过，须小心攀登方能上山。

由于山之体量不大，不适宜建造亭阁，故以石室代之。所谓石室，就是位于主峰岩下的一穴石洞，峰下设洞，更觉山之空灵，增加了山景的变化，因洞位于山顶，为形容其高，将洞命名为"揽云洞"（图15-6-16）。

平台之东，山势增高转为绝壁，直削而下，临于山之东侧水池。此处叠石以大块竖石为主，间以横石，凸凹错综，酷似黄石自然剥落的纹理，石上苔藓斑驳，缝间藤萝垂挂，在绿树掩映下，其效果与真山无异，气势雄伟峭拔。此处池面开阔，假山体量与池面宽度配合适当，空间相称，是全山最为精彩的一处，被誉为苏州园林中黄石绝壁之最（图15-6-17）。

邃谷西部为次山，小而平缓，名"桃屿"，山势自东向西逐级降低，止于西侧廊下。山之南北两侧均筑有蹬道，可供上下，循蹬道拾级而上，山势渐平，转为平台，上置石桌、石凳，以供游人凭坐休憩。由此东望主山，山前绿树掩映，山峰隐于树后，仅露局部，峰多由大块竖石互相拼叠而

图 15-6-15　"邃谷"谷道（耦园）

图 15-6-16　主山顶部的揽云洞（耦园）

图 15-6-17　临池绝壁（耦园）

成，高低错落、陡峭险峻、体态浑厚，其纹理看似巨石自然风化剥落，显得苍劲古朴，与中国传统山水画的斧劈皴法有异曲同工之妙，具有山水画之意境，令人赏心悦目。

主山东侧的水池，崖深而水低，故名为"受月池"。水池南北狭长，周边围以黄石叠成的驳岸，并以藤萝等垂挂绿物作点缀。为与主山相呼应，驳岸采用竖向岩层结构，既烘托出主山的高峻，又如山石自然露出水面，并由此增加了山林野趣（图 15-6-18）。

池之南端有一水阁横跨池上，名"山水间"，隔山与"城曲草堂"南北相对，组成了以山水为主的主要景区，阁名也因此而来。水阁体量不大，构筑精细，轻盈通透，与周边景色形成了工巧与自然的对比，增加了园景的变化。山水间跨水临山，视野宽广，是一个极好的观景点，而其本身造型优美，对周边景色起到了重要的点缀作用，因此具有实用与观赏的双重价值。

绝壁的东南角有曲桥横跨于池上，以此连接池之东西两岸，池东有廊，由廊往北，过"望月亭"与大厅东部相接，廊之南端则与"吾爱亭"相连，并由此构成了池东优美的立面，其低矮的亭廊与中部假山形成了明显的高低对比，取得了良好的效果。亭廊之前，池水荡漾，池岸曲折，绿树掩映，景色宜人。

由山水间远眺，一桥横架，如卧彩虹，故桥名"宛虹杠"。桥西假山山势陡峭挺拔，体形浑厚。山上不建亭阁，与山之体量相匹配，而在山顶及山后疏植山茶、绣球、紫薇、腊梅、天竹、女贞、黄杨、扁柏等花木，树木葱郁、青翠欲滴、充满生机。更有数株老树斜出绝壁，与壁缝间的悬葛垂萝相配，增添了山林的自然风味（图 15-6-19）。

纵观耦园的黄石假山，以山为主，以池为衬，重点突出，布局合理，空间尺寸恰当。叠石自然，手法多样，能充分运用黄石叠山的特点，用竖叠来模仿山体的竖向岩层结构，用来表现山之高峻或

图 15-6-18　受月池周边黄石驳岸（耦园）

图 15-6-19　曲桥"宛虹杠"与池西黄石主山（耦园）

陡峭，处理得当；叠石时石块大小相间，有凹有凸，各种石缝互相错综，犹如黄石自然剥裂的纹理，显得自然逼真，具有一定的欣赏价值与艺术价值，因此被誉为苏州园林中黄石叠山的典范。

### （二）网师园云冈及其池岸

云冈位于网师园彩霞池的南岸，山体陡峭，耸立于池畔，宛若天然崖冈，在池水的倒映下，犹如天然画面，山之体量不大，呈东西走向，东西长约15米，南北宽5米有余。

云冈以模仿天然的断层岩体结构为特色，表现了巨岩耸立于池畔的意境，讲究的是山石之间块与面的结合，而不重山形，因而左右两侧不叠山脚，而是近乎垂直凹凸而下，就如山体断裂所形成的节理构造。古人所谓的"断崖若冈"形容的便是该类山容岩貌，这也是将此山题名为冈的原因。

山之体量不大，叠山所用山石以大块横石为主，小石间之，用横石进行拼叠和压叠，以形成横向的岩层结构，与假山的意境相符。叠石以横平为主，将石层层压叠，进退有韵，曲折有律，使之富有变化，这就是叠石工匠常说的"岩横为叠"，也是黄石假山堆叠中最常用的技法。

山之临水一面做出危崖峭壁，有三峰耸立，主峰位于居中偏东，两侧是次峰与配峰，凹凸有致，富有变化，使山更觉高峻。主峰高大浑厚，峰之下部留有竖缝，如天然沟壑；次峰则位于山之西侧，峰顶稍平，略有起伏，峰下设有洞穴，使山更觉空灵，增加了立面的变化；配峰位于东侧，其体量最为低小，起到以小衬大、以低衬高的作用，使主峰更觉高峻。山上草木葱茏，生机勃勃，绿荫浓郁，藤萝蔓挂，一派自然风光。

峭壁之下设石矶，筑小道，沿壁而行，如同置身于天然山水之中，往东可通引静桥，至西则连濯缨水阁（图15-6-20）。

山之东侧及山后，各有磴道可登山顶，蹬道两侧各叠山石，大小相间，凹凸错综，与蹬道结合在一起，仿佛是依山开筑的天然石道，浑然天成，极少人工痕迹，颇具野趣。

循东侧蹬道拾级而上，山势渐平，与小路相接，路面不宽，约1米有余，为黄色弹石路面，其风格与黄石假山相协调，路之两边以青砖筑边，显得整齐雅洁。顺小路蜿蜒西行，路之北侧只见一峰突起，如崖似屏，为云冈主峰；路之南侧，山势突然跌落，化作崖壁，其上部依次散置山石，既是结顶，又作围护，其处理手法干净利落。所置山石，大小相间，高低错落，凹凸有致，颇为自然。崖壁之后有座厅堂，称"小山丛桂轩"，两者之间距离不宽，铺以花街，用作通道。

图15-6-20 云冈之临水立面（网师园）

小路之西，共有上下两块平台，下平台满铺卵石，具有观景与环通山上游览路线的双重作用，游人由此往南可经山后蹬道下山，往西则可登山顶。山顶上部做平，满铺卵石，即为上平台，面积不大，高出下平台将近1米，有踏步可供登临，上平台之北叠石数块，高低错落，作为次峰的结顶，下平台之北也以叠石来完善山形，使之更加完美。登顶远眺，视野宽广，环视四周，周边景色徐徐展开，如长幅画卷，是适宜俯看的最佳观赏点。

山上小道盘旋曲折，两侧隙地点缀以书带草及灌木，显得绿意盈盈，充满生机，并于峰间石旁疏植青枫、桂花、腊梅、玉兰等花木，树形优美，修剪得当，在山石的映衬下，人行其间，如在画中（图15-6-21）。

西北崖上原有枝二乔玉兰，树龄已达二百余年，姿态虬曲，苍劲古朴，斜向伸出崖外，俯临池面，形成一片绿荫，极具画意，而花开盛时，满树繁花，尽显娇美，更是难得一见，是网师园内极其珍贵的古树名木，可惜今已不存，甚为可惜。

由山上平台随西南蹬道盘旋而下，其西侧有一山洞。洞口面南，其高度不到2米，设在次峰南壁岩下，与山岩混为一体，十分自然。由此入洞，光线渐暗，洞内先窄后宽，数米长的通道呈之字形分布，蜿蜒曲折，前方隐约可见另一洞口。循廊向前，光线渐明，及至洞口，眼前顿时一亮，彩霞池风光赫然在目，给人以无限惊喜。

出洞便是悬崖下的临池小道，池水蜿蜒流至洞外西侧，被小道分隔，恰如一泓泉水，风吹波动，似从水下涌出，充满动感，颇具创意。

云冈西接濯缨水阁，东连引静桥，恰似一道屏障，将中部景区分成大小不一、风格迥异的两个景区。

云冈以南的景区较小，以"小山丛桂轩"为主要厅堂，连之以曲廊，用于分隔空间，并有花草树木、峰石小品等作点缀，景色宜人，幽雅僻静。此区用石，无论叠山还是置石，均为湖石。云冈

图 15-6-21　云冈次峰平台与山上小道（网师园）

以北，布局以彩霞池为中心，配以花木、山石、建筑，景色丰富，开阔疏朗，所用山石均为黄石。按石质的不同而分区使用，不相混杂，这是网师园假山的一大特点。

彩霞池及其周边是网师园内的主要景区，池面不大，约为半亩有余，平面略呈方形，池之四边处处有景，风格不同，各具特色，现分别介绍如下：

池南以云冈石崖为主景，间植名树古木，以模仿天然山水为特色。崖之西侧有水阁，名"濯缨水阁"，体量不大，构筑精细，立面开敞，坐南朝北，面临水池，前部以石梁悬空，阁体宛若浮于水面，轻巧灵动。将水阁与山崖相配列，使阁之精巧与崖之浑厚产生鲜明的对比，既有变化，又丰富了景色（图15-6-22）。

池东有大片高墙，因池岸距高墙很近，故因地制宜，将黄石假山筑于池岸之外，有效地利用了池面空间，并使池岸线更显幽深曲折。山不高大，仅为云冈之半，与西南侧的云冈相呼应，仿佛山之余脉。山前临水筑有石矶，宽大平坦，亲水宜人，与周边池岸相协调。山上主植270年树龄的紫藤一株，另有红枫、梅花、藤萝等植物点缀其间，显得生机勃勃，并由此丰富了墙面景色（图15-6-23）。

池北东端有座敞轩，轩名"竹外一枝轩"，南临水池，东靠园墙，体量不大，空灵剔透，远观如同小舟泊于岸边，十分精美。轩前以黄石叠成临水花台，点缀以花草树木，一枝黑松斜向伸出，很有画面感，是网师园内著名的景点之一。轩西以黄石叠成池岸，高低起伏，岸前有石矶伸出水面，增加了驳岸的立面层次与变化。驳岸之西，有桥横架于水湾之上，桥身平面数折，桥栏低平空透，显得精致小巧。池水穿桥而过，于"看松读画轩"西侧墙前形成水湾，其周边叠池岸、筑花台，点缀以花草树木，自成小景，幽雅僻静。因轩之体量较大，为不致逼压水池，影响池面空间，故将其隐退于园后，与水池之间以曲桥、花坛相隔。轩前植有古柏、老松等高大乔木数株，并有牡丹、海棠、桂花等花木作点缀，绿树掩映，花木扶疏，景色宜人，而高大的看松读画轩作为背景，被隐于花草绿荫之后，若隐若现，增加了立面的景深与层次（图15-6-24）。

池之西岸有亭，名"月到风来亭"，为六角攒尖顶，亭后与沿墙走廊相接，临水而建，三面环水，亭下是黄石叠成的洞穴状基座，水面延伸至亭下，使水面更觉幽深。亭的两侧各有走廊数间，南廊较长，高低起伏，沿墙临水而筑；北廊较短，依墙而建，廊前与曲桥相接，由此沟通西、北两岸的

图15-6-22　池南景色（网师园）

图 15-6-23　池东景色（网师园）

图 15-6-24　池北景色（网师园）

交通。廊下临水处，以黄石叠成驳岸，岸随廊之高低而起伏，与亭之黄石基座两端相接，浑然一体，在垂挂绿物的映衬下，显得生动自然（图 15-6-25）。

　　由此可见，园林布局除厅堂、亭阁、廊榭等建筑外，当以挖池叠山为主，与建筑、树木、花卉相配合，更得天然真趣，坐憩其间，仿佛置身山壑。

　　纵观彩霞池及其周边，景色开阔疏朗，水面清澈宁静，以池南云冈为主景，池周环以山石池岸，与亭阁廊榭、花草树木相配合，由此形成一幅幅优美的画面，置身其间，仿佛在天然山水之间。

图15-6-25 池西景色（网师园）

叠山不在高而在真，云冈虽不高大，但由于
采用了横叠做法，用以模仿天然的断层岩体结构，
表现出了巨岩耸立于池畔的意境，因此虽假尤真，
做假成真，而且其空间尺度得体合宜，与池周建
筑所具有的小、低、透的特点相吻合，为周边景
色创造了无尽画意。因此，作为黄石假山，云冈
属于成功的一例。

池周的驳岸也很有特色，所叠池岸，高低错落，
曲折起伏，用石以横平为主，形成各种洞穴窝凹，
如天然石壁遭水流长期冲刷而成，拼缝严密自然，
浑然天成。有的驳岸之前还叠有石矶或步石，使
池岸线显得更加曲折幽深，石矶的高度位于池岸
与水面之间，作为一种过渡，缩小了两者之间的
视觉高差，尤觉自然。驳岸的堆叠，注意了大体
积的组合，因此形面简洁，没有一些池岸常犯的
平直刻板、堆砌琐碎等弊病，故属于苏州园林中
黄石池岸之精品。

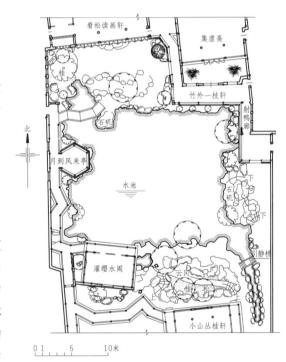

图15-6-26 网师园彩霞池周边平面图

网师园彩霞池周边的平面布置详如图15-6-26所示。

关于假山，《营造法原》中也有叙述，文字虽然不多，但言简意赅，语言精练，分析全面，见
解精辟而准确，对假山的设计与施工具有一定的指导意义，值得细品，现将其摘录如下，供读者借
鉴与参考。

园林建筑，除厅堂亭阁诸建筑外，当以堆叠假山为主。其与房屋、池沼、树木、花卉相连络，
更得天然真趣，坐憩其间，仿佛置身山壑。假山可分土山与湖石山，前者利用凿池堆山，后者采
湖石人工叠置。叠山之术，法无定制，本为综合天然人工之艺术，非运用灵敏奇突之意匠，不能
为此。其立意贵乎气魄，取材须效天然，所谓深得山林意味，花木情缘。不妨模仿山水气势、姿

态之特点，以精美奇巧之人工出之。其次须注意冈峦峰岩之组合，冈峦山之高陵也，贵乎起伏不定，高低有致，前后错综，大小相间。设高低相平，则呆滞一若石堆。峰石姿态，须择奇特，或取其玲珑纤巧，或择一石为峰，或以数石叠成，势宜飞舞生动。石坐宜坚牢，平衡。或立一峰为主，左右立数石拱奉，或与他山之峰石相呼应，切忌排列对称。峰之位置，不宜设于狭径低谷，但隔陵眺望亦可。岩崖峭壁，贵乎直立，形势一若天然。山中宜辟蹊径，以连络冈陵洞穴，须盘旋曲折而长。或隔以洞穴，通以亭阁平台，便游者坐憩。洞穴之顶，须铺石条，洞上或筑亭台，或植树木。总之连络须有变化，使绝处又出，低方忽上。切忌盘纡崎岖，重复平淡，徒使游者劳顿而已。

假山石又名湖石，出于浙江湖州及沿太湖一带山内，石产水涯，其形洞壑天然。主峰以具有透、绉、瘦三者为佳，透者透漏，绉者层叠，瘦者玲珑，其高巨达丈余者，更属不可多得。

——引自《营造法原》第十五章"园林营造总论"

# 参考文献

1. 刘敦桢.苏州古典园林 [M].北京：中国建筑工业出版社，1979.

2. 苏州民族建筑协会,苏州园林发展股份有限公司.苏州古典园林营造录 [M].北京：中国建筑工业出版社，2003.

3. 苏州园林发展股份有限公司,苏州香山古建园林工程有限公司.苏州园林营造技艺 [M].北京：中国建筑工业出版社，2012.

4. 崔晋余.苏州香山帮建筑 [M].北京：中国建筑工业出版社，2004.

5. 徐文涛.苏州假山 [M].上海：上海文化出版社，2000.

# 后记

自《图解〈营造法原〉做法》与《苏州园林建筑做法与实例》出版发行后，得到了业内人士的广泛关注与鼓励，于是便有了编写本书的想法，旨在对香山帮传统营造技艺作一全面介绍，供广大读者参考或借鉴。

本书在编写过程中，得到了苏州园林发展有限公司的大力支持和帮助，公司提供了大量的施工实例照片与工程资料供笔者编写时参考选用。笔者就一些细节问题与公司同仁多次交流与探讨，受益匪浅，在此表示衷心的感谢。

侯洪德　侯肖琪

2022 年 3 月